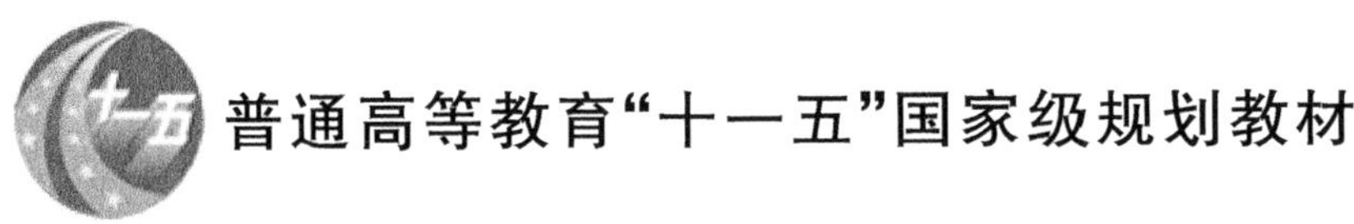

随机过程理论

(第 3 版)

周荫清　主编

北京航空航天大学出版社

内 容 简 介

本书为普通高等教育"十一五"国家级规划教材。

本书系统介绍随机过程的基本理论、分析方法及在实际中应用广泛的几类随机过程。全书共8章，内容包括：随机过程的基本概念，随机过程的线性变换，窄带随机过程，高斯随机过程，泊松过程，马尔可夫链和马尔可夫过程。各章配有适量习题，书末附有习题提示与答案。

本书深入浅出，表述简洁、概念清晰，系统性强，注重可读性，可作为高等院校有关专业的本科生、研究生教材或教学参考书，还可供通信、雷达、导航、控制、系统工程、生物医学工程、社会科学等有关领域的科研人员参考。

图书在版编目(CIP)数据

随机过程理论 / 周荫清主编. -- 3版. -- 北京 ：北京航空航天大学出版社，2013.3

ISBN 978-7-5124-1024-4

Ⅰ. ①随… Ⅱ. ①周… Ⅲ. ①随机过程 Ⅳ. ①O211.6

中国版本图书馆CIP数据核字(2012)第287100号

随机过程理论(第3版)

周荫清　主编

责任编辑　蔡　喆

*

北京航空航天大学出版社出版发行

北京市海淀区学院路37号(邮编100191)　http://www.buaapress.com.cn

发行部电话：(010)82317024　传真：(010)82328026

读者信箱：goodtextbook@126.com　邮购电话：(010)82316936

北京九州迅驰传媒文化有限公司印装　各地书店经销

*

开本：787×1 092　1/16　印张：17.75　字数：454千字

2013年3月第3版　2024年8月第4次印刷　印数：4 301～4 600册

ISBN 978-7-5124-1024-4　定价：39.00元

前　言

本书是在周荫清编著的《随机过程导论》第1版的基础上，根据教材历年来的教学使用情况，并适应本科生的教学需要，重新修订而成的。本书为普通高等教育"十一五"国家级规划教材。

随机过程理论经过半个多世纪的发展，已经成为一个十分活跃的学科领域。它已广泛应用于通信、雷达、导航、控制、生物、社会科学以及其他工程科学技术领域中。人们已经认识到，在现代科学技术高度发展的过程中，学习和掌握随机过程的基本理论日益成为一种需要。现实科研活动启示我们，只有熟悉和掌握随机过程的基本理论、基本分析方法，才能更好地学习现代科学技术，探索新的科学领域。

近30年来，本书作者为北京航空航天大学电子信息工程学院高年级本科生和研究生开设随机过程理论课程，同时编写了《随机过程导论》教材，于1987年11月由北京航空学院出版社出版，之后于1993年9月由我国台湾儒林图书有限公司在台湾出版。作为教材本书注重基本理论、基本概念和读者使用适当的数学工具就能够准确、系统地认识和掌握随机过程的基本理论和分析方法，既不过于简化，又不拘泥于数学细节。对于凡学习过概率论、线性代数的读者基本上都可以自学此书。

本书着重讨论随机过程的基本理论和基本方法，重点介绍应用中常见的几类随机过程。全书共分8章。第1章是根据本书后续章节需要，概述一些重要的概率论知识；第2章详细论述随机过程的基本概念，重点介绍随机过程两类基本分析方法；第3章研究具有随机输入的线性系统输出过程的统计特征；第4章至第8章分别介绍窄带随机过程、高斯随机过程、泊松随机过程和马尔可夫过程。

本书力图在内容编排上由浅入深，表述简洁，注重可读性。有意注重教材编写的特色，加强物理概念的阐述，以最易接受的方式介绍随机过程的基本理论及各类常用的随机过程。书中列出较多例题，都是在教学过程中经过精心挑选的，以便对基本理论加深理解。本书既保证该教材理论的完整及系统性，又注意形成一种理论面向应用的特点。为了提高分析问题和解决问题的能力，做习题是必不可少的，为此每章后面配有大量习题可根据需要选用。(标*的习题难度较大，可视学生情况选做)，书末附有相应的习题答案或提示。

本教材内容可作为高等院校有关专业的本科生教材和研究生教材。参考学时数为48～64。

在2006年10月出版的《随机过程理论(第2版)》的基础上，根据历年来教材使用情况，为满足教学和广大读者的需求，作者对本书进行了必要的修订。书中第1、2章由周荫清修订；第3章由李春升修订；第4章由李景文修订；第5章由周芳修订；第6章由徐华平修订；第7、8章由陈杰修订；全书习题由于泽修订；最后由周荫清统稿。

参加修订工作的还有青年教师王鹏波、孙兵等，他们为本书出版亦付出了许多辛勤劳动。

在本书修订过程中，得到了北京航空航天大学出版社理工事业部蔡喆主任的热情支持与帮助，并提出了许多宝贵意见，使本书得以顺利出版，编者在此深表感谢。

为便于广大师生更好地学习和掌握随机过程理论课程的主要内容，作者编写的《随机过程理论学习指导及习题解析》由电子工业出版社出版。

在本书编写和修订过程中，参阅了国内外一些相关著作，均列于参考文献中，在此谨向这些著作的作者表示深深的谢意。

由于编者水平有限，书中难免存在错误和不妥之处，恳请读者批评指正。

周荫清
2012 年 10 月于北京航空航天大学

目　　录

第1章 概率与随机变量

1.1 集 合

在概率论中，事件和事件的集合起着极其重要的作用。事件的数学理论和集合论之间有着十分密切的对应关系。通过集合的概念可以认识概率论中事件发生的实质。因此，先介绍集合论的基本概念。

集合，简称为集。将为了某种目的而研究的对象的总体称为集。每一个属于这种集的对象称为元素。集合中的元素可以是任意的对象。换言之，任何对象的总体都可以构成集。例如，全体正整数组成的集；在一条给定的直线上的所有点组成的集；定义在区间$[a,b]$上的所有连续函数组成的集。

通常把只有有限个元素的集和无穷多个元素的集分别称为有限集合和无穷集合。若一个无穷集，它的元素可以与所有正整数一一对应地排列，则称为可列集或可数集。所有正整数，即由1,2,3,…所组成的集合是可列集的一个简单例子。不满足上述性质的无穷集合称为不可列集成不可数集。一个直线段上所有点构成的集合是不可列集的一个简单例子。

若X是集A的元素就写成$X\in A$；如不是集A的元素就写成$X\notin A$。如果集A为全体自然数，则有$2\in A$，$1/2\notin A$。

不含任何元素的集称为空集，常用$\varnothing$表示。例如，满足$x^2+1=0$的实数的集是空集。

在许多研究中，要涉及已给集合的各种子集的性质和相互关系。这个包含有研究中出现的全部元素的"最大"集，称为空间，常用Ω表示。例如，研究那些在一条直线上的点所组成的不同集合，则可以取直线上所有的点组成的集作为空间，并称为R^1空间。空间Ω中的任何一个子集A简称为Ω中的集。

若有两个集合A和B，而集A中的每一个元素均属于B，则称A为B的子集。如果$B=\{\omega_1,\omega_2,\cdots,\omega_n,\cdots\}$表示全体正整数组成的集合，集$A=\{\omega_1,\omega_3,\cdots\}$表示全体正奇数组成的集合，显然，$A$为$B$的子集，记为$A\subset B$或$B\supset A$。

由定义，任意集A均有$A\subset A$，$\varnothing\subset A$。而且集的包含关系具有传递性，即若$A\subset B$，且$B\subset C$，则$A\subset C$，如图1.1所示。

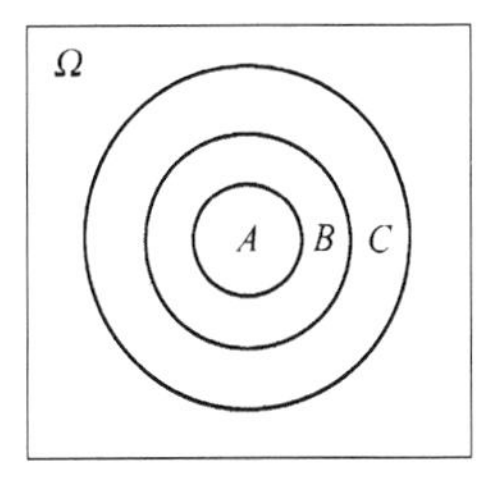

图1.1 集的传递性

若一个集A的元素都是集$A_1,A_2,\cdots$时，则称A为一个族，有时称为类，显然族是集的同义词。

1.1.1 集合的运算

通过对集合的运算可以进一步认识集合。对集合的运算还可产生另外一些集合。现在研究集合运算中的加、减和乘法。设$A,B,C,\cdots$是空间Ω的子集，集合运算的结果将产生新的集合，下面简要介绍这些概念。

余集 集合 A 的余集是指在一个给定的空间 Ω 中,不属于 A 的那些点的集合,可以表示为

$$A^c = \{\omega \mid \omega \notin A\}$$

余集如图 1.2(a)所示。显然,$\Omega^c = \varnothing$,$\varnothing^c = \Omega$。这一运算有下述特性:对集 A 连续进行两次运算,又可重新得到集 A,即

$$(A^c)^c = A$$

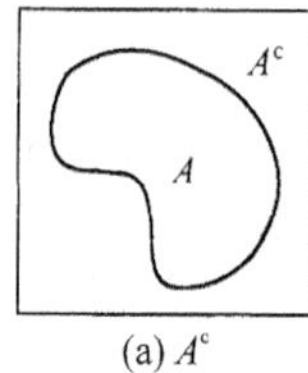

(a) A^c

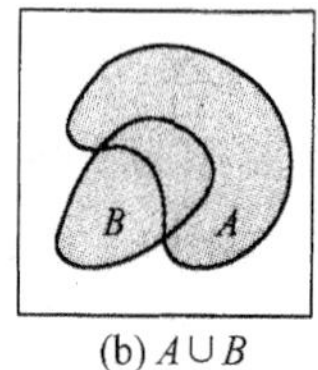

(b) $A \cup B$

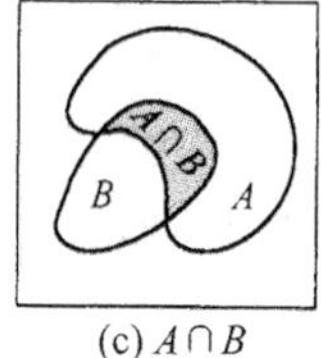

(c) $A \cap B$

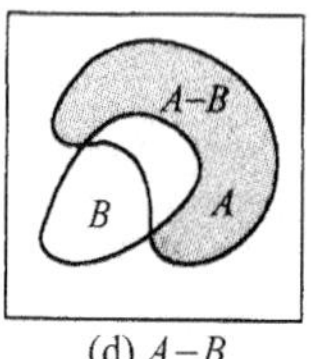

(d) $A-B$

图 1.2 集合的运算几何图

并集 两个集合 A 和 B 的并集是指至少属于 A 和 B 之一的点的集合,记为

$$A \cup B = \{\omega \mid \omega \in A \text{ 或 } \omega \in B\}$$

也就是说并集是指属于 A 或属于 B,或者同时属于两者的所有元素 ω 所组成的集。并集如图 1.2(b)所示。

并集概念可以推广到包含任意数目(有限或可列无限)的集合的情况,并将其记为

$$A_1 \cup A_2 \cup A_3 \cup \cdots \cup A_n = \bigcup_{i=1}^{n} A_i \tag{1.1.1}$$

交集 两个集合 A 和 B 的交集是指同时属于这两个集合的点的集合,记为

$$A \cap B = \{\omega \mid \omega \in A \text{ 和 } \omega \in B\}$$

交集如图 1.2(c)所示。还可将 $A \cap B$ 简记为 AB。可以看出,若 $AB=0$,即集合 A 和 B 没有公共元素,就称其为互斥或不相交。

交集概念可以推广到包含任意数目(有限或可列无限)的集合的情况,并将其记为

$$A_1 A_2 A_3 \cdots A_n = \bigcap_{i=1}^{n} A_i \tag{1.1.2}$$

若对每个 $i,j(i \neq j)$ 满足 $A_i A_j = 0$,则集 $A_i(i=1,2,\cdots,n)$是互斥的或互不相关的。

差集 两个集合 A 与 B 之差是指属于集 A 而不属于集 B 的点的集合,记为

$$A - B = \{\omega \mid \omega \in A \text{ 和 } \omega \notin B\}$$

这一运算既是不可交换的,也是不可结合的。差集如图 1.2(d)所示。按照差集的定义,显然有

$$A - \varnothing = A, \quad \Omega - A = A^c, \quad A - B = AB^c$$

在集的运算中,经常用到以下三个极重要的定律。

- 交换律

$$A \cup B = B \cup A, \quad A \cap B = B \cap A$$

- 结合律

$$(A \cup B) \cup C = A \cup (B \cup C) = A \cup B \cup C$$
$$(A \cap B) \cap C = A \cap (B \cap C) = A \cap B \cap C$$

- 分配律

加法分配律　　　　$(A\cap B)\cup C=(A\cup C)\cap(B\cup C)$

乘法分配律　　　　$(A\cup B)\cap C=(A\cap C)\cup(B\cap C)$

在余、交、并集三种运算中还服从德·摩根(De Morgan)律,即

$$(A \cup B)^c = A^c \cap B^c,\quad (A \cap B)^c = A^c \cup B^c \tag{1.1.3}$$

式(1.1.3)中是两个极有用的定理。

将式(1.1.3)推广到有限、可数情况,则有

$$\left(\bigcup_{i=1}^{n} A_i\right)^c = \bigcap_{i=1}^{n} A_i^c,\quad \left(\bigcap_{i=1}^{n} A_i\right)^c = \bigcup_{i=1}^{n} A_i^c \tag{1.1.4}$$

1.1.2 博雷尔集合体

设有空间 Ω,Ω 中的一些子集 A(一般是不可列的)组成的类 $\mathscr{F}$ 称为 Ω 中的一个 σ 代数或称为博雷尔(Borel)集合体,如果 $\mathscr{F}$ 满足条件:

① $\Omega\in\mathscr{F}$;

② 若 $A\in\mathscr{F}$,则 $A^c\in\mathscr{F}$;

③ 若 $A_j\in\mathscr{F}, j=1,2,\cdots$,则 $\bigcup\limits_{j=1}^{\infty}A_i\in\mathscr{F}$。

在上述条件中,前两个条件意味着

$$\varnothing = \Omega^c \in \mathscr{F}$$

利用德·摩根定理,从第二和第三个条件可得

$$\bigcap_{j=1}^{\infty} A_j = \left(\bigcup_{j=1}^{\infty} A_j^c\right)^c \in \mathscr{F} \tag{1.1.5}$$

因此,一个博雷尔体是一些集的类,它包括集$\varnothing$和空间 Ω,对于它的一切可列集的并和交的运算是封闭的。显然,Ω 的一切子集的类是博雷尔体。不过,在概率论中,这个特殊的博雷尔体太大而且不实用。因此,一般研究 Ω 的子集的最小类,它们既构成博雷尔体又包含被研究的一切元素和集。

1.2 概　率

1.2.1 随机事件和样本空间

随机试验是概率论中极其重要的概念,它的各种结果是一些事件。通常把对自然现象进行观察或进行一次试验,统称为一个试验。如果这个试验满足下述条件,则称为随机试验 E。

① 在相同条件下可重复进行;

② 每次试验结果不止一个,所有可能结果事先不能预测;

③ 每次试验之前不能确定哪一种结果出现。

随机试验是用来研究随机现象的。随机试验的每一个可能结果一般称为随机事件,或简称事件。最简单的事件称为基本事件。而随机试验的所有可能事件的集合叫做样本空间。举一个简单例子,投掷一个骰子构成的随机试验,每次投掷结果出现整数 1,2,…,6 中的一个数。出现整数 1 这个事件叫做基本事件。出现偶数点的事件为一个随机事件或称为观察事件。显然它不是基本事件,是一个复合事件,因为它表示一个基本事件的集。有时又称为样本空间的

子集。所有可能事件的集合{1,2,3,4,5,6}则是这个例子的样本空间。

给定一个随机试验 E,所有可能事件的集合是它的样本空间,它的元素是基本事件。因此,可观察事件是样本空间的一些子集。事件和样本空间的定义提供了一个结构,在这个结构内可以实现对事件的分析,这样的概率论中事件的所有定义和它们之间的关系都可以用集合论中一些集和集的运算来描述。如果研究元素 ω 的空间为 Ω,子集为 $A,B,\cdots$,则集合论和概率论之间的一些关系如表1.1所示。

表1.1 集合论和概率论之间的关系

集合论	概率论
空间 Ω	样本空间、必然事件
空集 $\varnothing$	不可能事件
元素 ω	基本事件
集 A	可观察事件或复合事件
A	出现 A
A^c	A 不出现
$A\cup B$	A 和 B 至少出现一个
AB	A 和 B 同时出现
$A-B$	A 出现而 B 不出现

在今后的讨论中,假定空间 Ω 和空集 $\varnothing$ 都是可观察事件。并且要求它们与随机试验 E 有关的一切可观察事件的集组成博雷尔事件体 $\mathscr{F}$。这意味着一切由可列个可观察事件的并、交形成的事件也是可观察的,并包含在博雷尔事件体 $\mathscr{F}$ 中。于是,常常把对事件的分析转化为对集合的分析,用集合间的运算分析事件间的关系。从而用集合论的知识建立起事件的概率及其概率性质的概念。

1.2.2 概率函数

现在引进概率函数的概念。给定一个随机试验 E,对一切可观察事件的博雷尔事件体中的每一个事件集 A,对应一个有限数 $P(A)$。数 $P(A)$ 是事件集 A 的一个函数,假设定义在博雷尔事件体 $\mathscr{F}$ 中的所有集上,并满足下列性质:

① 概率的非负性:$P(A)\geqslant 0$;

② 概率的规范性:$P(\Omega)=1,P(\varnothing)=0$;

③ 概率的可列可加性:对 $\mathscr{F}$ 中互不相交的可列集 $A_1,A_2\cdots$,下列等式成立

$$P\left\{\sum_i A_i\right\}=\sum_i P(A_i) \tag{1.2.1}$$

则称 $P(A)$ 为 A 的概率测度或简称概率。

综上所述,一个随机试验的数学描述已经论述清楚了。它由三个基本要素组成,即样本空间 Ω,可观察事件的博雷尔事件体 $\mathscr{F}$ 和概率函数 P。这三个要素构成了与随机试验有关的概率空间,概率空间一般用三元总体 $(\Omega,\mathscr{F},P)$ 表示。

1.2.3 条件概率

1. 条件概率的定义和性质

在实际问题中,一般除了要考虑事件 A 的概率 $P(A)$ 外,还须考虑在"事件 B 已发生"的条件下,事件 A 的概率,称作条件概率,记为 $P(A|B)$。现在对条件概率做如下定义。

定义 设三元总体 $(\Omega,\mathscr{F},P)$ 为一个概率空间,$A\in\mathscr{F},B\in\mathscr{F}$,且 $P(B)>0$,在事件 B 已发生的条件下,事件 A 发生的条件概率为

$$P(A\mid B)=\frac{P(A\cap B)}{P(B)} \tag{1.2.2}$$

条件概率 $P(A|B)$意味着事件 A 与事件 B 有关。若 $A\cap B=\varnothing$,即事件 A 和 B 互不相交,则 $P(A|B)=0$。

条件概率是一个确定的量。它具有下述性质:

① $0\leqslant P(A)\leqslant 1$;

② $P(\Omega|B)=1$; (1.2.3)

③ 若 $A_i\in\mathscr{F}(i=1,2,\cdots)$,且 $A_i\cap A_j=\varnothing(i\neq j)$,则

$$P\left(\bigcup_{i=1}^{\infty}A_i \mid B\right)=\sum_{i=1}^{\infty}P(A_i \mid B) \tag{1.2.4}$$

2. 乘法公式

由条件概率定义可得

$$P(A\cap B)=P(A)P(B\mid A) \tag{1.2.5}$$

$$P(A\cap B)=P(B)P(A\mid B) \tag{1.2.6}$$

需要注意,式(1.2.5)与式(1.2.6)同时成立,是在条件 $P(A)>0$,且 $P(B)>0$ 之下而言的。若 $P(A)$或 $P(B)$的值中有一个为零,则以上两式不能同时成立;若 $P(B)=0$,则只有式(1.2.5)成立,而式(1.2.6)不成立,这是因为 $P(A|B)$无定义。

乘法公式(1.2.5)可以推广到 n 个事件的情况。设有 n 个事件 $A_i\in\mathscr{F}(i=1,2,\cdots,n)$,且满足 $P(A_1\cap A_2\cap\cdots\cap A_{n-1})>0$,则

$$\begin{aligned}P(A_1\cap A_2\cap\cdots\cap A_n)=&P(A_1)P(A_2\mid A_1)P(A_3\mid A_1\cap A_2)\cdots\\&P(A_n\mid A_1\cap A_2\cap\cdots\cap A_{n-1})\end{aligned} \tag{1.2.7}$$

3. 统计独立性

定义　设 A,B 为两个事件,若满足

$$P(A\cap B)=P(A)P(B) \tag{1.2.8}$$

则称 A,B 为统计独立的事件。

两个事件独立性的概念可以推广到 n 个事件相互独立的情况。

先推广到三个事件。设 A,B,C 是三个事件,若满足

$$P(A\cap B)=P(A)P(B),\quad P(B\cap C)=P(B)P(C),\quad P(A\cap C)=P(A)P(C) \tag{1.2.9}$$

和

$$P(A\cap B\cap C)=P(A)P(B)P(C) \tag{1.2.10}$$

则称 A,B,C 为相互独立的事件。若仅满足式(1.2.9),则称三个事件 A,B,C 为两两相互独立。

再推广到 n 个事件 $A_i(i=1,2,\cdots,n)$。若对任意 $s(1\leqslant s\leqslant n)$,及任意 $i_k,k=1,2,\cdots,s$,且 $1\leqslant i_1<i_2<\cdots<i_s\leqslant n$,有

$$P(A_{i_1}\cap A_{i_2}\cap\cdots\cap A_{i_s})=P(A_{i_1})P(A_{i_2})\cdots P(A_{i_s}) \tag{1.2.11}$$

则称 $A_1,A_2,\cdots,A_n$ 相互独立。

4. 全概率公式

设 Ω 为试验 E 的样本空间,$B_1,B_2,\cdots,B_n$ 为 E 的一组事件,若

① $B_i\cap B_k=\varnothing,i\neq k;i,k=1,2,\cdots,n$。

② $\bigcup\limits_{i=1}^{\infty}B_i=\Omega$。

则称 $B_1,B_2,\cdots,B_n$ 为 Ω 的一个划分。反之,若 $B_1,B_2,\cdots,B_n$ 为 Ω 的一个划分,则进行一次试

验 E,事件 $B_1,B_2,\cdots,B_n$ 中必有一个且仅有一个事件发生。

设 A 为 E 的事件,$B_1,B_2,\cdots,B_n$ 为 Ω 的一个划分,则全概率公式为

$$P(A)=\sum_{i=1}^{n}P(A\mid B_i)P(B_i) \tag{1.2.12}$$

5. 贝叶斯公式

设 $B_1,B_2,\cdots,B_n$ 为样本空间 Ω 的一个划分,对于任一事件 A,由条件概率的定义有

$$P(B_i\mid A)=\frac{P(B_iA)}{P(A)}=\frac{P(A\mid B_i)P(B_i)}{P(A)}$$

将式(1.2.12)代入上式,则得

$$P(B_i\mid A)=\frac{P(A\mid B_i)P(B_i)}{\sum_{i=1}^{n}P(A\mid B_i)P(B_i)} \tag{1.2.13}$$

式(1.2.13)称为贝叶斯公式。

设事件 A 可以在不同条件 $B_1,B_2,\cdots,B_n$ 下实现,由以往得到的数据经分析可得 $P(B_i)$,称为先验概率。按某些理由也可得到条件概率 $P(A|B_i)$。当观察到 A 出现后,按贝叶斯公式算得的条件概率称为后验概率。贝叶斯公式说明:后验概率可以通过一系列先验概率求得。

全概率公式和贝叶斯公式有着密切的关系:前者用于许多情况($B_1,B_2,\cdots,B_n$)下都可能发生的事件 A,求发生 A 的全概率;后者用于当事件 A 已发生的情况下,求发生事件 A 的各种原因的条件概率。

1.3 随机变量及其分布函数

1.3.1 随机变量

若仅讨论随机事件及其概率,则只能用来孤立地研究随机试验的一个或几个事件,而对于随机现象的数学分析是不够的。为了更深入地研究随机现象,需要把随机试验的结果数量化,也就是说用一个变量来描述随机试验的结果。为此引入随机变量的概率。引入随机变量之后,就能通过随机变量将各个事件联系起来,以便研究随机试验的全部结果,并有可能用数学分析的方法来研究随机试验。

要讨论随机变量,就必须对随机变量给以一定的约束或规定。为此,引入随机变量的下述数学定义。

定义 给定一个随机试验 E,它的结果 ω 是样本空间 Ω 的元素,$(\Omega,\mathscr{F},P)$是相应的概率空间。如果对每个 ω 有一个实数 $X(\omega)$与之对应,就得到定义在 Ω 上的实值点函数 $X(\omega)$。若对于任意实数 x,集$\{\omega:X(\omega)<x\}$是 $\mathscr{F}$ 中的事件,即

$$\{\omega:X(\omega)<x\}\in\mathscr{F}$$

则称 $X(\omega)$为随机变量。

从定义看出,随机变量 $X(\omega)$总是与一个概率空间相联系的,即关系式 $X=X(\omega)$将概率空间 Ω 中的每一元素 ω 映射到实轴 $R^1=(-\infty,\infty)$上的点 X,以建立起样本空间 Ω 与实数(或复数)空间或其一部分的对应关系。习惯上,为书写简便,不必每次都写出概率空间$(\Omega,\mathscr{F},P)$,并且可以将 $X(\omega)$关于 ω 的依赖性省略,简记为 X,把$\{\omega:X(\omega)<x\}$记为$\{X<x\}$等。另一方

面，由于要求$\{\omega: X(\omega)<x\}\in\mathscr{F}$，因此$P\{X<x\}$总是有意义的。

随机变量概念的产生是概率论的重大进展，它使概率论研究的对象由事件扩大为随机变量。

随机变量X的取值常用x或$x_1,x_2,\cdots$表示。显然，随机变量有着不同的取值。就其取值而言，随机变量可以分为离散型和连续型两类。

若随机变量X的一切可能取值是有限个或无限可数个孤立值$x_1,x_2,\cdots$，并且对这些值有确定的概率$P(X=x_i)=p_i, i=1,2,\cdots$，则称$X$是离散型随机变量。例如，射击时中靶的环数以及某电话交换台单位时间的呼叫次数等，都是离散型随机变量。

若随机变量X的一切可能取值是充满一个有限或无限区间的，则称X为连续型随机变量。例如，每次测量电压的误差，测试某一类电子器件的寿命等。

在许多实际场合中，一个随机试验的结果往往同时要用两个或更多个随机变量去描述。例如，接收机中频放大器中的干扰电流就要用随机振幅和随机相位两个随机变量来描述。又如正弦波信号经信道传输到达接收点时，其振幅、相位和角频率均变成随机参数，这时的信号在每一时刻就要用三个随机变量来描述。我们注意到，对n个随机变量的分析等价于研究一个含有n个随机变量作为分量的随机矢量，即

$$\boldsymbol{X}=\{X_1,X_2,\cdots,X_n\}$$

随机矢量的性质不仅由单独的n个随机变量$X_1,X_2,\cdots,X_n$的性质所决定，而且还与这些随机变量之间的关联程度有关。

1.3.2　概率分布函数

为研究随机变量的统计规律性，不仅需要知道随机变量的一切可能值，还必须知道各个可能值所对应的概率是多少。在此基础上，就可以建立起随机变量的各个可能值与其相应概率之间的各种不同形式的对应关系。把所有这些不同形式的对应关系统称为随机变量的分布律，或分布函数。从概率的观点看，给定了随机变量的分布律，随机变量就被完全描述出来了。

1. 离散型随机变量的概率分布

设离散型随机变量的一切可能取值为$x_i, i=1,2,\cdots$，且有$x_1<x_2<\cdots$，X取值x_i的概率，亦即事件$\{X=x_i\}$的概率为

$$P\{X=x_i\}=p_i\quad i=1,2,\cdots \tag{1.3.1}$$

则称式(1.3.1)为离散型随机变量X的概率分布。显然

$$p_i\geqslant 0,\quad i=1,2,\cdots;\quad 且\sum_{i=1}^{\infty}p_i=1$$

离散型随机变量X的分布可用表格描述。如表1.2所示。常称这样的表格为分布列。不同的随机变量将有不同的概率分布。

表 1.2　随机变量 X 的分布

X	$x_1,x_2,\cdots,x_i,\cdots$
$P(X=x_i)$	$p_1,p_2,\cdots,p_i,\cdots$

描述离散型随机变量的概率分布除用分布列之外，还可用概率函数，如图1.3所示。

离散型随机变量的分布函数为

$$F(x)=\sum_{x_i<x}P(X=x_i)=\sum_i p_i \tag{1.3.2}$$

离散型分布函数$F(x)$可用图1.4表示，它是左连续的阶梯函数。

下面举出一些常用的离散型随机变量的例子。

(1) 0-1分布

设随机变量 X 只可能取0和1两个值,其概率分布为

$$P\{X=1\}=p,\quad P\{X=0\}=1-p,\quad 0<p<1$$

则称 X 服从0-1分布。

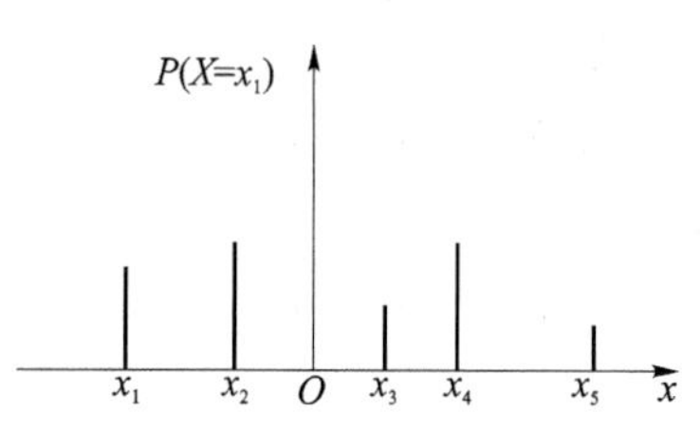

图1.3 概率函数

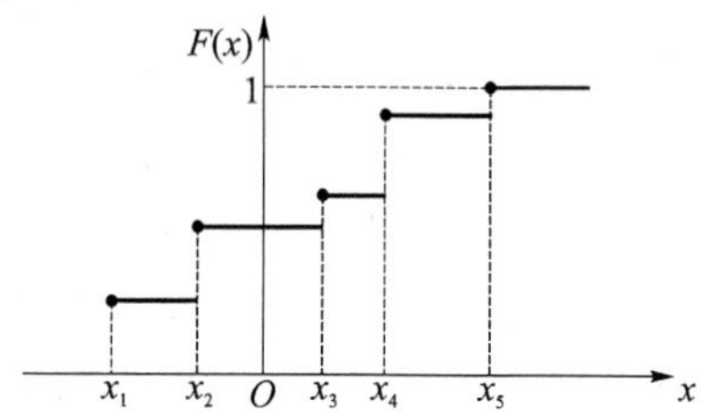

图1.4 离散型分布函数

对于一个随机试验 E,若它的样本空间 S 只包含两个元素,即 $S=\{e_1,e_2\}$,则总能在 S 上定义一个具有0-1分布的随机变量

$$X=X(e)=\begin{cases}1, & e=e_1\\ 0, & e=e_2\end{cases}$$

并用 X 描述 E 的结果。例如,产品的质量是否合格,工厂能源消耗是否过量,抛掷硬币产生的结果都可用0-1分布的随机变量来描述。

(2) 二项式分布

设试验 E 只有两个可能结果 A 及 $\overline{A}$,且 $P(A)=p$,$P(\overline{A})=1-p=q$,将 E 独立地重复 n 次,则称该试验为伯努利试验。这是一种很重要的数学模型。

现在分析伯努利试验中事件 A 发生 $m(0\leqslant m\leqslant n)$ 次的概率。已知在 n 次试验中,事件 A 发生 m 次的情况可能出现 C_n^m 个,且

$$C_n^m=\frac{n!}{m!(n-m)!}$$

而出现每种情况的概率都是 p^mq^{n-m},所以事件 A 在 n 次试验中发生 m 次的概率为

$$p_n(m)=C_n^mp^mq^{n-m},\quad 0\leqslant m\leqslant n$$

令 X 表示伯努利试验中事件 A 发生的次数,则 X 为一随机变量,它的可能取值为0,1,2,…,n,且有

$$P(X=m)=C_n^mp^mq^{n-m}\quad m=0,1,2,\cdots,n \tag{1.3.3}$$

显然

$$\sum_{m=0}^{n}C_n^mp^mq^{n-m}=(p+q)^n=1$$

由于 $C_n^mp^mq^{n-m}$ 恰好是二项式 $(p+q)^n$ 展开式中的第 $m+1$ 项,故称其为二项式分布。

(3) 泊松分布

设随机变量 X 的可能取值为0,1,2,…,而取各个值的概率为

$$P\{X=k\}=\frac{\lambda^k\mathrm{e}^{-\lambda}}{k!}\quad k=0,1,2,\cdots \tag{1.3.4}$$

式中,$\lambda>0$ 为常数,则称 X 服从泊松分布。且有

$$\sum_{k=0}^{\infty}P\{X=k\}=\sum_{k=0}^{\infty}\frac{\lambda^k\mathrm{e}^{-\lambda}}{k\,!}=\mathrm{e}^{-\lambda}\sum_{k=0}^{\infty}\frac{\lambda^k}{k\,!}=\mathrm{e}^{-\lambda}\mathrm{e}^{\lambda}=1$$

服从泊松分布的随机变量常用于在一定时间间隔内统计随机事件出现的个数。例如，电话交换台每分钟内的呼叫次数；在一定时间间隔内放射性物质发出的粒子数；每小时通过某交叉路口的车辆数等。泊松分布是一种十分重要的概率分布。

2. 连续型随机变量及其分布密度函数

实际问题中有许多随机变量不是离散型的，而是连续型的。连续型随机变量的分布往往由它的分布密度函数 $f(x)$ 给出。

若存在非负函数 $f(x)$，且 $\int_{-\infty}^{\infty}f(x)\mathrm{d}x<\infty$，对于任意实数 x 有

$$F(x)=\int_{-\infty}^{x}f(t)\mathrm{d}t \tag{1.3.5}$$

则称 X 具有连续型分布，或称 X 为连续型随机变量。$f(x)$ 称为 X 的分布密度函数或称为概率密度函数，有时简称为分布密度或概率密度。

与离散型随机变量的概率函数一样，对于分布密度函数，有

$$f(x)\geqslant 0,\quad \int_{-\infty}^{\infty}f(x)\mathrm{d}x=1$$

连续型随机变量的分布密度函数 $f(x)$，以及与它对应的分布函数 $F(x)$ 的图形分别如图 1.5 和图 1.6 所示。有时称 $f(x)$ 的图形为分布曲线，而称 $F(x)$ 的图形为累积分布曲线。

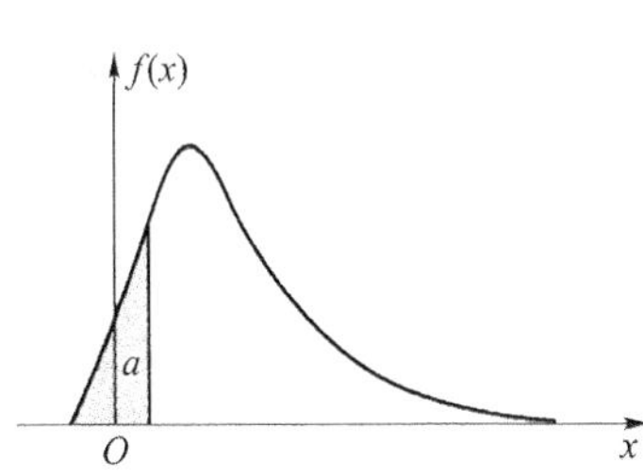

图 1.5　分布密度函数

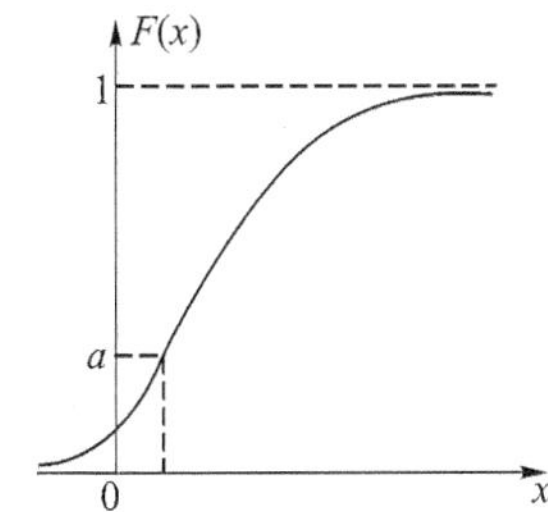

图 1.6　连续型分布函数

分布函数 $F(x)$ 是一个普通函数。正是通过它才能用数学分析的方法来研究随机变量。如果将 X 看成是数轴上随机点的坐标，那么分布函数 $F(x)$ 在 x 处的函数值就表示 X 落在区间 $(-\infty,x)$ 上的概率。

分布函数 $F(x)$ 具有下述基本性质：

① $F(x)$ 为单调非降函数；

② $F(x)=F(x-0)$ 左连续；

③ $\lim\limits_{x\to-\infty}F(x)=0,\lim\limits_{x\to\infty}F(x)=1$。

下面介绍三类重要的连续型随机变量的概率分布。

(1) 均匀分布

设连续型随机变量 X 在有限区间 $[a,b]$ 内取值，其概率密度函数为

$$f(x)=\begin{cases}\dfrac{1}{b-a} & a\leqslant x\leqslant b\\ 0 & \text{其他}\end{cases} \tag{1.3.6}$$

则称 X 在区间$[a,b]$上服从均匀分布。显然,其分布函数为

$$F(x)=\int_{-\infty}^{x}p(x)\mathrm{d}x=\begin{cases}0 & x<a\\ \dfrac{x-a}{x-b} & a\leqslant x<b\\ 1 & b\leqslant x\end{cases} \tag{1.3.7}$$

均匀分布的概率密度函数及分布函数如图 1.7 所示。均匀分布有时又称为等概率分布。例如,正弦振荡器产生的振荡的初始相位,一般是在$[0,2\pi]$内服从均匀分布的随机变量。又如在数值计算中,由于四舍五入,小数点后第一位小数所引起的误差 X,一般可以看做是一个在区间$(-1/2,1/2)$上服从均匀分布的随机变量。

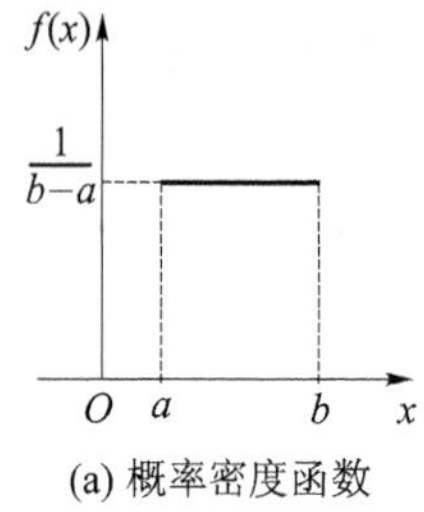

(a) 概率密度函数

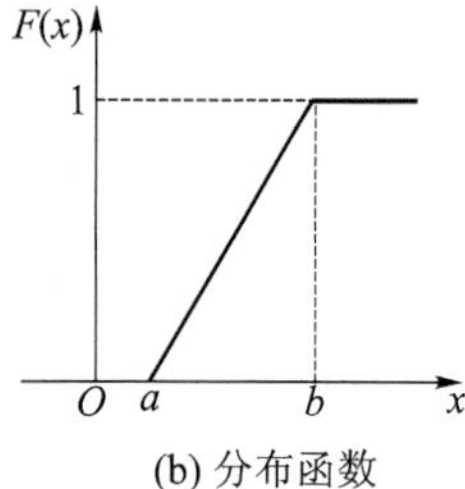

(b) 分布函数

图 1.7 均匀分布

(2) 正态分布

正态分布又称高期分布,它是一种极其重要的概率分布,在通信、雷达、导航及控制领域中常常遇到服从这类分布的随机变量。若连续型随机变量的概率密度函数可表示为

$$f(x)=\frac{1}{\sqrt{2\pi}\sigma}\exp\left[-\frac{(x-a)^2}{2\sigma^2}\right] \tag{1.3.8}$$

则称 X 是服从参数为 a,σ 的正态分布的随机变量,记为 $N(a,\sigma^2)$。式(1.3.8)中,参数 a 称为均值,σ^2 称为方差。

由式(1.3.8)可以看出,正态分布的概率密度函数 $f(x)$有如下性质:

① $f(x)$曲线关于 $x=a$ 对称,即有 $f(a+x)=f(a-x)$。

② $f(x)$曲线在$(-\infty,a)$区间单调上升,在(a,∞)区间单调下降,且在点 a 达到极大值 $f(a)=\dfrac{1}{\sqrt{2\pi}\sigma}$。当 $x\to-\infty$或 $x\to\infty$时,$f(x)\to 0$。

③ $\int_{-\infty}^{\infty}f(x)\mathrm{d}x=1$,且有$\int_{-\infty}^{a}f(x)\mathrm{d}x=\int_{a}^{\infty}f(x)\mathrm{d}x=1/2$。

④ 对不同的 a(固定 σ),$p(x)$的图形沿 x 轴平移,不改变其形状。对不同的 σ(固定 a),$f(x)$的图形将随 σ 的减小而变得尖锐,即随机变量 X 落在 a 点附近的概率越大。

特别地,当 $a=0,\sigma=1$ 时,则称这种分布为标准正态分布。于是有

$$f(x)=\frac{1}{\sqrt{2\pi}}\exp\left(-\frac{x^2}{2}\right) \tag{1.3.9}$$

其分布函数为

$$F(x)=\frac{1}{\sqrt{2\pi}}\int_{-\infty}^{x}\exp\left(-\frac{t^2}{2}\right)\mathrm{d}t \tag{1.3.10}$$

正态分布 $N(a,\sigma^2)$的概率密度函数 $f(x)$和分布函数 $F(x)$的曲线如图 1.8 所示。

对于正态分布 $N(a,\sigma^2)$,通过变量替代,也可化成式(1.3.10)的标准形式,然后通过查表

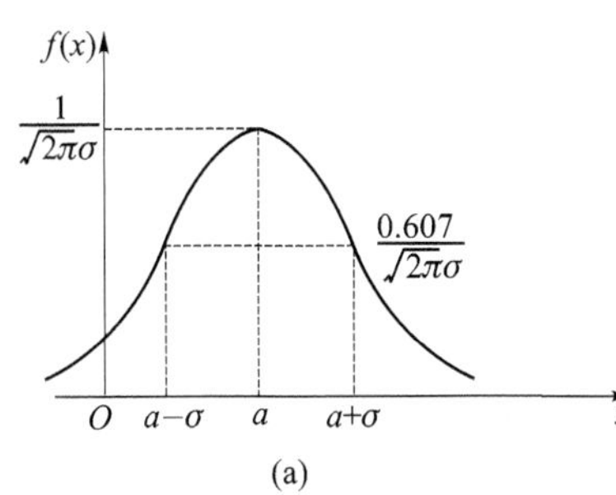

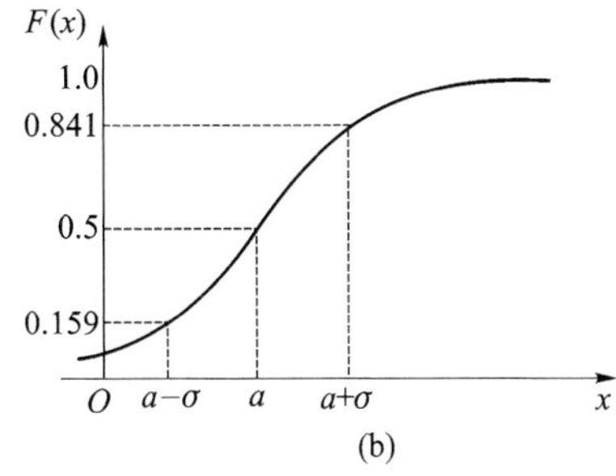

图 1.8　正态分布

可以求得 $F(x)$ 的函数值。事实上

$$F(x)=\int_{-\infty}^{x}\frac{1}{\sqrt{2\pi}\sigma}\exp\left[-\frac{(z-a)^2}{2\sigma^2}\right]\mathrm{d}z$$

$$=\frac{1}{\sqrt{2\pi}\sigma}\int_{-\infty}^{x}\exp\left[-\frac{(z-a)^2}{2\sigma^2}\right]\mathrm{d}z$$

$$=\Phi\left(\frac{x-a}{\sigma}\right)\tag{1.3.11}$$

式中，$\Phi(x)$ 称为概率积分函数，简称概率积分。虽然这一积分不能得到精确结果，但是在有关参考书中附有概率积分表，通过查表可以求出所要求的分布函数。

当 $x\geqslant a$ 时，则式(1.3.11)可改写为

$$F(x)=\frac{1}{\sqrt{2\pi}\sigma}\int_{-\infty}^{a}\exp\left[-\frac{(z-a)^2}{2\sigma^2}\right]\mathrm{d}z+\frac{1}{\sqrt{2\pi}\sigma}\int_{a}^{x}\exp\left[-\frac{(z-a)^2}{2\sigma^2}\right]\mathrm{d}z$$

$$=\frac{1}{2}+\frac{1}{\sqrt{2\pi}\sigma}\int_{a}^{x}\exp\left[-\frac{(z-a)^2}{2\sigma^2}\right]\mathrm{d}z\tag{1.3.12}$$

当 $x<a$ 时，则式(1.3.11)可改写为

$$F(x)=\frac{1}{\sqrt{2\pi}\sigma}\int_{-\infty}^{\infty}\exp\left[-\frac{(z-a)^2}{2\sigma^2}\right]\mathrm{d}z-\frac{1}{\sqrt{2\pi}\sigma}\int_{x}^{\infty}\exp\left[-\frac{(z-a)^2}{2\sigma^2}\right]\mathrm{d}z$$

$$=1-\frac{1}{\sqrt{2\pi}\sigma}\int_{x}^{\infty}\exp\left[-\frac{(z-a)^2}{2\sigma^2}\right]\mathrm{d}z\tag{1.3.13}$$

若令 $t=\frac{z-a}{\sqrt{2}\sigma}$，则式(1.3.12)变成

$$F(x)=\frac{1}{2}+\frac{1}{\sqrt{\pi}}\int_{0}^{\frac{x-a}{\sqrt{2}\sigma}}\mathrm{e}^{-t^2}\,\mathrm{d}t=\frac{1}{2}+\frac{1}{2}\mathrm{erf}\left(\frac{x-a}{\sqrt{2}\sigma}\right)\qquad x\geqslant a\tag{1.3.14}$$

而式(1.3.13)变成

$$F(x)=1-\frac{1}{\sqrt{\pi}}\int_{\frac{x-a}{\sqrt{2}}}^{\infty}\mathrm{e}^{-t^2}\,\mathrm{d}t=1-\frac{1}{2}\mathrm{erfc}\left(\frac{x-a}{\sqrt{2}\sigma}\right)\qquad x<a\tag{1.3.15}$$

其中误差函数

$$\mathrm{erf}(x)=\frac{2}{\sqrt{\pi}}\int_{0}^{x}\mathrm{e}^{-t^2}\,\mathrm{d}t\tag{1.3.16}$$

互补误差函数

$$\mathrm{erfc}(x)=1-\mathrm{erf}(x)=\frac{2}{\sqrt{\pi}}\int_{x}^{\infty}\mathrm{e}^{-t^2}\,\mathrm{d}t\tag{1.3.17}$$

正态分布是一种常见的分布。各种测量误差,以及一般阻性热噪声的瞬时值都服从正态分布。

(3) 瑞利分布

瑞利分布是一种极其重要的分布。例如,在通信中信道的随机特征就服从瑞利分布。此外,幅度按正态分布的白噪声通过窄带滤波器后,其包络呈瑞利分布。

若连续型随机变量的概率密度函数为

$$f(x)=\begin{cases}\dfrac{x}{\sigma^2}\exp\left(-\dfrac{x}{2\sigma^2}\right) & x\geqslant 0\\ 0 & \text{其他}\end{cases}\tag{1.3.18}$$

式中,σ 是大于零的常数,则称其为瑞利分布。其概率密度函数如图 1.9(a)所示。需要注意的是,仅当 $x\geqslant 0$ 时,瑞利分布的概率密度才不为零。图 1.9(b)为瑞利分布的分布函数。

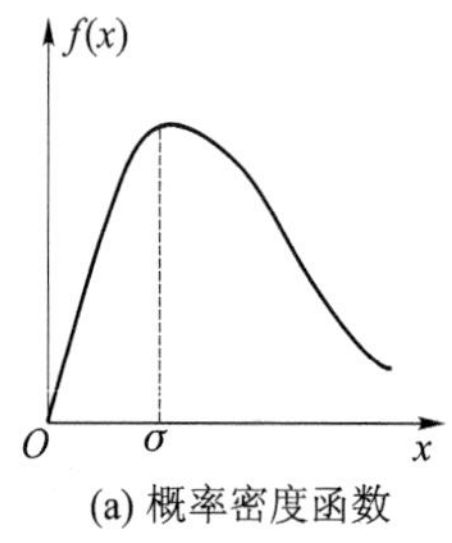

(a) 概率密度函数

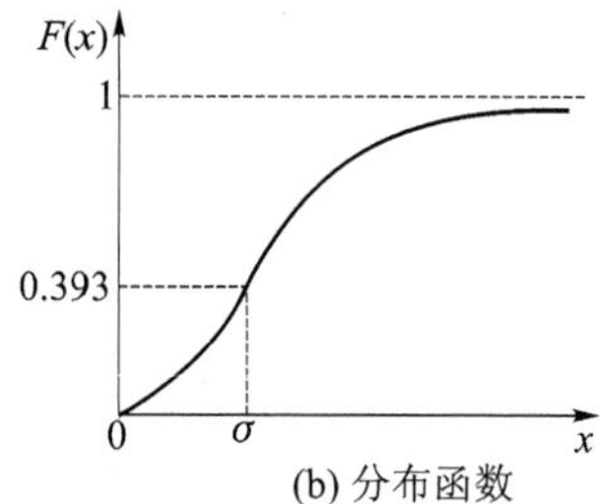

(b) 分布函数

图 1.9 瑞利分布

1.3.3 多维随机变量及其概率分布

多维随机变量的统计特征是由其分布函数描述的。现在先讨论二维随机变量的概率分布,然后再推广到任意有限维随机变量的情况。

1. 二维分布

若有二维随机变量(X,Y),对任意的 $x,y\in R^1$,有

$$F(x,y)=P(X\leqslant x,Y\leqslant y)\tag{1.3.19}$$

则称 $F(x,y)$为二维随机变量(X,Y)的联合分布函数。它表示事件“$X\leqslant x$”和“$Y\leqslant y$”同时出现的概率。

若 $F(x,y)$可表示成

$$F(x,y)=\int_{-\infty}^{x}\int_{-\infty}^{y}f(u,v)\mathrm{d}u\mathrm{d}v\tag{1.3.20}$$

则称 $f(u,v)$为二维随机变量(X,Y)的联合概率密度函数。显然

$$f(x,y)=\frac{\partial^2 F(x,y)}{\partial x\partial y}$$

根据定义,二维分布函数具有如下性质:

① $F(x,y)$分别对 x 和 y 单调不降,即

$$F(x_2,y)\geqslant F(x_1,y),\quad x_2\geqslant x_1;\quad F(x,y_2)\geqslant F(x,y_1),\quad y_2\geqslant y_1$$

② $$F(-\infty,y)=\lim_{x\to-\infty}F(x,y)=0,\quad F(x,-\infty)=\lim_{y\to-\infty}F(x,y)=0$$

$$F(+\infty,+\infty)=\lim_{\substack{x\to+\infty\\ y\to+\infty}}F(x,y)=1$$

③ 称 $F_1(x)=F(x,\infty)$ 和 $F_2(y)=F(\infty,y)$ 分别为二维随机变量 (X,Y) 关于 X 和关于 Y 的边沿分布函数。对于连续型随机变量，有

$$F_1(x)=\int_{-\infty}^{x}\int_{-\infty}^{\infty}f(u,v)\mathrm{d}u\mathrm{d}v \tag{1.3.21}$$

$$F_2(y)=\int_{-\infty}^{y}\int_{-\infty}^{\infty}f(u,v)\mathrm{d}u\mathrm{d}v \tag{1.3.22}$$

而将

$$f_1(x)=\int_{-\infty}^{\infty}f(x,y)\mathrm{d}y \tag{1.3.23}$$

和

$$f_2(y)=\int_{-\infty}^{\infty}f(x,y)\mathrm{d}x \tag{1.3.24}$$

分别称为二维随机变量 (X,Y) 关于 X 和关于 Y 的边沿概率密度函数。此性质表明，只要给定二维联合概率密度函数，就可求得 (X,Y) 的边沿分布。

④ 若 X,Y 统计独立，则有

$$F(x,y)=F_1(x)F_2(y) \tag{1.3.25}$$

和

$$f(x,y)=f_1(x)f_2(y) \tag{1.3.26}$$

若两个随机变量 X,Y 不是相互独立的，则称它们是相依的。

⑤ 对任意 (x_1,y_1) 和 (x_2,y_2)，其中 $x_1<x_2,y_1<y_2$，下述不等式成立

$$F(x_2,y_2)-F(x_2,y_1)+F(x_1,y_1)-F(x_1,y_2)\geqslant 0 \tag{1.3.27}$$

这是因为 $0\leqslant P(x_1\leqslant X\leqslant x_2,y_1\leqslant Y\leqslant y_2)$

$$\begin{aligned}&=P(X\leqslant x_2,Y\leqslant y_2)-P(X\leqslant x_2,Y\leqslant y_1)-\\&\quad P(X\leqslant x_1,Y\leqslant y_2)+P(X\leqslant x_1,Y\leqslant y_1)\\&=F(x_2,y_2)-F(x_2,y_1)-F(x_1,y_2)+F(x_1,y_1)\end{aligned}$$

式(1.3.27)的含义是，表示二维随机点 (X,Y) 落在 xOy 平面内长方形区域 R 中的概率，如图 1.10 所示。

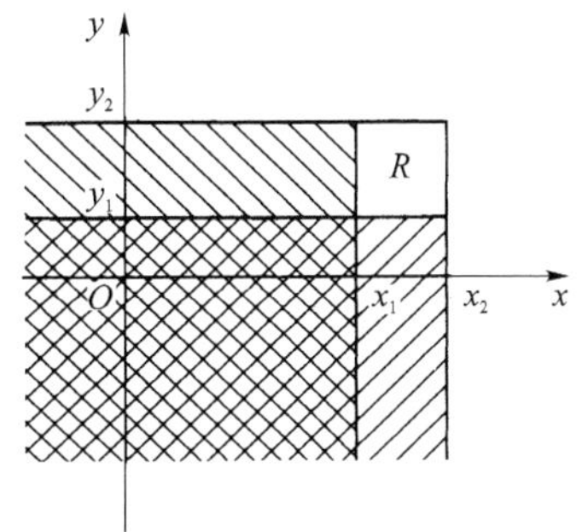

图 1.10 式(1.3.27)对应的几何图形

类似于一维分布，二维随机变量 (X,Y) 的概率密度函数 $f(x,y)$ 具有下述性质：

① $f(x,y)\geqslant 0$；

② $\int_{-\infty}^{\infty}\int_{-\infty}^{\infty}f(x,y)\mathrm{d}x\mathrm{d}y=F(\infty,\infty)=1$；

③ 若 $f(x,y)$ 在点 (x,y) 处连续，则有 $f(x,y)=\dfrac{\partial^2 F(x,y)}{\partial x\partial y}$。

例 1.3-1 若二维随机变量 (X,Y) 的联合概率密度函数为

$$f(x,y)=\begin{cases}\dfrac{1}{(b-a)(d-c)} & a\leqslant x\leqslant b,c\leqslant y\leqslant d\\0 & \text{其他}\end{cases}$$

则称 (X,Y) 服从均匀分布。

解： 求边沿分布。根据题意，显然 $f(x,y)\geqslant 0$。同时容易证明

$$\int_{-\infty}^{\infty}\int_{-\infty}^{\infty}f(x,y)\mathrm{d}x\mathrm{d}y=\int_a^b\int_c^d\frac{1}{(b-a)(d-c)}\mathrm{d}x\mathrm{d}y=1$$

由式(1.3.23)和式(1.3.24)得边沿概率密度函数为

$$f_1(x)=\int_{-\infty}^{\infty}f(x,y)\mathrm{d}y=\int_c^d\frac{1}{(b-a)(d-c)}\mathrm{d}y=\frac{1}{b-a}\qquad a\leqslant x\leqslant b$$

$$f_2(y)=\int_{-\infty}^{\infty}f(x,y)\mathrm{d}x=\int_a^b\frac{1}{(b-a)(d-c)}\mathrm{d}x=\frac{1}{d-c}\qquad c\leqslant y\leqslant d$$

由此可见,二维随机变量(X,Y)关于 X 和关于 Y 的边沿分布仍然服从均匀分布。

例 1.3-2 设二维随机变量(X,Y)的联合概率密度函数为

$$f(x,y)=\frac{1}{2\pi\sigma_1\sigma_2\sqrt{1-r^2}}\exp\left\{-\frac{1}{2(1-r^2)}\left[\frac{(x-a_1)^2}{\sigma_1^2}-2r\frac{(x-a_1)(y-a_2)}{\sigma_1\sigma_2}+\frac{(y-a_2)^2}{\sigma_2^2}\right]\right\}\tag{1.3.28}$$

式中,$\sigma_1,\sigma_2>0$;a_1,a_2 为实常数;r 为相关系数,$|r|<1$。则称(X,Y)服从二维联合正态分布$N(a_1,\sigma_1;a_2,\sigma_2;r)$。

解: 求边沿分布。根据题意,显然 $f(x,y)\geqslant 0$,同时容易证明 $\int_{-\infty}^{\infty}\int_{-\infty}^{\infty}f(x,y)\mathrm{d}x\mathrm{d}y=1$。

由式(1.3.23)和式(1.3.24)可得边沿分布密度为

$$\begin{aligned}f_1(x)&=\int_{-\infty}^{\infty}f(x,y)\mathrm{d}y\\&=\int_{-\infty}^{\infty}\frac{1}{2\pi\sigma_1\sigma_2\sqrt{1-r^2}}\exp\left\{-\frac{1}{2(1-r^2)}\left[\frac{(x-a_1)^2}{\sigma_1^2}-2r\frac{(x-a_1)(y-a_2)}{\sigma_1\sigma_2}+\frac{(y-a_2)^2}{\sigma_2^2}\right]\right\}\mathrm{d}y\end{aligned}$$

令 $u\frac{x-a_1}{\sigma_1},v=\frac{y-a_2}{\sigma_2}$,则

$$\begin{aligned}f_1(x)&=\frac{1}{2\pi\sigma_1\sqrt{1-r^2}}\int_{-\infty}^{\infty}\exp\left\{-\frac{1}{2(1-r^2)}[u^2-2ruv+v^2]\right\}\mathrm{d}v\\&=\frac{1}{\sqrt{2\pi}\sigma_1}\mathrm{e}^{-u^2/2}\int_{-\infty}^{\infty}\frac{1}{\sqrt{2\pi(1-r^2)}}\exp\left[-\frac{1}{2(1-r^2)}(v-ru)^2\right]\mathrm{d}v\\&=\frac{1}{\sqrt{2\pi}\sigma_1}\mathrm{e}^{-u^2/2}=\frac{1}{\sqrt{2\pi}\sigma_1}\exp\left[-\frac{(x-a_1)^2}{2\sigma_1^2}\right]\end{aligned}\tag{1.3.29}$$

同理可得

$$f_2(x)=\frac{1}{\sqrt{2\pi}\sigma_2}\exp\left[-\frac{(x-a_2)^2}{2\sigma_2^2}\right]\tag{1.3.30}$$

由此看出二维合正态分布的两个边沿分布都是一维正态分布,并且都不依赖于参数 r。亦即对给定的参数 $a_1,a_2,\sigma_1,\sigma_2$ 不同的相关系数 r 对应不同的二维正态分布,但它们的边沿分布却都是一样的。

2. 多维分布

可以把二维分布的概念和结论直接推广到任意有限多维随机变量的情况。

定义 n 维随机变量$(X_1,X_2,\cdots,X_n)$的 n 维联合概率分布函数为

$$F_n(x_1,x_2,\cdots,x_n)=P(X_1\leqslant x_1,X_2\leqslant x_2,\cdots,X_n\leqslant x_n)\tag{1.3.31}$$

它表示事件 $X_1\leqslant x_1,X_2\leqslant x_2,\cdots,X_n\leqslant x_n$ 同时出现的概率。显然,类似于二维联合分布,它具有下述性质:

① $F_n(x_1,x_2,\cdots,x_{i-1},-\infty,x_{i+1},\cdots,x_n)=0,\ i=1,2,\cdots,n$

② $F_n(\infty,\infty,\cdots,\infty)=1$

③ 若 $F_n(x_1,x_2,\cdots,x_n)$的 n 阶混合偏导数

$$f_n(x_1,x_2,\cdots,x_n)=\frac{\partial^n F_n(x_1,x_2,\cdots,x_n)}{\partial x_1 \partial x_2 \cdots \partial x_n} \tag{1.3.32}$$

存在,则称 $f_n(x_1,x_2,\cdots,x_n)$为 n 维联合概率密度函数。因而有

$$F_n(x_1,x_2,\cdots,x_n)=\int_{-\infty}^{x_1}\int_{-\infty}^{x_2}\cdots\int_{-\infty}^{x_n} f_n(x_1,x_2,\cdots,x_n)\mathrm{d}x_1\mathrm{d}x_2\cdots\mathrm{d}x_n \tag{1.3.33}$$

随机点落在 n 维域 G_n 内的概率为

$$P\{(X_1,X_2,\cdots,X_n)\in G_n\}=\underbrace{\iint\cdots\int}_{G_n} f_n(x_1,x_2,\cdots,x_n)\mathrm{d}x_1\mathrm{d}x_2\cdots\mathrm{d}x_n \tag{1.3.34}$$

例 1.3－3　设 n 维高斯联合概率密度函数为

$$f_n(x_1,x_2,\cdots,x_n)=\frac{1}{\sigma_1\sigma_2\cdots\sigma_n\sqrt{(2\pi)^n D}}\exp\left\{-\frac{1}{2D}\sum_{i=1}^{n}\sum_{k=1}^{n}D_{ik}\frac{(x_i-a_i)(x_k-a_k)}{\sigma_i\sigma_k}\right\}$$

式中,a_i 为任意实数,$\sigma_i>0$,D 是 n 阶行列式,有

$$D=\begin{vmatrix} r_{11} & r_{12} & \cdots & r_{1n} \\ r_{21} & r_{22} & \cdots & r_{2n} \\ \vdots & \vdots & \ddots & \vdots \\ r_{n1} & r_{n2} & \cdots & r_{nn} \end{vmatrix}=\begin{vmatrix} 1 & r_{12} & \cdots & r_{1n} \\ r_{21} & 1 & \cdots & r_{2n} \\ \vdots & \vdots & \ddots & \vdots \\ r_{n1} & r_{n2} & \cdots & 1 \end{vmatrix}$$

式中,r_{ik} 为相关系数,$r_{ii}=1$,$r_{ik}=r_{ki}$,$|r_{ik}|<1$,D_{ik} 是行列式 D 中的元素 r_{ik} 的代数余子式。

1.3.4　条件概率分布函数

将条件概率的概念引入概率分布中,可以得到条件概率分布函数和条件概率密度函数。若 X,Y 为连续随机变量,$f(x,y)$,$f_1(x)$,$f_2(y)$分别为(X,Y),X 及 Y 的概率密度函数,且对任意 x 及 y 有

$$f_1(x)=\int_{-\infty}^{\infty}f(x,v)\mathrm{d}v>0,\quad f_2(y)=\int_{-\infty}^{\infty}f(u,y)\mathrm{d}u>0$$

则称

$$F(x\mid y)=\frac{\int_{-\infty}^{x}f(u,y)\mathrm{d}u}{\int_{-\infty}^{\infty}f(u,y)\mathrm{d}u}=\frac{\int_{-\infty}^{x}f(u,y)\mathrm{d}u}{f_2(y)}=\int_{-\infty}^{x}f(u\mid y)\mathrm{d}u \tag{1.3.35}$$

为在条件 $Y=y$ 下,X 的条件分布函数。

同理,称

$$F(y\mid x)=\frac{\int_{-\infty}^{y}f(x,v)\mathrm{d}v}{\int_{-\infty}^{\infty}f(x,v)\mathrm{d}v}=\frac{\int_{-\infty}^{y}f(x,v)\mathrm{d}v}{f_1(x)}=\int_{-\infty}^{y}f(v\mid x)\mathrm{d}v \tag{1.3.36}$$

为在条件 $X=x$ 下,Y 的条件分布函数。

$$f(x\mid y)=\frac{f(x,y)}{f_2(y)} \tag{1.3.37}$$

为在条件 $Y=y$ 下,X 的条件概率密度函数。

$$f(y\mid x)=\frac{f(x,y)}{f_1(x)} \tag{1.3.38}$$

为在条件 $X=x$ 下,Y 的条件概率密度函数。

利用条件分布函数的概念,可以得到随机变量独立性的直观解释。事实上,若随机变量 X,Y 相互独立,根据式(1.3.25)和式(1.3.26),则可得到 Y 在 $X=x$ 的条件下的条件分布函数与 Y 的(无条件)分布函数 $F_2(y)$一致,即

$$F(y\mid x)=F_2(y),\quad f(y\mid x)=f_2(y)$$

或

$$F(x\mid y)=F_1(x),\quad f(x\mid y)=f_1(x)$$

下面讨论多维条件概率密度函数。设 n 维随机变量中,在 $X_{k+1},\cdots,X_n$ 的取值为 $x_{k+1},\cdots,x_n$ 的条件下,$X_1,X_2,\cdots,X_k$ 的条件概率密度函数为

$$f(x_1,\cdots,x_k\mid x_{k+1},\cdots,x_n)=\frac{f(x_1,x_2,\cdots,x_n)}{f(x_{k+1},\cdots,x_n)}\tag{1.3.39}$$

由式(1.3.39)还可得出

$$f(x_1,x_2,\cdots,x_n)=f(x_1)f(x_2\mid x_1)f(x_3\mid x_1,x_2)\cdots f(x_n\mid x_1,x_2,\cdots,x_{n-1})\tag{1.3.40}$$

如果 $X_1,X_2,\cdots,X_n$ 是相互独立的,则上式变为

$$f(x_1,x_2,\cdots,x_n)=f(x_1)f(x_2)\cdots f(x_n)\tag{1.3.41}$$

例 1.3-4 设二维随机变量(X,Y)服从高斯分布 $N(0,1;0,1;r)$,求条件概率分布密度函数$f(y|x)$和 $f(x|y)$。

解: 因为 $f(x,y)=\dfrac{1}{2\pi\sqrt{1-r^2}}\exp\left[-\dfrac{1}{2(1-r^2)}(x^2-2rxy+y^2)\right]$

由式(1.3.37)、式(1.3.38)、式(1.3.29)和式(1.3.30)得

$$\begin{aligned}f(y\mid x)&=\frac{f(x,y)}{f_1(x)}\\&=\frac{1}{2\pi\sqrt{1-r^2}}\exp\left[-\frac{1}{2(1-r^2)}(x^2-2rxy+y^2)\right]\Big/\frac{1}{\sqrt{2\pi}}\exp\left(-\frac{x^2}{2}\right)\\&=\frac{1}{\sqrt{2\pi}\sqrt{1-r^2}}\exp\left[-\frac{(y-rx)^2}{2(1-r^2)}\right]\end{aligned}$$

同理可得 $f(x\mid y)=\dfrac{f(x,y)}{f_2(y)}=\dfrac{1}{\sqrt{2\pi}\sqrt{1-r^2}}\exp\left[-\dfrac{(x-ry)^2}{2(1-r^2)}\right]$

可见二维高斯随机变量(X,Y)中一个分量对另一个分量的条件概率分布也是高斯型的。

1.3.5 随机变量的函数的分布函数

一个或多个随机变量的函数,经常在统计信号处理,以及和概率论有关的其他学科中出现。随机变量 X 的函数 $Y=g(X)$是一个新的随机变量,因而它有一定的分布函数。本小节介绍由已知的随机变量的分布函数去确定它的函数的分布函数。

1. 一维随机变量的函数的分布函数

设 X 是一个连续随机变量,其概率密度函数为 $f(x)$。又设 $y=g(x)$处处可导,且对任意 x 有 $g'(x)>0$(或 $g'(x)<0$),则随机变量 $Y=g(X)$是一个连续随机变量,它的概率密度函数为

$$\varphi(y)=\begin{cases}f[h(y)]\mid h'(y) & a<y<\beta\\0 & \text{其他}\end{cases}\tag{1.3.42}$$

式中,$h(y)$是 $g(x)$的反函数,且 $\alpha=\min\{g(-\infty),g(+\infty)\}$,$\beta=\max\{g(-\infty),g(+\infty)\}$。

证明： 若 $g(x)$单调增加，如图 1.11(a)所示，则 Y 的分布函数为

$$F(y)=P\{Y\leqslant y\}=P\{g(X)\leqslant y\}=P\{X\leqslant h(y)\}=\int_{-\infty}^{h(y)}f(x)\mathrm{d}x$$

于是 Y 的概率密度函数为

$$\varphi(y)=F'(y)=f[h(y)]h'(y),\ h'(y)>0,\ g(-\infty)<y<g(+\infty) \tag{1.3.43}$$

若 $g(x)$单调减小，如图 1.11(b)所示，则 Y 的分布函数为

$$F(y)=P\{Y\leqslant y\}=P\{g(X)\leqslant y\}=P\{X\leqslant h(y)\}=\int_{h(y)}^{-\infty}f(x)\mathrm{d}x$$

于是 Y 的概率密度函数为

$$\varphi(y)=F'(y)=-f[h(y)]h'(y),\ h'(y)<0,\ g(+\infty)<y<g(-\infty) \tag{1.3.44}$$

综合式(1.3.43)和式(1.3.44)，则式(1.3.42)得证。

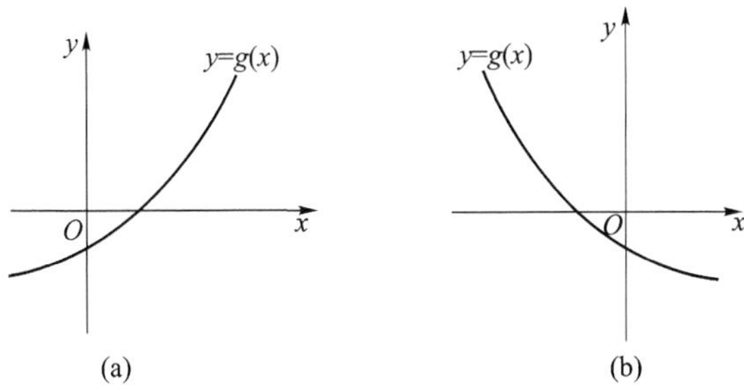

图 1.11　$y=g(x)$曲线

显然，如果 $f(x)$是在有限区间$[a,b]$以外为零，则只需在$[a,b]$上有 $g'(x)>0$(或 $g'(x)<0$)。于是 $\alpha=\min\{g(a),g(b)\}$，$\beta=\max\{g(a),g(b)\}$。

2. 二维随机变量的函数的分布

设有二维随机变量(X_1,X_2)，已知其概率密度函数为 $f(x_1,x_2)$，现在需求(X_1,X_2)经变换后得到的二维随机变量(Y_1,Y_2)的概率密度函数 $f(y_1,y_2)$。

先构造二维随机变量

$$Y_1=g_1(X_1,X_2),\quad Y_2=g_2(X_1,X_2)$$

由于二维变换较一维变换更为复杂，为方便起见，这里只考虑 g_1，g_2 为单值变换，故其反函数为

$$X_1=h_1(Y_1,Y_2),\quad X_2=h_2(Y_1,Y_2)$$

如果解是唯一的，便是单值变换。

事实上，对于一维随机变量有

$$f_X(x)\mathrm{d}x=f_Y(y)\mathrm{d}y$$

对应地，当二维随机变量(X_1,X_2)和(Y_1,Y_2)为单值变换时，应有

$$f_X(x_1,x_2)\mathrm{d}x_1\mathrm{d}x_2=f_Y(y_1,y_2)\mathrm{d}y_1\mathrm{d}y_2$$

或

$$f_X(x_1,x_2)\mathrm{d}S_X=f_Y(y_1,y_2)\mathrm{d}S_Y$$

式中

$$\mathrm{d}S_X=\mathrm{d}x_1\mathrm{d}x_2,\quad \mathrm{d}S_Y=\mathrm{d}y_1\mathrm{d}y_2$$

表明，在 X 域内随机点(X_1,X_2)落入 $\mathrm{d}S_X$ 的概率等于在 Y 域内随机点(Y_1,Y_2)落入 $\mathrm{d}S_Y$ 的概率。单值变换中，$\mathrm{d}S_X$ 和 $\mathrm{d}S_Y$ 一一对应。因此二维随机变量(Y_1,Y_2)的概率密度函数为

$$f_Y(y_1,y_2)=f_X(x_1,x_2)\left|\frac{\mathrm{d}S_X}{\mathrm{d}S_Y}\right|$$

在坐标转换中,dS_X 和 dS_Y 间的变换称为雅可比变换,并有以下关系

$$dS_X = J\,dS_Y$$

式中,J 为雅可比因子。在二维变换中

$$J = \frac{dS_X}{dS_Y} = \frac{\partial(x_1, x_2)}{\partial(y_1, y_2)} = \begin{vmatrix} \frac{\partial x_1}{\partial y_1} & \frac{\partial x_1}{\partial y_2} \\ \frac{\partial x_2}{\partial y_1} & \frac{\partial x_2}{\partial y_2} \end{vmatrix}$$

因此 $$f_Y(y_1, y_2) = |J| f_X(x_1, x_2) = |J| f_X[h_1(y_1, y_2), h_2(y_1, y_2)] \tag{1.3.45}$$

在一般情况下,可推广到多维随机变量的函数的分布。若变换是单值的,则

$$f_Y(y_1, y_2, \cdots, y_n) = |J| f_X(x_1, x_2, \cdots, x_n); x_i = h_i(y_1, y_2, \cdots, y_n), i = 1, 2, \cdots, n \tag{1.3.46}$$

式中 $$J = \frac{\partial(x_1, x_2, \cdots, x_n)}{\partial(y_1, y_2, \cdots, y_n)} = \begin{vmatrix} \frac{\partial x_1}{\partial y_1} & \frac{\partial x_1}{\partial y_2} & \cdots & \frac{\partial x_1}{\partial y_n} \\ \frac{\partial x_2}{\partial y_1} & \frac{\partial x_2}{\partial y_2} & \cdots & \frac{\partial x_2}{\partial y_n} \\ \vdots & \vdots & \ddots & \vdots \\ \frac{\partial x_n}{\partial y_1} & \frac{\partial x_n}{\partial y_2} & \cdots & \frac{\partial x_n}{\partial y_n} \end{vmatrix}$$

二维随机变量(X_1, X_2)的函数,最简单的情况是两个随机变量的和、差、积、商。现在应用式(1.3.45)给出两个随机变量的和、差、积、商的概率密度函数。

① 令 $Y=X_1+X_2$,则由式(1.3.45)和式(1.3.24)可得

$$f_Y(y) = \int_{-\infty}^{\infty} f_X(x_1, y - x_1)\,dx_1 \tag{1.3.47}$$

② 令 $Y=X_2-X_1$,则由式(1.3.45)和式(1.3.24)可得

$$f_Y(y) = \int_{-\infty}^{\infty} f_X(x_1, y + x_1)\,dx_1 \tag{1.3.48}$$

③ 令 $Y=X_1X_2$,则有

$$f_Y(y) = \int_{-\infty}^{\infty} f_X\left(x_1, \frac{y}{x_1}\right)\frac{1}{|x_1|}\,dx_1 \tag{1.3.49}$$

④ 令 $Y=X_2/X_1$,则有

$$f_Y(y) = \int_{-\infty}^{\infty} f_X(x_1, yx_1)\,|x_1|\,dx_1 \tag{1.3.50}$$

特别地,当随机变量 X_1 和 X_2 相互统计独立时,即

$$f_X(x_1, x_2) = f_1(x_1) f_2(x_2)$$

则代入式(1.3.47)~式(1.3.50)后,便可得到当 X_1 和 X_2 相互统计独立时相应的概率密度函数分别为

$$f_Y(y) = \int_{-\infty}^{\infty} f_1(x_1) f_2(y - x_1)\,dx_1 \tag{1.3.51}$$

$$f_Y(y) = \int_{-\infty}^{\infty} f_1(x_1) f_2(y + x_1)\,dx_1 \tag{1.3.52}$$

$$f_Y(y) = \int_{-\infty}^{\infty} f_1(x_1) f_2\left(\frac{y}{x_1}\right)\frac{1}{|x_1|}\,dx_1 \tag{1.3.53}$$

$$f_Y(y)=\int_{-\infty}^{\infty}f_1(x_1)f_2(yx_1)\mid x_1\mid \mathrm{d}x_1 \tag{1.3.54}$$

例 1.3-5　设随机变量 Y 和 X 之间为线性关系，即

$$Y=cX+b$$

式中，$c>0$，b 为常数。已知 X 为正态分布，有

$$f(x)=\frac{1}{\sqrt{2\pi}\sigma_x}\exp\left[-\frac{(x-a)^2}{2\sigma_x^2}\right]$$

式中，a、σ_x 分别为正态分布的均值和均方差。求随机变量 Y 的概率密度函数。

解：随机变量 X 和 Y 之间的反函数为 $X=h(Y)=\dfrac{Y-b}{c}$，且 $h'(y)=\dfrac{1}{c}$，根据式(1.3.42)有

$$\begin{aligned}\varphi(y)&=f[h(y)]\mid h'(y)=f\left(\frac{y-b}{c}\right)\frac{1}{\mid c\mid}\\&=\frac{1}{\mid c\mid\sqrt{2\pi}\sigma_x}\exp\left\{-\frac{[y-(ca+b)]^2}{2(c\sigma_x)^2}\right\}\end{aligned} \tag{1.3.55}$$

式(1.3.55)表明，服从正态分布的随机变量 X 的线性函数也是正态分布的，其均值为 $ca+b$，方差为 $(c\sigma_x)^2$。

例 1.3-6　设随机变量 X 和 Y 相互独立，且其概率密度函数分别为

$$f_1(x)=\frac{1}{\sqrt{2\pi}}\exp\left(-\frac{x^2}{2}\right),\quad f_2(y)=\frac{1}{\sqrt{2\pi}}\exp\left(-\frac{y^2}{2}\right)$$

求 $Z=X+Y$ 的概率密度函数。

解：由式(1.3.51)得

$$\begin{aligned}\varphi(z)&=\int_{-\infty}^{\infty}\frac{1}{\sqrt{2\pi}}\mathrm{e}^{-x^2/2}\frac{1}{\sqrt{2\pi}}\mathrm{e}^{-(z-x)^2/2}\mathrm{d}x\\&=\frac{1}{2\pi}\int_{-\infty}^{\infty}\exp\left[-\frac{1}{2}(2x^2-2zx+z^2)\right]\mathrm{d}x\end{aligned}$$

因为

$$\begin{aligned}2x^2-2zx+z^2&=(x\sqrt{2})^2-2(x\sqrt{2})\frac{z}{\sqrt{2}}+\left(\frac{z}{\sqrt{2}}\right)^2+\frac{z^2}{2}\\&=\left(x\sqrt{2}-\frac{z}{\sqrt{2}}\right)^2+\frac{z^2}{2}\end{aligned}$$

故有

$$\begin{aligned}\varphi(z)&=\frac{1}{2\pi}\int_{-\infty}^{\infty}\exp\left[-\frac{1}{2}\left(x\sqrt{2}-\frac{z}{\sqrt{2}}\right)^2\right]\exp\left(-\frac{z^2}{4}\right)\mathrm{d}x\\&=\frac{1}{2\sqrt{\pi}}\exp\left(-\frac{z^2}{4}\right)\frac{1}{\sqrt{\pi}}\int_{-\infty}^{\infty}\exp\left[-\frac{1}{2}\left(x\sqrt{2}-\frac{z}{\sqrt{2}}\right)^2\right]\mathrm{d}x\end{aligned} \tag{1.3.56}$$

若对式(1.3.56)中的积分项做变量置换，令 $u=x\sqrt{2}-\dfrac{z}{\sqrt{2}}$，可得

$$\frac{1}{\sqrt{\pi}}\int_{-\infty}^{\infty}\exp\left[-\frac{1}{2}\left(x\sqrt{2}-\frac{z}{\sqrt{2}}\right)^2\right]\mathrm{d}x=\frac{1}{\sqrt{2\pi}}\int_{-\infty}^{\infty}\exp\left(-\frac{u^2}{2}\right)\mathrm{d}u=1$$

将此积分结果代入前面的表达式，最后得

$$\varphi(z)=\frac{1}{2\sqrt{\pi}}\exp\left(-\frac{z^2}{4}\right)$$

由此可见,两个正态分布的卷积仍是正态分布的,此时,它们的均值和方差分别是原来两个正态分布的均值和方差的代数和。换言之,两个独立的随机变量 X,Y,其均值和方差分别为 a_x,a_y 和 σ_x^2,σ_y^2,且都服从正态分布,那么它们的和 $Z=X+Y$ 同样也服从正态分布。

1.4 随机变量的数字特征

若要完整地描述一个随机变量的统计特性,则应求出其概率分布函数或概率密度函数。但是在许多实际问题中,求出随机变量的分布函数不是一件容易的事。此外,我们往往并不关心随机变量的概率分布,而只知道它的某些主要特征。例如随机变量的平均值或它偏离该平均值的分散度等。因此,本节引入数字特征的概念,这些数字特征就是随机变量的数学期望(均值)、方差和各阶距。

1.4.1 数学期望和方差

1. 数学期望

为了给出随机变量的数学期望的定义,先讨论离散随机变量的情况。假定测量某一电压值,测量结果显然是一个随机变量 X。在 n 次测量中,测得结果是 x_1 的 m_1 次,是 x_2 的有 m_2 次,…,是 x_k 的有 m_k 次。显然,总测量次数是 $n=m_1+m_2+\cdots+m_k$。则加权平均数为

$$\bar{x}=\frac{m_1x_1+m_2x_2+\cdots+m_kx_k}{n}=\sum_{i=1}^{k}x_i\left(\frac{m_i}{n}\right) \tag{1.4.1}$$

式中,$\omega_i=m_i/n$ 为测量结果的相对频率。当 n 充分大时,ω_i 便趋于随机变量 X 取值 x_i 的概率 p_i。于是有 $p_i=m_i/n$。因此,

定义
$$E[X]=\sum_{i=1}^{k}x_ip_i \tag{1.4.2}$$

为随机变量 X 的数学期望。有时也称为均值或统计平均。它表示随机变量 X 取值 x 的集中地点,为随机变量 X 的位置特征。

式(1.4.2)很容易推广到连续型随机变量的情况。设随机变量 X 是连续型的,且其概率密度函数为 $f(x)$,若积分

$$\int_{-\infty}^{\infty}|x|f(x)\mathrm{d}x<\infty$$

存在,则称

$$E[X]=\int_{-\infty}^{\infty}xf(x)\mathrm{d}x \tag{1.4.3}$$

为连续型随机变量 X 的数学期望。

现在导出随机变量 X 的函数 $Y=g(X)$ 的数学期望,即

$$E[Y]=E[g(X)]=\int_{-\infty}^{\infty}g(x)f(x)\mathrm{d}x \tag{1.4.4}$$

式(1.4.4)表明,要求随机变量 Y 的数字特征,不必知道它的分布律,只需知道 X 的概率密度函数就够了。

对于二维随机变量 (X_1,X_2) 的函数 $Y=g(X_1,X_2)$,若 (X_1,X_2) 的二维概率密度函数是 $f(x_1,x_2)$,则它的数学期望为

$$E[Y]=E[g(X_1,X_2)]=\int_{-\infty}^{\infty}\int_{-\infty}^{\infty}g(x_1,x_2)f(x_1,x_2)\mathrm{d}x_1\mathrm{d}x_2 \tag{1.4.5}$$

若(X,Y)为连续型随机变量，其二维联合概率密度函数为 $f(x,y)$，应用式(1.3.37)和式(1.3.38)不难求出条件概率密度函数 $f(y|x)$和 $f(x|y)$，于是按数学期望的定义，有

$$E[Y\mid X]=\int_{-\infty}^{\infty}yf(y\mid x)\mathrm{d}y \tag{1.4.6}$$

和

$$E[X\mid Y]=\int_{-\infty}^{\infty}xf(x\mid y)\mathrm{d}x \tag{1.4.7}$$

式(1.4.6)和式(1.4.7)称为条件数学期望，又称为条件均值。

2. 方　差

方差是用来表征随机变量 X 偏离其均值 $E[X]$的分散度的。对于一维随机变量，其方差定义为

$$D[X]=\int_{-\infty}^{\infty}(x-m)^2f(x)\mathrm{d}x \tag{1.4.8}$$

式中，$m=E[X]$是随机变量 X 的均值，$f(x)$是 X 的概率密度函数。

方差有时用 $\mathrm{var}[X]$或 σ^2 表示。称 σ 为随机变量 X 的标准离差或均方差。

在计算随机变量 X 的方差时，经常用到如下重要公式

$$D[X]=E[X^2]-[E(X)]^2 \tag{1.4.9}$$

证明：

$$\begin{aligned}D[X]&=E\{[X-E(X)]^2\}\\&=E[X^2]-2E[X]E[X]+[E(X)]^2\\&=E[X^2]-[E(X)]^2\end{aligned}$$

若随机变量 Y 是 X 的函数，即 $Y=g(X)$，则 Y 的方差定义为

$$D[Y]=D[g(X)]=\int_{-\infty}^{\infty}[g(x)-m_Y]^2f(x)\mathrm{d}x \tag{1.4.10}$$

式中，$m_Y=E[g(X)]$是随机变量 X 的函数 Y 的均值，$f(x)$是 X 的概率密度函数。

同样地，若二维随机变量(X_1,X_2)的联合概率密度函数为 $f(x_1,x_2)$，二维随机变量(X_1,X_2)的函数 $Y=g(X_1,X_2)$的均值为 m_Y，则二维随机变量(X_1,X_2)的函数 Y 的方差可表示为

$$D[Y]=\int_{-\infty}^{\infty}\int_{-\infty}^{\infty}[g(x_1,x_2)-m_Y]^2f(x_1,x_2)\mathrm{d}x_1\mathrm{d}x_2 \tag{1.4.11}$$

3. 数学期望和方差的性质

数学期望和方差的性质如下。

① 若 c 为常数，X 为随机变量，则有

$$E[c]=c,\quad D[c]=0,\quad E[cX]=cE[X],\quad D[cX]=c^2D[X]$$

② 若 X_1,X_2 为随机变量，则和的数学期望与方差分别为

$$E[X_1\pm X_2]=E[X_1]\pm E[X_2] \tag{1.4.12}$$

$$D[X_1\pm X_2]=D[X_1]+D[X_2]\pm 2E\{[X_1-X(X_1)][X_2-E(X_2)]\} \tag{1.4.13}$$

上述结果可以推广到 n 维随机变量，有

$$E\Big[\sum_{i=1}^{n}X_i\Big]=\sum_{i=1}^{n}E[X_i] \tag{1.4.14}$$

$$D\Big[\sum_{i=1}^{n}X_i\Big]=\sum_{i=1}^{n}\sum_{k=1}^{n}E\{[X_i-E(X_i)][X_k-E(X_k)]\} \tag{1.4.15}$$

若随机变量 $X_1, X_2, \cdots, X_n$ 相互统计独立，则有

$$D\left[\sum_{i=1}^{n} X_i\right] = \sum_{i=1}^{n} D[X_i] \tag{1.4.16}$$

③ 若 X_1, X_2 为随机变量，且相互独立，则积的数学期望与方差分别为

$$E[X_1 X_2] = E[X_1]E[X_2] \tag{1.4.17}$$

$$D[X_1 X_2] = D[X_1]D[X_2] + D[X_2][E(X_1)]^2 + D[X_1][E(X_2)]^2 \tag{1.4.18}$$

1.4.2 标准化随机变量

在理论研究和实际工作中，为了方便计算或简化说明，往往要对随机变量进行标准化。当随机变量 X 的数学期望和方差都存在时，引入标准化随机变量

$$X^* = \frac{X - E[X]}{\sqrt{D[X]}} \tag{1.4.19}$$

标准化随机变量 X^* 的数学期望为

$$E[X^*] = \frac{1}{\sqrt{D[X]}}[E(X) - E(X)] = 0$$

方差为
$$D[X^*] = \frac{1}{D[X]} D[X] = 1$$

例 1.4-1 设随机变量 X 服从二项分布

$$P(X = k) = C_n^k p^k q^{n-k} \qquad k = 1, 2, \cdots, n \qquad 0 < p < 1$$

求 $E[X]$和 $D[X]$。

解：按定义

$$\begin{aligned} E[X] &= \sum_{k=0}^{n} k \frac{n!}{k!(n-k)!} p^k q^{n-k} \\ &= np \sum_{k=1}^{n} \frac{(n-1)!}{(k-1)!(n-k)!} p^{k-1} q^{n-k} \\ &= np \sum_{r=0}^{n-1} \frac{(n-1)!}{r!(n-1-r)!} p^r q^{n-1-r} \\ &= np(p+q)^{n-1} = np \end{aligned}$$

$$\begin{aligned} E[X^2] &= \sum_{k=0}^{n} k^2 \frac{n!}{k!(n-k)!} p^k q^{n-k} \\ &= np \sum_{k=1}^{n} k \frac{(n-1)!}{(k-1)!(n-k)!} p^{k-1} q^{n-k} \\ &= np \sum_{k=0}^{n-1} (k+1) \frac{(n-1)!}{k!(n-1-k)!} p^k n^{n-1-k} \\ &= np \left[\sum_{k=0}^{n-1} k \frac{(n-1)!}{k!(n-1-k)!} p^k q^{n-1-k} + (p+q)^{n-1}\right] \\ &= np(np+q) \end{aligned}$$

$$D[X] = E[X^2] - \{E[X]\}^2 = npq + (np)^2 - (np)^2 = npq$$

从例 1.4-1 可以看出，随机变量 X 的分布密度函数，其参数均由数学期望定义，因此，数学期望是概率论中一个极其重要的概念。实际上，在概率论中各类数字特征均是由数学期望定义的。

例 1.4－2　设随机变量 X 服从泊松公布

$$P(X=k)=\frac{\lambda^k e^{-\lambda}}{k!} \qquad k=0,1,2,\cdots \qquad \lambda>0$$

求 $E[X]$和 $D[X]$。

解： 按定义

$$E[X]=\sum_{k=0}^{\infty}k\frac{\lambda^k}{k!}e^{-\lambda}=\lambda e^{-\lambda}\sum_{k=1}^{\infty}\frac{\lambda^{k-1}}{(k-1)!}$$

$$=\lambda e^{-\lambda}e^{\lambda}=\lambda$$

$$E[X^2]=\sum_{k=0}^{\infty}k^2\frac{\lambda^k}{k!}e^{-\lambda}$$

$$=\lambda\sum_{k=1}^{\infty}(k-1)e^{-\lambda}\frac{\lambda^{k-1}}{(k-1)!}+\lambda\sum_{k=1}^{\infty}e^{-\lambda}\frac{\lambda^{k-1}}{(k-1)!}$$

$$=\lambda^2+\lambda$$

$$D[X]=E[X^2]-\{E[X]\}^2=\lambda^2+\lambda-\lambda^2=\lambda$$

例 1.4－3　设随机变量 X 服从高斯分布 $N(a,\sigma^2)$，其概率密度函数为

$$f(x)=\frac{1}{\sqrt{2\pi}\,\sigma}\exp\left[-\frac{(x-a)^2}{2\sigma^2}\right],\quad x\in R^1$$

求 $E[X]$和 $D[X]$。

解： 按定义

$$E[X]=\int_{-\infty}^{\infty}x\frac{1}{\sqrt{2\pi}\,\sigma}\exp\left[-\frac{(x-a)^2}{2\sigma^2}\right]dx$$

变量置换，令 $z=\dfrac{x-a}{\sigma}$，则有

$$E[X]=\frac{1}{\sqrt{2\pi}}\int_{-\infty}^{\infty}(\sigma z+a)e^{-z^2/2}dz$$

$$=\frac{1}{\sqrt{2\pi}}\int_{-\infty}^{\infty}ae^{-z^2/2}dz=a$$

$$D[X]=\int_{-\infty}^{\infty}(x-a)^2\frac{1}{\sqrt{2\pi}\,\sigma}\exp\left\{-\frac{(x-a)^2}{2\sigma^2}\right\}dx$$

$$=\frac{\sigma^2}{\sqrt{2\pi}}\int_{-\infty}^{\infty}z^2e^{-z^2/2}dz$$

$$=\frac{\sigma^2}{\sqrt{2\pi}}\left[-ze^{-z^2/2}\Big|_{-\infty}^{\infty}+\int_{-\infty}^{\infty}e^{-z^2/2}dz\right]$$

$$=\frac{\sigma^2}{\sqrt{2\pi}}\int_{-\infty}^{\infty}e^{-z^2/2}dz=\sigma^2$$

例 1.4－3 说明，服从高斯分布的随机变量的概率密度函数由它的数学期望 a 及方差 σ^2 唯一确定。

1.4.3　切比雪夫不等式

定义　若随机变量具有有限方差，则对于任意正整数 ε，有

$$P\{|X-E[X]|\geqslant\varepsilon\}\leqslant\frac{D[X]}{\varepsilon^2} \qquad (1.4.20)$$

式(1.4.20)称为切比雪夫不等式。

证明: 设 $F(x)$ 是随机变量 X 的分布函数,则

$$P\{|X-E[X]|\geqslant\varepsilon\}=\int_{|x-E[X]|\geqslant\varepsilon}\mathrm{d}F(x)$$
$$\leqslant\int_{|x-E[X]|\geqslant\varepsilon}\frac{(x-E[X])^2}{\varepsilon^2}\mathrm{d}F(x)$$
$$\leqslant\frac{1}{\varepsilon^2}\int_{-\infty}^{\infty}\{x-E[X]\}^2\mathrm{d}F(x)=\frac{D[X]}{\varepsilon^2}$$

不等式(1.4.20)在概率论中有着重要的作用。它表明:当方差越小时,事件($|x-E[X]|\geqslant\varepsilon$)的概率越小,即随机变量 X 密集于其数学期望 $E[X]$ 的周围,因而方差可用来作为描述随机变量 X 相对于它的数学期望的分散程度的指标。

应用对立事件的概念,切比雪夫不等式又可写成

$$P\{|X-E[X]|<\varepsilon\}\geqslant 1-\frac{D[X]}{\varepsilon^2} \tag{1.4.21}$$

不等式(1.4.21)给出了在随机变量 X 的分布函数未知,而方差已知的情况下,对事件($|x-E[X]|<\varepsilon$)的概率的一种估计方法。

由式(1.4.20)可推出,当 $D[X]=0$ 时,以概率1成立 $X=E[X]$,即

$$P\{X=E[X]\}=1 \tag{1.4.22}$$

证明: 由假定 $D[X]=0$,故对任意的 $n=1,2,\cdots$,有

$$P\left\{|X-E[X]|\geqslant\frac{1}{n}\right\}\leqslant 0$$

又因事件
$$\{|X-E[X]|\neq 0\}\leqslant\bigcup_{n=1}^{\infty}\left\{|X-E[X]|\geqslant\frac{1}{n}\right\}$$

故有
$$P\{|X-E[X]|\neq 0\}=\sum_{n=1}^{\infty}P\left\{|X-E[X]|\geqslant\frac{1}{n}\right\}=0$$

于是,根据对立事件的概率,有

$$P\{X=E[X]\}=1-P\{|X-E[X]|\neq 0\}=1$$

式(1.4.22)表明,当方差为零时,随机变量 X 以概率1集中在数学期望这一点。

1.4.4 矩

除了数学期望和方差之外,随机变量还有其他数字特征。本节介绍随机变量的各阶矩,它们在数理统计中有着极其重要的作用。

1. 一维随机变量的 k 阶矩

(1) k 阶原点矩

设 X 为随机变量,若有 $E[|X|^k]<\infty$,则称

$$\gamma_k=E[X^k]\qquad k=0,1,2,\cdots \tag{1.4.23}$$

为随机变量 X 的 k 阶原点矩。而称

$$\alpha_k=E[|X|^k]\qquad k=0,1,2,\cdots \tag{1.4.24}$$

为随机变量 X 的 k 阶绝对原点矩。

显然,零阶原点矩 $\gamma_0=1$,一阶原点矩 $\gamma_1=E[X]$ 为随机变量 X 的数学期望。

(2) k 阶中心矩

设 X 为随机变量，若 $E[X]$存在，且 $E[|X-E[X]|^k]<\infty$，则称

$$\mu_k = E\{(X-E[X])^k\} \qquad k=0,1,2,\cdots \tag{1.4.25}$$

为 X 的 k 阶中心矩。而称

$$\beta_k = E\{|X-E[X]|^k\} \qquad k=0,1,2,\cdots \tag{1.4.26}$$

为 X 的 k 阶绝对中心矩。

显然，$\mu_0=1$，$\mu_1=0$。而且二阶中心矩恰为随机变量 X 的方差，即 $\mu_2=D[X]$。

2. 二维随机变量的各阶矩

(1) $k+s$ 阶原点矩

设 X,Y 为随机变量，则称

$$\alpha_{k,s} = E[X^kY^s] \tag{1.4.27}$$

为 $k+s$ 阶原点矩。有时也称它为联合矩。它表示 X^k 乘 Y^s 的数学期望。

(2) $k+s$ 阶中心距

设 X,Y 为随机变量，则称

$$\mu_{k,s} = E\{(X-E[X])^k(Y-E[Y])^s\} \tag{1.4.28}$$

为 $k+s$ 阶联合中心矩。

显然　$\alpha_{1,0}=E[X^1Y^0]=E[X]$，　$\alpha_{0,1}=E[X^0Y^1]=E[Y]$

$$\mu_{1,1} = E\{(X-E[X])(Y-E[Y])\} \tag{1.4.29}$$

式(1.4.29)中，$\mu_{1,1}$称为二阶联合中心矩。有时又称为相关矩或协方差。它描述了随机变量之间的统计关系，常表示为

$$\mathrm{cov}(X,Y) = E\{(X-E[X])(Y-E[Y])\} \tag{1.4.30}$$

由式(1.4.30)可看出，协方差反映了各随机变量相对均值的偏差大小。若随机变量 X,Y 各自偏离均值较小，则无论 X,Y 之间的联系如何紧密，其协方差仍然很小。

1.4.5　随机矢量的数字特征

1. 数学期望

设 n 维随机矢量 $\boldsymbol{X}=[X_1 \quad X_2 \quad \cdots \quad X_n]^{\mathrm{T}}$，分布密谋为 $p_{\boldsymbol{X}}(x)$。按数学期望的定义，均值矢量为

$$E[\boldsymbol{X}] = [E[X_1] \quad E[X_2] \quad \cdots \quad E[X_n]]^{\mathrm{T}} = \int_{-\infty}^{\infty} \boldsymbol{x}p_{\boldsymbol{X}}(\boldsymbol{x})\mathrm{d}\boldsymbol{x} \tag{1.4.31}$$

式中　$\boldsymbol{x}=[x_1 \quad x_2 \quad \cdots \quad x_n]^{\mathrm{T}}$

若将随机矢量 $\boldsymbol{X}$ 的分布密度 $p_{\boldsymbol{X}}(\boldsymbol{x})$改写为 $p_n(x_1,x_2,\cdots,x_n)$，则式(1.4.31)表示为

$$E[\boldsymbol{X}] = \int_{-\infty}^{\infty}\cdots\int_{-\infty}^{\infty}[x_1 \quad x_2 \quad \cdots \quad x_n]^{\mathrm{T}} p_n(x_1,x_2,\cdots,x_n)\mathrm{d}x_1\mathrm{d}x_2\cdots\mathrm{d}x_n \tag{1.4.32}$$

若随机矢量 $\boldsymbol{X}$ 的各分量的分布密度为 $p_k(x)$，$k=1,2,\cdots,n$，则第 k 个分量 X_k 的数学期望为

$$\alpha_k = \int_{-\infty}^{\infty} xp_k(x)\mathrm{d}x \qquad k=1,2,\cdots,n \tag{1.4.33}$$

于是，又可称数学期望 $a_1,a_2,\cdots,a_n$ 的总体$(a_1,a_2,\cdots,a_n)$为 n 维随机变量$[X_1 \quad X_2 \quad \cdots \quad X_n]^{\mathrm{T}}$ 的数学期望。

2. 方差和协方差

(1) 方差阵

$$D[\boldsymbol{X}]=E\{(\boldsymbol{X}-E[\boldsymbol{X}])(\boldsymbol{X}-E[\boldsymbol{X}])^{\mathrm{T}}\}$$
$$=\{E\{(X_i-E[X_i])(X_j-E[X_j])\}\}_{n\times n}$$
$$=\left\{\int_{-\infty}^{\infty}\cdots\int_{-\infty}^{\infty}(x_i-E[X_i])(x_j-E[X_j])p(x_1,x_2,\cdots,x_n)\mathrm{d}x_1\mathrm{d}x_2\cdots\mathrm{d}x_n\right\}_{n\times n} \tag{1.4.34}$$

或简记为
$$D[\boldsymbol{X}]=\int_{-\infty}^{\infty}(\boldsymbol{x}-E[\boldsymbol{X}])(\boldsymbol{x}-E[\boldsymbol{X}])^{\mathrm{T}}p_{\boldsymbol{X}}(\boldsymbol{x})\mathrm{d}\boldsymbol{x} \tag{1.4.35}$$

显然,$D[\boldsymbol{X}]$是一个非负定阵。

(2) 协方差阵

设 n 维随机矢量 $\boldsymbol{X}=[X_1\quad X_2\quad\cdots\quad X_n]^{\mathrm{T}}$ 的二阶中心矩存在,即

$$C_{ik}=\mathrm{cov}(X_i,Y_k)=E\{(X_i-E[X_i])(X_k-E[X_k])\} \tag{1.4.36}$$

则称
$$\boldsymbol{C}=\begin{bmatrix}C_{11} & C_{12} & \cdots & C_{1n}\\ C_{21} & C_{22} & \cdots & C_{2n}\\ \vdots & \vdots & \ddots & \vdots\\ C_{n1} & C_{n2} & \cdots & C_{nn}\end{bmatrix}$$

为 n 维随机矢量 $\boldsymbol{X}$ 的协方差阵。其中各元均为二阶联合中心矩。对角线上各元

$$C_{kk}=E\{(X_k-E[X_k])^2\}$$

为第 k 个分量的方差。而其余各元为

$$C_{ik}=E\{(X_i-E[X_i])(X_k-E[X_k])\}=C_{ki}\qquad i\neq k;i,k=1,2,\cdots,n$$

由此可知,协方差阵是一个对称矩阵。

如果有两个随机矢量 $\boldsymbol{X}=[X_1\quad X_2\quad\cdots\quad X_n]^{\mathrm{T}}$ 和 $\boldsymbol{Y}=[Y_1\quad Y_2\quad\cdots\quad Y_m]^{\mathrm{T}}$,其联合概率密度函数为 $p_{\boldsymbol{XY}}(\boldsymbol{x},\boldsymbol{y})$,则它们之间的协方差阵为 $n\times m$ 矩阵。

$$\mathrm{cov}(\boldsymbol{X},\boldsymbol{Y})=E\{(\boldsymbol{X}-E[\boldsymbol{X}])(\boldsymbol{Y}-E[\boldsymbol{Y}])^{\mathrm{T}}\}$$
$$=\int_{-\infty}^{\infty}(\boldsymbol{x}-E[\boldsymbol{X}])(\boldsymbol{y}-E[\boldsymbol{Y}])^{\mathrm{T}}p_{\boldsymbol{XY}}(\boldsymbol{x},\boldsymbol{y})\mathrm{d}\boldsymbol{x}\mathrm{d}\boldsymbol{y} \tag{1.4.37}$$

显然有
$$\mathrm{cov}[\boldsymbol{X},\boldsymbol{Y}]=(\mathrm{cov}[\boldsymbol{Y},\boldsymbol{X}])^{\mathrm{T}} \tag{1.4.38}$$

(3) 相关阵

两个随机矢量 $\boldsymbol{X}$ 和 $\boldsymbol{Y}$ 的相关阵为

$$E[\boldsymbol{XY}^{\mathrm{T}}]=E\{(\boldsymbol{X}-E[\boldsymbol{X}]+E[\boldsymbol{X}])(\boldsymbol{Y}-E[\boldsymbol{Y}]+E[\boldsymbol{Y}])^{\mathrm{T}}\}$$
$$=\mathrm{cov}(\boldsymbol{X},\boldsymbol{Y})+E[\boldsymbol{X}](E[\boldsymbol{Y}])^{\mathrm{T}} \tag{1.4.39}$$

若 $\boldsymbol{X}$ 和 $\boldsymbol{Y}$ 的协方差阵为零,则有

$$E[\boldsymbol{XY}^{\mathrm{T}}]=E[\boldsymbol{X}](E[\boldsymbol{Y}])^{\mathrm{T}} \tag{1.4.40}$$

那么,称此两随机矢量 $\boldsymbol{X}$ 和 $\boldsymbol{Y}$ 不相关。

3. 条件均值和方差

对于两个随机矢量 $\boldsymbol{X}=[X_1\quad X_2\quad\cdots\quad X_n]^{\mathrm{T}}$ 和 $\boldsymbol{Y}=[Y_1\quad Y_2\quad\cdots\quad Y_m]^{\mathrm{T}}$,给定在 $\boldsymbol{Y}=\boldsymbol{y}$ 的条件下,$\boldsymbol{X}$ 的条件均值和条件方差为

$$E[\boldsymbol{X}\mid\boldsymbol{y}]=\int_{-\infty}^{\infty}\boldsymbol{x}p(\boldsymbol{x}\mid\boldsymbol{y})\mathrm{d}\boldsymbol{x} \tag{1.4.41}$$

和
$$D[\boldsymbol{X}\mid\boldsymbol{y}]=E\{(\boldsymbol{X}-E[\boldsymbol{X}\mid\boldsymbol{y}])(\boldsymbol{X}-E[\boldsymbol{X}\mid\boldsymbol{y}])^{\mathrm{T}}\}$$

$$= \int_{-\infty}^{\infty} (\boldsymbol{x} - E[\boldsymbol{X} \mid \boldsymbol{y}])(\boldsymbol{x} - E[\boldsymbol{X} \mid \boldsymbol{y}])^{\mathrm{T}} p(\boldsymbol{x} \mid \boldsymbol{y}) \mathrm{d}\boldsymbol{x} \tag{1.4.42}$$

随机变量是随机矢量的特例，因此根据上述公式不难得到随机变量的条件均值和条件方差的表达式。

由条件均值的定义，可得如下关系式：

① $E_X[g(X)|x]=g(x)$；

② $E_X[AX|y]=AE_X(X|y)$；

③ $E_{XY}[X+Y|z]=E_X[X|z]+E_Y[Y|z]$；

④ $E_Y\{E_X[X|y]\}=E_X(X)$。

各式中 $E[\cdot]$的下标是指对哪一个变量取期望，为讨论方便，以上各式中列出的是随机变量的情况。

例 1.4-4　设二维随机变量(X,Y)的联合分布密度为

$$f(x,y)=\begin{cases}\cos x\cos y & 0\leqslant x\leqslant \dfrac{\pi}{2}, 0\leqslant y\leqslant \dfrac{\pi}{2}\\ 0 & \text{其他}\end{cases}$$

解：显然有
$$f(x,y)=f_1(x)f_2(y)$$

故
$$f_1(x)=\cos x \qquad 0\leqslant x\leqslant \pi/2$$
$$f_2(y)=\cos y \qquad 0\leqslant y\leqslant \pi/2$$

按定义，有
$$E[X]=\int_{-\infty}^{\infty} x f_1(x)\mathrm{d}x=\int_0^{\pi/2} x\cos x\mathrm{d}x=\frac{\pi}{2}-1$$
$$E[Y]=\frac{\pi}{2}-1$$

和
$$D[X]=E[X^2]-(E[X])^2$$
$$D[Y]=E[Y^2]-(E[Y])^2$$

而
$$E[X^2]=\int_{-\infty}^{\infty} x^2 f_1(x)\mathrm{d}x=\int_0^{\pi/2} x^2\cos x\mathrm{d}x=\frac{\pi^2}{4}-2$$
$$E[Y^2]=\frac{\pi^2}{4}-2$$

故
$$D[X]=\frac{\pi^2}{2}-2-\left(\frac{\pi}{2}-1\right)^2=\pi-3$$
$$D[Y]=\pi-3$$

又因为
$$E[XY]=\int_0^{\pi/2}\int_0^{\pi/2} xy\cos x\cos y\mathrm{d}x\mathrm{d}y=\left(\frac{\pi}{2}-1\right)^2$$
$$\operatorname{cov}(X,Y)=E[XY]-E[X]E[Y]=0$$

故协方差阵为
$$\boldsymbol{C}(X,Y)=\begin{bmatrix}\pi-3 & 0\\ 0 & \pi-3\end{bmatrix}$$

1.4.6　相关系数

在讨论描述随机变量 X 与 Y 之间相互关系的数字特征时，还要讨论一个重要概念，就是相关系数 r。本节简要讨论它的含义。

设随机变量 X_1, X_2 的方差 $D[X_1]$，$D[X_2]$存在且大于零，则称

$$r_{12}=\frac{E\{(X_1-E[X_1])(X_2-E[X_2])\}}{\sqrt{D[X_1]}\sqrt{D[X_2]}} \tag{1.4.43}$$

为 X_1 与 X_2 的相关系数。有时又称为标准协方差。显然,r_{12}是一个量纲为1的量。在不致引起混乱时,去掉下标,简记为 r。

利用式(1.4.36),可得

$$r=\frac{C_{12}}{\sqrt{C_{11}}\sqrt{C_{22}}}$$

一般地有

$$r_{ik}=\frac{C_{ik}}{\sqrt{C_{ii}}\sqrt{C_{kk}}} \tag{1.4.44}$$

并称

$$\boldsymbol{r}=\begin{bmatrix} r_{11} & r_{12} & \cdots & r_{1n} \\ r_{21} & r_{22} & \cdots & r_{2n} \\ \vdots & \vdots & \ddots & \vdots \\ r_{n1} & r_{n2} & \cdots & r_{nn} \end{bmatrix}$$

为相关矩阵。

相关系数 r_{12}有下述性质。

① $|r_{12}|\leqslant 1$;

② 若随机变量 X_1 和 X_2 独立,则 $r_{12}=0$;

③ $|r_{12}|=1$ 的充要条件是 X_1 和 X_2 依概率1线性相关,即 $P\{X_2=aX_1+b\}=1$,其中 a,b 为常数。

证明:

① 由柯西-施瓦兹不等式

$$\{E[VW]\}^2\leqslant E[V^2]E[W^2]$$

式中,V,W 为随机变量,且 $E[V^2]<\infty,E[W^2]<\infty$。现在设

$$V=X_2-E[X_2],\quad W=X_1-E[X_1]$$

则有

$$r_{12}^2=\frac{\{E[(X_1-E[X_1])(X_2-E[X_2])]\}^2}{D[X_1]D[X_2]}=\frac{\{E[VW]\}^2}{E[V^2]E[W^2]}\leqslant 1$$

故 $|r_{12}|\leqslant 1$。

② 若 X_1 与 X_2 独立,则有

$$C_{12}=E\{(X_1-E[X_1])(X_2-E[X_2])\}=0$$

故

$$r_{12}=\frac{C_{12}}{\sqrt{C_{11}}\sqrt{C_{22}}}=0$$

③ 先证充分性。设 $X_2=aX_1+b$ 以概率1成立,则

$$\begin{aligned} C_{12}&=E\{(X_1-E[X_1])(X_2-E[X_2])\} \\ &=E\{(X_1-E[X_1])(aX_1+b-aE[X_1]-b)\} \\ &=aE\{(X_1-E[X_1])^2\}=aC_{11} \end{aligned}$$

$$\begin{aligned} C_{22}&=E\{(X_2-E[X_2])^2\}=E\{(aX_1+b-aE[X_1]-b)^2\} \\ &=E\{(aX_1-aE[X_1])^2\}=a^2C_{11} \end{aligned}$$

于是可得

$$r_{12}=\frac{C_{12}}{\sqrt{C_{11}}\sqrt{C_{22}}}=\frac{aC_{11}}{|a|C_{11}}=\frac{a}{|a|}$$

由定义知 $C_{11}>0, C_{22}>0$，又知 $a\neq 0$，故 $|r_{12}|=1$。

然后证必要性。先计算出

$$D\left[\frac{X_1}{\sqrt{C_{11}}}\pm\frac{X_2}{\sqrt{C_{22}}}\right]=2(1\pm r_{12})$$

利用切比雪夫不等式

$$P\{|X-E[X]|\geqslant\varepsilon\}\leqslant\frac{D[X]}{\varepsilon^2}$$

可得当 $D[X]=0$ 时，以概率 1 成立 $X=E[X]$，即

$$P\{X=E[X]\}=1$$

由此易知，存在常数 A，使当 $r_{12}=1$ 时，下式以概率 1 成立

$$\frac{X_1}{\sqrt{C_{11}}}-\frac{X_2}{\sqrt{C_{22}}}=A$$

而当 $r_{12}=-1$ 时，以概率 1 成立

$$\frac{X_1}{\sqrt{C_{11}}}+\frac{X_2}{\sqrt{C_{22}}}=A$$

综合以上各式得出，当 $|r_{12}|=1$ 时，以概率 1 成立

$$X_2=aX_1+b$$

例 1.4－5　设二维随机变量 (X_1, X_2) 服从高斯分布，其概率密度函数为

$$f(x_1,x_2)=\frac{1}{2\pi\sigma_1\sigma_2\sqrt{1-r^2}}\exp\left\{-\frac{1}{2(1-r^2)}\left[\frac{(x_1-a_1)^2}{\sigma_1^2}-2r\frac{(x_1-a_1)(x_2-a_2)}{\sigma_1\sigma_2}+\frac{(x_2-a_2)^2}{\sigma_2^2}\right]\right\}$$

求 X_1 与 X_2 的相关系数 r。

解：由例 1.4－3 可得

$$E[X_1]=a_1,\quad E[X_2]=a_2,\quad D[X_1]=\sigma_1^2,\quad D[X_2]=\sigma_2^2$$

又由式(1.4.36)可得

$$\begin{aligned}C_{12}&=\int_{-\infty}^{\infty}\int_{-\infty}^{\infty}(x_1-a_1)(x_2-a_2)f(x_1,x_2)\mathrm{d}x_1\mathrm{d}x_2\\&=\frac{1}{2\pi\sigma_1\sigma_2\sqrt{1-r^2}}\int_{-\infty}^{\infty}\exp\left\{-\frac{(x_2-a_2)^2}{2\sigma_2^2}\right\}\mathrm{d}x_2\times\\&\quad\int_{-\infty}^{\infty}(x_1-a_1)(x_2-a_2)\exp\left\{-\frac{1}{2(1-r)^2}\left(\frac{x_1-a_1}{\sigma_1}-r\frac{x_2-a_2}{\sigma_2}\right)^2\right\}\mathrm{d}x_1\end{aligned}$$

做变量置换　$u=\dfrac{1}{\sqrt{1-r^2}}\left(\dfrac{x_1-a_1}{\sigma_1}-r\dfrac{x_2-a_2}{\sigma_2}\right),\quad v=\dfrac{x_2-a_2}{\sigma_2}$

则

$$\begin{aligned}C_{12}&=\frac{1}{2\pi}\int_{-\infty}^{\infty}\int_{-\infty}^{\infty}(\sigma_1\sigma_2\sqrt{1-r^2}uv+r\sigma_1\sigma_2v^2)\exp\left(-\frac{u^2+v^2}{2}\right)\mathrm{d}u\mathrm{d}v\\&=\frac{r\sigma_1\sigma_2}{2\pi}\int_{-\infty}^{\infty}v^2\mathrm{e}^{-v^2/2}\mathrm{d}v\int_{-\infty}^{\infty}\mathrm{e}^{-u^2/2}\mathrm{d}u+\frac{\sigma_1\sigma_2\sqrt{1-r^2}}{2\pi}\int_{-\infty}^{\infty}v\mathrm{e}^{-v^2/2}\mathrm{d}v\int_{-\infty}^{\infty}u\mathrm{e}^{-u^2/2}\mathrm{d}u\\&=r\sigma_1\sigma_2\end{aligned}$$

故

$$r_{12}=\frac{C_{12}}{\sqrt{C_{11}}\sqrt{C_{22}}}=\frac{r\sigma_1\sigma_2}{\sigma_1\sigma_2}=r$$

例 1.4-6 设二维随机变量(X_1,X_2)服从正态分布,其概率密度函数为

$$f(x_1,x_2)=\frac{1}{2\pi\sigma_1\sigma_2\sqrt{1-r^2}}\exp\left\{-\frac{1}{2(1-r^2)}\left[\frac{(x_1-a_1)^2}{\sigma_1^2}\right.\right.$$

$$\left.\left.2r\frac{(x_1-a_1)(x_2-a_2)}{\sigma_1\sigma_2}+\frac{(x_2-a_2)^2}{\sigma_2^2}\right]\right\}$$

证明:X_1,X_2 相互独立的充要条件是,X_1,X_2 的相关系数 $r_{12}=0$。

证明: 必要性。若 X_1,X_2 相互独立,由式(1.3.26)知

$$f(x_1,x_2)=f_1(x_1)f_2(x_2) \tag{1.4.45}$$

又由例 1.3-2 知

$$f_1(x)=\frac{1}{\sqrt{2\pi}\sigma_1}\exp\left\{-\frac{(x_1-a_1)^2}{2\sigma_1^2}\right\}$$

$$f_2(x)=\frac{1}{\sqrt{2\pi}\sigma^2}\exp\left\{-\frac{(x_2-a_2)^2}{2\sigma_2^2}\right\}$$

故欲使式(1.4.45)成立,必须 $r=0$。

充分性。若 $r=0$,则式(1.4.45)成立。故 X_1 与 X_2 必独立。

本题结论仅在正态分布情况下成立,其他情况不一定如此。

1.5 特征函数

从前面几节可看出,通过随机变量来描述随机现象;通过分布函数来了解随机变量的统计规律性;通过数字特征来表征随机变量的基本特征。从 1.4 节还可看出,数字特征一般是由各阶矩所决定的,但是在求各阶矩,特别是在求高阶矩时,利用概率密度积分的方法是十分麻烦的。此外,随机现象错综复杂,往往要用多个随机变量来描述,这样就必须推求随机变量的函数分布,若按前面 1.3.5 节叙述的方法,则其运算十分复杂。因此,我们引入特征函数。这是一种理想的、有效的数学工具。本节重点介绍特征函数的定义和性质。

1.5.1 特征函数的定义

定义 设随机变量 X 的分布函数为 $F(x)$,则称

$$\phi(v)=E[e^{jvX}]=\int_{-\infty}^{\infty}e^{jvx}\,dF(x) \tag{1.5.1}$$

为随机变量 X 的特征函数。其中 v 为实参数变量,e^{jvX} 为复随机变量。不难看出所定义的特征函数实际为 e^{jvX} 的数学期望。

从式(1.5.1)可看出,特征函数是一个实变量 v 的复值函数。由于 $|e^{jvX}|=1$,故对一切实数 v,特征函数都有定义

$$|\phi(v)|=\left|\int_{-\infty}^{\infty}e^{jvx}\,dF(x)\right|\leqslant\int_{-\infty}^{\infty}|e^{jvx}|\,dF(x)=1$$

换言之,任一随机变量 X 的特征函数总是存在的。显然,特征函数只与分布函数有关,因此 $\phi(v)$ 也称为某一分布函数 $F(x)$ 的特征函数。

对于离散型随机变量,其特征函数为

$$\phi(v)=E[e^{jvX}]=\sum_{k=1}^{\infty}e^{jvx_k}p_k \tag{1.5.2}$$

式中，p_k 为随机变量 X 的概率函数。

对于连续型随机变量，其特征函数记为

$$\phi(v) = E[\mathrm{e}^{\mathrm{j}vX}] = \int_{-\infty}^{\infty} \mathrm{e}^{\mathrm{j}vx} f(x)\mathrm{d}x \tag{1.5.3}$$

式中，$f(x)$为连续随机变量 X 的概率密度函数。

从傅里叶积分的定义可知，随机变量 X 的特征函数恰好是其概率密度函数的傅里叶逆变换。因此，当给定随机变量 X 的特征函数时，利用傅里叶正变换就可求出概率密度函数为

$$f(x) = \frac{1}{2\pi}\int_{-\infty}^{\infty} \phi(v)\mathrm{e}^{-\mathrm{j}vx}\mathrm{d}v \tag{1.5.4}$$

例 1.5-1 设随机变量 X 服从高斯分布 $N(a,\sigma)$，求 X 的特征函数。

解：已知 X 的概率密度函数为

$$f(x) = \frac{1}{\sqrt{2\pi}\sigma}\mathrm{e}^{-(x-a)^2/2\sigma^2}$$

根据式(1.5.3)有
$$\phi(v) = \int_{-\infty}^{\infty} \mathrm{e}^{\mathrm{j}vx} \frac{1}{\sqrt{2\pi}\sigma}\mathrm{e}^{-(x-a)^2/2\sigma^2}\mathrm{d}x$$

做变量置换，令 $u=\dfrac{x-a}{\sqrt{2}\sigma}$，则

$$\phi(v) = \frac{1}{\sqrt{\pi}}\int_{-\infty}^{\infty} \mathrm{e}^{-u^2+\mathrm{j}\sqrt{2}\sigma vu+\mathrm{j}va}\mathrm{d}u$$

利用积分公式
$$\int_{-\infty}^{\infty} \mathrm{e}^{-Ax^2\pm 2Bx-C}\mathrm{d}x = \sqrt{\frac{\pi}{A}}\mathrm{e}^{-\frac{AC-B^2}{A}}$$

这里 $A=1, B=\mathrm{j}v\sigma/\sqrt{2}, C=-\mathrm{j}va$。故有

$$\phi(v) = \mathrm{e}^{\mathrm{j}va-\frac{v^2\sigma^2}{2}} \tag{1.5.5}$$

当参数 $a=0,\sigma=1$ 时，则上式变成

$$\phi(v) = \mathrm{e}^{-\frac{v^2}{2}} \tag{1.5.6}$$

1.5.2 特征函数的性质

随机变量 X 的特征函数 $\phi(v)$满足：

① $|\phi(v)|\leqslant\phi(0)=1$。

证明：因为
$$\phi(0) = \int_{-\infty}^{\infty} \mathrm{e}^{\mathrm{j}vx} f(x)\mathrm{d}x = \int_{-\infty}^{\infty} f(x)\mathrm{d}x = 1$$

故
$$|\phi(v)| = \left|\int_{-\infty}^{\infty} \mathrm{e}^{\mathrm{j}vx} f(x)\mathrm{d}x\right| \leqslant \int_{-\infty}^{\infty} f(x)\mathrm{d}x = \phi(0) = 1$$

② 特征函数在 R^1 域内一致连续。

证明：因为
$$\begin{aligned}|\phi(v+h)-\phi(v)| &= \left|\int_{-\infty}^{\infty} \mathrm{e}^{\mathrm{j}(v+h)x}\mathrm{d}F(x) - \int_{-\infty}^{\infty} \mathrm{e}^{\mathrm{j}vx}\mathrm{d}F(x)\right| \\ &= \left|\int_{-\infty}^{\infty} (\mathrm{e}^{\mathrm{j}hx}-1)\mathrm{e}^{\mathrm{j}vx}\mathrm{d}F(x)\right| \\ &\leqslant \int_{-\infty}^{\infty} |\mathrm{e}^{\mathrm{j}hx}-1||\mathrm{e}^{\mathrm{j}vx}|\mathrm{d}F(x)\end{aligned}$$

故
$$|\phi(v+h)-\phi(v)|\leqslant\int_{-\infty}^{\infty}|e^{jhx}-1|\,dF(x)$$
$$\leqslant 2\int_{|x|\geqslant A}dF(x)+\int_{-A}^{A}|e^{jhx}-1|\,dF(x)$$
$$=2\int_{|x|\geqslant A}dF(x)+2\int_{-A}^{A}\sin\frac{hx}{2}dF(x)\tag{1.5.7}$$

式(1.5.7)右边已与实变量 v 无关。选取足够大的 A,使 $\int_{|x|\geqslant A}dF(x)$ 任意小。即给定任意 ε,选取 A,使

$$\int_{|x|\geqslant A}dF(x)\leqslant\frac{\varepsilon}{4}$$

同时,再选取 $\delta>0$,使当 $|h|<\delta$ 时(即选取 h 足够小),对一切 $x\in[-A,A]$ 均有

$$\left|2\sin\frac{hx}{2}\right|<\frac{\varepsilon}{2}$$

则
$$|\phi(v+h)-\phi(v)|\leqslant 2\times\frac{\varepsilon}{4}+\frac{\varepsilon}{2}\int_{-A}^{A}dF(x)<\varepsilon$$

至此证明了 $\phi(v)$ 在 $(-\infty,\infty)$ 上一致连续。

③ 若随机变量 $Y=aX+b$,式中 a,b 为常数,则有

$$\phi_Y(v)=e^{jvb}\phi_X(av)\tag{1.5.8}$$

式中,$\phi_Y(v)$ 为随机变量 Y 的特征函数,$\phi_X(v)$ 为随机变量 X 的特征函数。

证明:
$$\phi_Y(v)=E[e^{jvY}]=E[e^{jv(aX+b)}]=E[e^{jvb}e^{jvaX}]$$
$$=e^{jvb}E[e^{jvaX}]=e^{jvb}\phi_X(av)$$

④ 两个相互独立的随机变量之和的特征函数等于它们的特征函数之积。即若 $Y=X_1+X_2$,则

$$\phi_Y(v)=\phi_{X_1}(v)\phi_{X_2}(v)$$

证明: 因 X_1 和 X_2 相互独立,则其函数 e^{jvX_1} 和 e^{jvX_2} 也相互独立,故

$$\phi_Y(v)=E[e^{jv(X_1+X_2)}]=E[e^{jvX_1}]E[e^{jvX_2}]=\phi_{X_1}(v)\phi_{X_2}(v)$$

不难推广到 n 个相互独立的随机变量 $X_1,X_2,\cdots,X_n$ 之和的情况。若 $Y=\sum_{i=1}^{n}\phi_{X_i}(v)$,则有

$$\phi_Y(v)=\prod_{i=1}^{n}\phi_{X_i}(v)\tag{1.5.9}$$

由式(1.5.9)可看出,求 n 个相互独立的随机变量之和的概率分布密度函数,可先求出各单个变量的特征函数,并利用式(1.5.9)求得和的特征函数,然后利用式(1.5.4)求出和的概率分布密度函数,从而简化了运算。

⑤ 若随机变量 X 有 n 阶绝对矩,则随机变量 X 的特征函数可微分 n 次,并在 $k\leqslant n$ 时,有

$$E[X^k]=j^{(-k)}\phi^{(k)}(0)\tag{1.5.10}$$

证明: 设 $f(x)$ 为随机变量 X 的概率密度函数。在式(1.5.3)中的被积函数 $e^{jvx}f(x)$ 对 v 的 k 阶导数为 $j^kx^ke^{jvx}f(x)$,而

$$\int_{-\infty}^{\infty}|j^kx^ke^{jvx}f(x)|\,dx=\int_{-\infty}^{\infty}|x^kf(x)|\,dx=\beta_k<\infty$$

由上式可知,式(1.5.3)右端可以在积分号下求 k 阶($k\leqslant n$)导数,故

$$\phi^{(k)}(v)=\int_{-\infty}^{\infty}\mathrm{j}^k x^k \mathrm{e}^{\mathrm{j}vx}f(x)\mathrm{d}x=\mathrm{j}^k\int_{-\infty}^{\infty}x^k\mathrm{e}^{\mathrm{j}vx}f(x)\mathrm{d}x=\mathrm{j}^kE[X^k\mathrm{e}^{\mathrm{j}vX}]$$

令 $v=0$,得 $\phi^{(k)}(0)=\mathrm{j}^kE[X^k]$,因此得 $E[X^k]=\mathrm{j}^{-k}\phi^{(k)}(0)$。

在 1.4 节求随机变量 X 的各阶矩时,常常要做非常繁杂的积分运算,引入特征函数后,各阶矩可通过对特征函数求导数的办法得到。显然,其运算要简便得多。

⑥ 对于任意的正整数 n,任意实数 $v_1,v_2,\cdots,v_n$,以及任意复数 $\lambda_1,\lambda_2,\cdots,\lambda_n$,下式必成立:

$$\sum_{k=1}^{n}\sum_{i=1}^{n}\phi(v_k-v_i)\lambda_R\lambda_i^*\geqslant 0 \tag{1.5.11}$$

证明:

$$\begin{aligned}\sum_{k=1}^{n}\sum_{i=1}^{n}\phi(v_k-v_i)\lambda_k\lambda_i^* &= \sum_{k=1}^{n}\sum_{i=1}^{n}\Big[\int_{-\infty}^{\infty}\mathrm{e}^{\mathrm{j}(v_k-v_i)x}\mathrm{d}F(x)\Big]\lambda_k\lambda_i^*\\ &=\int_{-\infty}^{\infty}\Big[\sum_{k=1}^{n}\sum_{i=1}^{n}\mathrm{e}^{\mathrm{j}(v_k-v_i)x}\lambda_k\lambda_i^*\Big]\mathrm{d}F(x)\\ &=\int_{-\infty}^{\infty}\Big(\sum_{k=1}^{n}\mathrm{e}^{\mathrm{j}v_kx}\lambda_k\Big)\Big(\sum_{i=1}^{n}\mathrm{e}^{\mathrm{j}v_ix}\lambda_i^*\Big)\mathrm{d}F(x)\\ &=\int_{-\infty}^{\infty}\Big|\sum_{k=1}^{n}\mathrm{e}^{\mathrm{j}v_kx}\lambda_k\Big|^2\mathrm{d}F(x)\geqslant 0\end{aligned}$$

此性质称为特征函数的非负定性,是特征函数最本质的性质。

例 1.5-2 设随机变量 X 服从高斯分布 $N(a,\sigma^2)$,求 X 的数学期望 $E[X]$ 和方差 $D[X]$。

解: 由例 1.5-1 知,随机变量 X 的特征函数 $\phi(v)=\mathrm{e}^{\mathrm{j}av-\frac{1}{2}\sigma^2v^2}$

故有

$$\phi'(v)=(\mathrm{j}a-\sigma^2v)\mathrm{e}^{\mathrm{j}av-\frac{1}{2}\sigma^2v^2}$$

$$\phi''(v)=[(\mathrm{j}a-\sigma^2v)^2-\sigma^2]\mathrm{e}^{\mathrm{j}av-\frac{1}{2}\sigma^2v^2}$$

若令 $v=0$,则有

$$\phi'(0)=\mathrm{j}a$$

$$\phi''(0)=(\mathrm{j}a)^2-\sigma^2=-a^2-\sigma^2$$

由此得

$$E[X]=-\mathrm{j}(\mathrm{j}a)=a$$

$$E[X^2]=(-1)^2\mathrm{j}^2\phi''(0)=a^2+\sigma^2$$

故 X 的方差为

$$D[X]=E[X^2]-(E[X])^2=a^2+\sigma^2-a^2=\sigma^2$$

例 1.5-3 设随机变量 X 服从高斯分布 $N(0,\sigma^2)$,求证高斯随机变量 X 的偶次中心矩为

$$E[X^n]=\begin{cases}1\times3\times5\times\cdots\times(n-1)\sigma^n & n\geqslant 2\text{ 的偶数}\\ 0 & n\text{ 为奇数}\end{cases} \tag{1.5.12}$$

证明: 由式(1.5.5)知,一维高斯随机变量 X 的特征函数为

$$\phi(v)=\mathrm{e}^{-v^2\sigma^2/2} \tag{1.5.13}$$

利用式(1.5.10),并对式(1.5.13)进行各次微分,得

$$E[X]=0,\quad E[X^2]=\sigma^2,\quad E[X^3]=0,\quad E[X^4]=3\sigma^4,\quad E[X^5]=0,\quad E[X^6]=15\sigma^6,\cdots$$

由此得

$$E[X^n]=\begin{cases}1\times3\times5\times\cdots\times(n-1)\sigma^n & n\geqslant 2\text{ 的偶数}\\ 0 & n\text{ 为奇数}\end{cases}$$

1.5.3 联合特征函数

1. 联合特征函数的定义

前面介绍了一维随机变量的特征函数。不难理解,一维随机变量特征函数的概念可以推

广到多维随机变量的情况。具有分量为随机变量 $X_1,X_2,\cdots,X_n$，其分布函数为 $F(x_1,x_2,\cdots,x_n)$ 的 n 维随机矢量，其联合特征函数定义为

$$\begin{aligned}\phi(v_1,v_2,\cdots,v_n) &= E\left[\exp\left(\mathrm{j}\sum_{k=1}^{n}v_kX_k\right)\right]\\ &= \int_{-\infty}^{\infty}\cdots\int_{-\infty}^{\infty}\mathrm{e}^{\mathrm{j}(v_1x_1+v_2x_2+\cdots+v_nx_n)}\,\mathrm{d}F(x_1,x_2,\cdots,x_n)\end{aligned}\tag{1.5.14}$$

式中，$v_1,v_2,\cdots,v_n$ 为任意实数。

众所周知，当研究随机矢量时，应用矩阵形式较为方便。因此，若定义列矩阵

$$\boldsymbol{v}\triangleq[v_1,v_2,\cdots,v_n]^{\mathrm{T}},\quad \boldsymbol{X}\triangleq[X_1,X_2,\cdots,X_n]^{\mathrm{T}}$$

则可得

$$\boldsymbol{v}^{\mathrm{T}}\boldsymbol{X}=\sum_{k=1}^{n}v_kX_k$$

式中，$\boldsymbol{v}^{\mathrm{T}}$ 为转置矩阵。故式(1.5.14)的矩阵形式为

$$\phi(\boldsymbol{v}) = E[\mathrm{e}^{\mathrm{j}\boldsymbol{v}^{\mathrm{T}}\boldsymbol{X}}]\tag{1.5.15}$$

设 n 维随机矢量具有联合概率密度函数 $f(x)=f(x_1,x_2,\cdots,x_n)$，根据特征函数的定义，可得

$$\phi(\boldsymbol{v}) = \int_{R^n}\mathrm{e}^{\mathrm{j}\boldsymbol{v}^{\mathrm{T}}\boldsymbol{x}}f(\boldsymbol{x})\,\mathrm{d}\boldsymbol{x}\tag{1.5.16}$$

式中，$\boldsymbol{x}=[x_1,x_2,\cdots,x_n]^{\mathrm{T}}$。积分是在随机矢量 $\boldsymbol{x}$ 的整个 n 维空间上进行的。式(1.5.16)的标量形式为

$$\phi(v_1,v_2,\cdots,v_n) = \int_{-\infty}^{\infty}\cdots\int_{-\infty}^{\infty}\exp\left(\mathrm{j}\sum_{k=1}^{n}v_kx_k\right)f(x_1,x_2,\cdots,x_n)\,\mathrm{d}x_1\mathrm{d}x_2\cdots\mathrm{d}x_n\tag{1.5.17}$$

由此可见，联合特征函数和联合概率密度函数形成了一个 n 维傅里叶变换对。因此联合概率密度函数可由 n 维傅里叶变换得到，即

$$\begin{aligned}&f(x_1,x_2,\cdots,x_n)\\ &= \frac{1}{(2\pi)^n}\int_{-\infty}^{\infty}\cdots\int_{-\infty}^{\infty}\exp\left(-\mathrm{j}\sum_{k=1}^{n}v_kx_k\right)\phi(v_1,v_2,\cdots,v_n)\,\mathrm{d}v_1\mathrm{d}v_2\cdots\mathrm{d}v_n\end{aligned}\tag{1.5.18}$$

其矩阵形式为

$$f(\boldsymbol{x}) = \frac{1}{(2\pi)^n}\int_{R^n}\mathrm{e}^{-\mathrm{j}\boldsymbol{v}^{\mathrm{T}}\boldsymbol{x}}\phi(\boldsymbol{v})\,\mathrm{d}\boldsymbol{v}\tag{1.5.19}$$

式中，积分是在整个 n 维 $\boldsymbol{v}$ 空间上完成的。

特别地，对于二维随机矢量 (X_1,X_2)，若具有概率密度函数 $f(x_1,x_2)$ 时，则联合特征函数为

$$\phi(v_1,v_2) = \int_{-\infty}^{\infty}\int_{-\infty}^{\infty}\mathrm{e}^{\mathrm{j}(v_1x_1+v_2x_2)}f(x_1,x_2)\,\mathrm{d}x_1\mathrm{d}x_2\tag{1.5.20}$$

其逆转公式为

$$f(x_1,x_2) = \frac{1}{4\pi^2}\int_{-\infty}^{\infty}\int_{-\infty}^{\infty}\phi(v_1,v_2)\mathrm{e}^{-\mathrm{j}(v_1x_1+v_2x_2)}\,\mathrm{d}v_1\mathrm{d}v_2\tag{1.5.21}$$

若 (X_1,X_2) 为离散型随机变量，其特征函数则为

$$\phi(v_1,v_2) = \sum_{r}\sum_{s}\mathrm{e}^{\mathrm{j}(v_1x_{1r}+v_2x_{2s})}p(r,s)\tag{1.5.22}$$

式中，概率函数 $p(r,s)=P[X_1=x_{1r},X_2=x_{2s}]$。

例 1.5-4 设二维随机变量 (X_1,X_2) 的分布列为

$$P[X_1=1,X_2=1]=1/3,\quad P[X_1=1,X_2=-1]=1/3$$

$$P[X_1=-1,X_2=1]=1/6,\quad P[X_1=-1,X_2=-1]=1/6$$

则二维随机变量(X_1,X_2)的特征函数为

$$\begin{aligned}\phi(v_1,v_2)&=\frac{1}{3}e^{j(v_1+v_2)}+\frac{1}{3}e^{j(v_1-v_2)}+\frac{1}{6}e^{j(-v_1+v_2)}+\frac{1}{6}e^{j(-v_1-v_2)}\\&=\frac{1}{6}(e^{jv_2}+e^{-jv_2})(2e^{jv_1}+e^{-jv_1})\\&=\frac{1}{3}\cos v_2(3\cos v_1+j\sin v_1)\end{aligned}$$

例 1.5-5　设随机变量(X_1,X_2)服从二维高斯分布$N(a_1,\sigma_1;a_2,\sigma_2;r)$，其概率密度函数为

$$f(x_1,x_2)=\frac{1}{2\pi\sigma_1\sigma_2\sqrt{1-r^2}}\exp\left\{-\frac{1}{2(1-r^2)}\left[\left(\frac{x_1-a_1}{\sigma_1^2}\right)^2-2r\frac{(x_1-a_1)(x_2-a_2)}{\sigma_1\sigma_2}+\left(\frac{x_2-a_2}{\sigma_2^2}\right)^2\right]\right\}$$

其特征函数为　$\phi(v_1,v_2)=\int_{-\infty}^{\infty}\int_{-\infty}^{\infty}e^{j(v_1x_1+v_2x_2)}f(x_1,x_2)dx_1dx_2$

$$=\frac{1}{2\pi\sigma_1\sigma_2\sqrt{1-r^2}}\int_{-\infty}^{\infty}\int_{-\infty}^{\infty}e^{-\frac{1}{2}\left(\frac{x_2-a_2}{\sigma_2}\right)^2}e^{j(v_1x_1+v_2x_2)}\times\exp\left[-\frac{1}{2(1-r^2)}\left(\frac{x_1-a_1}{\sigma_1^2}-r\frac{x_2-a_2}{\sigma_2^2}\right)^2\right]dx_1dx_2$$

做变量置换，令　$\lambda=\frac{1}{\sqrt{1-r^2}}\left(\frac{x_1-a_1}{\sigma_1^2}-r\frac{x_2-a_2}{\sigma_2^2}\right),\quad \mu=\frac{x_2-a_2}{\sigma^2}$

则有 $\phi(v_1,v_2)=\frac{1}{2\pi}\int_{-\infty}^{\infty}\int_{-\infty}^{\infty}e^{j(v_1a_1+v_2a_2)}e^{jv_1\mu\sqrt{1-r^2}}e^{-\frac{1}{2}\lambda^2}e^{j(v_1\sigma_1r+v_2\sigma_2)\mu}e^{-\frac{1}{2}\mu^2}d\lambda d\mu$

$$\begin{aligned}&=e^{j(v_1a_1+v_2a_2)}\cdot\frac{1}{\sqrt{2\pi}}\int_{-\infty}^{\infty}e^{jv_1\left(\sigma_1\sqrt{1-r^2}\right)\lambda}\cdot e^{-\frac{1}{2}\lambda^2}d\lambda\cdot\frac{1}{\sqrt{2\pi}}\int_{-\infty}^{\infty}e^{j(v_1\sigma_1r+v_2\sigma_2)\mu}\cdot e^{-\frac{1}{2}\mu^2}d\lambda\\&=e^{j(v_1a_1+v_2a_2)}e^{-\frac{1}{2}(1-r^2)\sigma_2^2v_2^2}e^{-\frac{1}{2}(v_1\sigma_1+v_2\sigma_2)}\\&=e^{j(v_1a_1+v_2a_2)}e^{-\frac{1}{2}(\sigma_1^2v_1^2+2\sigma_1\sigma_2rv_1v_2+\sigma_2^2v_2^2)}\end{aligned}\tag{1.5.23}$$

特别地，当$a_1=a_2=0,\sigma_1=\sigma_2=1$时，有

$$\phi(v_1,v_2)=e^{-\frac{1}{2}(v_1^2+2rv_1v_2+v_2^2)}\tag{1.5.24}$$

2. 联合特征函数的性质

为讨论简便起见，不失一般性地讨论二维随机变量(X_1,X_2)的特征函数的性质。类似一维随机变量的特征函数，二维随机变量的特征函数具有下述性质。

性质 1　设二维随机变量(X_1,X_2)的特征函数为$\phi(v_1,v_2)$，则有

① $\phi(0,0)=1$，且对任意$v_1,v_2\in R^1$，有$|\phi(v_1,v_2)|\leqslant\phi(0,0)=1$；

② $\phi(-v_1,-v_2)=\phi^*(v_1,v_2)$；

③ $\phi(v_1,v_2)$于实平面上一致连续；

④ $\phi(v_1,0)=\phi_1(v_1),\phi(0,v_2)=\phi_2(v_2)$。

性质 2　设a_1,a_2,b_1,b_2为常数，若$\phi(v_1,v_2)$是二维随机变量(X_1,X_2)的联合特征函数，则随机变量$(a_1X_1+b_1,a_2X_2+b_2)$的特征函数为

$$\phi_Z(v_1,v_2) = e^{j(v_1b_1+v_2b_2)}\phi(a_1v_1,a_2v_2) \tag{1.5.25}$$

性质 3 随机变量 X_1 与 X_2 相互独立的充要条件为

$$\phi(v_1,v_2) = \phi_1(v_1)\phi_2(v_2) \tag{1.5.26}$$

证明：根据随机变量相互独立的条件有

$$f(x_1,x_2) = f_1(x_1)f_2(x_2)$$

故

$$\begin{aligned}\phi(v_1,v_2) &= \int_{-\infty}^{\infty}\int_{-\infty}^{\infty} e^{j(v_1x_1+v_2x_2)} f(x_1,x_2)\mathrm{d}x_1\mathrm{d}x_2 \\ &= \int_{-\infty}^{\infty} e^{jv_1x_1} f_1(x_1)\mathrm{d}x_1\int_{-\infty}^{\infty} e^{jv_2x_2} f_2(x_2)\mathrm{d}x_2 \\ &= \phi(v_1)\phi_2(v_2)\end{aligned}$$

性质 4 设二维随机变量(X_1,X_2)的特征函数为 $\phi(v_1,v_2)$，a_1,a_2,b 为任意常数，则 $Z=a_1X_1+a_2X_2+b$ 的联合特征函数为

$$\phi_Z(v) = e^{jvb}\phi(a_1v,a_2v) \tag{1.5.27}$$

证明：

$$\begin{aligned}\phi_Z(v) &= E[e^{jvZ}] = E[e^{jv(a_1X_1+a_2X_2+b)}] \\ &= e^{jvb}E[e^{jv(a_1X_1+a_2X_2)}] = e^{jvb}\phi(a_1v,a_2v)\end{aligned}$$

特别地，当随机变量 X_1,X_2 相互独立时，有

$$\phi_Z(v) = e^{jvb}\phi_1(a_1v)\phi_2(a_2v) \tag{1.5.28}$$

若 $a_1=a_2=1,b=0$，则上式简化为

$$\phi_Z(v) = \phi(v,v) = \phi_1(v)\phi_2(v) \tag{1.5.29}$$

例 1.5-6 已知二维高斯分布 $N(m_1,m_2;\sigma_1,\sigma_2;r)$的特征函数为 $\phi(v_1,v_2)$，则由性质 1 得

$$\phi(v_1) = \phi(v_1,0) = e^{jv_1m_1-\frac{1}{2}\sigma_1^2v_1^2}$$

$$\phi(v_2) = \phi(0,v_2) = e^{jv_2m_2-\frac{1}{2}\sigma_2^2v_2^2}$$

于是由式(1.5.4)可得二维高斯分布的边沿分布为 $N(m_1,\sigma_1)$和 $N(m_2,\sigma_2)$。

从本例可看出，应用特征函数处理随机变量的统计特征可使问题大为简化。

例 1.5-7 设二维随机矢量(X_1,X_2)服从联合高斯分布 $N(m_1,m_2;\sigma_1,\sigma_2;r)$，又设 $Z=\dfrac{X_1-m_1}{\sigma_1}+\dfrac{X_2-m_2}{\sigma_2}$。求随机变量 Z 的特征函数 $\phi_Z(v)$。

解：由性质 4 得

$$\phi_Z(v) = e^{jvb}\phi(a_1v,a_2v)$$

而 $a_1=1/\sigma_1,a_2=1/\sigma_2$，按二维高斯分布的特征函数的表达式有

$$\begin{aligned}\phi(a_1v,a_2v) &= e^{j(m_1a_1v+m_2a_2v)}\,e^{-\frac{1}{2}[\sigma_1^2(a_1v)^2+2\sigma_1\sigma_2 ra_1a_2v+\sigma_2^2(a_2v)^2]} \\ &= e^{j\left(\frac{m_1}{\sigma_1}+\frac{m_2}{\sigma_2}\right)v}e^{-\frac{1}{2}(2+2r)v^2}\end{aligned}$$

又因为

$$e^{jvb} = e^{-j\left(\frac{m_1}{\sigma_1}+\frac{m_2}{\sigma_2}\right)v}$$

故

$$\phi_Z(v) = e^{-\frac{1}{2}(2+2r)v^2} = e^{-(1+r)v^2}$$

由于利用了二维高斯分布的概率密度函数和其特征函数的对应关系，以及二维特征函数的性质，从而大大简化了本例中的计算。

习题一

1.1 假设 A 和 B 是任意两个事件，证明：

(1) $P(AB) \leqslant \min\{P(A), P(B)\} \leqslant P(A+B)$；

(2) $\max\{P(A), P(B)\} \leqslant P(A+B) \leqslant 2\max\{P(A), P(B)\}$；

(3) $|P(AB)-P(A)P(B)| \leqslant 1/4$。

1.2　某学生依次参加四次考试。他第一次考试及格的概率是 p，按照他前一次考试及格或不及格，下一次考试及格的概率为 p 或 $p/2$。如果他至少有三次及格，他就可以升级。问他升级的概率有多大。

1.3　在时间 t 内向电话总机呼叫 k 次的概率为

$$P_t(k) = \frac{\lambda^k}{k!}\mathrm{e}^{-t} \qquad k = 0,1,2,\cdots$$

式中，$\lambda > 0$ 为常数。如果在任意两相邻的时间间隔内的呼叫次数是相互独立的，求在时间 $2t$ 内呼叫 n 次的概率 $P_{2t}(n)$。

1.4　做一系列独立试验，每次试验成功的概率为 p。求在成功 n 次之前至少失败 m 次的概率。

1.5　求系统能正常工作的概率。如图题 1.5 所示，方框图中字母代表元件，字母相同、下标不同的都是同一类元件，只是装配在不同位置上。A, B, C, D 类元件正常工作的概率为 p_A，p_B，p_C，p_D。

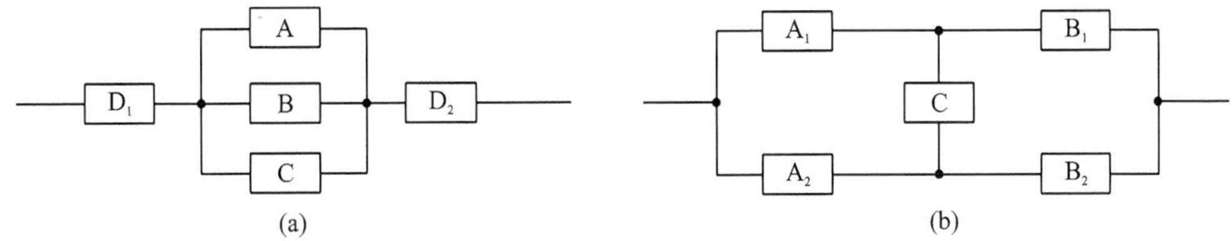

图　题 1.5

1.6　设 $F_1(x)$ 和 $F_2(x)$ 都是一维分布函数，任给两个常数 a 和 b，满足 $a>0, b>0, a+b=1$。证明：$aF_1(x)+bF_2(x)$ 也是一维分布函数。

1.7　已知随机变量 X 和 Y 的联合概率密度函数为

$$f(x,y) = \begin{cases} A\mathrm{e}^{-(2x+y)} & x \geqslant 0, y \geqslant 0 \\ 0 & \text{其他} \end{cases}$$

(1) 求 A；　(2) 求边沿分布 $F_1(x)$ 和 $F_2(y)$；　(3) 求 $P\{X+Y<2\}$。

1.8　在某一分钟内的任何时刻，信号进入收音机是等可能的。若收到两个相互独立的这种信号的时间间隔小于 0.5 s，则信号将产生相互干扰。求两信号相互干扰的概率。

1.9　设随机变量 W, X, Y, Z 之间有如下关系

$$f(\omega, x \mid y, z) = f(\omega \mid y) f(x \mid z)$$

(1) 证明：$f(\omega|y,z) = f(\omega|y)$，或者 $f(x|y,z) = f(x|z)$。

(2) 证明：$f(\omega,z|y) = f(\omega|y)f(z|y)$，或者 $f(x,z|y) = f(x|y)f(z|y)$。

(3) 证明：$f(z|y,\omega) = f(z|y)$，或者 $f(z|y,x) = f(y|z)$。

1.10　设随机变量 X, Y 相互独立，分别服从参数为 λ_1 和 λ_2 的泊松分布。试证

$$P\{X = k \mid X+Y = n\} = C_n^k \left(\frac{\lambda_1}{\lambda_1+\lambda_2}\right)^k \left(1 - \frac{\lambda_1}{\lambda_1+\lambda_2}\right)^{n-k}$$

1.11　设二维随机变量的联合分布函数为

$$F_{XY}(x,y)=\begin{cases}1 & 1\leqslant x,1\leqslant y\\ x & 0\leqslant x<1,1\leqslant y\\ y & 1\leqslant x,0\leqslant y<1\\ xy & 0\leqslant x<1,0\leqslant y<1\\ 0 & \text{其他}\end{cases}$$

求条件分布 $F_X(x|Y\leqslant 1/2)$。

1.12* 设某元件在 $t=0$ 时可开始使用,经过一段时间后失效,用随机变量 X 表示该元件的失效时刻,已知 X 的分布函数和密度函数分别为 $F(x)$ 和 $f(x)$。在可靠性理论中经常引入一个专门的函数即条件失效 $\beta(t)$ 来描述一个元件的可靠程度,其含义是用 $\beta(t)\Delta t$ 来表示该元件在 t 时刻仍然工作,而在 $(t,t+\Delta t)$ 时间间隔内失效的概率。

(1) 证明:$f(x)=\beta(x)\mathrm{e}^{-\int_0^x\beta(t)\mathrm{d}t}$;

(2) 证明:若 $\beta(t)=kt$,k 为常数,则 X 服从瑞利分布;

(3) 证明:在区间 $(0,T)$ 上 $\beta(t)=\dfrac{1}{T-t}$,则 X 在区间 $(0,T)$ 上为均匀分布;

(4) 设描述另一元件失效情况的相应函数为 $\beta_1(t)$,$F_1(x)$ 和 $f_1(x)$。证明若 $\beta_1(t)=k\beta(t)$,则

$$1-F_1(x)=[1-F(x)]^k$$

1.13 设随机变量 X,Y 相互独立,服从同一指数分布,其概率密度函数为

$$f(x)=\begin{cases}\lambda\mathrm{e}^{-\lambda x} & x>0\\ 0 & x\leqslant 0\end{cases}$$

求 $X+Y$ 与 $X|X+Y$ 的联合概率密度函数与边沿概率密度函数,并判别它们是否相互独立。

1.14 已知二维随机变量 (X,Y) 的联合概率密度函数为

$$f(x,y)=\begin{cases}\dfrac{4}{7}(1+y+xy) & 0<x<1,0<y<1\\ 0 & \text{其他}\end{cases}$$

求 $Y(1+X)$ 的概率密度函数。

1.15 设某种商品一周的需要量 X 是一个随机变量,其概率密度函数为

$$f(x)=\begin{cases}x\mathrm{e}^{-x} & x>0\\ 0 & x\leqslant 0\end{cases}$$

每周需要量是相互独立的。试求两周和三周的需要量的概率密度函数。

1.16 随机变量 X,Y 的联合概率密度函数为

$$f(x,y)=\frac{1}{2\pi(1-\rho^2)^{1/2}}\exp\left[-\frac{1}{2(1-\rho^2)}(x^2-2\rho xy+y^2)\right]$$

则有
$$P(X>0,Y>0)=\frac{1}{4}+\frac{1}{2\pi}\int_0^\infty\int_0^{\alpha x}\exp\left(-\frac{x^2+y^2}{2}\right)\mathrm{d}y\mathrm{d}x$$

这里 $\alpha=\rho(1-\rho^2)^{-\frac{1}{2}}$,又可导出

$$P(XY<0)=1-2P(X>0,Y>0)=\frac{1}{\pi}\arccos\rho$$

1.17 设两个随机变量 X 和 Y 之间有函数关系 $Y=g(X)$。证明:

(1) 若 $g(x)$ 是单调增函数,则

$$F_{XY}(x,y)=\begin{cases}F_Y(y) & y<g(x)\\ F_X & y>g(x)\end{cases}$$

(2) 若 $g(x)$ 是单调减函数，则

$$F_{XY}(x,y)=\begin{cases}0 & y<g(x)\\ F_X(x)+F_Y(y)-1 & y>g(x)\end{cases}$$

1.18　设两个相互独立的随机变量 X 和 Y 均服从高斯分布 $N(0,\sigma^2)$。求：

(1) 随机变量 $Z=\sqrt{X^2+Y^2}$ 的概率密度函数 $f_Z(z)$；

(2) 随机变量 $W=X/Y$ 的概率密度函数 $f_W(\omega)$；

(3) 随机变量 $\Theta=\arctan\dfrac{X}{Y}$，$-\dfrac{\pi}{2}<\Theta<\dfrac{\pi}{2}$ 的概率密度函数 $f_\Theta(\theta)$。

1.19　设 V_X，V_Y 和 V_Z 表示一基本粒子沿 X，Y 和 Z 轴的速度分量，粒子速度的大小为

$$V=\sqrt{V_X^2+V_Y^2+V_Z^2}$$

若各速度分量是统计独立的随机变量，且均服从高斯分布 $N(0,\sigma^2)$，求 V 的概率密度函数 $f_V(v)$。

1.20　设某一电路系统是由 n 个子系统 $L_1,L_2,\cdots,L_n$ 连接而成的，用随机变量 $X_1,X_2,\cdots,X_n$ 分别表示 $L_1,L_2,\cdots,L_n$ 的寿命，已知 $X_i(i=1,2,\cdots,n)$ 具有相同的分布函数和概率密度函数 $F_X(x)$ 和 $f_X(x)$。

(1) 当 $L_1,L_2,\cdots,L_n$ 并联时，求系统的寿命 Z 的概率密度函数 $f_Z(z)$；

(2) 当 $L_1,L_2,\cdots,L_n$ 串联时，求系统的寿命 Z 的概率密度函数 $f_Z(z)$。

1.21　航海雷达的环视扫描显示器是一个半径为 a 的圆，由目标反射回来的信号以光点的形式按平均分布律可能出现在这个圆内的任一点处，求光点到圆心的距离的均值和方差。

1.22*　证明：

(1) $E\{E[Y|X]\}=E[Y]$；

(2) $E\{E[g(X,Y)|X]\}=E\{g(X,Y)\}$

(3) $E\{g_1(X)g_2(Y)\}=E\{g_1(X)E[g_2(Y)|X]\}$

1.23　设 X,Y 是两个随机变量，如果 $E[X|Y]=Y$，$E[Y|X]=X$，则 $X=Y$。

1.24　设某电子仪器主要由 A，B，C 三只元件组成，一个宇宙射线的粒子击中元件 A，B，C 的概率分别为 0.1，0.2，0.3。当 A 发生故障或 B，C 同时发生故障时，仪器停止工作。元件被击中后就会发生故障。求仪器停止工作时击中仪器的粒子数的数学期望。

1.25*　一台电子仪器由 n 只 A 型元件和 m 只 B 型元件组成。当 A 型元件发生故障时，仪器仍能继续工作；直到全部 A 型元件发生故障才停止工作。当一只 B 型元件发生故障时，仪器停止工作。工作时仪器中的每一只元件发生故障的概率是相等的。求仪器停止工作时，发生故障元件总数的数学期望。

1.26*　证明赫尔德(Holder)不等式

$$E[|XY|]\leqslant\{E[|X|^n]\}^{1/n}\{E[|Y|^m]\}^{1/m}$$

这里 $m,n>1$，$\dfrac{1}{n}+\dfrac{1}{m}=1$。

1.27*　设随机变量 X 具有 n 阶矩，则

$$E[|X|]\leqslant\{E[|X|^2]\}^{1/2}\leqslant\cdots\leqslant\{E[|X|^n]\}^{1/n}$$

1.28* 已知三项分布为 $P\{X=i,Y=j\}=\dfrac{n!}{i!\ j!\ (n-i-j)!}p_1^i p_2^j p_3^{n-i-j}$

试求 X 和 Y 的数学期望、方差及相关矩。

1.29 已知随机变量 X 服从高斯分布 $N(0,\sigma^2)$,求 $E[X^n]$和 $E[|X|^n]$。

1.30 设随机变量 X 分布在$[-1,1]$上,其概率密度函数为

$$f(x)=\begin{cases}c(1-x^2)^a & a>0,\ |x|<1\\ 0 & |x|\geqslant 1\end{cases}$$

求 $E[X]$及 $D[X]$。

1.31 考虑电子管中电子发射时间问题。设单位时间内到达阳极的电子数目 N 服从泊松分布

$$P\{N=k\}=\frac{\lambda^k}{k!}\mathrm{e}^{-\lambda}$$

每个电子携带的能量构成一个随机变量序列 $X_1,X_2,\cdots,X_k,\cdots$。已知$\{X_k\}$与 N 统计独立,$\{X_k\}$之间互不相关并且具有相同的均值和方差,即 $E[X_k]=\eta,D[X]=\sigma^2$,单位时间内阳极接收到的能量 $S=\sum\limits_{k=1}^{N}X_k$。求 $E[S]$和 $D[S]$。

1.32 设 $X_1,X_2,\cdots,X_n$ 是一组零均值统计独立的随机变量,它们具有有限的四阶矩。定义 $Y=\sum\limits_{i=1}^{N}X_i$。证明:

(1) $E[Y^8]=\sum\limits_{i=1}^{n}E[X_i^3]$;

(2) $E[Y^4]=\sum\limits_{i=1}^{n}E[X_i^4]+6\sum\limits_{i=1}^{n}E[X_i^2]\sum\limits_{j=i+1}^{n}E[X_j^2]$。

1.33 考虑一元件,其失效时间用指数随机变量来表示

$$f(x)=\begin{cases}a\mathrm{e}^{-ax} & x\geqslant 0\\ 0 & x<0\end{cases}$$

在时刻 T 观察该元件,发现它仍在工作,求剩余寿命的期望值 $E[(X-T)|X\geqslant T]$。

1.34 考虑统计独立且具有相同分布的均匀随机变量 $X_1,X_2,\cdots,X_n$,其中

$$f_{X_i}(x)=\begin{cases}1, & 0\leqslant x\leqslant 1\\ 0, & \text{其他}\end{cases}\qquad i=1,2,\cdots,n$$

若定义 $Y=\min\{X_1,X_2,\cdots,X_n\},\quad Z=\max\{X_1,X_2,\cdots,X_n\}$

求 $E[Y|Z]$。

1.35 已知 X_1 和 X_2 是两个统计独立的零均值高斯随机变量,并且

$$D[X_1]=\sigma_1^2;\quad D[X_2]=\lambda\sigma_1^2,\quad 0\leqslant\lambda\leqslant 1$$

通过一个坐标旋转变换

$$\begin{bmatrix}Y_1\\ Y_2\end{bmatrix}=\begin{bmatrix}\cos\theta & \sin\theta\\ -\sin\theta & \cos\theta\end{bmatrix}\begin{bmatrix}X_1\\ X_2\end{bmatrix}$$

构造出相关系数为 r 的两个相关的随机变量 Y_1 和 Y_2。

(1) 求通过这一变换可能达到的 r 的最大值;

(2) 考虑在 $\lambda\to 0,\lambda\to 1$ 的极限情况下,$r_{\max}$会出现什么结果并解释其意义。

1.36 设随机变量 X 和 Y 的联合概率密度函数为

$$f_{XY}(x,y)=\begin{cases}\dfrac{1}{2}e^{-y} & y>|x|,-\infty<x<+\infty\\0 & 其他\end{cases}$$

(1) 证明:X 和 Y 是不相关的,但不是统计独立的;

(2) 求 $E[Y]$ 和 $E[Y|X]$。

1.37 有五台相互独立的电子装置,它们的寿命 $X_i(i=1,2,3,4,5)$ 服从同一指数分布,其概率密度函数为

$$f(x)=\begin{cases}\lambda e^{-\lambda x} & x\geqslant 0\\0 & x<0\end{cases}$$

(1) 如果将它们串联成整机,则其中任一装置发生故障,整机不能工作;

(2) 如果将它们并联成整机,则当所有的装置都发生故障时,整机才不能工作。

在上述两种情况下,分别求整机寿命的数学期望。

1.38 若已知一个随机变量 X 的概率密度函数,要求 X 的一个非单调函数的概率密度函数时,应用特征函数有时十分方便。设随机变量 X 在区间 $\left[-\dfrac{\pi}{2},\dfrac{\pi}{2}\right]$ 上为均匀分布,试用特征函数法求随机变量 $Y=\sin X$ 的概率密度函数 $f_Y(y)$。

1.39* 设 $X_1,X_2,\cdots,X_n$ 是统计独立并具有相同分布的一组随机变量,令 $Y=\sum\limits_{k=1}^{n}X_k$。证明:

(1) 若 X_k 服从高斯分布 $N(m_k,\sigma_k^2)$,则 Y 必服从高斯分布 $N(m_Y,\sigma_Y^2)$,并且有

$$m_Y=\sum_{k=1}^{n}m_k,\quad \sigma_Y^2=\sum_{k=1}^{n}\sigma_k^2$$

(2) 若 X_k 服从参数为 λ_k 的泊松分布,则 Y 必服从参数为 λ_Y 的泊松分布,并且有

$$\lambda_Y=\sum_{k=1}^{n}\lambda_k$$

(3) 若 X_k 服从参数为 a_k 的柯西分布,则 Y 必服从参数为 α_Y 的柯西分布,并且有

$$a_Y=\sum_{k=1}^{n}a_k$$

1.40* 若一个离散随机变量的取值 $\{x_n\}$ 构成等差数列,即 $x_n=a+nb,n=1,2,\cdots;a,b$ 为常数,则称随机变量 X 为格型随机变量。

求证:对应于某一个 $\omega_i,\omega_i\neq 0$,若随机变量 X 的特征函数满足 $|\phi(\omega_i)|=1$,则 X 必为格型随机变量。

1.41 独立随机变量 $X_1,X_2,\cdots,X_n$ 为高斯分布,且均值均为 0,方差均为 1。求随机变量 $Y=\sum\limits_{i=1}^{n}X_i^2$ 的特征函数。

1.42 若 $\phi(v)$ 为特征函数,则 $f(v)=e^{\phi(v)-1}$ 也是特征函数。

1.43 试证满足下列各等式的连续函数是特征函数。

(1) $\phi(v)=\phi(-v)$;

(2) $\phi(v+2a)=\phi(v)$;

(3) $\phi(v)=\dfrac{a-v}{a}, 0\leqslant v\leqslant a$。

1.44* 设随机变量 X 的各阶矩存在,并已知

$$E[X^n]=\frac{n!}{2}\left[\frac{1}{b^n}+(-1)^n\frac{1}{a^n}\right]$$

式中,常数 $a>0,b>0$。求 X 的特征函数 $\phi(v)$ 和概率密度函数 $f(x)$。

1.45* 设随机变量 $X_i(i=1,2,\cdots,n)$ 在 $[0,1]$ 内为均匀分布且相互独立,令

$$Y_n=\sum_{i=1}^{n}\frac{X_i-a_i}{B_n}$$

式中,$a_i=E[X_i], B_n^2=\sum_{i=1}^{n}D[X_i]$。用特征函数法证明 $Y=\lim\limits_{n\to\infty}Y_n$ 服从标准正态分布。

1.46* 已知随机矢量 $\boldsymbol{X}$ 的均值矢量为 $\boldsymbol{m}_X$,协方差阵为 $\boldsymbol{\Lambda}_X$,定义随机变量 $Y=\boldsymbol{G}^{\mathrm{T}}\boldsymbol{X}$,若对于任意使 $E[Y^2]<\infty$ 的非零实矢量 $\boldsymbol{G}$,Y 均为高斯的,试求 $\boldsymbol{X}$ 的联合特征函数 $\phi(\nu)$。

1.47* 已知 n 维随机矢量 $\boldsymbol{X}$ 服从标准高斯分布 $N(0,1)$,即 $\boldsymbol{X}$ 的均值矢量为零,协方差阵的单位矩阵 $\boldsymbol{I}$。构造一个新的随机变量 $Y=\boldsymbol{X}^{\mathrm{T}}\boldsymbol{B}\boldsymbol{X}$,其中 $\boldsymbol{B}$ 为正定对称矩阵。证明:

$$\phi_Y(v)=\prod_{k=1}^{n}(1-2\mathrm{j}v\lambda_k)^{-\frac{1}{2}}$$

式中,$\lambda_1,\lambda_2,\cdots,\lambda_n$ 为 $\boldsymbol{B}$ 的特征值。

第 2 章　随机过程概述

2.1　随机过程的概念

2.1.1　随机过程的定义

第 1 章研究的主要对象是随机变量。随机变量的特点是，每次试验结果都是一个事先不可预知的，但为确定的量。而在实际中遇到的许多物理现象，试验所得到的结果是一个随时间变化的随机变量 $X(t)$。例如，测量接收机的噪声电压，每次测试的结果是一个随机变量，但它是随时间变化的。把这种随时间变化的随机变量的总体称为随机过程，如图 2.1 所示。因此，对随机过程可做如下定义。

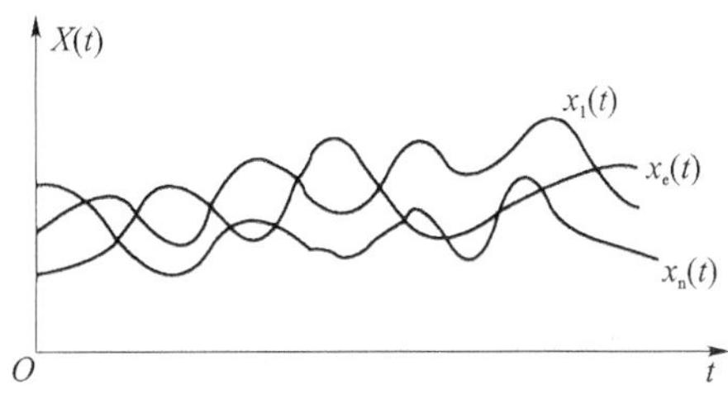

图 2.1　随机过程的样本函数

定义　设 $E=\{e\}$ 是一个样本空间，若对每一时刻 $t\in T$，都有定义在 E 上的随机变量 $X(t,e)$ 与之对应，则称依赖 t 的一族随机变量 $\{X(t,e),t\in T,e\in E\}$ 是一个随机过程，通常将它简化为 $\{X(t),t\in T\}$。

由上述定义可知，随机过程 $\{X(t),t\in T\}$ 蕴含着下面四种情况。

① 当 e 和 t 都是变量时，$X(t)$ 是一族时间的函数，它表示一个随机过程。

② 当 e 给定，t 为变量时，$X(t)$ 是时间 t 的函数，称它为样本函数，有时也称为一次实现。它意味着用一台记录仪，在相同条件下对一台接收机的输出噪声电压波形做一次长时间记录，就可得到一个样本函数。用 $x_i(t)$ 表示第 i 个样本函数。

③ 当 t 给定，e 为变量时，$X(t)$ 是一个随机变量。它意味着用 k 台记录仪，在相同条件下，在同一时刻 t_i 同时记录 k 台性能完全相同的接收机输出的噪声电压波形。用 $X(t_i)$ 表示在 t_i 时刻的随机过程。

④ 当 e 和 t 均给定时，显然 $X(t)$ 是一个标量或矢量。

例 2.1－1　设随机相位余弦波 $X(t)=a\cos(\omega t+\Theta)$，其中 a,ω 为常数，随机变量 Θ 在 $[0,2\pi]$ 内服从均匀分布。显然，$X(t)$ 是一个随机过程。当 e 给定时，即在 $[0,2\pi]$ 内任选一个相位 θ_i，则有 $X_i(t)=a\cos(\omega t+\theta_i)$，它是随机过程 $X(t)$ 的一个样本函数。此外，若固定时刻 $t=t_1$，则不难看出，$X(t_1)=a\cos(\omega t_1+\Theta)$ 是一个随机变量。若 e,t 均给定，则 $X_i(t_1)=a\cos(\omega t_1+\theta_i)$ 是一个标量。

例 2.1－2　若进行投掷硬币的试验，此时，样本空间为 $E=\{e_1,e_2\}$，其中 e_1 表示试验结果出现正面，e_2 表示出现反面。设 $X(t,e_1)=\sin t$，$X(t,e_2)=2t$，则此时的 $X(t)$ 是一个随机过程。

随机过程一般应表示为 $\{X(t),t\in T\}$。根据参数集 T 的性质，随机过程可分为以下两大类。

① 时间参数集 T 为离散时间集合,即参数集 T 是一个可列集,如果

$$T=\{t_k,k=0,1,2,\cdots,N\}$$

或

$$T=\{t_k,k=0,1,2,\cdots\}$$

则称$\{X(t),t\in T\}$为离散时间随机过程,或称随机序列。其中 $t_k<t_{k+1}$,且时间间隔不必等分。为了简化,还常用 k 代替 t_k,这样离散时间集合又可表示成

$$T=\{k,k=0,1,2,\cdots,N\}$$

或

$$T=\{k,k=0,1,2,\cdots\}$$

② 时间参数集 T 为连续时间集合,是一个不可列集,如果

$$T=\{t,t_0\leqslant t\leqslant t_N\}$$

或

$$T=\{t,t\geqslant t_0\}$$

则称$\{X(t),t\in T\}$为连续时间随机过程,或简称随机过程。

另一方面也可根据 $X(t_i)$所取值(即状态)的特征,将随机过程按状态分为以下两大类。

① 离散状态:$X(t_i)$所取的值是离散的;

② 连续状态:$X(t_i)$所取的值是连续的。

综上所述,按照随机过程的状态和时间是连续的还是离散的,将随机过程分为下述四大类。

① 连续型随机过程:其状态 $X(t_i)$和时间 t 都是连续的。即过程的状态为连续的随机变量,各样本也都为时间 t 的连续函数。

② 离散型随机过程:其状态 $X(t_i)$离散而时间 t 是连续的。对连续型随机过程进行随机取样,并经量化后保持各取样值,即得这类随机过程。

③ 连续随机序列:其状态 $X(t_i)$连续而时间 t 是离散的。对连续型随机过程沿时间轴进行等间隔取样,即得这类随机过程。其状态保持 $X(t_i)$连续,时间 t 则由连续的变为离散的。

④ 离散随机序列:其状态 $X(t_i)$和时间 t 都是离散的。实为数字序列。对连续型随机过程进行等间隔取样,并将取样值量化成若干个固定的离散值,即得这类随机过程。

顺便指出,随机过程 $X(t)$在时刻 t_i 所呈现的随机变量 $X(t_i)$可以用二维或多维空间的随机点来表示。例如,研究海面上波浪的浪高随时间变化的情况,则需要用四维参数来描述(表示位置的三维坐标 X,Y,Z,以及时间坐标 t)。这类随机变量的总体称为多维随机过程,或称矢量随机过程。

例 2.1-3 伯努利过程。设二进制值脉冲信号由以下准则定值,即"有脉冲"代表 1,"没有脉冲"代表"0",脉冲只在时间的取样时刻出现,各取样时刻脉冲出现与否是相互独立的,且其出现是等概率的。上述过程称为伯努利过程或伯努利序列,它是离散随机序列,这种序列广泛应用数字通信系统中。

现举例构成此伯努利序列。设连续重复抛掷硬币,其样本空间 $S=\{H,T\}$,H 表示抛掷结果正面向上,T 表示反面向上,令

$$X=\begin{cases}1 & e=H\\0 & e=T\end{cases}$$

则构成伯努利过程,并且概率 $P=1/2$。

图 2.2 示出了典型伯努利过程的样本序列，时间轴标出了取样时刻的序号。设取样时刻最大序号为 n，则每个样本序列都由 n 个序列化的数据（0 或 1）构成，共有 2^n 个。各样本序列相应的出现概率为 $(1-p)^n, p(1-p)^{n-1}, \cdots, p^n$。

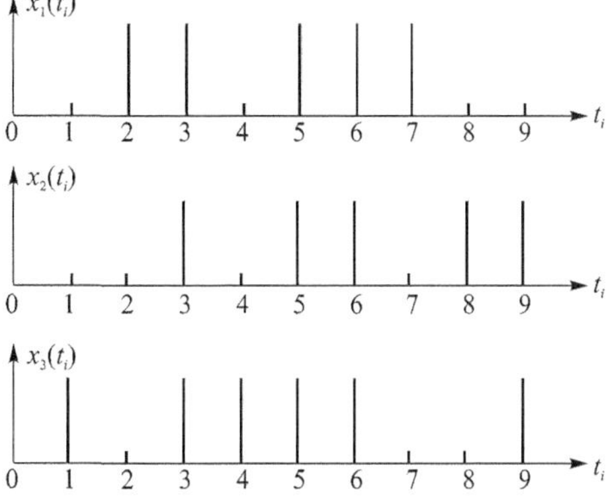

图 2.2　典型伯努利过程的样本序列

例 2.1－4　二项式过程。在脉冲计数器的输入端一伯努利过程，则输出可得一状态离散时间连续的随机过程，如图 2.3 所示。在某取样瞬间如果出现脉冲，则计数加"1"，不出现脉冲则维持原数不变。因此，时刻 t_n 的计数应为

图 2.3　脉冲计数器

$$Y(t_n) = \sum_{i=1}^{n} X(t_i)$$

显然，$Y(t_n)$ 为一随机变量，其可能值有 $0,1,2,\cdots.n$。

图 2.4 示出了与图 2.2 中的样本序列 $x(t_i)$ 相对应的样本函数 $y(t_n)$。

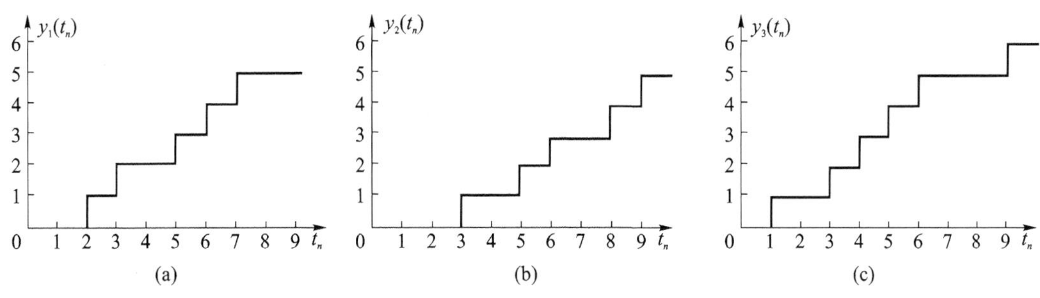

图 2.4　典型的计数过程

现在分析不同 $Y(t_n)$ 值出现的概率。$Y(t_n)$ 的值是 n 个独立随机变量之和，也是随机过程 $Y(t_n)$ 到时刻 t_n 出现脉冲的个数。设 $y(t_n)=m$，这说明在 n 个取样瞬间中有 m 个脉冲出现，$(n-m)$ 个间隔不出现脉冲。不同样本序列中 m 个脉冲的不同排列都可得出相同的结果。在所有 2^n 个样本序列中，可能出现的这些情况共有 C_n^m 个，并且

$$C_n^m = \frac{n!}{m!(n-m)!}$$

因为各取样瞬间脉冲出现与否是各自独立的，$Y(T_n)$ 的一个样本函数 $y(t_n)$ 中出现 m 个脉冲的概率为

$$P[y(t_n) = m] = p^m q^{n-m}$$

那么，对整个随机过程 $Y(t_n)$ 来说，有 m 个脉冲出现的概率应为

$$P[Y(t_n) = m] = C_n^m p^m q^{n-m}$$

式中，$q=1-p, m=0,1,2,\cdots,n$。上式为二项式分布，因此这种过程叫做二项式过程。

2.1.2　随机过程的概率分布

随机过程是一族随机变量。类似于随机变量，可以定义随机过程的概率分布函数和概率

密度函数。它们都是状态和时间两个变量的函数。

若给定时刻 t_i,随机过程就是一维随机变量 $X(t_i)$。事件 $X(t_i)\leqslant x$ 的概率为

$$F(x,t_i)=P[X(t_i)\leqslant x] \tag{2.1.1}$$

称 $F(x,t_i)$为随机过程的一维概率分布函数。类似于随机变量,若 $F(x,t_i)$对 x 的偏导数存在,则有

$$f(x,t_i)=\frac{\partial F(x,t_i)}{\partial x} \tag{2.1.2}$$

$f(x,t_i)$称为随机过程 $X(t)$的一维概率密度函数。显然,$F(x,t_i)$和 $f(x,t_i)$都是时间 t 和状态 x 的函数。

一维分布仅给出了随机过程 $X(t)$的最简单的概率分布特性,它只表征随机过程在某固定时刻 t_i 的统计特性,不能反映出随机过程在各个时刻之间的内在关联。因此,下面引入随机过程 $X(t)$的二维分布。

若给定两个时刻 t_1 和 t_2,随机变量 $X(t_1)$和 $X(t_2)$的联合概率分布与 t_1 和 t_2 有关。定义

$$F(x_1,x_2;t_1,t_2)=P\{X(t_1)\leqslant x_1,X(t_2)\leqslant x_2\} \tag{2.1.3}$$

为随机过程 $X(t)$的二维分布函数。

如果 $F(x_1,x_2;t_1,t_2)$对 x_1,x_2 的二阶偏导数存在,则有

$$f(x_1,x_2;t_1,t_2)=\frac{\partial^2 F(x_1,x_2;t_1,t_2)}{\partial x_1\partial x_2} \tag{2.1.4}$$

称上式为随机过程 $X(t)$的二维概率密度函数。

显然,与随机变量的概念相同,一维概率分布可以看成是二维概率分布的边沿分布。即

$$F(x_1,\infty;t_1,t_2)=F(x_1;t_1) \tag{2.1.5}$$

和

$$f(x_1,t_1)=\int_{-\infty}^{\infty}f(x_1,x_2;t_1,t_2)\mathrm{d}x_2 \tag{2.1.6}$$

随机过程的二维概率分布比一维概率分布包含了更多的信息,但还不能完整地反映出随机过程 $X(t)$的全部特征。用类推的方法,可以建立 $X(t)$的 n 维概率分布函数和 n 维概率密度函数。定义

$$F_n(x_1,x_2,\cdots,x_n;t_1,t_2,\cdots,t_n)=P[X(t_1)\leqslant x_1,X(t_2)\leqslant x_2,\cdots,X(t_n)\leqslant x_n] \tag{2.1.7}$$

为随机过程 $X(t)$的 n 维概率分布函数。

$$f_n(x_1,x_2,\cdots,x_n;t_1,t_2,\cdots,t_n)=\frac{\partial^n F_n(x_1,x_2,\cdots,x_n;t_1,t_2,\cdots,t_n)}{\partial x_1\partial x_2\cdots\partial x_n} \tag{2.1.8}$$

为随机过程 $X(t)$的 n 维概率密度函数。

值得指出的是,对于随机序列,它们的概率性质完全由 n 维概率分布函数 $F_n(x_1,x_2,\cdots,x_n;t_1,t_2,\cdots,t_n)$或对应的 n 维概率密度函数 $f_n(x_1,x_2,\cdots,x_n;t_1,t_2,\cdots,t_n)$确定。但是,对于连续随机过程,由于 t 在时间域 T 内有不可列的无限个可能值,严格地说,它不能由 n 维概率分布函数确定。实际上,如果对随机过程 $X(t)$不加任何限制,即使已经知道时刻 t_1 的 $X(t_1)$的概率性质,也无法推断出 $X(t_1+\Delta t)$的概率性质(无论 Δt 是多么小)。但对实际中遇到的绝大多数的、样本连续的随机过程,在一个很小的时间间隔 Δt 内,$X(t_1)$和 $X(t_1+\Delta t)$可能出现的数值之间常常存在相关性。因此,对这类连续随机过程,可用 n 维概率分布函数来逼近描述它们的概率性质。

从理论上说，在随机过程 $X(t)$ 存在的时间域内，无限地增加 n 和减小时间间隔 Δt，则可更全面地反映出 $X(t)$ 的概率性质。但实际上这样做几乎是不可能的。因此，在许多实际问题中，常用二维概率分布函数来描述随机过程的统计特性。

2.1.3　随机过程的数字特征

用多维概率分布函数表征随机过程固然能更全面地描述其统计特征，但在实际应用中极为不便。因此，如同研究随机变量一样，也用数字特征来表征随机过程。对于一维随机变量，基本数字特征为数学期望和方差。对于二维随机变量，最常用的是相关矩和相关系数。可以把上述随机变量的数字特征推广到随机过程中去。但必须注意，随机过程的数字特征不再是确定的数，而是确定的时间函数。

1. 数学期望

设 $X(t)$ 是一随机过程，$f(x,t)$ 是 $X(t)$ 的一维概率密度函数，定义

$$m(t) = E[X(t)] = \int_{-\infty}^{\infty} x f(x,t)\mathrm{d}x \tag{2.1.9}$$

为随机过程 $X(t)$ 的数学期望或均值。

$E[X(t)]$ 是随机过程 $X(t)$ 的所有样本函数在时刻 t 的函数值的平均，通常称这种平均为集平均或统计平均。必须注意，对于不同时刻 t，$m(t)$ 的值不一定相等。因此，$m(t)$ 是随时间而变化的函数。确切地说，它是随机过程 $X(t)$ 的均值函数，均值 $m(t)$ 表示了随机过程 $X(t)$ 在各个时刻的摆动中心，如图 2.5 所示。

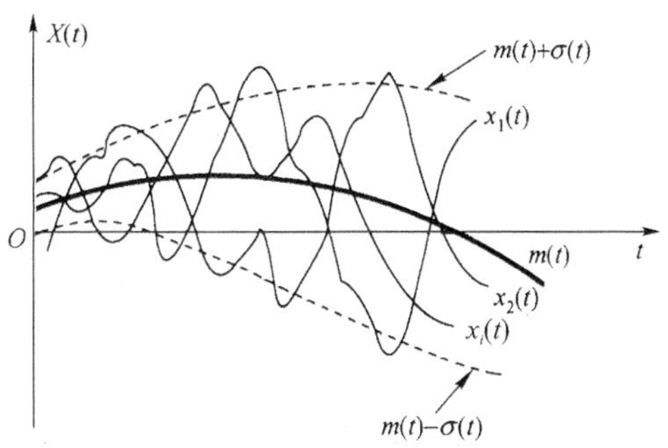

图 2.5　随机过程的均值和方差

2. 方　差

同理，定义随机过程 $X(t)$ 的方差为

$$D[X(t)] = E\{[X(t) - m(t)]^2\} \tag{2.1.10}$$

方差是时间 t 的确定性函数。它表示诸样本函数偏离均值函数 $m(t)$ 的分散程度，常常简记为 $\sigma^2(t)$。方差的平方根 $\sigma(t)$ 称为随机过程 $X(t)$ 的均方差或标准差，它表示随机过程 $X(t)$ 在时刻 t 相对于均值 $m(t)$ 的偏离程度（见图 2.5）。

这里，顺便引入均方值的概念。随机过程 $X(t)$ 的二阶原点矩，记为 $\Psi_X^2(t)$，即

$$\Psi_X^2(t) = E[X^2(t)] \tag{2.1.11}$$

称为随机过程 $X(t)$ 的均方值。

从上述可看出，均值和方差仅涉及随机过程的一维分布，只刻画随机过程 $X(t)$ 在各个独立时刻的概率统计特性，反映不了随机过程 $X(t)$ 的内在相关性。如图 2.6 所示，两类随机过程 $X(t)$ 的均值函数和方差函数相同，而它们的诸样本函数的变化性质则完全不同。显然，图 2.6(a) 中 $X(t)$ 变化缓慢，这个过程在不同时刻的取值之间有很强的相关性；而图 2.6(b) 中 $X(t)$ 变化剧烈，其不同时刻取值之间的相关性较弱。为了表征随机过程固有的相关性，引入相关函数。

3. 自相关函数

设 $X(t_1)$ 和 $X(t_2)$ 是随机过程 $X(t)$ 在任意两个时刻 t_1 和 t_2 的状态，$f(x_1,x_2;t_1,t_2)$ 是相

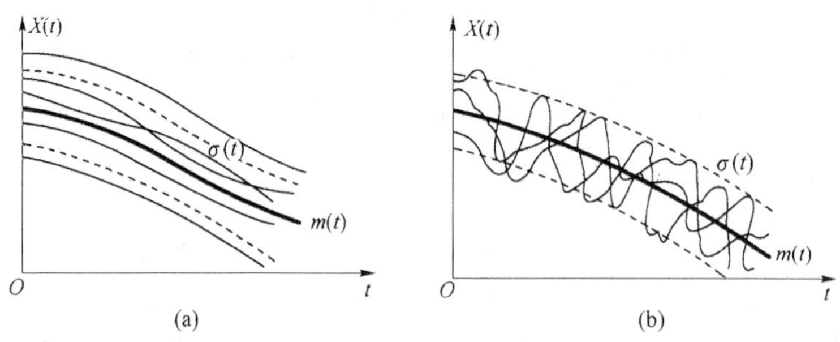

图 2.6 具有相同均值和方差的两类随机过程

应的二维概率密度,称二阶原点矩

$$R_X(t_1,t_2)=E[X(t_1)X(t_2)]=\int_{-\infty}^{\infty}\int_{-\infty}^{\infty}x_1x_2f(x_1,x_2;t_1,t_2)\mathrm{d}x_1\mathrm{d}x_2 \tag{2.1.12}$$

为随机过程 $X(t)$的自相关函数,简称相关函数。它反映了随机过程 $X(t)$在任意两个不同时刻取值之间的相关性。

类似地,称二阶中心混合矩

$$\begin{aligned}C_X(t_1,t_2)&=E\{[X(t_1)-m_X(t_1)][X(t_2)-m_X(t_2)]\}\\&=\int_{-\infty}^{\infty}\int_{-\infty}^{\infty}[x(t_1)-m_X(t_1)][x(t_2)-m_X(t_2)]f(x_1,x_2;t_1,t_2)\mathrm{d}x_1\mathrm{d}x_2\end{aligned} \tag{2.1.13}$$

为随机过程的协方差函数。

根据式(2.1.11)和式(2.1.12)知

$$\Psi_X^2(t)=E[X^2(t)]=R_X(t,t) \tag{2.1.14}$$

将式(2.1.13)展开可得

$$C_X(t_1,t_2)=R_X(t_1,t_2)-m_X(t_1)m_X(t_2) \tag{2.1.15}$$

特别地,当 $t_1=t_2=t$ 时,由上式得

$$\sigma_X^2(t)=C_X(t,t)=R(t,t)-m_X^2(t) \tag{2.1.16}$$

由式(2.1.14)～式(2.1.16)可知,这些数字特征中最主要的是相关函数 $R_X(t_1,t_2)$和均值 $m_X(t)$。

例 2.1-5 设随机相位波 $X(t)=a\cos(\omega t+\Theta)$,其中相位 Θ 在$[0,2\pi]$上服从均匀分布,式中 a,ω 为常数。求方差。

解:根据题意,Θ 的概率密度函数为

$$f(\theta)=\begin{cases}\dfrac{1}{2\pi} & 0<\theta<2\pi\\ 0 & \text{其他}\end{cases}$$

故由定义知,其均值为

$$m_X(t)=E[a\cos(\omega t+\Theta)]=\int_0^{2\pi}a\cos(\omega t+\theta)\frac{1}{2\pi}\mathrm{d}\theta=0$$

自相关函数为

$$\begin{aligned}R_X(t_1,t_2)&=a^2E[\cos(\omega t_1+\Theta)\cos(\omega t_2+\Theta)]\\&=a^2\int_0^{2\pi}\cos(\omega t_1+\theta)\cos(\omega t_2+\theta)\frac{1}{2\pi}\mathrm{d}\theta\\&=\frac{a^2}{2}\cos\omega(t_1-t_2)\end{aligned}$$

协方差函数为　$C_X(t_1,t_2)=R_X(t_1,t_2)-m_X(t_1)m_X(t_2)=\frac{a^2}{2}\cos\omega(t_1-t_2)$

方差为　$\sigma_X^2(t)=R_X(t,t)=a^2/2$

例 2.1-6　设 X 和 Y 是相互独立的、数学期望为零、方差为 1 的随机变量。又设

$$Z(t)=X+Yt$$

显然，$Z(t)$是一个随机过程，其样本函数是一条直线。求其数字特征。

解：

$$m(t)=E[Z(t)]=E[X+Yt]=E[X]+E[Y]t=0$$

$$D[Z(t)]=\sigma_Z^2(t)=D[X+Yt]=D[X]+t^2D[Y]=1+t^2$$

$$\begin{aligned}R(t_1,t_2)&=E[Z(t_1)Z(t_2)]=E\{[X+Yt_1][X+Yt_2]\}\\&=E[X^2+t_1t_2Y^2+(t_1+t_2)XY]\\&=E[X^2]+t_1t_2E[Y^2]+(t_1+t_2)E[XY]=1+t_1t_2\end{aligned}$$

$$C(t_1,t_2)=R(t_1,t_2)-m(t_1)m(t_2)=1+t_1t_2$$

2.1.4　矢量随机过程

到目前为止，仅限于讨论单个随机过程的数字特征。在实际问题中，有时必须同时考虑两个或两个以上的随机过程。例如，一个线性系统的输入信号和输入噪声两者可能同为随机过程，或者同时考虑线性系统随机输出和随机输入之间的关系，如图 2.7 所示。因此，在随机分析中除了要研究每个随机过程各自的统计特性外，还要研究各个随机过程之间的联合特征。现在先研究两个随机过程 $X(t)$和 $Y(t)$的情况，然后，扩大到矢量随机过程。

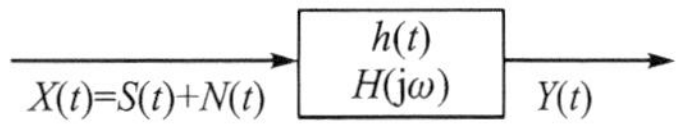

图 2.7　线性系统的输入、输出过程

1. 两个随机过程的联合分布函数

设有两个随机过程 $X(t)$和 $Y(t)$，时刻 $t_1,t_2,\cdots,t_n$ 和 $t'_1,t'_2,\cdots,t'_m$是任意两组实数，称 $n+m$维随机矢量$(X(t_1),X(t_2),\cdots,X(t_n);Y(t'_1),Y(t'_2),\cdots,Y(t'_m))$的分布函数

$$\begin{aligned}&F_{n,m}(x_1,x_2,\cdots,x_n;t_1,t_2,\cdots,t_n;y_1,y_2,\cdots,y_m;t'_1,t'_2,\cdots,t'_m)\\&=P\{X(t_1)\leqslant x_1,X(t_2)\leqslant x_2,\cdots,X(t_n)\leqslant x_n;Y(t'_1)\leqslant y_1,Y(t'_2)\leqslant y_2,\cdots,Y(t'_m)\leqslant y_m\}\end{aligned}\tag{2.1.17}$$

为随机过程 $X(t)$和 $Y(t)$的 $n+m$ 维联合分布函数。

两个随机过程 $X(t)$和 $Y(t)$的联合概率密度函数为

$$\begin{aligned}&f_{n,m}(x_1,x_2,\cdots,x_n;t_1,t_2,\cdots,t_n;y_1,y_2,\cdots,y_m;t'_1,t'_2,\cdots,t'_m)\\&=\frac{\partial^{n+m}F_{n,m}(x_1,x_2,\cdots,x_n;t_1,t_2,\cdots,t_n;y_1,y_2,\cdots,y_m;t'_1,t'_2,\cdots,t'_m)}{\partial x_1\partial x_2\cdots\partial x_n\partial y_1\partial y_2\cdots\partial y_m}\end{aligned}\tag{2.1.18}$$

若两个随机过程 $X(t)$和 $Y(t)$相互独立，则有

$$\begin{aligned}&f_{n,m}(x_1,x_2,\cdots,x_n;t_1,t_2,\cdots,t_n;y_1,y_2,\cdots,y_m;t'_1,t'_2,\cdots,t'_m)\\&=f_n(x_1,x_2,\cdots,x_n;t_1,t_2,\cdots,t_n)f_m(y_1,y_2,\cdots,y_m;t'_1,t'_2,\cdots,t'_m)\end{aligned}\tag{2.1.19}$$

式中，$f_n(\cdot)$和 $f_m(\cdot)$分别为随机过程 $X(t)$和 $Y(t)$的概率密度函数。

不难看出，若已知两个随机过程 $X(t)$和 $Y(t)$的 $n+m$ 维联合分布函数，则两个过程的全部统计特性也就给定了。

2. 互相关函数

在研究含多个随机过程的问题时，最常用的是由随机过程 $X(t)$和 $Y(t)$的二维联合概率

密度所确定的二阶原点混合矩,即互相关函数。两个随机过程 $X(t)$ 和 $Y(t)$ 的互相关函数定义为

$$R_{XY}(t_1,t_2)=E[X(t_1)Y(t_2)]=\int_{-\infty}^{\infty}\int_{-\infty}^{\infty}xyf(x,t_1;y,t_2)\mathrm{d}x\mathrm{d}y \tag{2.1.20}$$

式中,$f(x,t_1;y,t_2)$ 是随机过程 $X(t)$ 和 $Y(t)$ 的二维联合概率密度函数。

类似地,定义 $$C_{XY}(t_1,t_2)=E\{[X(t_1)-m_X(t_1)][Y(t_2)-m_Y(t_2)]\} \tag{2.1.21}$$

为两个随机过程 $X(t)$ 和 $Y(t)$ 的互协方差函数。式中,$m_X(t_1)$ 和 $m_Y(t_2)$ 分别为随机过程 $X(t)$ 和 $Y(t)$ 的均值。

下面讨论两个随机过程 $X(t)$ 和 $Y(t)$ 之间的关系和性质。

① 如果对任意的 $t_1,t_2,\cdots,t_n$,和 $t_1't_2',\cdots,t_m'$,有

$$\begin{aligned}&f_{XY}(x_1,x_2,\cdots,x_n;t_1,t_2,\cdots,t_n;y_1,y_2,\cdots,y_m;t_1',t_2',\cdots,t_m')\\&=f_X(x_1,x_2,\cdots,x_n;t_1,t_2,\cdots,t_n)f_Y(y_1,y_2,\cdots,y_m;t_1',t_2',\cdots,t_m')\end{aligned} \tag{2.1.22}$$

则称 $X(t)$ 和 $Y(t)$ 之间是相互独立的。

显然,这时的二维概率密度函数为

$$f_{XY}(x,t_1;y,t_2)=f_X(x,t_1)f_Y(y,t_2)$$

于是互相关函数为

$$\begin{aligned}R_{XY}(t_1,t_2)&=E[X(t_1)Y(t_2)]\\&=\int_{-\infty}^{\infty}xf(x,t_1)\mathrm{d}x\int_{-\infty}^{\infty}yf(y,t_2)\mathrm{d}y\\&=m_X(t_1)m_Y(t_2)\end{aligned} \tag{2.1.23}$$

互协方差函数为

$$\begin{aligned}C_{XY}(t_1,t_2)&=E\{[X(t_1)-m_X(t_1)][Y(t_2)-m_Y(t_2)]\}\\&=E[X(t_1)-m_X(t_1)]E[Y(t_2)-m_Y(t_2)]=0\end{aligned} \tag{2.1.24}$$

② 两个随机过程 $X(t)$ 和 $Y(t)$,如果对任意的 t_1 和 t_2 都有互协方差函数为0,或互相关函数为常数即

$$C_{XY}(t_1,t_2)=0$$

或

$$R_{XY}(t_1,t_2)=\text{常数}$$

则称 $X(t)$ 和 $Y(t)$ 之间互不相关。由式(2.1.23)和式(2.1.24)可知,如果两个过程相互独立,则必不相关。反之不一定。

③ 两个随机过程 $X(t)$ 和 $Y(t)$,若对任意的 $t_1,t_2\in T$,其互相关函数等于零,即

$$R_{XY}(t_1,t_2)=0 \tag{2.1.25}$$

则称该二随机过程之间正交。而且正交也不一定不相关。

3. 矢量随机过程

以上讨论的都是标量过程,就是说仅讨论单个随机过程,以及单个随机过程之间的相互关系。现在引入矢量随机过程的概念。如果把图2.7所示的线性系统的随机输入信号和噪声过程看成是一个总体,那么系统的输入过程就是一个矢量随机过程。不难看出,标量随机过程仅是矢量随机过程的特例。

设 $\{\boldsymbol{X}(t),t\in T\}$ 为 m 维矢量随机过程,即

$$\boldsymbol{X}(t)=[X_1(t),X_2(t),\cdots,X_m(t)]^{\mathrm{T}} \tag{2.1.26}$$

式中,$X_i(t)(i=1,2,\cdots,m)$ 为矢量随机过程的分量。

(1) 矢量随机过程的概率分布函数

类似地可以建立 m 维矢量随机过程$\{\boldsymbol{X}(t),t\in T\}$的概率分布函数和概率密度函数。

在时刻 t 的概率分布函数为

$$F_{\boldsymbol{X}}(\boldsymbol{x},t)\triangleq P\{\boldsymbol{X}(t)\leqslant \boldsymbol{x}\} \tag{2.1.27}$$

式中

$$\boldsymbol{x}=[x_1,x_2,\cdots,x_m]^{\mathrm{T}} \tag{2.1.28}$$

相应的概率密度函数为

$$f_{\boldsymbol{X}}(\boldsymbol{x},t)\triangleq \frac{\partial^m F_{\boldsymbol{X}}(\boldsymbol{x},t)}{\partial \boldsymbol{x}}=\frac{\partial^m F_{\boldsymbol{X}}(\boldsymbol{x},t)}{\partial x_1\partial x_2\cdots\partial x_m} \tag{2.1.29}$$

并且有

$$F_{\boldsymbol{X}}(x,t)=\int_{-\infty}^{x} f_{\boldsymbol{X}}(\boldsymbol{x},t)\mathrm{d}\boldsymbol{x} \tag{2.1.30}$$

矢量随机过程的联合概率分布函数为

$$F_{\boldsymbol{X}^1,\boldsymbol{X}^2,\cdots,\boldsymbol{X}^n}(\boldsymbol{x}^1,t_1;\boldsymbol{x}^2,t_2;\cdots;\boldsymbol{x}^n,t_n)\triangleq P\{\boldsymbol{X}(t_1)\leqslant \boldsymbol{x}^1,\boldsymbol{X}(t_2)\leqslant \boldsymbol{x}^2,\cdots,\boldsymbol{X}(t_n)\leqslant \boldsymbol{x}^n\} \tag{2.1.31}$$

式中　$\boldsymbol{X}^i=[X_1(t_i),X_2(t_i),\cdots,X_m(t_i)]^{\mathrm{T}},\boldsymbol{x}^i=[x_1^i,x_2^i,\cdots,x_m^i]^{\mathrm{T}},i=1,2,\cdots,n$

相应的联合概率密度函数为

$$\begin{aligned}f_{\boldsymbol{X}^1,\boldsymbol{X}^2,\cdots,\boldsymbol{X}^n}(\boldsymbol{x}^1,t_1;\boldsymbol{x}^2,t_2;\cdots;\boldsymbol{x}^n,t_n)&\triangleq \frac{\partial^{mn} F_{\boldsymbol{X}^1,\boldsymbol{X}^2,\cdots,\boldsymbol{X}^n}(\boldsymbol{x}^1,t_1;\boldsymbol{x}^2,t_2;\cdots;\boldsymbol{x}^n,t_n)}{\partial \boldsymbol{x}^1\partial \boldsymbol{x}^2\cdots\partial \boldsymbol{x}^n}\\&=\frac{\partial^{mn} F_{\boldsymbol{X}^1,\boldsymbol{X}^2,\cdots,\boldsymbol{X}^n}(\boldsymbol{x}^1,t_1;\boldsymbol{x}^2,t_2;\cdots;\boldsymbol{x}^n,t_n)}{\partial x_1^1\cdots\partial x_m^1\cdots\partial x_1^n\cdots\partial x_m^n}\end{aligned} \tag{2.1.32}$$

(2) 矢量随机过程的数字特征

m 维矢量随机过程的均值矢量函数为

$$\boldsymbol{m}_{\boldsymbol{X}}(t)\triangleq E[\boldsymbol{X}(t)]=\int_{-\infty}^{\infty}\boldsymbol{x}f_{\boldsymbol{X}}(\boldsymbol{x},t)\mathrm{d}x \tag{2.1.33}$$

其自协方差阵为

$$\begin{aligned}\boldsymbol{P}_{\boldsymbol{XX}}(t_1,t_2)&=\mathrm{cov}[\boldsymbol{X}(t_1),\boldsymbol{X}(t_2)]\triangleq \boldsymbol{E}\{[\boldsymbol{X}(t_1)-\boldsymbol{m}_{\boldsymbol{X}}(t_1)][\boldsymbol{X}(t_2)-\boldsymbol{m}_{\boldsymbol{X}}(t_2)]^{\mathrm{T}}\}\\&=E[\boldsymbol{X}(t_1)\boldsymbol{X}^{\mathrm{T}}(t_2)]-E[\boldsymbol{X}(t_1)\boldsymbol{m}_{\boldsymbol{X}}^{\mathrm{T}}(t_2)]-E[\boldsymbol{m}_X(t_1)\boldsymbol{X}^{\mathrm{T}}(t_2)]+E[\boldsymbol{m}_{\boldsymbol{X}}(t_1)\boldsymbol{m}_{\boldsymbol{X}}^{\mathrm{T}}(t_2)]\\&=\boldsymbol{R}_{\boldsymbol{XX}}(t_1,t_2)-\boldsymbol{m}_{\boldsymbol{X}}(t_1)\boldsymbol{m}_{\boldsymbol{X}}^{\mathrm{T}}(t_2)\end{aligned} \tag{2.1.34}$$

其方差阵函数为

$$\begin{aligned}\boldsymbol{P}_{\boldsymbol{XX}}(t,t)&=\mathrm{cov}[\boldsymbol{X}(t),\boldsymbol{X}(t)]\triangleq E\{[\boldsymbol{X}(t)-\boldsymbol{m}_{\boldsymbol{X}}(t)][\boldsymbol{X}(t)-\boldsymbol{m}_{\boldsymbol{X}}(t)]^{\mathrm{T}}\}\\&=E[\boldsymbol{X}(t)\boldsymbol{X}^{\mathrm{T}}(t)]-\boldsymbol{m}_{\boldsymbol{X}}(t)\boldsymbol{m}_{\boldsymbol{X}}^{\mathrm{T}}(t)\end{aligned} \tag{2.1.35}$$

实际上，在式(2.1.34)中，令 $t_1=t_2=t$ 就得到式(2.1.35)。而

$$\boldsymbol{P}_{\boldsymbol{X}}(t)=E[\boldsymbol{X}(t)\boldsymbol{X}^{\mathrm{T}}(t)] \tag{2.1.36}$$

是矢量随机过程$\{\boldsymbol{X}(t),t\in T\}$的均方阵。

如果矢量随机过程$\{\boldsymbol{X}(t),t\in T\}$恰好是二维的，即 $m=2$ 的情况，有

$$\boldsymbol{X}(t)=\begin{bmatrix}X_1(t)\\X_2(t)\end{bmatrix} \tag{2.1.37}$$

此时有

$$\begin{aligned}\boldsymbol{P}_{\boldsymbol{X}}&=\begin{bmatrix}E[X_1(t)X_1(t)] & E[X_1(t)X_2(t)]\\E[X_2(t)X_1(t)] & E[X_2(t)X_2(t)]\end{bmatrix}\\&=\begin{bmatrix}E[X_1^2(t)] & E[X_1(t)X_2(t)]\\E[X_2(t)X_1(t)] & E[X_2^2(t)]\end{bmatrix}\end{aligned} \tag{2.1.38}$$

式中，$E[X_1^2(t)]$和 $E[X_2^2(t)]$分别为 $X_1(t)$和 $X_2(t)$的均方值，$E[X_1(t)X_2(t)]$和 $E[X_2(t)$

$X_1(t)$]分别表示在同一时刻,过程 $X_1(t)$ 和 $X_2(t)$ 及 $X_2(t)$ 和 $X_1(t)$ 之间的互相关函数。

在式(2.1.34)中

$$\boldsymbol{R}_{\boldsymbol{XX}}(t_1,t_2) \triangleq E[\boldsymbol{X}(t_1)\boldsymbol{X}^{\mathrm{T}}(t_2)] \tag{2.1.39}$$

为二维矢量过程 $\boldsymbol{X}(t)$ 的自相关阵函数。若将式(2.1.37)代入式(2.1.39),则得

$$\boldsymbol{R}_{\boldsymbol{XX}}(t_1,t_2) = \begin{bmatrix} E[X_1(t_1)X_1(t_2)] & E[X_1(t_1)X_2(t_2)] \\ E[X_2(t_1)X_1(t_2)] & E[X_2(t_1)X_2(t_2)] \end{bmatrix} \tag{2.1.40}$$

式中,$E[X_1(t_1)X_1(t_2)]$ 和 $E[X_2(t_1)X_2(t_2)]$ 分别为随机过程 $X_1(t)$ 和 $X_2(t)$ 的自相关函数。$E[X_1(t_1)X_2(t_2)]$ 和 $E[X_2(t_1)X_1(t_2)]$ 分别表示随机过程 $X_1(t)$ 和 $X_2(t)$ 及 $X_2(t)$ 与 $X_1(t)$ 的互相关函数。从式(2.1.34)和式(2.1.39)可看出,如果矢量随机过程$\{\boldsymbol{X}(t),t\in T\}$的均值矢量 $\boldsymbol{m}_{\boldsymbol{X}}(t)=E[\boldsymbol{X}(t)]$ 为零矩阵,则矢量随机过程$\{\boldsymbol{X}(t),t\in T\}$的自相关阵和自协方差阵函数完全一致。

若有两个矢量随机过程$\{\boldsymbol{X}(t),t\in T\}$和$\{\boldsymbol{Z}(t),t\in T\}$,那么它们的互协方差阵函数定义为

$$\begin{aligned} \boldsymbol{P}_{\boldsymbol{XZ}}(t_1,t_2) &= \mathrm{cov}[\boldsymbol{X}(t_1),\boldsymbol{Z}(t_2)] \\ &\triangleq E\{[\boldsymbol{X}(t_1)-\boldsymbol{m}_{\boldsymbol{X}}(t_1)][\boldsymbol{Z}(t_2)-\boldsymbol{m}_{\boldsymbol{Z}}(t_2)]^{\mathrm{T}}\} \end{aligned} \tag{2.1.41}$$

而其互相关阵函数定义为

$$\boldsymbol{R}_{\boldsymbol{XZ}}(t_1,t_2) \triangleq E[\boldsymbol{X}(t_1)\boldsymbol{Z}^{\mathrm{T}}(t_2)] \tag{2.1.42}$$

(3) 矢量随机过程的特征函数

先引入随机矢量的特征函数。定义 m 维随机矢量为

$$\boldsymbol{X} = [X_1,X_2,\cdots,X_m]^{\mathrm{T}}$$

称

$$\phi_{\boldsymbol{X}}(\boldsymbol{v}) \triangleq E[\exp(\mathrm{j}\boldsymbol{v}^{\mathrm{T}}\boldsymbol{X})] = \int_{R^n}\exp(\mathrm{j}\boldsymbol{v}^{\mathrm{T}}\boldsymbol{X})f(\boldsymbol{x})\mathrm{d}\boldsymbol{x} \tag{2.1.43}$$

为 m 维随机矢量 $\boldsymbol{X}$ 的联合特征函数。式中

$$\boldsymbol{v} = [v_1,v_2,\cdots,v_m]^{\mathrm{T}},\boldsymbol{x} = [x_1,x_2,\cdots,x_m]^{\mathrm{T}}$$

式(2.1.43)又可表示为

$$\begin{aligned} \phi_{\boldsymbol{X}}(v_1,v_2,\cdots,v_m) &\triangleq E\left[\exp\left(\mathrm{j}\sum_{k=1}^{m}\boldsymbol{X}_k v_k\right)\right] \\ &= \int_{-\infty}^{\infty}\cdots\int_{-\infty}^{\infty}\mathrm{e}^{\mathrm{j}(v_1x_1+v_2x_2+\cdots+v_mx_m)}\mathrm{d}F(x_1,x_2,\cdots,x_m) \end{aligned} \tag{2.1.44}$$

下面讨论随机过程$\{X(t),t\in T\}$的特征函数。由于随机过程$\{X(t),t\in T\}$可视为一族随机变量$\{X(t_1),X(t_2),\cdots,X(t_n)\}$,故可以用 n 维随机矢量 $\boldsymbol{X}$ 的联合特征函数来定义随机过程$\{X(t),t\in T\}$的特征函数。

对于时刻 t 的随机过程$\{X(t),t\in T\}$的特征函数,定义为

$$\phi_{X(t)}(v,t) \triangleq E\{\exp[\mathrm{j}X(t)v]\} \tag{2.1.45}$$

而随机过程$\{X(t),t\in T\}$的特征函数,则定义为

$$\phi_{X(t)}(v_1,v_2,\cdots,v_n) \triangleq \left[\exp\left(\mathrm{j}\sum_{k=1}^{n}X_k v_k\right)\right] \tag{2.1.46}$$

现在讨论 m 维矢量随机过程$\{\boldsymbol{X}(t),t\in T\}$的特征函数。设

$$\boldsymbol{X}(t) = [X_1(t),X_2(t),\cdots,X_m(t)]^{\mathrm{T}} \tag{2.1.47}$$

对于时刻 t 的 m 维矢量随机过程$\{\boldsymbol{X}(t),t\in T\}$的特征函数,定义为

$$\phi_{\boldsymbol{X}}(\boldsymbol{v},t) \triangleq E[\exp\{\mathrm{j}\boldsymbol{X}^{\mathrm{T}}(t)\boldsymbol{v}\}] \tag{2.1.48}$$

式中

$$\boldsymbol{X}(t) = [X_1(t),X_2(t),\cdots,X_m(t)],\quad \boldsymbol{v} = [v_1\quad v_2\quad \cdots\quad v_m]$$

而 m 维矢量随机过程$\{\boldsymbol{X}(t),t\in T\}$的联合特征函数,则定义为

$$\phi_{\boldsymbol{X}^1,\boldsymbol{X}^2,\cdots,\boldsymbol{X}^n}(v^1,t_1;v^2,t_2;\cdots;v^n,t_n) \triangleq E\left\{\exp\left[\mathrm{j}\sum_{k=1}^{n}\boldsymbol{X}^{\mathrm{T}}(t_k)v_k\right]\right\} \tag{2.1.49}$$

式中
$$\boldsymbol{X}(t_k) = [X_1(t_k), X_2(t_k), \cdots, X_m(t_k)]^{\mathrm{T}}$$

(4) 矢量随机过程的独立与不相关

定义　若矢量随机过程$\{\boldsymbol{X}(t), t\in T\}$，在$t\in T$的任意$n$个时刻$t_1, t_2, \cdots, t_n$上，其联合概率分布函数为

$$F_{\boldsymbol{X}^1,\boldsymbol{X}^2,\cdots,\boldsymbol{X}^n}(\boldsymbol{x}^1,t_1;\boldsymbol{x}^2,t_2;\cdots;\boldsymbol{x}^n,t_n) = \prod_{k=1}^{n} F_{\boldsymbol{X}^k}(\boldsymbol{x}^k,t_k) \tag{2.1.50}$$

则称此矢量随机过程$\{\boldsymbol{X}(t), t\in T\}$是独立矢量随机过程。

显然，用联合概率密度函数表示，则式(2.1.50)演变为

$$f_{\boldsymbol{X}^1,\boldsymbol{X}^2,\cdots,\boldsymbol{X}^n}(\boldsymbol{x}^1,t_1;\boldsymbol{x}^2,t_2;\cdots;\boldsymbol{x}^n,t_n) = \prod_{k=1}^{n} f_{\boldsymbol{X}^k}(\boldsymbol{x}^k,t_k) \tag{2.1.51}$$

定义　若有两个矢量随机过程$\{\boldsymbol{X}(t), t\in T\}$和$\{\boldsymbol{Y}(t), t\in T\}$，在$t\in T$的任意$n$个时刻$t_1, t_2, \cdots, t_n$上，其联合概率分布函数为

$$\begin{aligned}&F_{\boldsymbol{X}^1,\boldsymbol{X}^2,\cdots,\boldsymbol{X}^n;\boldsymbol{Y}^1,\boldsymbol{Y}^2,\cdots,\boldsymbol{Y}^n}(\boldsymbol{x}^1,t_1;\boldsymbol{x}^2,t_2;\cdots;\boldsymbol{x}^n,t_n;\boldsymbol{y}^1,t_1;\boldsymbol{y}^2,t_2;\cdots;\boldsymbol{y}^n,t_n)\\&= F_{\boldsymbol{X}^1,\boldsymbol{X}^2,\cdots,\boldsymbol{X}^n}(\boldsymbol{x}^1,t_1;\boldsymbol{x}^2,t_2;\cdots;\boldsymbol{x}^n,t_n)F_{\boldsymbol{Y}^1,\boldsymbol{Y}^2,\cdots,\boldsymbol{Y}^n}(\boldsymbol{y}^1,t_1;\boldsymbol{y}^2,t_2;\cdots;\boldsymbol{y}^n,t_n)\end{aligned} \tag{2.1.52}$$

则称此两矢量随机过程彼此独立。

相应的联合概率密度函数为

$$\begin{aligned}&f_{\boldsymbol{X}^1,\boldsymbol{X}^2,\cdots,\boldsymbol{X}^n;\boldsymbol{Y}^1,\boldsymbol{Y}^2,\cdots,\boldsymbol{Y}^n}(\boldsymbol{x}^1,t_1;\boldsymbol{x}^2,t_2;\cdots;\boldsymbol{x}^n,t_n;\boldsymbol{y}^1,t_1;\boldsymbol{y}^2,t_2;\cdots;\boldsymbol{y}^n,t_n)\\&= f_{\boldsymbol{X}^1,\boldsymbol{X}^2,\cdots,\boldsymbol{X}^n}(\boldsymbol{x}^1,t_1;\boldsymbol{x}^2,t_2;\cdots;\boldsymbol{x}^n,t_n)f_{\boldsymbol{Y}^1,\boldsymbol{Y}^2,\cdots,\boldsymbol{Y}^n}(\boldsymbol{y}^1,t_1;\boldsymbol{y}^2,t_2;\cdots;\boldsymbol{y}^n,t_n)\end{aligned} \tag{2.1.53}$$

定义　对于矢量随机过程$\{\boldsymbol{X}(t), t\in T\}$，若有

$$\boldsymbol{R}_{XX}(t_1,t_2) = E[\boldsymbol{X}(t_1)\boldsymbol{X}^{\mathrm{T}}(t_2)] = E[\boldsymbol{X}(t_1)]E[\boldsymbol{X}^{\mathrm{T}}(t_2)] = \boldsymbol{m}_X(t_1)\boldsymbol{m}_X{}^{\mathrm{T}}(t_2) \tag{2.1.54}$$

则称此矢量随机过程$\{\boldsymbol{X}(t), t\in T\}$是不相关的。

显然，对于不相关的矢量随机过程，有

$$\boldsymbol{P}_{\boldsymbol{XX}}(t_1,t_2) = \boldsymbol{R}_{\boldsymbol{XX}}(t_1,t_2) - \boldsymbol{m}_{\boldsymbol{X}}(t_1)\boldsymbol{m}_{\boldsymbol{X}}^{\mathrm{T}}(t_2) = 0 \tag{2.1.55}$$

顺便指出，如果矢量随机过程是独立的矢量随机过程，那么它必定是不相关的。因为根据独立性的定义，有

$$f_{\boldsymbol{X}^1,\boldsymbol{X}^2}(\boldsymbol{x}^1,t_1;\boldsymbol{x}^2,t_2) = f_{\boldsymbol{X}^1}(\boldsymbol{x}^1,t_1)f_{\boldsymbol{X}^2}(\boldsymbol{x}^2,t_2)$$

于是可得

$$\begin{aligned}\boldsymbol{R}_{\boldsymbol{XX}}(t_1,t_2) &= \int_{-\infty}^{\infty}\int_{-\infty}^{\infty}\boldsymbol{x}^1(\boldsymbol{x}^2)^{\mathrm{T}}\,px^1x^2(\boldsymbol{x}^1,t_1;\boldsymbol{x}^2,t_2)\mathrm{d}\boldsymbol{x}^1\mathrm{d}\boldsymbol{x}^2\\&= \int_{-\infty}^{\infty}\int_{-\infty}^{\infty}\boldsymbol{x}^1(\boldsymbol{x}^2)^{\mathrm{T}}\,px^1(\boldsymbol{x}^1,t_1)px^2(\boldsymbol{x}^2,t_2)\mathrm{d}\boldsymbol{x}^1\mathrm{d}\boldsymbol{x}^2\\&= E[\boldsymbol{X}(t_1)]E[\boldsymbol{X}(t_2)] = m_{\boldsymbol{X}}(t_1)m_{\boldsymbol{X}}(t_2)\end{aligned}$$

故此得出，独立矢量随机过程必不相关，但反之不然。

2.1.5　随机过程的基本分类

随机过程$\{X(t), t\in T\}$是用一族概率分布函数来定义的，对于任意指定的n，以及任意n个T中的元素$t_1, t_2, \cdots, t_n$，随机变量$X(t_1), X(t_2), \cdots, X(t_n)$的联合分布函数为

$$F_n(x_1,t_1;x_2,t_2;\cdots;x_n,t_n) = P\{X(t_1)\leqslant x_1, X(t_2)\leqslant x_2, \cdots, X(t_n)\leqslant x_n\} \tag{2.1.56}$$

由于式(2.1.56)中n及$t_1, t_2, \cdots, t_n$是任意的，故有一族无穷多个分布函数$\{F_n(x_1,t_1;x_2,t_2;$

$\cdots;x_n,t_n)\}$,称此为随机过程 $X(t)$的无穷维分布函数族。

因此,为了完整地描述随机过程,需要知道族中所有的分布函数 $F_n(\cdot)$,但这是十分困难的。而通常模拟物理现象的随机过程在统计上是比较简单的,就是说它们的统计信息仅包含在相对来说一些低维度的概率分布函数中,故在随机过程的分析中,是根据这些性质来研究随机过程的特征的。

本章开始时,曾就随机过程的参数,以及它的状态进行了分类。现在根据随机过程的上述分布函数的性质来对随机过程进行分类。下面简单介绍这种分类方法。

1. 按统计特性分类

随机过程按统计特性,或者说按形态可以分为平稳随机过程和非平稳随机过程。平稳随机过程是一类极为重要的随机过程。它的特点是,过程的统计特性不随时间的平移而变化(或者说不随时间原点的选取而变化)。严格地说,若对于时间 t 的任意 n 个数值 $t_1,t_2,\cdots,t_n$ 和任意实数 τ,随机过程 $X(t)$的 n 维分布函数满足关系式

$$\begin{aligned}&F_n(x_1,x_2,\cdots,x_n;t_1,t_2,\cdots,t_n)\\=&F_n(x_1,x_2,\cdots,x_n;t_1+\tau,t_2+\tau,\cdots,t_n+\tau),\quad n=1,2,\cdots\end{aligned}\tag{2.1.57}$$

则称 $X(t)$为平稳随机过程,或简称平稳过程。

显然,不满足式(2.1.57)的随机过程,就是说统计特性随时间的平移而变化的随机过程,则为非平稳随机过程。事实上,模拟物理现象的多数随机过程是非平稳的。特别是,一切具有瞬变时间或某种阻尼性质的实际过程都是非平稳的。例如,器件在起始瞬间的热噪声过程,强烈地震产生的地面运动,季度的温度变化和流行病的模型等,都是用非平稳随机过程描述的。当然,在自然界中也有许多随机过程,它们的统计特性与它们的参数(时间 t)没有显著的依赖关系。例如,在稳态下电路中的热噪声关于时间的变化,在工程材料中以杂质作为位置的函数等,均可用平稳随机过程表述。平稳随机过程在实际中是极为重要的。关于它的性质将在下节详细讨论。

2. 按记忆特性分类

在这种分类中,随机过程属于哪一类,取决于它现在的状态依赖于它的过去历史的方式。

(1) 纯粹随机过程

按照记忆性质,最简单的随机过程是没有记忆的随机过程。确切地说,随机过程$\{X(t),t\in T\}$称为纯粹随机过程或是没有记忆的过程,是指在一给定的 t_1,用 $X(t)$定义的随机变量,与所有其他的 t_2,用 $X(t)$定义的随机变量是相互独立的。因此,对一切 n,一个纯粹随机过程的 n 阶分布函数为

$$F_n(x_1,t_1;x_2,t_2;\cdots;x_n,t_n)=\prod_{j=1}^{n}F_1(x_j,t_j)\tag{2.1.58}$$

也就是说,在这种情况下,知道了一阶分布函数 $F_1(x,t)$就知道了 $X(t)$的各阶分布函数。或者说,纯粹随机过程的一阶分布函数包含了这个过程的所有统计信息。

显然,连续参数的纯粹随机过程的一个重要例子是白噪声。

(2) 马尔可夫过程

比纯粹随机过程复杂一些的是它的统计信息完全包含在它的二阶概率分布函数中的过程。具有这种性质的一类重要的随机过程是以 A. A. 马尔可夫命名的马尔可夫过程。随机过程$\{X(t),t\in T\}$,若对每个 n 和对于 T 中的 $t_1<t_2<\cdots,t_n$,有

$$F_n(x_n,t_n \mid x_{n-1},t_{n-1};x_{n-2},t_{n-2};\cdots;x_2,t_2;x_1,t_1)=F_n(x_n,t_n \mid x_{n-1},t_{n-1}) \quad (2.1.59)$$

则称$\{X(t),t\in T\}$为马尔可夫过程。

事实上，由式(2.1.59)表示的马尔可夫过程为一阶马尔可夫过程，或称为简单马氏过程。通俗点说，一阶马尔可夫过程表示：若 $t_{n-2},t_{n-3},\cdots,t_1$ 表示过去时刻，则将来时刻 t_n 的状态 x_n 的统计特性仅取决于现在时刻 t_{n-1} 的状态 x_{n-1}，而与过去时刻 $t_{n-2},t_{n-3},\cdots,t_1$ 的状态无关。按照这种定义，纯粹随机过程又可称为零阶马尔可夫过程。

如果通过给予“现在时刻”一个较广泛的含义，就可构成更复杂的马尔可夫过程。例如，用下列表达式

$$\begin{aligned}&F_n(x_n,t_n \mid x_{n-1},t_{n-1};x_{n-2};t_{n-2};\cdots;x_2,t_2;x_1,t_1)\\ =\ &F_n(x_n,t_n \mid x_{n-1},t_{n-1};x_{n-2},t_{n-2})\end{aligned} \quad (2.1.60)$$

定义一个较复杂的马尔可夫过程，称为二阶马尔可夫过程。用类似方式还可定义高阶马尔可夫过程。

(3) 独立增量过程

独立增量过程是物理上一类重要的马氏过程。随机过程$\{X(t),t\geqslant 0\}$，用 $\Delta X(t_1,t_2)$表示随机变量 $X(t_2)-X(t_1)$，$0\leqslant t_1<t_2$，并称它为 $X(t)$在(t_1,t_2)上的增量，如果对一切 $t_1<t_2<\cdots<t_n$，增量 $\Delta X(t_1,t_2)$，$\Delta X(t_2,t_3)$，$\cdots$，$\Delta X(t_{n-1},t_n)$是互相独立的，就称$\{X(t),t\geqslant 0\}$是一个独立增量过程。

独立增量过程$\{X(t),t\geqslant 0\}$是一个马尔可夫过程。

3. 按概率分布特征分类

按概率分布特征分类，还有一类随机过程即高斯随机过程。高斯随机过程是一类极为重要的随机过程，对任何随机过程的讨论，如果不研究高斯随机过程则是不完全的。

根据统计规律性和记忆性，对随机过程分类不涉及与随机过程有关的具体概率分布。高斯随机过程是用特殊的概率规律刻画的，因此本书将在第 5 章详细讨论兼有平稳性或马尔可夫性，或者同时具有这两种性质的高斯随机过程。

如果把 n 维随机矢量中的 x_i 解释为高斯过程 $X(t)$在时刻 t_i 取得的状态，就可用 n 维高斯矢量来定义高斯随机过程。若在所有时刻 $t_i(1\leqslant i\leqslant n)$，以及对所有取值，这些状态的联合概率密度可用 n 维联合高斯概率密度函数来表示，那么随机过程就定义为高斯的。

4. 按随机过程的功率谱分类

随机过程中按其功率谱可以分为白噪声过程和有色噪声过程。若一个零均值的平稳随机过程具有恒定功率谱密度 $S(\omega)=N_0/2,\omega\in(-\infty,\infty)$，则称为白噪声过程；否则称为有色噪声过程。

值得指出的是，上述分类是从随机过程的某一特征来考虑的。实际上，对于一个随机过程，它可以同时具有各种不同的特征，如高斯-马尔可夫过程，它的高斯特性决定了它的幅度分布，而马尔可夫特性决定了过程在时间上的传播。

2.2　平稳随机过程

2.2.1　平稳随机过程的特点

根据统计规律，随机过程按形态可以分为平稳随机过程（简称平稳过程）和非平稳随机过

程。平稳随机过程是一类特殊而又应用广泛的随机过程。在自然界中出现的许多随机过程，它们的统计特性与它们的参数的平移没有显著的依从关系，均可视为平稳随机过程。例如，在稳态下电路中产生的热噪声过程，起伏海面对于空间和时间坐标的关系所形成的过程等都具有平稳性。因为对于平稳随机过程的研究存在有效的数学工具，易于分析，因此，这类随机过程实际上是最重要的一类过程。本节将详细讨论平稳随机过程的性质及其在时域和频域的数字特征。

平稳随机过程一般分为严格平稳(或狭义平稳)和广义平稳(或弱平稳)两类。

1. 严格平稳随机过程

定义 设$\{X(t),t\in T\}$为一随机过程，若对任意正整数 n，任意的实数 $t_1,t_2,\cdots,t_n$ 与 τ，随机变量 $X(t_1),X(t_2),\cdots,X(t_n)$的 n 维分布函数与 $X(t_1+\tau),X(t_2+\tau),\cdots,X(t_n+\tau)$的 n 维分布函数相同，即

$$\begin{aligned}&F_n(x_1,x_2,\cdots,x_n;t_1,t_2,\cdots,t_n)\\&=F_n(x_1,x_2,\cdots,x_n;t_1+\tau,t_2+\tau,\cdots,t_n+\tau),\quad n=1,2,\cdots\end{aligned}\tag{2.2.1}$$

则称 $X(t)$为严格平稳随机过程。换句话说，若随机过程$\{X(t),t\in T\}$的任意有限维分布函数沿时间轴做平移时不改变，则称 $X(t)$为严格平稳随机过程。有些参考书上又称这类平稳过程为狭义平稳或强平稳随机过程。

若随机过程$\{X(t),t\in T\}$的概率密度函数存在，则严格平稳条件等价于

$$f_n(x_1,x_2,\cdots,x_n;t_1,t_2,\cdots,t_n)=f_n(x_1,x_2,\cdots,x_n;t_1+\tau,t_2+\tau,\cdots,t_n+\tau)\tag{2.2.2}$$

现在就连续型随机过程来讨论平稳随机过程的性质。当然，所得结论也适用于随机序列。

若$\{X(t),t\in T\}$是一平稳随机过程，令 $\tau=-t_1$，则它的一维概率密度函数为

$$f_1(x_1,t_1)=f_1(x_1,t_1+\tau)=f_1(x_1,0)$$

故又可写成

$$f_1(x,t)=f_1(x)\tag{2.2.3}$$

这表明平稳随机过程的一维概率密度函数与时间无关。于是得到平稳随机过程 $X(t)$的均值为

$$E[X(t)]=\int_{-\infty}^{\infty}xf_1(x)\mathrm{d}x=m_X\tag{2.2.4}$$

式(2.2.4)意味着 $X(t)$的均值是一个不随时间变化的常数。其方差为

$$D[X(t)]=E\{[X(t)-m_X]^2\}=\int_{-\infty}^{\infty}(x-m_X)^2f_1(x)\mathrm{d}x=\sigma^2\tag{2.2.5}$$

$X(t)$的方差也是一个与时间无关的常数。

平稳随机过程的二维概率密度函数只与时间间隔 $\tau=t_1-t_2$ 有关，而与时间的起点和终点无关。即

$$f_2(x_1,x_2;t_1,t_2)=f_2(x_1,x_2;t_1-t_2)=f_2(x_1,x_2;\tau)\tag{2.2.6}$$

根据自相关函数的定义，求得

$$\begin{aligned}R(t,t-\tau)&=E[X(t)X(t-\tau)]\\&=\int_{-\infty}^{\infty}\int_{-\infty}^{\infty}x_1x_2f_2(x_1,x_2;\tau)\mathrm{d}x_1\mathrm{d}x_2=R(\tau)\end{aligned}\tag{2.2.7}$$

同样的，自相关函数 $R(\tau)$仅依赖于 τ，是单变量 τ 的函数。

类似地，可以求得协方差为

$$C(\tau)=E\{[X(t)-m_X][X(t-\tau)-m_X]\}=R(\tau)-m_X^2\tag{2.2.8}$$

若令 $\tau=0$,则有
$$C(0)=R(0)-m_X^2=\sigma^2 \tag{2.2.9}$$
这时协方差函数正好等于方差。

从上述可看出,对于严格平稳随机过程 $X(t)$,若 $E[X^2(t)]<\infty$,则其均值、方差为常数,相关函数与协方差函数为单变量 τ 的函数。

严格平稳随机过程要求其有限维分布函数满足平稳性条件,这往往过于严格且难于实现。因此,常常只在二阶矩范围内考虑平稳性条件,从而引入广义平稳随机过程。实际上,对于工程技术中常常遇到的一些随机过程,如果知道它们的一、二阶矩,就能处理和解决实际中的问题。

2. 广义平稳随机过程

定义　设$\{X(t),t\in T\}$是一个随机过程,$E[X^2(t)]<\infty$,且
$$E[X(t)]=m_X=\text{常数} \tag{2.2.10}$$
和
$$R(t_1,t_2)=E[X(t)X(t-\tau)]=R(\tau),\quad \tau=t_1-t_2 \tag{2.2.11}$$
则称$\{X(t),t\in T\}$为广义平稳随机过程。有时又称为弱平稳随机过程。必须注意,严格平稳随机过程只有满足 $E[X^2(t)]<\infty$时才是广义平稳随机过程。而从式(2.2.10)和式(2.2.11)可看出,广义平稳随机过程仅涉及一阶矩和二阶矩。显然,广义平稳随机过程不一定是严格平稳随机过程。但是,当 $X(t)$为高斯随机过程时,则严格平稳随机过程必为广义平稳随机过程,反之亦然。本书中凡提到平稳随机过程,若未加说明,一般都是指广义平稳随机过程。

例 2.2-1　设随机过程 $X(t)=At$,A 为均匀分布于$[0,1]$上的随机变量。试问 $X(t)$是否平稳?

解:因为
$$m_X(t)=E[X(t)]=E[At]=t\int_0^1 af_A(a)\mathrm{d}a=t/2$$
$$R_x(t_1,t_2)=E[X(t_1)X(t_2)]=E[At_1At_2]=t_1t_2\int_0^1 a^2f_A(a)\mathrm{d}a=\frac{1}{3}$$
式中,a 为随机变量 A 的样本。可见 $X(t)$是不平稳的。

例 2.2-2　设随机过程 $Z(t)=X\cos t+Y\sin t$,$-\infty<t<\infty$。其中 X,Y 为相互独立的随机变量,且分别以概率 2/3 和 1/3 取值-1 和 2。试讨论随机过程 $Z(t)$的平稳性。

解:因为
$$\begin{aligned}m_Z(t)&=E[Z(t)]=E[X]\cos t+E[Y]\sin t\\&=\sum_i x_iP(x_i)\cos t+\sum_i y_iP(y_i)\sin t=0\end{aligned}$$
$$\begin{aligned}R_Z(t_1,t_2)&=E[Z(t_1)Z(t_2)]=E[X^2\cos t_1\cos t_2+Y^2\sin t_1\sin t_2]\\&=2\cos\tau\end{aligned}$$
式中,$\tau=t_1-t_2$。可见 $Z(t)$是广义平稳随机过程。

又因为
$$\begin{aligned}E[Z^3(t)]&=E[X^3\cos^3t+X^2Y\cos^2t\sin t+XY^2\cos t\sin^2t+Y^3\sin^3t]\\&=2[\cos^3t+\sin^3t]\end{aligned}$$
即 $Z(t)$的三阶矩与时间 t 有关,故 $Z(t)$不是狭义平稳随机过程。

例 2.2-3　随机过程 $X(t)=X(k)$,$k=\cdots,-2,-1,0,1,2,\cdots$,$X(k)$为互相独立且具有相同分布的随机变量序列,$E[X(k)]=0$,$E[X^2(k)]=\sigma_X^2$。

解:$X(k)$的数学期望和相关函数分别为
$$m_X(k)=E[X(k)]=0$$
$$R_X(r,s)=E[X(r)X(s)]$$

$$= \begin{cases} E[X^2(k)] & r = s = k \\ E[X(r)]E[X(s)] & r \neq s \end{cases}$$

$$= \begin{cases} \sigma_X^2 & r = s \\ 0 & r \neq s \end{cases}$$

显然,$X(k)$为广义平稳的。

又因为 $X(k)$在各个时刻的分布相同且互相独立,故其 n 维概率密度为

$$f_X(x_1, x_2, \cdots, x_n; t_1, t_2, \cdots, t_n) = f_X(x_1, t_1) f_X(x_2, t_2) \cdots f_X(x_n, t_n) = f_X^n(x)$$

上式说明它的 n 维概率密度与时间平移(按整数间隔平移)无关,所以 $X(t)$也是狭义平稳的。

例 2.2-4 设随机相位余弦波 $X(t)=\cos(\omega_0 t+\Theta)$,其中 ω_0 为常数,Θ 是在区间$[0,2\pi]$上均匀分布的随机变量,即

$$f(\theta) = \begin{cases} \dfrac{1}{2\pi} & 0 \leqslant \theta \leqslant 2\pi \\ 0 & \text{其他} \end{cases}$$

试判断随机过程 $X(t)$的平稳性。

解:因为 $E[X(t)]=E[\cos(\omega_0 t+\Theta)]=E[\cos\omega_0 t\cos\Theta-\sin\omega_0 t\sin\Theta]$

$$=\cos\omega_0 tE[\cos\Theta]-\sin\omega_0 tE[\sin\Theta]=0$$

$$R(t_1,t_2)=E[\cos(\omega_0 t_1+\Theta)\cos(\omega_0 t_2+\Theta)]$$

$$=E\left[\frac{1}{2}\cos(\omega_0 t_1-\omega_0 t_2)+\frac{1}{2}\cos(\omega_0 t_1+\omega_0 t_2+2\Theta)\right]$$

$$=\frac{1}{2}\cos\omega_0(t_1-t_2)+\frac{1}{2}\{\cos\omega_0(t_1+t_2)E[\cos2\Theta]-\sin\omega_0(t_1+t_2)E[\sin2\Theta]\}$$

$$=\frac{1}{2}\cos\omega_0(t_1-t_2)=\frac{1}{2}\cos\omega_0\tau=R(\tau)$$

式中,$\tau=t_1-t_2$。故知 $X(t)$为广义平稳随机过程。

2.2.2 二阶矩过程

1. 定 义

随机过程$\{X(t),t\in T\}$,如果对于一切 $t\in T$,总有 $E[X^2(t)]<\infty$,则称此过程为二阶矩过程。

广义平稳随机过程是二阶矩过程中的一类。正弦波过程和随机电报波过程均为二阶矩过程。在第 5 章将重点讨论的高斯过程也是二阶矩过程,而且是最重要的一类二阶矩过程。所谓高斯过程是指随机过程$\{X(t),t\in T\}$的各有限维分布都是高斯分布。高斯分布的各阶矩都存在,故高斯过程属于二阶矩过程。

显然,如设$\{X(t),t\in T\}$是一个二阶矩过程,则对每一时刻 $t\in T$,$X(t)$是一个二阶矩随机变量。即设有一列实随机变量 $X_1,X_2,\cdots$,若它们的二阶 $E[X_1^2]$,$E[X_2^2]$,…是有限的,则称它们为二阶矩随机变量。

对于二阶矩过程$\{X(t),t\in T\}$,不难得出其均值函数

$$m_X(t) = E[X(t)]$$

和自协方差函数 $C_X(t_1,t_2)=E\{[X(t_1)-m_X(t_1)][X(t_2)-m_X(t_2)]^*\}$

总是存在的。

证明:因为 $$\text{cov}[X(t_1),X(t_2)]=E\{[X(t_1)-m_X(t_1)][X(t_2)-m_X(t_2)]^*\}$$

根据施瓦兹不等式,有

$$|\text{cov}[X(t_1),X(t_2)]|^2 \leqslant \{E\{|[X(t_1)-m_X(t_1)][X(t_2)-m_X(t_2)]^*|\}\}^2$$
$$\leqslant E[|X(t_1)-m_X(t_1)|^2]E[|X(t_2)-m_X(t_2)|^2]$$

又因为 $$E[|X(t_1)-m_X(t_1)|^2]=D[X(t_1)]<\infty$$
$$E[|X(t_2)-m_X(t_2)|^2]=D[X(t_2)]<\infty$$

故得 $$|\text{cov}[X(t_1),X(t_2)]|<\infty$$

即二阶矩过程的自协方差函数总是存在的。于是,还可推断出二阶矩过程的自相关函数也总是存在的。

二阶矩过程$\{X(t),t\in T\}$的均值总是存在的。现在设$E[X(t)]=m_X(t)$,即均值函数是一个以时间为变量的确定性函数。如果令$Y(t)=X(t)-m_X(t)$,则有$E[Y(t)]=0$,故$Y(t)$的二阶矩也是存在的,即$Y(t)$也是二阶矩过程。由此看出,$X(t)$与$Y(t)$之间仅相差一个均值函数。$Y(t)$的自协方差函数和自相关函数是相同的,而$X(t)$的自协方差即为$Y(t)$的自相关函数。因此,今后为讨论简单起见,一般都假定二阶矩过程的均值为零。

2. 二阶矩过程的相关函数的性质

定理 1　设有二阶矩过程$\{X(t),t\in T\}$,$R_X(t_1,t_2)$为它的相关函数,则

$$R_X(t_2,t_1)=R_{X^*}(t_1,t_2)\qquad t_1,t_2\in T \tag{2.2.12}$$

证明:　$R_X(t_1,t_2)=E[X(t_1)X^*(t_2)]=\{E[X(t_2)X^*(t_1)]\}^*=R_{X^*}(t_2,t_1)$

同理可得 $$R_X(t_2,t_1)=R_{X^*}(t_1,t_2)$$

$X(t)$是一实二阶矩随机过程,则有

$$R_X(t_1,t_2)=R_X(t_2,t_1)$$

即实二阶矩随机过程的自相关函数是对称的。

定理 2　二阶矩过程的自相关函数$R_X(t_1,t_2)$具有非负定性。即对于任意有限个$t_1,t_2,\cdots,t_n\in T$和任意的n个复数$\lambda_1,\lambda_2,\cdots,\lambda_n$,有

$$\sum_{k=1}^{n}\sum_{m=1}^{n}R_X(t_k,t_m)\lambda_k\lambda_m^*\geqslant 0$$

式中,n为任意正整数。

证明:

$$\begin{aligned}\sum_{k=1}^{n}\sum_{m=1}^{n}R_X(t_k,t_m)\lambda_k\lambda_m^* &= \sum_{k=1}^{n}\sum_{m=1}^{n}E_X[X(t_k)X^*(t_m)]\lambda_k\lambda_m^* \\ &= E\left\{\sum_{k=1}^{n}\sum_{m=1}^{n}[X(t_k)\lambda_k X^*(t_m)\lambda_m^*]\right\} \\ &= E\left\{\left[\sum_{k=1}^{n}X(t_k)\lambda_k\right]\left[\sum_{m=1}^{n}X(t_m)\lambda_m\right]^*\right\} \\ &= E\left[\left|\sum_{k=1}^{n}X(t_k)\lambda_k\right|^2\right]\geqslant 0\end{aligned}$$

即 $$\sum_{k=1}^{n}\sum_{m=1}^{n}R_X(t_k,t_m)\lambda_k\lambda_m^*\geqslant 0$$

该不等式可用矩阵形式表示为

$$[\lambda_1 \quad \lambda_2 \quad \cdots \quad \lambda_n]\begin{bmatrix} R_X(t_1,t_1) & R_X(t_1,t_2) & \cdots & R_X(t_1,t_n) \\ R_X(t_2,t_1) & R_X(t_2,t_2) & \cdots & R_X(t_2,t_n) \\ \vdots & \vdots & \ddots & \vdots \\ R_X(t_n,t_1) & R_X(t_n,t_2) & \cdots & R_X(t_n,t_n) \end{bmatrix}\begin{bmatrix} \lambda_1^* \\ \lambda_2^* \\ \vdots \\ \lambda_n^* \end{bmatrix} \geqslant 0$$

或
$$[\lambda_1 \quad \lambda_2 \quad \cdots \quad \lambda_n]\boldsymbol{R}_X(t_k,t_m)\begin{bmatrix} \lambda_1^* \\ \lambda_2^* \\ \vdots \\ \lambda_n^* \end{bmatrix} \geqslant 0$$

2.2.3 平稳随机过程相关函数的性质

一般说来,用数字特征描述随机过程比用分布函数(或概率密度函数)来得简便。这种描述虽然没有用分布函数描述那样完整,但仍能满足大量实际问题的需要。用于描述随机过程基本数字特征的是数学期望和相关函数。如高斯随机过程,它的均值和相关函数完全刻画了该过程的统计特性。对于平稳随机过程,由于它的数学期望是一个常数,从而用来描述其统计特性的是相关函数。本节着重讨论实平稳随机过程相关函数的性质。

1. 自相关函数的性质

平稳随机过程的自相关函数 $R(\tau)$是单变量 τ 的函数。它的主要性质综述如下。

① $R(\tau)$是偶函数,即

$$R(\tau) = R(-\tau) \tag{2.2.13}$$

这是因为平稳随机过程具有时间平移特性,故

$$R(\tau) = E[X(t)X(t-\tau)] = E[X(t-\tau)X(t)] = R(-\tau)$$

同理有
$$C_X(\tau) = C_X(-\tau)$$

② $R(\tau)$在 $\tau=0$ 时,有最大值,即

$$|R(\tau)| \leqslant R(0) \tag{2.2.14}$$

由于任何正函数的数学期望恒为非负,即

$$E\{[X(t) \pm X(t-\tau)]^2\} = E[X^2(t) \pm 2X(t)X(t-\tau) + X^2(t-\tau)] \geqslant 0$$

利用平稳特性
$$E[X^2(t)] = E[X^2(t-\tau)] = R(0)$$

从而有
$$2R(0) \pm 2R(\tau) \geqslant 0$$

即
$$|R(\tau)| \leqslant R(0)$$

同理,还可证明协方差函数

$$C(\tau) \leqslant C(0) \tag{2.2.15}$$

可见,平稳随机过程的自相关函数和自协方差函数在 $\tau=0$ 处达到最大值。

③ 在实际应用中下式往往成立

$$\lim_{\tau\to\infty} R(\tau) = R(\infty) = m^2 \tag{2.2.16}$$

就是说,当平稳随机过程 $X(t)$中不包含任何确定分量时,则时间间隔充分大的过程的两个状态可以认为是无关的,或者说两者变成了相互独立的随机变量。这样

$$\lim_{\tau\to\infty} R(\tau) = \lim_{\tau\to\infty} E[X(t)X(t-\tau)] = E[X(t)]E[X(t-\tau)] = m^2$$

即
$$R(\infty) = m^2$$

对于自协方差函数,则有

$$C(\infty) = \lim_{\tau \to \infty} C(\tau) = 0 \tag{2.2.17}$$

无线电技术中,对于非周期性噪声和干扰往往可以假定 $R(\infty)=m^2$ 或 $C(\infty)=0$。

④ 在满足性质 3 的条件下,$\tau=0$ 的自相关函数为

$$R(0) = E[X^2(t)] = D[X(t)] + m^2 = \sigma^2 + m^2 \tag{2.2.18}$$

方差为

$$\sigma^2 = R(0) - m^2 = R(0) - R(\infty) \tag{2.2.19}$$

自协方差函数为

$$C(\tau) = R(\tau) - m^2 = R(\tau) - R(\infty) \tag{2.2.20}$$

⑤ $R(\tau)$于 R^1 连续的充要条件为 $R(\tau)$于 $\tau=0$ 点连续。

证明:

$$\begin{aligned}
|R(\tau+\Delta\tau) - R(\tau)|^2 &= |E[X(\tau')X(\tau'-\tau-\Delta\tau)] - E[X(\tau'-\Delta\tau)X(\tau'-\Delta\tau-\tau)]|^2 \\
&= |E\{X(\tau'-\tau-\Delta\tau)[X(\tau') - X(\tau'-\Delta\tau)]\}|^2 \\
&\leqslant E[|X(\tau'-\tau-\Delta\tau)|^2]E[|X(\tau') - X(\tau'-\Delta\tau)|^2] \\
&= E[|X(\tau'-\tau-\Delta\tau)|^2]\{E[X^2(\tau')] - 2E[X(\tau')X(\tau'-\Delta\tau)] + \\
&\quad E[X^2(\tau'-\Delta\tau)]\} \\
&= E[X^2(\tau'-\tau-\Delta\tau)]\{2E[X^2(\tau')] - 2E[X(\tau')X(\tau'-\Delta\tau)]\} \\
&= 2R(0)[R(0) - R(\Delta\tau)] \to 0 \quad (\text{当 } \Delta\tau \to \text{时})
\end{aligned}$$

因此充分性得证。必要性是显然的。

⑥ 自相关函数 $R(\tau)$是非负定的。即对任意的 $2n$ 个实数 $a_1, a_2, \cdots, a_n$ 及 $\tau_1, \tau_2, \cdots, \tau_n$,有

$$\sum_{i,j=1}^{n} R(\tau_i - \tau_j) a_i a_j \geqslant 0 \tag{2.2.21}$$

证明:对任意的 $a_1, a_2, \cdots, a_n$ 及 $\tau_1, \tau_2, \cdots, \tau_n$,有

$$\begin{aligned}
\sum_{i,j=1}^{n} R(\tau_i - \tau_j) a_i a_j &= \sum_{i,j=1}^{n} E[X(\tau_i)X(\tau_j)] a_i a_j \\
&= E\left\{\sum_{i,j=1}^{n} [a_i X(\tau_i)][a_j X(\tau_j)]\right\} \\
&= E\left[\left|\sum_{i=1}^{n} a_i X(\tau_i)\right|^2\right] \geqslant 0
\end{aligned}$$

根据上述讨论,可以画出平稳随机过程的自相关函数 $R(\tau)$的曲线如图 2.8 所示。

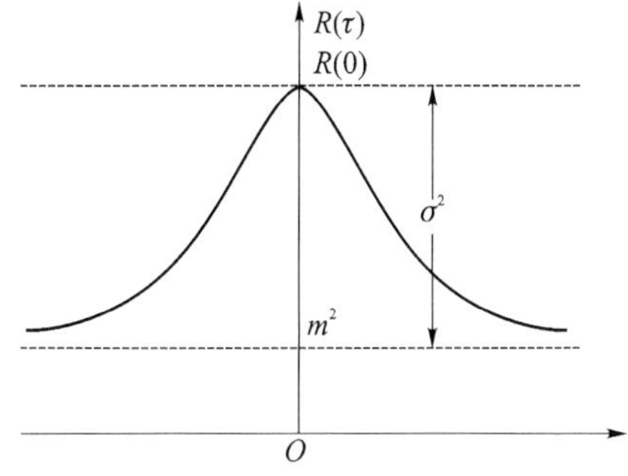

图 2.8　自相关函数 $R(\tau)$的曲线

例 2.2-5　设 $R(\tau)$为一实随机过程 $X(t)$的自相关函数,其中,$X(t)$为广义平稳过程。证明若对应于某一个 $\tau_1 \neq 0$,有 $R(\tau_1)=R(0)$,则 $R(\tau)$必为周期性的。

证明:

$$\begin{aligned}
E\{[X(t+\tau_1) - X(t)]^2\} &= E[X^2(t+\tau_1) - 2X(t+\tau_1)X(t) + X^2(t)] \\
&= 2[R(0) - R(\tau_1)] = 0
\end{aligned}$$

根据切比雪夫不等式,即式(1.4.20),可得

$$P\{|X(t+\tau_1) - X(t)| \geqslant \varepsilon\} \leqslant \frac{E\{[X(t+\tau_1) - X(t)]^2\}}{\varepsilon^2} = 0$$

根据概率的定义有

$$P\{|X(t+\tau_1) - X(t)| \geqslant \varepsilon\} \geqslant 0$$

故有

$$P\{|X(t+\tau_1) - X(t) \geqslant \varepsilon\} = 0$$

即
$$P\{X(t+\tau_1)=X(t)\}=1$$
于是得到 $X(t)$为周期过程,τ_1 为周期。并且进一步有
$$R(\tau+\tau_1)=E[X(t+\tau+\tau_1)X(t)]=E[X(t+\tau)X(t)]=R(\tau)$$
因此证明 $R(\tau)$是以 τ_1 为周期的周期函数。

例 2.2-6 随机电报过程 $X(t)$的典型样本函数如图 2.9 所示,过程的时间为$-\infty\sim+\infty$,任何时刻 t,样本函数只有"1"和"0"两个值,出现的概率皆为 1/2。$X(t)$从"1"到"0"或从"0"到"1"交换的时刻是随机的。在任一给定时间段 τ 内,交换的次数 k 的概率服从泊松分布,即
$$R(k,\tau)=\frac{(\lambda\tau)^k}{k!}e^{-\lambda\tau}$$
式中,λ 为单位时间内变换的平均次数。试求随机过程 $X(t)$的数学期望和相关函数。

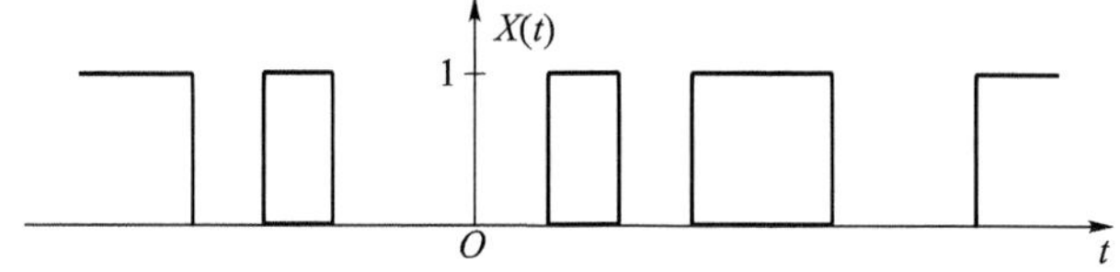

图 2.9 随机电报过程的典型样本函数

解:
$$m_X=\sum_{i=1}^{2}x_iP(x_i)=1\times P[X(t)=1]+0\times P[X(t)=0]=1/2$$
$$\begin{aligned}
R_X(\tau)&=E[X(t)X(t-\tau)]\\
&=\sum_{i=1}^{2}\sum_{j=1}^{2}x_ix_jP[x_i,x_j;t_i,t_j]\\
&=\sum_{i=1}^{2}\sum_{j=1}^{2}x_ix_jP[x_i,x_j;\tau]\\
&=1\times1\times P\{X(t)=1,X(t-\tau)=1\}\\
&=P\{X(t)=1,\text{在 }\tau\text{ 内波形做偶次变换}\}\\
&=P\{X(t)=1\}P\{k\text{ 为偶数}\}\\
&=\frac{1}{2}\sum_{\substack{k=0\\k\text{为偶数}}}^{\infty}\frac{(\lambda\tau)^k}{k!}e^{-\lambda\tau}\\
&=\frac{1}{2}\left[\frac{1}{2}\sum_{k=0}^{\infty}\left(\frac{(\lambda\tau)^k}{k!}+\frac{(-\lambda\tau)^k}{k!}\right)e^{-\lambda\tau}\right]\\
&=\frac{1}{4}(e^{\lambda\tau}+e^{-\lambda\tau})e^{-\lambda\tau}\\
&=\frac{1}{4}(1+e^{-2\lambda\tau}),\quad \tau\geqslant0
\end{aligned}$$
由于相关函数是偶函数,得
$$R_X(\tau)=\frac{1}{4}(1+e^{-2\lambda|\tau|})$$
而协方差函数
$$C_X(\tau)=R_X(\tau)-m_X^2=\frac{1}{4}e^{-2\lambda|\tau|}$$

由此可见,随机电报过程 $X(t)$为一平稳随机过程。

2. 互相关函数及其性质

对于两个平稳相依的随机过程，描述它们之间关联程度的数字特征是互相关函数。这里主要讨论互相关函数的性质。

若随机过程 $X(t)$和 $Y(t)$单独及联合均是广义平稳的，则互相关函数仅是单变量 τ 的函数，并定义为

$$R_{XY}(\tau) = E[X(t)Y(t-\tau)] \tag{2.2.22}$$

需要指出的是，互相关函数 $R_{XY}(\tau)$不再是单变量 τ 的偶函数。

若过程 $X(t)$和 $Y(t)$是实的，联合平稳的，则其互相关函数 $R_{XY}(\tau)$具有下述性质。

性质 1

$$R_{XY}(-\tau) = R_{YX}(\tau) \tag{2.2.23}$$

$$C_{XY}(-\tau) = C_{YX}(\tau) \tag{2.2.24}$$

证明：

$$R_{XY}(-\tau)=E[X(t)Y(t+\tau)]=E[Y(t+\tau)X(t)]=R_{YX}(\tau)$$

同理可证

$$C_{XY}(-\tau)=C_{YX}(\tau)$$

性质 2

$$|R_{XY}(\tau)|^2 \leqslant R_X(0)R_Y(0) \tag{2.2.25}$$

$$|C_{XY}(\tau)|^2 \leqslant \sigma_X^2\sigma_Y^2 \tag{2.2.26}$$

证明：利用施瓦兹不等式

$$\{E[XY]^2\}\leqslant E[X^2]E[Y^2]$$

故得

$$|R_{XY}(\tau)|^2 \leqslant R_X(\tau)R_Y(\tau) \leqslant R_X(0)R_Y(0)$$

同理可证

$$|C_{XY}(\tau)|^2 \leqslant \sigma_X^2\sigma_Y^2$$

性质 3　若过程 $X(t)$和 $Y(t)$是联合平稳的，则 $Z(t)=X(t)+Y(t)$为平稳随机过程。

证明：

$$\begin{aligned} m_Z &= E[Z(t)]=E[X(t)]+E[Y(t)] \\ &= m_X+m_Y=\text{常数} \end{aligned}$$

$$\begin{aligned} R_Z(\tau) &= E[Z(t)Z(t-\tau)] \\ &= E\{[E(t)+Y(t)][X(t-\tau)+Y(t-\tau)]\} \\ &= R_X(\tau)+R_Y(\tau)+R_{XY}(\tau)+R_{YX}(\tau) \end{aligned} \tag{2.2.27}$$

故知 $Z(t)$为平稳随机过程。

如果 $X(t)$和 $Y(t)$互不相关，则有

$$R_{XY}(\tau) = R_{YX}(\tau) = m_X m_Y$$

代入式(2.2.27)，则有

$$R_Z(\tau) = R_X(\tau)+R_Y(\tau)+2m_X m_Y \tag{2.2.28}$$

若过程 $X(t)$和 $Y(t)$正交，即对任意的 $t_1,t_2\in R^1$，$E[X(t_1)Y(t_2)]=0$，则式(2.2.27)变成

$$R_Z(\tau) = R_X(\tau)+R_Y(\tau) \tag{2.2.29}$$

例 2.2-7　设随机过程 $X(t)=\sin(\omega_0 t+\Phi)$，$Y(t)=\cos(\omega_0 t+\Phi)$。式中，$\Phi$ 为随机变量并均匀分布于$[0,2\pi]$；$t=\cdots,-2,-1,0,1,2,\cdots$；$\omega_0=2\pi f_0$，$f_0$ 为正整数。求协方差。

解：在例 2.2-4 中已求得 $m_X=0$，同理可得 $m_Y=0$，所以有

$$\begin{aligned} C_{XY}(t_1,t_2) &= R_{XY}(t_1,t_2) = E[X(t_1)X(t_2)] \\ &= E[\sin(\omega_0 t_1+\Phi)\cos(\omega_0 t_2+\Phi)] \\ &= \frac{1}{2}E\{\sin[\omega_0(t_1+t_2)+2\Phi]+\sin\omega_0(t_1-t_2)\} \end{aligned}$$

$$= \frac{1}{4\pi}\int_0^{2\pi} \sin[\omega_0(t_1+t_2)+2\varphi]\mathrm{d}\varphi + \frac{1}{2}\sin\omega_0(t_1-t_2)$$

$$= \frac{1}{2}\sin\omega_0(t_1-t_2)$$

$$= \frac{1}{2}\sin\omega_0\tau = 0, \quad \tau = t_1 - t_2,\text{且为整数}$$

说明 $X(t)$和 $Y(t)$互不相关并且正交,但相互不独立,因为二者之间仅移相 $\pi/2$。

例 2.2-8 设平稳随机过程 $X(t)$和 $Y(t)$之间的关系为 $Y(t)=bX(t)+c$,式中 b 和 c 均为常数。求互协方差。

解:由于平稳性,数学期望为常数,即

$$m_Y = E[Y(t)] = E[bX(t)+c] = bm_X + c$$

方差为 $$\sigma_Y^2 = E\{[Y(t)-m_Y]^2\} = b^2E\{[X(t)-m_X]^2\} = b^2\sigma_X^2$$

互相关函数为 $$R_{XY}(t_1,t_2) = E[X(t_1)Y(t_2)] = E\{X(t_1)[bX(t_2)+c]\}$$

$$= bR_X(\tau) + cm_X, \qquad \tau = t_1 - t_2$$

由此可见,$X(t)$和 $Y(t)$之间是广义联合平稳的。

互协方差函数 $$C_{XY}(t_1,t_2) = E\{[X(t_1)-m_X][Y(t_2)-m_Y]\}$$

$$= R_{XY}(t_1,t_2) - m_Xm_Y = bR_X(\tau) - bm_X^2$$

当 $t_1=t_2=t$ 时,则有 $C_{XY}=(t,t)=b\sigma_X^2=\sigma_X=\sigma_Y$。

2.2.4 相关系数和相关时间

1. 相关系数

对于平稳随机过程 $X(t)$,时间间隔为 τ 的两个起伏量,即变量$[X(t)-m_X]$和$[X(t-\tau)-m_X]$之间的关联程度,可用协方差函数 $C_X(\tau)=\{[X(t)-m_X][X(t-\tau)-m_X]\}$表示。但是,$C_X(\tau)$还与两个起伏量的强度有关。如果$[X(t)-m_X]$或$[X(t-\tau)-m_X]$很小,即使关联程度较强(当 τ 较小时),这时 $C_X(\tau)$也不会大,可见协方差函数并不能确切表示关联程度的大小。为了确切表示关联程度的大小。应该除去起伏量强度的影响,需对协方差函数进行归一化处理。因而引入相关系数的概念。称

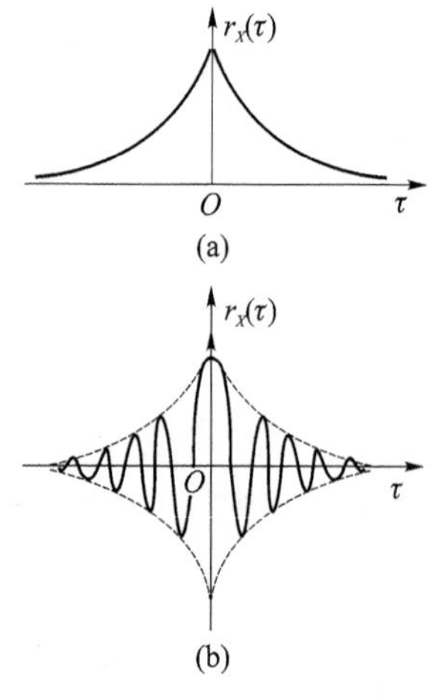

图 2.10 典型 $r_X(\tau)$曲线

$$r_X(\tau) = \frac{C_X(\tau)}{C_X(0)} = \frac{R_X(\tau)-m_X^2}{\sigma_X^2} \tag{2.2.30}$$

为随机过程 $X(t)$的相关系数,有时也叫归一化的相关函数或标准协方差函数。显然,相关系数具有与相关函数相似的主要性质,而且,相关系数能够确切地表示随机过程中两个起伏量之间的线性关联程度。图 2.10 示出了 $r_X(\tau)$的两类典型曲线。从图中看出,$r_X(\tau)$可能为正、零、负值。正号表示正相关,说明变量$[X(t)-m_X]$和变量$[X(t-\tau)-m_X]$符号相同的可能性大;负号表示负相关,说明符号相反的可能性大。图 2.10(b)的 $r_X(\tau)$波形呈正、负交替变化.说明 $r_X(\tau)$包含慢变化和快变化两部分,其载波波形表示快变化部分。绝对值 $|r_X(\tau)|$ 表示线性相关程度,$|r_X(\tau)|=1$ 表示完全相关,$|r_X(\tau)|=0$ 表示不相关。

2. 相关时间

前面已经指出，对于许多随机过程，当 $\tau\to\infty$ 时，$r_X(\tau)=r_X(\infty)=0$。这说明，当 $\tau\to\infty$ 时，$X(t)$ 与 $X(t-\tau)$ 之间互不相关。实际上，当 τ 大到一定程度时，$r_X(\tau)$ 就已经很小了。可以认为这时 $X(t)$ 与 $X(t-\tau)$ 已不相关。因此，在工程技术中通常定出一时间 τ_0。当 $\tau>\tau_0$ 时，可以认为 $X(t)$ 与 $X(t-\tau)$ 实际上已不相关。称时间 τ_0 为相关时间。

一般用如图 2.11 所示的高为 $r_X(0)=1$、底为 τ_0 的矩形面积等于阴影面积来定义 τ_0。即

$$\tau_0=\int_0^\infty r_X(\tau)\mathrm{d}\tau \tag{2.2.31}$$

在工程上常取 $\quad |r_X(\tau_0)|\leqslant 0.05 \quad$ (2.2.32)

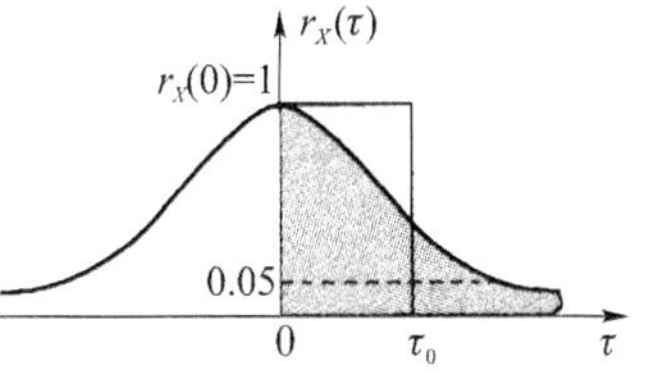

图 2.11　相关时间

相关时间 τ_0 小，意味着相关系数 $r_X(\tau)$ 随 τ 增大而迅速减小，这说明随机过程随时间变化激烈；反之，相关时间 τ_0 大，则说明随机过程随时间变化缓慢。

例 2.2-9　已知随机过程 $X(t)$ 和 $Y(t)$ 的协方差函数分别为

$$C_X(\tau)=\frac{1}{4}\mathrm{e}^{-2\lambda|\tau|},\qquad C_Y(\tau)=\frac{\sin\lambda\tau}{\lambda\tau}$$

(1) 比较两个过程的起伏速度；

(2) 比较 $\tau=\pi/\lambda$ 时两个过程的相关程度；

(3) 比较过程 $Y(t)$ 在 $\tau=0$ 和 $\tau=\pi/\lambda$ 时的相关程度。

解：(1)

$$\sigma_X^2=C_X(0)=\frac{1}{4}$$

$$r_X(\tau)=\frac{C_X(\tau)}{\sigma_X^2}=\mathrm{e}^{-2\lambda|\tau|}$$

$$\tau_{0X}=\int_0^\infty r_X(\tau)\mathrm{d}\tau=\int_0^\infty \mathrm{e}^{-2\lambda\tau}\mathrm{d}\tau=\frac{1}{2\lambda}$$

$$\sigma_Y^2=C_Y(0)=1$$

$$r_Y(\tau)=\frac{C_Y(\tau)}{\sigma_Y^2}=\frac{\sin\lambda\tau}{\lambda\tau}$$

$$\tau_{0Y}=\int_0^\infty \frac{\sin\lambda\tau}{\lambda\tau}\mathrm{d}\tau=\frac{\pi}{2\lambda}$$

由于 $\tau_{0X}<\tau_{0Y}$，故知过程 $X(t)$ 比 $Y(t)$ 的起伏速度快。

(2) 当 $\tau=\pi/\lambda$ 时，有 $\quad r_X\left(\frac{\pi}{\lambda}\right)=\mathrm{e}^{-2\lambda|\pi/\lambda|}=\mathrm{e}^{-2\pi},\quad r_Y\left(\frac{\pi}{\lambda}\right)=\frac{\sin\pi}{\pi}=0$

可见这时过程 $X(t)$ 是相关的，而过程 $Y(t)$ 却不相关。

(3) 当 $\tau=0$ 时，有 $r_Y(0)=1$，即这时过程 $Y(t)$ 是完全相关的；而当 $\tau=\pi/\lambda$ 时却不相关。

此例说明，相关系数 $r(\tau)$ 既可用来表示一个过程在间隔 τ 时两个起伏量之间的相关程度，也可用来比较两个过程在间隔 τ 时两个起伏量之间的相关程度；而相关时间 τ_0 则只能用来比较两个过程的起伏速度。

2.3　时间平均和各态历经性

到目前为止，在讨论随机过程的数字特征时，意味着所涉及的都是大量样本函数的集合。

就是说,要得到随机进程的数字特征,就需要知道随机过程的一族样本函数,或是一维、二维概率密度函数。而这些特征一般在实际问题中是没有给定的,为了确定这些概率密度函数,则要通过大量的观察试验。例如,为了求得接收机内部平稳噪声过程 $W(t)$ 的均值 $E[W(t)]$,需要在相同条件下,在同一时刻 t 对 n 台接收机的内部噪声进行测试,得到测量值 $x_1, x_2, \cdots, x_n$,然后求其平均值 $\frac{1}{n}\sum_{i=1}^{n} x_i$,将它作为 $E[W(t)]$ 的估计值。这种平均称为集平均,或称统计平均,一般用 $\langle(\cdot)\rangle$ 表示。显然,取统计平均的方法需要的工作量大,处理方法也很复杂,在实际中这样做往往是困难的。因此,我们希望能够根据一次观测得到的一个样本函数来确定平稳随机过程的均值。例如上面提到的求接收机的内部噪声过程 $W(t)$ 的均值,则只要在相同条件下,对一台接收机进行一次较长时间测试,得到随机过程的一个样本函数,并以此确定平稳过程 $W(t)$ 的均值。现在的问题是,怎样才能做到这一点。本书将要介绍的各态历经定理证实:对于平稳随机过程,只要满足一定的条件,那么实际上就可用一个样本函数在时间上取平均,就从概率意义上趋近于该过程的统计平均。对于具有这种性质的随机过程,称它具有各态历经性,或遍历性。平稳随机过程的各态历经性可以理解为,随机过程的各个样本都同样经历了随机过程的各种可能状态。因此,从平稳随机过程的任何一个样本函数就可以得出它的全部统计信息。换句话说,平稳随机过程的任何一个样本函数的特性都能充分代表它的全部特性。为了说明各态历经性,先介绍时间平均的概念。

设 $x(t)$ 是随机过程 $X(t)$ 的一个样本函数,则称

$$n = \lim_{T\to\infty} \frac{1}{2T}\int_{-T}^{T} x(t)\,\mathrm{d}t$$

为随机过程 $X(t)$ 的一个时间平均。时间平均一般用 $\overline{(\cdot)}$ 表示。

现在引入随机过程 $X(t)$ 的两种时间平均

$$\overline{X(t)} = \lim_{T\to\infty} \frac{1}{2T}\int_{-T}^{T} x(t)\,\mathrm{d}t \tag{2.3.1}$$

和

$$\overline{X(t+\tau)X(t)} = \lim_{T\to\infty} \frac{1}{2T}\int_{-T}^{T} x(t+\tau)x(t)\,\mathrm{d}t \tag{2.3.2}$$

这两种时间平均常用来定义随机过程 $X(t)$ 的均值和自相关函数,分别称为 $X(t)$ 的时间均随和时间自相关函数。但是时间平均是一个随机变量,而不是常数。也就是说随机过程 $X(t)$ 的不同样本函数,其时间平均不一定相同。可以举如图 2.12 所示的例子来说明这个问题。图中示出的样本函数是不随时间变化的常数,每个样本函数的时间平均等于 A_i,而不同样本函数的 A_i 是不同的。该过程的集平均若存在的话,虽然是一个常数,但时间平均一般不等于集平均。

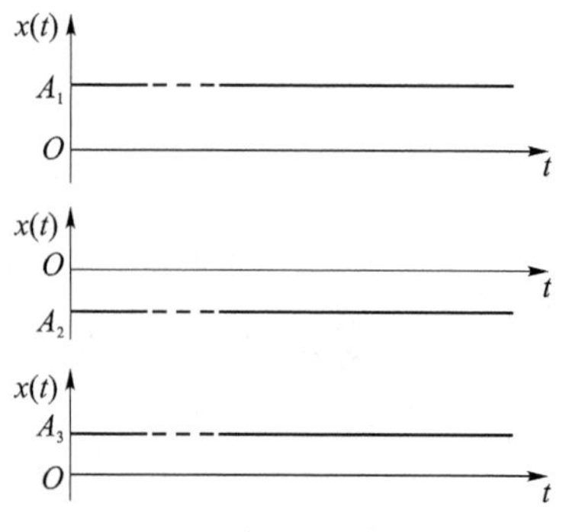

图 2.12 时间平均不同于集平均的样本函数

随机过程的一个极其重要的性质是各态历经性。如果随机过程具有各态历经性,则集平均将以概率 1 等于相应的时间平均。下面将给出各态历经定理,它是给出集平均和时间平均相等所需条件的定理。先引入各态历经性的一般概念。

定义 设 $X(t)$ 是一平稳随机过程,若

$$m_{XT}=\overline{X(t)}=E[X(t)]=m_X \tag{2.3.3}$$

依概率 1 成立，即对任意的 $\varepsilon>0$，有

$$\lim_{T\to\infty}P\{|\overline{X(t)}-E[X(t)]|\leqslant\varepsilon\}=1$$

则称随机过程 $X(t)$ 的均值具有各态历经性。

若
$$R_{XT}(\tau)=\overline{X(t+\tau)X(t)}=E[X(t+\tau)X(t)]=R_X(\tau) \tag{2.3.4}$$

依概率 1 成立，即对任意的 $\varepsilon>0$，有

$$\lim_{T\to\infty}P\{|\overline{X(t+\tau)X(t)}-R_X(\tau)|\leqslant\varepsilon\}=1$$

则称随机过程 $X(t)$ 的自相关函数具有各态历经性。特别地，当 $\tau=0$ 时，称为均方值具有各态历经性。

若 $X(t)$ 的均值和自相关函数都具有各态历经性，则称随机过程 $X(t)$ 是各态历经过程，或说 $X(t)$ 是各态历经的。

定义中"依概率 1 成立"是对 $X(t)$ 的所有样本函数而言的。

例 2.3-1　计算随机相位余弦波 $X(t)=a\cos(\omega t+\Theta)$ 的时间平均 m_{XT} 和 $R_{XT}(\tau)$。

解：

$$m_{XT}=\overline{X(t)}=\lim_{T\to\infty}\frac{1}{2T}\int_{-T}^{T}a\cos(\omega t+\Theta)\mathrm{d}t$$

$$=\lim_{T\to\infty}\frac{a\cos\Theta\sin\omega T}{\omega T}=0$$

$$R_{XT}(\tau)=\overline{X(t+\tau)X(t)}$$

$$=\lim_{T\to\infty}\frac{1}{2T}\int_{-T}^{T}a^2\cos[(\omega t+\tau)+\Theta]\cos(t+\tau)\mathrm{d}t$$

$$=\frac{a^2}{2}\cos\omega\tau$$

和例 2.2-4 比较，可知

$$m_{XT}=E[X(t)]=m_X$$

$$R_{XT}(\tau)=E[X(t+\tau)X(t)]=R_X(\tau)$$

这表明随机相位余弦波的时间平均等于集平均。因此，随机相位余弦波是各态历经过程。

由于平稳随机过程不一定都是各态历经的，就是说由过程的任一个样本函数所求得的时间平均，与对该过程的集合所求得的统计平均不一定相等，因此，引入各态历经定理，看看平稳随机过程应该满足怎样的条件才是各态历经的。

定理 1（均值各态历经定理）　平稳随机过程 $X(t)$ 的均值具有各态历经性的充要条件是

$$\lim_{T\to\infty}\frac{1}{T}\int_{0}^{2T}\left(1-\frac{\tau}{2T}\right)[R_X(\tau)-m_X^2]\mathrm{d}\tau=0 \tag{2.3.5}$$

证明：首先计算时间平均 $\overline{X(t)}$ 的均值和方差。由式(2.3.1)得

$$E[\overline{X(t)}]=E\left\{\lim_{T\to\infty}\frac{1}{2T}\int_{-T}^{T}X(t)\mathrm{d}t\right\}$$

交换运算次序，并注意到 $E[X(t)]=m_X=$ 常数，则有

$$E[\overline{X(t)}]=\lim_{T\to\infty}\frac{1}{2T}\int_{-T}^{T}E[X(t)]\mathrm{d}t=m_X$$

而 $\overline{X(t)}$ 的方差　　为 $D[\overline{X(t)}]=E\{[\overline{X(t)}-m_X]^2\}$

$$=\lim_{T\to\infty}E\left\{\left[\frac{1}{2T}\int_{-T}^{T}X(t)\mathrm{d}t\right]^2\right\}-m_X^2$$

$$= \lim_{T\to\infty} E\left\{\left[\frac{1}{4T^2}\int_{-T}^{T} X(t_1)\mathrm{d}t_1 \int_{-T}^{T} X(t_2)\mathrm{d}t_2\right]\right\} - m_X^2$$

$$= \lim_{T\to\infty} \frac{1}{4T^2}\int_{-T}^{T}\int_{-T}^{T} E[X(t_1)X(t_2)]\mathrm{d}t_1\mathrm{d}t_2 - m_X^2$$

$$= \lim_{T\to\infty} \frac{1}{4T^2}\int_{-T}^{T}\int_{-T}^{T} R_X(t_1 - t_2)\mathrm{d}t_1\mathrm{d}t_2 - m_X^2 \tag{2.3.6}$$

式中,$R_X(t_1-t_2)=E[X(t_1)X(t_2)]$是由 $X(t)$的平稳性得到的。为简化上式右端的积分,引入变量置换:$\tau_1=t_1+t_2$,$\tau_2=t_1-t_2$,此变换的雅可比变换式是

$$J = \frac{\partial(t_1, t_2)}{\partial(\tau_1, \tau_2)} = \begin{vmatrix} \dfrac{\partial t_1}{\partial \tau_1} & \dfrac{\partial t_1}{\partial \tau_2} \\ \dfrac{\partial t_2}{\partial \tau_1} & \dfrac{\partial t_2}{\partial \tau_2} \end{vmatrix} = \frac{1}{2}$$

而积分域应按图 2.13 所示进行置换。于是式(2.3.6)中的二重积分用新变量可表示成

$$\int_{-T}^{T}\int_{-T}^{T} R_X(t_1 - t_2)\mathrm{d}t_1\mathrm{d}t_2 = \iint_R R_X(\tau_2)\,\frac{1}{2}\mathrm{d}\tau_1\mathrm{d}\tau_2$$

其中积分域 R 为图 2.13(b)中所示的正方形 $ABCD$。注意到被积函数 $R_X(\tau_2)$是 τ_2 的偶函数,且与 τ_1 无关,因而积分值应为图 2.13(b)中阴影区域 G 上积分值的 4 倍,即

$$\begin{aligned}\int_{-T}^{T}\int_{-T}^{T} R_X(t_1 - t_2)\mathrm{d}t_1\mathrm{d}t_2 &= 4\iint_G R_X(\tau_2)\,\frac{1}{2}\mathrm{d}\tau_1\mathrm{d}\tau_2 \\ &= 2\int_0^{2T}\mathrm{d}\tau_2\int_0^{2T-\tau_2} R_X(\tau_2)\mathrm{d}\tau_1 \\ &= 2\int_0^{2T}(2T-\tau)R_X(\tau)\mathrm{d}\tau\end{aligned}$$

将所得结果代入式(2.3.6),得

$$D[\overline{X(t)}] = \lim_{T\to\infty} \frac{1}{4T^2}\left\{2\int_0^{2T}(2T-\tau)R_X(\tau)\mathrm{d}\tau\right\} - m_X^2$$

$$= \lim_{T\to\infty} \frac{1}{T}\int_0^{2T}\left(1-\frac{\tau}{2T}\right)R_X(\tau)\mathrm{d}\tau - m_X^2$$

$$= \lim_{T\to\infty} \frac{1}{T}\int_0^{2T}\left(1-\frac{\tau}{2T}\right)[R_X(\tau) - m_X^2]\mathrm{d}\tau \tag{2.3.7}$$

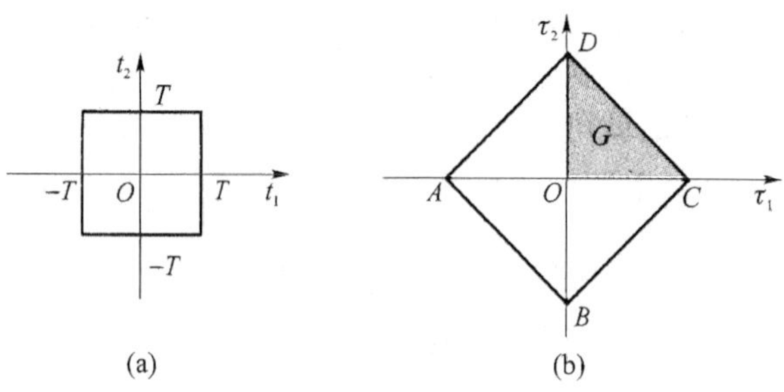

图 2.13 变量置换图

比较式(2.3.7)和式(2.3.5)可知,式(2.3.5)左边为随机过程 $X(t)$的时间平均值$\overline{X(t)}$的方差。也就是说,随机过程 $X(t)$具有均值各态历经性的充要条件是$\overline{X(t)}$的方差为零。

由切比雪夫不等式　　$P\{|X-E[X]|<\varepsilon\}\geqslant 1-\frac{\sigma^2}{\varepsilon^2}$

对任意的 $\varepsilon>0$ 可以推论出：若方差 $\sigma^2=0$，则 $P\{|X-E[X]|<\varepsilon\}=1$，即得到 $\overline{X(t)}=E[\overline{X(t)}]$ 依概率 1 成立的充要条件是 $D[\overline{X(t)}]=0$。

现在已经计算出 $E[\overline{X(t)}]=E[X(t)]$，于是可知 $\overline{X(t)}=E[X(t)]$ 依概率 1 成立的充要条件是

$$D[\overline{X(t)}]=0 \tag{2.3.8}$$

由式(2.3.7)知，条件式(2.3.8)即为

$$\lim_{T\to\infty}\frac{1}{T}\int_0^{2T}\left(1-\frac{\tau}{2T}\right)[R_X(\tau)-m_X^2]\mathrm{d}\tau=0$$

证毕。

定理 2（自相关函数各态历经定理）　设 $X(t)$ 是一个平稳随机过程，其自相关函数 $R_X(\tau)$ 具有各态历经性的充要条件是

$$\lim_{T\to\infty}\frac{1}{T}\int_0^{2T}\left(1-\frac{\tau_1}{2T}\right)[B(\tau_1)-R_X^2(\tau)]\mathrm{d}\tau_1=0 \tag{2.3.9}$$

式中　　$B(\tau_1)=E[X(t+\tau+\tau_1)X(t+\tau_1)X(t+\tau)X(t)]$

必须指出，对于一般的平稳过程，条件式(2.3.9)是很难验证的，这是因为要涉及混合四阶矩 $B(\tau_1)$ 的计算。但是为了理解这个条件的意义，可以分析式(2.3.9)的含义。若令

$$Y(t)=X(t+\tau)X(t)$$

则有

$$R_X^2(\tau)=\{E[X(t+\tau)X(t)]\}^2=\{E[Y(t)]\}^2=m_Y^2 \tag{2.3.10}$$

和

$$\begin{aligned}B(\tau_1)&=E[X(t+\tau+\tau_1)X(t+\tau_1)X(t+\tau)X(t)]\\&=E\{[X(t+\tau+\tau_1)X(t+\tau_1)][X(t+\tau)X(t)]\}\\&=E[Y(t+\tau_1)Y(t)]=R_Y(\tau_1)\end{aligned} \tag{2.3.11}$$

将式(2.3.10)和式(2.3.11)代入式(2.3.9)得

$$\lim_{T\to\infty}\frac{1}{T}\int_0^{2T}\left(1-\frac{\tau_1}{2T}\right)[R_Y(\tau_1)-m_Y^2]\mathrm{d}\tau_1=0 \tag{2.3.12}$$

比较式(2.3.12)和式(2.3.5)可看出，自相关函数 $R_X(\tau)$ 具有各态历经性的充要条件是

$$D[\overline{Y(t)}]=0$$

即在均值各态历经定理中，充要条件是过程 $X(t)$ 的时间平均的方差为零，而在自相关函数各态历经定理中则是过程 $Y(t)=X(t+\tau)X(t)$ 的时间平均的方差为零。因此，从均值各态历经定理的证明过程，可以理解自相关函数各态历经定理的含义。

若在式(2.3.9)中令 $\tau=0$，就可得到均方值具有各态历经性的充要条件是

$$\lim_{T\to\infty}\frac{1}{T}\int_0^{2T}\left(1-\frac{\tau_1}{2T}\right)[B(\tau_1)-(\Psi_X^2)^2]\mathrm{d}\tau_1=0 \tag{2.3.13}$$

式中，$B(\tau_1)=E[X^2(t+\tau_1)X^2(t)]$，均方值 $\Psi_X^2=E[X^2(t)]$。

在实际应用中，通常只考虑定义在 $0\leqslant t<\infty$ 上的平稳过程 $X(t)$。因此，式(2.3.1)和式(2.3.2)分别演变为

$$m_{XT}=\overline{X(t)}=\lim_{T\to\infty}\frac{1}{T}\int_0^T x(t)\mathrm{d}t \tag{2.3.14}$$

和

$$R_{XT}(\tau)=\overline{X(t+\tau)X(t)}=\lim_{T\to\infty}\frac{1}{T}\int_0^T x(t+\tau)x(t)\mathrm{d}t \tag{2.3.15}$$

如果在实际测试中,只在时间区间$[0,T]$上进行,则对应于式(2.3.14)和式(2.3.15)有以下估算式

$$m_{XT} \approx \hat{m}_X = \frac{1}{T}\int_0^T x(t)\mathrm{d}t \tag{2.3.16}$$

和

$$R_{XT}(\tau) \approx \hat{R}_X(\tau) = \frac{1}{T-\tau}\int_\tau^T x(t)x(t-\tau)\mathrm{d}t \tag{2.3.17}$$

最后要强调的是,各态历经过程仅仅是平稳过程的一个子集。也就是说,平稳过程不一定都是各态历经过程。

例 2.3-2 设Y是均值为零、方差为σ^2的随机变量,定义一个随机过程$X(t)=Y$,则$X(t)$的统计特性与t无关。因此$X(t)$是严格平稳随机过程。但

$$\lim_{T\to\infty}\frac{1}{T}\int_0^{2T}\left(1-\frac{\tau}{2T}\right)[R_X(\tau)-m_X^2]\mathrm{d}\tau = \sigma^2$$

不满足均值各态历经条件式(2.3.5),因此,过程$X(t)$不是各态历经的。

例 2.3-3 研究随机电报信号的均值的各态经历性。其自相关函数为$R(\tau)=\mathrm{e}^{-2\lambda|\tau|}$,将其代入式(2.3.5),可得

$$\begin{aligned}\lim_{T\to\infty}\frac{1}{T}\int_0^{2T}\left(1-\frac{\tau}{2T}\right)[R(\tau)-m^2]\mathrm{d}\tau &= \lim_{T\to\infty}\frac{1}{T}\int_0^{2T}\left(1-\frac{\tau}{2T}\right)\mathrm{e}^{-2\lambda\tau}\mathrm{d}\tau \\ &= \lim_{T\to\infty}\frac{1}{2\lambda T}\left(1-\frac{1-\mathrm{e}^{-2\lambda T}}{4\lambda T}\right)=0\end{aligned}$$

由于随机电报信号的均值为零,故由此式可知,随机电报信号的均值是各态历经的。

例 2.3-4 设A,B是均值为零、方差为σ^2的独立高斯随机变量。随机过程

$$X(t) = A\sin t + B\cos t$$

的自相关函数为$R(\tau)=\sigma^2\cos\tau$,代入式(2.3.5)可得

$$\lim_{T\to\infty}\frac{1}{T}\int_0^{2T}\left(1-\frac{\tau}{2T}\right)[R(\tau)-m^2]\mathrm{d}\tau = \lim_{T\to\infty}\frac{1}{T}\int_0^{2T}\left(1-\frac{\tau}{2T}\right)\sigma^2\cos\tau\mathrm{d}\tau = 0$$

其中

$$m = E[X(t)] = E[A]\sin t + E[B]\cos t = 0$$

因此随机过程$X(t)$是均值各态历经的。

例 2.3-5 设$x(t)=a_1\sin t+b_1\cos t$是$X(t)$的一个代表性样本函数,a_1和b_1分别是随机变量A和B的样本值。对于现在所选择的这个样本函数,其均方的时间平均为

$$\lim_{T\to\infty}\frac{1}{2T}\int_{-T}^T x^2(t)\mathrm{d}t = \lim_{T\to\infty}\frac{1}{2T}\int_{-T}^T(a_1\sin t+b_1\cos t)^2\mathrm{d}t = \frac{1}{2}(a_1^2+b_1^2)$$

由此式看出,均方的时间平均依赖于被选择的样本函数。对于不同的样本函数,a_1和b_1的值不同,均方时间平均值也不同,因此,这个过程没有均方的各态历经性。

例 2.3-6 设随机相位余弦波$X(t)=\cos(\omega t+\Theta)$,$\Theta$在$[0,2\pi]$上为均匀分布。前面已经证明$X(t)$是平稳过程,且有$E[X(t)]=0$,$R_X(\tau)=\frac{1}{2}\cos\omega\tau$,则

$$\begin{aligned}m_{XT} &= \overline{X(t)} = \lim_{T\to\infty}\frac{1}{2T}\int_{-T}^T X(t)\mathrm{d}t = \lim_{T\to\infty}\frac{1}{2T}\int_{-T}^T\cos(\omega t+\theta)\mathrm{d}t \\ &= \lim_{T\to\infty}\frac{\cos\theta\sin\omega T}{\omega T}=0\end{aligned}$$

$$R_{XT}(\tau) = \overline{X(t+\tau)X(t)} = \lim_{T\to\infty}\frac{1}{2T}\int_{-T}^T\cos[\omega(t+\tau)+\theta]\cos[\omega t+\theta]\mathrm{d}t$$

$$= \lim_{T\to\infty}\frac{1}{2T}\left[\frac{1}{4\omega}\sin(2\omega T+\omega\tau+2\theta)+\frac{1}{4\omega}\sin(2\omega T-\omega\tau-2\theta)\right]+\frac{1}{2}\cos\omega\tau$$

$$= \frac{1}{2}\cos\omega\tau$$

由此可知 $m_{XT}=m_X$，$R_{XT}(\tau)=R_X(\tau)$。故随机相位余弦波 $X(t)$ 是各态历经过程。

随机过程的各态历经性有着十分重要的实际意义。用统计方法求过程的均值和自相关函数，需要知道过程的一维、二维分布或是大量的样本函数，这在实际中是困难的。例如，测量接收机的内部噪声，就需要用大量的、特征相同的接收机，在同一条件下同时进行测量和记录，然后用统计方法求出其均值和相关函数。若过程具有各态历经性，则只需用一台接收机，在不变的条件下进行一次长时间的测量，然后用求时间平均的方法，求出其均值和相关函数，这就使得工作量大为简化且成为可能。实际中，观察时间总是有限的，因此用式(2.3.16)和式(2.3.17)求时间平均时，只能用有限时间代替无限时间，这样虽会带来一定误差，但只要所取的时间足够长，其结果仍然是满意的。

实际中，由于过程的各态历经性，可利用这一性质推求电子系统中信号或噪声过程的直流分量、平均功率等。例如，假定过程 $X(t)$ 代表噪声电压和电流，$x(t)$ 代表它的样本函数，且过程 $X(t)$ 具有各态历经性，则由式(2.3.14)可以得到噪声电压的直流分量为

$$m_{XT} = \overline{X(t)} = \lim_{T\to\infty}\frac{1}{T}\int_0^T x(t)\,\mathrm{d}t \tag{2.3.18}$$

这个直流分量可以很容易地用实验方法确定。又根据式(2.3.15)，并令 $\tau=0$，得

$$R_{XT}(0) = \lim_{T\to\infty}\frac{1}{T}\int_0^T x^2(t)\,\mathrm{d}t \tag{2.3.19}$$

不难看出，$R_{XT}(0)$ 恰好代表噪声电压(或电流)消耗在 1Ω 电阻上的总平均功率。而方差

$$\sigma_X^2 = \lim_{T\to\infty}\frac{1}{T}\int_0^T [x(t)-m_X]^2\,\mathrm{d}t \tag{2.3.20}$$

代表噪声电压(或电流)消耗在 1Ω 电阻上的交流功率。同样也容易用实验方法确定它。根据电路理论，标准偏差则代表噪声电压(或电流)的有效值。

最后还要指出的是，各态历经的条件是比较宽的，工程实际中遇到的许多随机过程是能够满足各态历经的条件的。不过，要证明一个过程是各态历经的往往十分困难。因此，实际中各态历经性往往是作为假设提出来的，然后根据实验来检验这个假设是否合理。

2.4　平稳过程的功率谱密度

在通信、雷达、导航和其他无线电技术的应用中，经常要用到所谓功率、能量及功率谱密度等概念。例如，若函数 $s(t)$ 表示一个能量型信号，那么可以定义它的能量；若 $s(t)$ 表示一个功率型信号，则可以定义它的平均功率。由于现在讨论的函数所描述的是一个随机过程，因此，可类似地引入功率谱的概念。

在电子工程问题中，常常利用傅里叶变换来确定时间函数的频域结构。本节讨论如何利用傅里叶变换确定平稳随机过程的频域结构——功率谱密度。

2.4.1　平稳随机过程的功率谱密度

平稳随机过程的频域特征是用功率谱密度来描述的。为什么要用功率谱，而不用能谱密

度来描述随机信号呢? 这里,首先回顾一下确定性信号的频域结构。

1. 能量型信号

称能量有限的信号为能量型信号 $s(t)$,其总能量为

$$W=\int_{-\infty}^{\infty} s^2(t)\mathrm{d}t<\infty$$

在一定的条件下,即

$$\int_{-\infty}^{\infty} |s(t)|\,\mathrm{d}t<\infty$$

能量型信号 $s(t)$的傅里叶变换存在,并称为频谱,将其记为

$$F(\omega)=\int_{-\infty}^{\infty} s(t)\mathrm{e}^{-\mathrm{j}\omega t}\mathrm{d}t \tag{2.4.1}$$

能量型信号 $s(t)$的能谱 $E(\omega)$是信号 $s(t)$的频谱的绝对值的平方,即

$$E(\omega)=|F(\omega)|^2$$

由巴塞伐尔定理。可得

$$\int_{-\infty}^{\infty} s^2(t)\mathrm{d}t=\frac{1}{2\pi}\int_{-\infty}^{\infty} |F(\omega)|^2\mathrm{d}\omega \tag{2.4.2}$$

等式(2.4.2)左边表示信号 $s(t)$在$(-\infty,+\infty)$上的总能量,而右边的被积式$|F(\omega)|^2$ 相应地称为 $s(t)$的能谱密度。积分结果表示能谱密度在全部频域上的积分,即为总的能量。因此,式(2.4.2)的右端又可理解为总能量的谱表达式。值得注意的是,当时间趋于无穷时,能量型信号的平均功率趋于零。

2. 功率型信号

在工程实际中还存在另外一类信号 $s(t)$,其能量是无限的,但它的平均功率有限。即

$$P=\lim_{T\to\infty}\frac{1}{2T}\int_{-T}^{T} s^2(t)\mathrm{d}t<\infty \tag{2.4.3}$$

这类信号称为功率型信号,它不满足绝对可积条件。正弦型信号,以及平稳随机过程的样本函数都是无头无尾的时间函数,因此都是功率型信号。由于它们不满足绝对可积条件,为了能够利用傅里叶变换给出平均功率的谱表达式,首先由给定的功率型信号 $s(t)$构造一个截尾函数

$$s_T(t)=\begin{cases} s(t), & |t|\leqslant T \\ 0, & |t|>T \end{cases} \tag{2.4.4}$$

显然,截尾函数 $s_T(t)$能够满足绝对可积条件。故可利用傅里叶变换求出 $S_T(t)$的频域结构。

$$F(\omega,T)=\int_{-\infty}^{\infty} s_T(t)\mathrm{e}^{-\mathrm{j}\omega t}\mathrm{d}t=\int_{-T}^{T} s(t)\mathrm{e}^{-\mathrm{j}\omega t}\mathrm{d}t \tag{2.4.5}$$

根据巴塞伐尔定理,得

$$\int_{-\infty}^{\infty} s_T^2(t)\mathrm{d}t=\frac{1}{2\pi}\int_{-\infty}^{\infty} |F(\omega,T)|^2\mathrm{d}\omega$$

将上式两边除以 $2T$,并注意到式(2.4.4),可得

$$\frac{1}{2T}\int_{-T}^{T} s^2(t)\mathrm{d}t=\frac{1}{4\pi T}\int_{-\infty}^{\infty} |F(\omega,T)|^2\mathrm{d}\omega \tag{2.4.6}$$

令 $T\to\infty$,功率信号 $s(t)$在$(-\infty,+\infty)$上的平均功率即可表示为

$$P=\lim_{T\to\infty}\frac{1}{2T}\int_{-T}^{T} s^2(t)\mathrm{d}t=\frac{1}{2\pi}\int_{-\infty}^{\infty}\lim_{T\to\infty}\frac{1}{2T}|F(\omega,T)|^2\mathrm{d}\omega \tag{2.4.7}$$

类似于能谱密度的定义，将式(2.4.7)右端的被积式称为功率型信号 $s(t)$ 的平均功率谱密度，简称为功率谱密度，并记为

$$S(\omega) = \lim_{T\to\infty} \frac{1}{2T} \mid F(\omega, T) \mid^2 \tag{2.4.8}$$

而式(2.4.7)的右端则称为平均功率的谱表达式。

前面已经提到，平稳随机过程的样本函数是功率型的，因此，可以把平均功率和功率谱密度的概念推广到平稳过程 $\{X(t), t\in R^1\}$。类似于功率型信号，对于平稳随机过程 $\{X(t), t\in R^1\}$，仍然采用构造截尾函数的办法。对应于式(2.4.5)和式(2.4.6)可得

$$F_X(\omega, T) = \int_{-T}^{T} X(t)\mathrm{e}^{-\mathrm{j}\omega t}\mathrm{d}t \tag{2.4.9}$$

和

$$\frac{1}{2T}\int_{-T}^{T} X^2(t)\mathrm{d}t = \frac{1}{4\pi T}\int_{-\infty}^{\infty} \mid F_X(\omega, T) \mid^2 \mathrm{d}\omega \tag{2.4.10}$$

显然，式(2.4.9)和式(2.4.10)的积分都是均方积分，均方积分的概念将在第 3 章讨论。这时，将式(2.4.10)左端的均值取极限，即定义

$$P_X = \lim_{T\to\infty} E\left\{\frac{1}{2T}\int_{-T}^{T} X^2(t)\mathrm{d}t\right\} \tag{2.4.11}$$

为平稳过程 $X(t)$ 的平均功率。变换式(2.4.11)中积分与求平均的运算顺序，并注意到平稳随机过程 $X(t)$ 的均方值是常数，于是可得

$$\Psi_X^2 = \lim_{T\to\infty} E\left\{\frac{1}{2T}\int_{-T}^{T} X^2(t)\mathrm{d}t\right\} = \lim_{T\to\infty} \frac{1}{2T}\int_{-T}^{T} E[X^2(t)]\mathrm{d}t \tag{2.4.12}$$

式(2.4.12)意味着平稳随机过程的平均功率等于该过程的均方值。

现在将式(2.4.10)的右端代入到式(2.4.11)中，并变换运算顺序后，可得平稳随机过程 $X(t)$ 的平均功率为

$$P_X = \frac{1}{2\pi}\int_{-\infty}^{\infty} \lim_{T\to\infty} \frac{1}{2T} E\{\mid F_X(\omega, T) \mid^2\}\mathrm{d}\omega \tag{2.4.13}$$

对应于式(2.4.7)和式(2.4.8)，把式(2.4.13)中的被积式称为随机过程 $X(t)$ 的功率谱密度，并且记为 $S_X(\omega)$，即

$$S_X(\omega) = \lim_{T\to\infty} \frac{1}{2T} E\{\mid F_X(\omega, T) \mid^2\} \tag{2.4.14}$$

于是式(2.4.13)又可写为

$$P_X = \frac{1}{2\pi}\int_{-\infty}^{\infty} S_X(\omega)\mathrm{d}\omega \tag{2.4.15}$$

式(2.4.15)通常称为平稳随机过程 $X(t)$ 的平均功率的谱表达式。它表示功率谱密度函数 $S_X(\omega)$ 在整个频域上积分后，就给出了信号的总平均功率。

功率谱密度是一个频率函数，它是从频域描述平稳随机过程 $X(t)$ 的统计规律的数字特征的。它的物理意义是，表示平稳随机过程 $X(t)$ 的平均功率关于频率的分布。由于平稳随机过程的总能量为无限，不存在能谱密度，故在讨论平稳随机过程时，如无特殊说明，谱密度一般均指功率谱密度。

以上定义的谱密度 $S_X(\omega)$ 称双边谱密度。从式(2.4.14)和式(2.4.15)可看出，$S_X(\omega)$ 分布在从 $-\infty$ 到 $+\infty$ 的频率范围内，对 ω 的正、负值都是有定义的。但是在实际工程问题中，负频率($\omega<0$)并不存在，这时引入单边谱密度

$$G_X(\omega)=\begin{cases}2S_X(\omega), & \omega\geqslant 0\\ 0, & \omega<0\end{cases} \tag{2.4.16}$$

从上式可看出,单边功率谱 $G_X(\omega)$ 只不过是根据 $S_X(\omega)$ 的偶函数性质把负频率范围内的谱密度折算到正频率范围内,如图 2.14 所示。

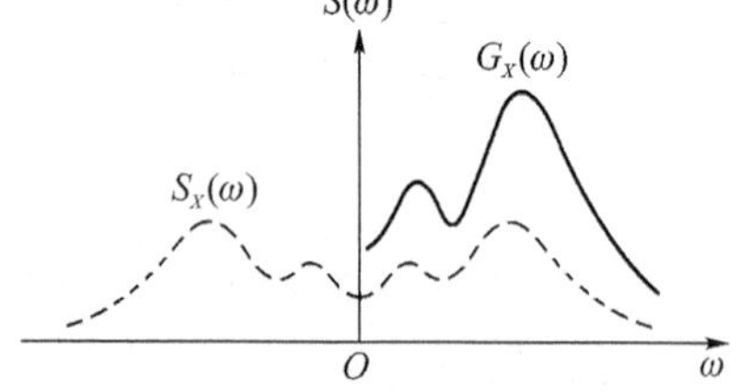

图 2.14 平稳随机过程的谱密度

2.4.2 谱密度与自相关函数

在 2.4.1 节中从平稳随机过程 $X(t)$ 的平均功率相对频率的分布定义了 $X(t)$ 的功率谱密度 $S_X(\omega)$。实际上,$X(t)$ 的功率谱密度还可用自相关函数 $R(\tau)$ 的傅里叶变换来定义。

平稳过程 $X(t)$ 的功率谱或谱密度 $S(\omega)$ 是它的自相关函数 $R(\tau)$ 的傅里叶变换，即

$$S(\omega)=\int_{-\infty}^{\infty}R(\tau)\mathrm{e}^{-\mathrm{j}\omega\tau}\mathrm{d}\tau \tag{2.4.17}$$

因为 $R(-\tau)=R*(\tau)$,从上述定义不难看出 $S(\omega)$ 是实函数。

由傅里叶逆变换公式得

$$R(\tau)=\frac{1}{2\pi}\int_{-\infty}^{\infty}S(\omega)\mathrm{e}^{-\mathrm{j}\omega\tau}\mathrm{d}\omega \tag{2.4.18}$$

上述两式统称为维纳-辛钦公式。它给出了从频域描述平稳过程统计规律的数字特征和从时域描述平稳过程统计规律的数字特征之间的联系,在随机信号分析中有着广泛的应用。

现在来讨论功率谱的两种定义的等价条件。为此,将式(2.4.9)代入式(2.4.14)可得

$$S_X(\omega)=\lim_{T\to\infty}\frac{1}{2T}E\left[\int_{-T}^{T}X(t_1)\mathrm{e}^{-\mathrm{j}\omega t_1}\mathrm{d}t_1\int_{-T}^{T}X(t_2)\mathrm{e}^{-\mathrm{j}\omega t_2}\mathrm{d}t_2\right]$$

将括号内的积分之乘积改写成二重积分,变换积分与求均值的运算顺序,并注意到

$$E[X(t_1)X(t_2)]=R(t_1-t_2)$$

则有

$$\begin{aligned}S_X(\omega)&=\lim_{T\to\infty}\frac{1}{2T}\int_{-T}^{T}\int_{-T}^{T}E[X(t_1)X(t_2)]\mathrm{e}^{-\mathrm{j}\omega(t_1-t_2)}\mathrm{d}t_1\mathrm{d}t_2\\&=\lim_{T\to\infty}\frac{1}{2T}\int_{-T}^{T}\int_{-T}^{T}R(t_1-t_2)\mathrm{e}^{-\mathrm{j}\omega(t_1-t_2)}\mathrm{d}t_1\mathrm{d}t_2\end{aligned} \tag{2.4.19}$$

类似于均值各态历经定理的证明过程,做变量置换,令 $\tau_1=t_1+t_2,\tau=t_1-t_2$,可得

$$|J|=1/2$$

$$\begin{aligned}\int_{-T}^{T}\int_{-T}^{T}R(t_1-t_2)\mathrm{e}^{-\mathrm{j}\omega(t_1-t_2)}\mathrm{d}t_1\mathrm{d}t_2&=\iint_R R(\tau)\mathrm{e}^{-\mathrm{j}\omega\tau}\frac{1}{2}\mathrm{d}\tau_1\mathrm{d}\tau\\&=2\iint_G R(\tau)\mathrm{e}^{-\mathrm{j}\omega\tau}\mathrm{d}\tau_1\mathrm{d}\tau\\&=2\int_0^{2T}\mathrm{d}\tau\int_0^{2T-\tau}R(\tau)\mathrm{e}^{-\mathrm{j}\omega\tau}\mathrm{d}\tau_1\\&=2\int_0^{2T}(2T-\tau)R(\tau)\mathrm{e}^{-\mathrm{j}\omega\tau}\mathrm{d}\tau\\&=\int_{-2T}^{2T}(2T-\tau)R(\tau)\mathrm{e}^{-\mathrm{j}\omega\tau}\mathrm{d}\tau\end{aligned} \tag{2.4.20}$$

式中积分域的含义见图 2.13。将式(2.4.20)代回到式(2.4.19),则有

$$S_X(\omega)=\lim_{T\to\infty}\int_{-2T}^{2T}\left(1-\frac{|\tau|}{2T}\right)R(\tau)\mathrm{e}^{-\mathrm{j}\omega\tau}\mathrm{d}\tau$$

$$= \lim_{T\to\infty}\int_{-2T}^{2T} R(\tau)\mathrm{e}^{-\mathrm{j}\omega\tau}\mathrm{d}\tau - \lim_{T\to\infty}\int_{-2T}^{2T} \frac{|\tau|}{2T}R(\tau)\mathrm{e}^{-\mathrm{j}\omega\tau}\mathrm{d}\tau \tag{2.4.21}$$

因此，只要 $\int_{-\infty}^{\infty} |R(\tau)| \mathrm{d}\tau < \infty$，则式(2.4.21)中的第二项在 $T\to\infty$ 时为零，故

$$S_X(\omega) = \int_{-\infty}^{\infty} R(\tau)\mathrm{e}^{-\mathrm{j}\omega\tau}\mathrm{d}\tau$$

这意味着平稳随机过程 $X(t)$ 在自相关函数 $R(\tau)$ 绝对可积的条件下，维纳-辛钦公式，即式(2.4.17)和式(2.4.18)成立。这在实际中经常可以实现。因此，今后总认为谱密度的两种定义是等价的，并用 $S_X(\omega)$ 或 $S(\omega)$ 表示平稳过程的自谱密度。

由式(2.4.18)还可看出，当 $\tau=0$ 时，有

$$R(0) = \frac{1}{2\pi}\int_{-\infty}^{\infty} S(\omega)\mathrm{d}\omega = E\{|X(t)|^2\} \geqslant 0$$

也就是说，$1/2\pi$ 乘 $S(\omega)$ 的总面积是非负的，且等于平稳过程 $X(t)$ 的平均功率。

若 $X(t)$ 是实平稳过程，则自相关函数 $R(\tau)$ 是实的偶函数，因此 $S(\omega)$ 也是实的偶函数，即

$$S^*(\omega) = S(\omega) \tag{2.4.22}$$

和

$$S(\omega) = S(-\omega) \tag{2.4.23}$$

式中，$S^*(\omega)$ 是 $S(\omega)$ 的复共轭。上述结果是不难证明的。由于 $X(t)$ 是实平稳过程，故自相关函数 $R^*(\tau)=R(\tau)=R(-\tau)$，于是可得

$$S^*(\omega) = \int_{-\infty}^{\infty} R^*(\tau)\mathrm{e}^{\mathrm{j}\omega\tau}\mathrm{d}\tau = \int_{-\infty}^{\infty} R(\tau)\mathrm{e}^{-\mathrm{j}(-\omega)\tau}\mathrm{d}\tau = S(-\omega)$$

同样可以证得

$$S^*(\omega) = S(\omega)$$

由上述结果得到 $S(\omega)=S(-\omega)$，因此实过程的功率谱密度为偶函数。

由于 $R(\tau)$ 和 $S(\omega)$ 都是偶函数，于是维纳-辛钦定理还可写成下述形式

$$S(\omega) = 2\int_0^{\infty} R(\tau)\cos\omega\tau\,\mathrm{d}\tau \tag{2.4.24}$$

和

$$R(\tau) = \frac{1}{\pi}\int_0^{\infty} S(\omega)\cos\omega\tau\,\mathrm{d}\omega \tag{2.4.25}$$

例 2.4-1　利用维纳-辛钦定理求随机相位余弦波 $X(t)=\cos(\omega_c t+\Theta)$ 的功率谱密度。其随机相位 Θ 在 $[0,2\pi]$ 内均匀分布。

解：在例 2.2-4 中已经求得随机相位余弦波的自相关函数 $R(\tau)=\frac{1}{2}\cos\omega_c\tau$。根据维纳-辛钦定理得

$$\begin{aligned} S(\omega) &= \int_{-\infty}^{\infty} R(\tau)\mathrm{e}^{-\mathrm{j}\omega\tau}\mathrm{d}\tau = \frac{1}{2}\int_{-\infty}^{\infty} \cos\omega_c\tau\,\mathrm{e}^{-\mathrm{j}\omega\tau}\mathrm{d}\tau \\ &= \frac{1}{4}\int_{-\infty}^{\infty} \{\mathrm{e}^{-\mathrm{j}(\omega-\omega_c)\tau} + \mathrm{e}^{-\mathrm{j}(\omega+\omega_c)\tau}\}\mathrm{d}\tau \\ &= \frac{\pi}{2}[\delta(\omega-\omega_c)+\delta(\omega+\omega_c)] \end{aligned}$$

例 2.4-2　设随机电报信号 $X(t)$ 的自相关函数 $R(\tau)=\mathrm{e}^{-\lambda|\tau|}$，求 $S(\omega)$。

解：自谱密度为

$$S(\omega) = \int_{-\infty}^{\infty} R(\tau)\mathrm{e}^{-\mathrm{j}\omega\tau}\mathrm{d}\tau = \int_{-\infty}^{\infty} \mathrm{e}^{-\lambda|\tau|}\mathrm{e}^{-\mathrm{j}\omega\tau}\mathrm{d}\tau$$

$$= 2\int_0^{\infty} e^{-\lambda|\tau|}\cos\omega\tau \, d\tau = \frac{2\lambda}{\lambda^2 + \omega^2}$$

例 2.4-3 已知谱密度 $S(\omega)=\dfrac{\omega^2+4}{\omega^4+10\omega^2+9}$,求 $R(\tau)$。

解:根据维纳-辛钦定理,其自相关函数为

$$R(\tau) = \frac{1}{2\pi}\int_{-\infty}^{\infty} \frac{\omega^2+4}{\omega^4+10\omega^2+9} e^{j\omega\tau} d\omega$$

应用留数字理可以求得

$$R(\tau) = \frac{1}{2\pi} \times 2\pi j\left\{\frac{z^2+4}{(z^2+1)(z^2+9)} e^{j|\tau|z} \text{ 在 } z = j, 3j \text{ 处的留数之和}\right\}$$

$$= \frac{1}{48}(9e^{-|\tau|} + 5e^{-3|\tau|})$$

例 2.4-4 若平稳随机过程 $X(t)$ 的功率谱密度 $S_X(\omega)=\dfrac{1}{(1+\omega^2)^2}$,求其自相关函数 $R_X(\tau)$。

解:由例 2.4-2 知,若自相关函数 $R_Y(\tau)=\dfrac{1}{2}e^{-|\tau|}$,则其谱密度为

$$S_Y(\omega) = \frac{1}{1+\omega^2}$$

由已知条件可得

$$S_X(\omega) = [S_Y(\omega)]^2$$

则

$$R_X(\tau) = R_Y(\tau) * R_Y(\tau)$$

故

$$R_X(\tau) = \int_{-\infty}^{\infty} \frac{1}{2}e^{-|z|} \frac{1}{2}e^{-|\tau-z|} dz$$

当 $\tau\geqslant 0$ 时,可写成

$$R_X(\tau) = \frac{1}{4}\left[\int_{-\infty}^{0} e^{z} e^{-(\tau-z)} dz + \int_0^{\tau} e^{-z} e^{-(\tau-z)} dz + \int_{\tau}^{\infty} e^{-z} e^{\tau-z} dz\right]$$

$$= \frac{1}{4}\left(\frac{1}{2}e^{-\tau} + \tau e^{-\tau} + \frac{1}{2}e^{-\tau}\right) = \frac{1}{4}(e^{-\tau} + \tau e^{-\tau})$$

又因为

$$R_X(-\tau) = R_X(\tau)$$

故

$$R_X(\tau) = \frac{1}{4}(e^{-|\tau|} + |\tau| e^{-|\tau|})$$

例 2.4-5 设双向噪声过程的自相关函数为

$$R_X(\tau) = \begin{cases} \sigma^2\left(1 - \dfrac{|\tau|}{\tau_0}\right), & 0 \leqslant \tau \leqslant \tau_0 \\ 0, & \text{其他} \end{cases}$$

式中,σ 为一常数。确定这个过程的谱密度。

解:可以由维纳-辛钦公式,即

$$S_X(\omega) = \int_{-\infty}^{\infty} R_X(\tau) e^{-j\omega\tau} d\tau$$

直接计算出 $S_X(\omega)$。但这样将导致一些不必要的计算。因此,用间接方法可以比较简单地求出其谱密度。

注意到给定的 $R_X(\tau)$ 是 τ 的两个同样函数卷积的结果,如图 2.15 所示,即

$$R_X(\tau) = f_1(\tau) * f_2(\tau)$$

$$A = \sigma / \sqrt{\tau_0}$$

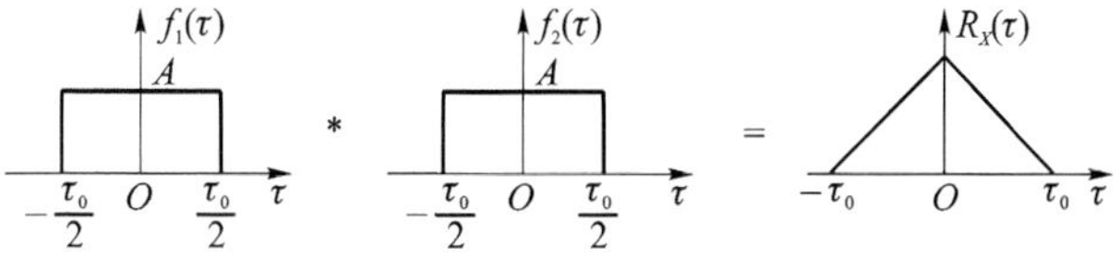

图 2.15　例 2.4-5 的图

因此
$$f_1(\tau)=f_2(\tau)=\begin{cases}\sigma/\sqrt{\tau_0}, & -\dfrac{\tau_0}{2}\leqslant\tau\leqslant\dfrac{\tau_0}{2}\\ 0, & \text{其他}\end{cases}$$

已知 $f_1(\tau)$和 $f_2(\tau)$的傅里叶变换为

$$F(\omega) = \frac{2\sigma\sin(\omega\tau_0/2)}{\sqrt{\tau_0}\,\omega}$$

利用时域卷积定理,可得

$$S_X(\omega) = F(\omega)F(\omega) = \frac{4\sigma^2\sin^2(\omega\tau_0/2)}{\tau_0\omega^2}$$

即为所要求的结果。

从上述例题的计算过程可看出,利用维纳-辛钦定理,在应用上可以根据实际情况选择时域方法或者等价的频域方法去解决实际问题。

表 2.1 列出了若干随机过程 $X(t)$的自相关函数 $R_X(\tau)$及对应的功率谱密度 $S_X(\omega)$。其对应关系读者可以作为练习加以证明。

表 2.1　自相关函数 $R_X(\tau)$及其对应的功率谱密度 $S_X(\omega)$

自相关函数 $R_X(\tau)$	功率谱密度 $S_X(\omega)$
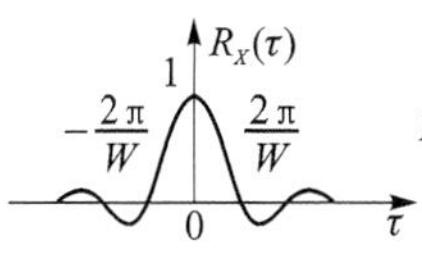 $R_X(\tau)=\mathrm{Sa}\left(\frac{W\tau}{2}\right)$	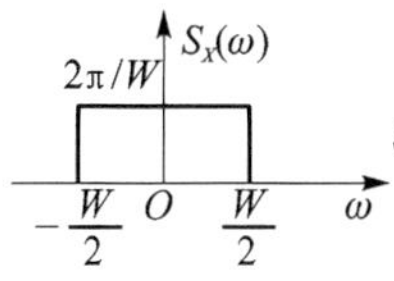 $S_X(\omega)=\begin{cases}\frac{2\pi}{W}, & \lvert\omega\rvert\leqslant\frac{W}{2}\\ 0, & \lvert\omega\rvert>\frac{W}{2}\end{cases}$
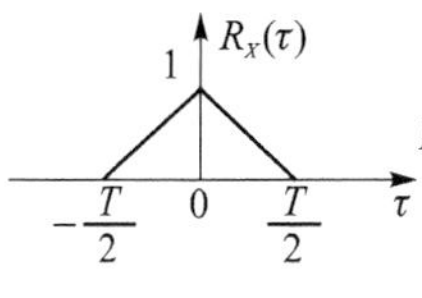 $R_X(\tau)=\begin{cases}0, & \lvert\tau\rvert\geqslant\frac{T}{2}\\ 1-\frac{2\lvert\tau\rvert}{T}, & \lvert\tau\rvert<\frac{T}{2}\end{cases}$	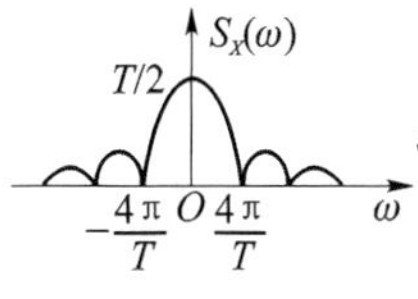 $S_X(\omega)=\frac{T}{2}\mathrm{Sa}^2\left(\frac{\omega T}{4}\right)$
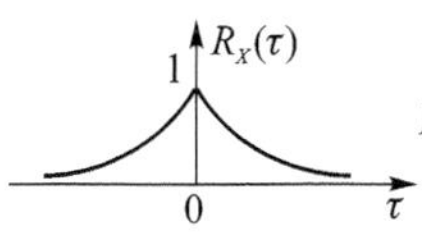 $R_X(\tau)=\mathrm{e}^{-a\lvert\tau\rvert}$	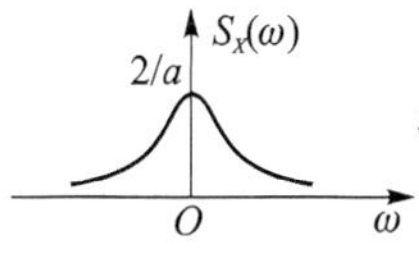 $S_X(\omega)=\frac{2a}{a^2+\omega^2}$

(续表)

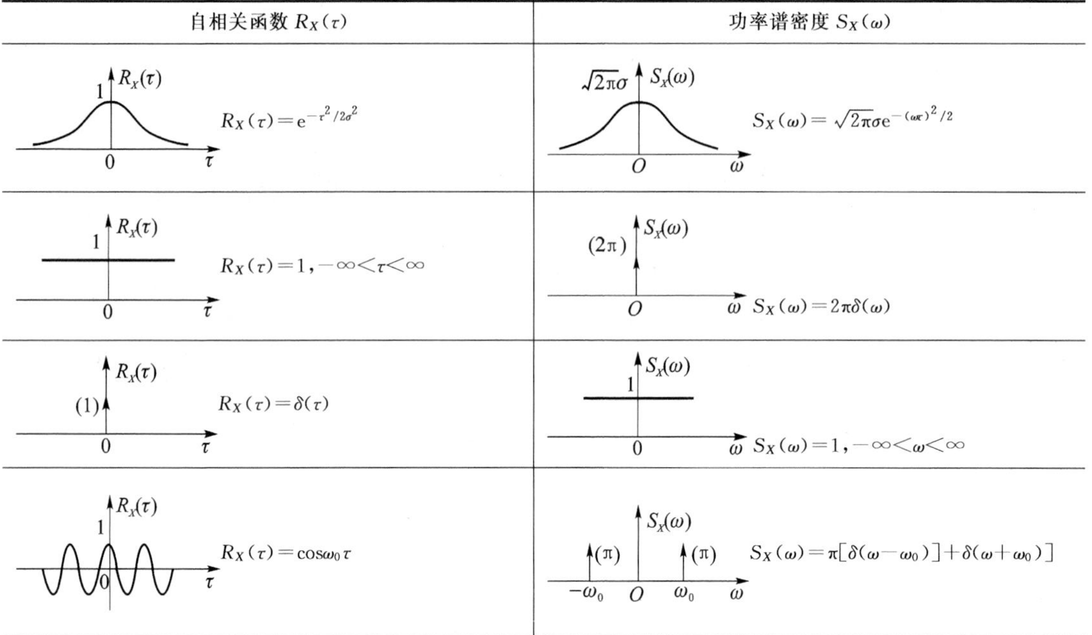

自相关函数 $R_X(\tau)$	功率谱密度 $S_X(\omega)$
$R_X(\tau)=e^{-\tau^2/2\sigma^2}$	$S_X(\omega)=\sqrt{2\pi}\sigma e^{-(\omega\sigma)^2/2}$
$R_X(\tau)=1,-\infty<\tau<\infty$	$S_X(\omega)=2\pi\delta(\omega)$
$R_X(\tau)=\delta(\tau)$	$S_X(\omega)=1,-\infty<\omega<\infty$
$R_X(\tau)=\cos\omega_0\tau$	$S_X(\omega)=\pi[\delta(\omega-\omega_0)]+\delta(\omega+\omega_0)]$

2.4.3 互谱密度

在随机信号分析中,常常需要讨论两个平稳随机过程 $X(t)$ 和 $Y(t)$ 之间在频域的数字特征,即互功率谱密度,或称互谱密度 $S_{XY}(\omega)$。类似于平稳随机过程引入自谱密度的方法,可以定义互谱密度 $S_{XY}(\omega)$。

定义 设随机过程 $X(t)$ 和 $Y(t)$ 是联合平稳的,则互谱密度为

$$S_{XY}(\omega)=\lim_{T\to\infty}\frac{1}{2T}E[F_X(\omega,T)F_Y^*(\omega,T)] \tag{2.4.26}$$

式中

$$F_X(\omega,T)=\int_{-\infty}^{\infty}X_T(t)e^{-j\omega t}dt=\int_{-T}^{T}X(t)e^{-j\omega t}dt$$

$$F_Y(\omega,T)=\int_{-\infty}^{\infty}Y_T(t)e^{-j\omega t}dt=\int_{-T}^{T}Y(t)e^{-j\omega t}dt$$

且

$$X_T(t)=\begin{cases}X(t), & |t|\leqslant T\\ 0, & |t|>T\end{cases};\quad Y_T(t)=\begin{cases}Y(t), & |t|\leqslant T\\ 0, & |t|>T\end{cases}$$

实际上,还可以根据维纳-辛钦公式来定义互谱密度。随机过程 $X(t)$ 和 $Y(t)$ 的互谱密度是它们的互相关函数 $R_{XY}(\tau)$ 的傅里叶变换。

$$S_{XY}(\omega)=\int_{-\infty}^{\infty}R_{XY}(\tau)e^{-j\omega\tau}d\tau \tag{2.4.27}$$

对应的傅里叶逆变换为

$$R_{XY}(\tau)=\frac{1}{2\pi}\int_{-\infty}^{\infty}S_{XY}(\omega)e^{j\omega\tau}d\omega \tag{2.4.28}$$

不难看出,当 $\tau=0$ 时,则有

$$R_{XY}(0)=\frac{1}{2\pi}\int_{-\infty}^{\infty}S_{XY}(\omega)e^{-j\omega\tau}d\omega=E[X(t)Y(t)] \tag{2.4.29}$$

式(2.4.29)意味着,若 $X(t)$是一个二端器件的电压,$Y(t)$是流经该器件的电流,则 $R_{XY}(0)$表示该器件消耗的功率。

若平稳随机过程 $X(t)$和 $Y(t)$正交,则 $R_{XY}(\tau)=0,S_{XY}(\omega)=0$,在此情况下有

$$R_{X+Y}(\tau)=R_X(\tau)+R_Y(\tau),\quad S_{X+Y}(\omega)=S_X(\omega)+S_Y(\omega)$$

下面介绍互谱密度的简要性质。

性质 1

$$S_{XY}(\omega)=S_{YX}^*(\omega)=S_{YX}(-\omega) \tag{2.4.30}$$

证明:先假定 $X(t)$和 $Y(t)$是复的联合广义平稳随机过程,则不难求出它们的互相关函数有如下性质:

$$R_{YX}^*(\tau)=R_{XY}(-\tau) \tag{2.4.31}$$

这是因为

$$R_{YX}(\tau)=\iint y(t)x^*(t-\tau)f(x,t-\tau;y,t)\mathrm{d}x\mathrm{d}y$$

令 $t'=t-\tau$,将其代入上式的积分中,公式两边取复共轭,得

$$R_{YX}^*(\tau)=\iint x(t')y^*(t'+\tau)f(x,t';y,t'+\tau)\mathrm{d}x\mathrm{d}y=R_{XY}(-\tau)$$

$X(t)$和 $Y(t)$的互谱密度为

$$S_{YX}^*(\omega)=\int_{-\infty}^{\infty}R_{YX}^*(\tau)\mathrm{e}^{\mathrm{j}\omega\tau}\mathrm{d}\tau$$

由式(2.4.31),并令 $\lambda=-\tau$,则有

$$S_{YX}^*(\omega)=\int_{-\infty}^{\infty}R_{XY}(-\tau)\mathrm{e}^{\mathrm{j}\omega\tau}\mathrm{d}\tau=\int_{-\infty}^{\infty}R_{XY}(\lambda)\mathrm{e}^{-\mathrm{j}\omega\lambda}\mathrm{d}\lambda=S_{XY}(\omega)$$

这表明 $S_{XY}(\omega)$和 $S_{YX}(\omega)$互为共轭函数。

若 $X(t)$和 $Y(t)$是实过程,则可以得到

$$S_{YX}^*(\omega)=\int_{-\infty}^{\infty}R_{YX}^*(\tau)\mathrm{e}^{\mathrm{j}\omega\tau}\mathrm{d}\tau=\int_{-\infty}^{\infty}R_{YX}(\tau)\mathrm{e}^{-\mathrm{j}(-\omega)\tau}\mathrm{d}\tau=S_{YX}(-\omega)$$

由此看出,$S_{XY}(\omega)$不是 ω 实的、正的偶函数。

性质 2　互谱密度与自谱密度有下列不等式:

$$|S_{XY}(\omega)|^2\leqslant S_X(\omega)S_Y(\omega) \tag{2.4.32}$$

证明:根据施瓦兹不等式　$[E(VW)]^2\leqslant E[V^2]E[W^2]$

又由式(2.4.14)知　$|E[F_X(\omega,T)F_Y(\omega,T)]|^2\leqslant E[|F_X(\omega,T)|^2]E[|F_Y(\omega,T)|^2]$

故　$|S_{XY}(\omega)|^2\leqslant S_X(\omega)S_Y(\omega)$

性质 3　$S_{XY}(\omega)$的实部 $\mathrm{Re}[S_{XY}(\omega)]$是 ω 的偶函数,其虚部 $\mathrm{Im}[S_{XY}(\omega)]$是奇函数。

证明:将式(2.4.27)改写为

$$S_{XY}(\omega)=\int_{-\infty}^{\infty}R_{XY}(\tau)\cos\omega\tau\mathrm{d}\tau-\mathrm{j}\int_{-\infty}^{\infty}R_{XY}(\tau)\sin\omega\tau\mathrm{d}\tau \tag{2.4.33}$$

其中 $S_{XY}(\omega)$的实部为　$\mathrm{Re}[S_{XY}(\omega)]=\int_{-\infty}^{\infty}R_{XY}(\tau)\cos\omega\tau\mathrm{d}\tau$

可见,它正好是 ω 的偶函数,而其虚部为

$$\mathrm{Im}[S_{XY}(\omega)]=\int_{-\infty}^{\infty}R_{XY}(\tau)\sin\omega\tau\mathrm{d}\tau$$

它正好是 ω 的奇函数。

同理可证 $\mathrm{Re}[S_{YX}(\omega)]$是 ω 的偶函数,$\mathrm{Im}[S_{YX}(\omega)]$是 ω 的奇函数。

例 2.4-6 设 $Z(t)=X(t)+Y(t)$,且 $X(t)$ 和 $Y(t)$ 是平稳相依的,求 $S_Z(\omega)$。因为

$$R_Z(\tau)=R_X(\tau)+R_Y(\tau)+R_{XY}(\tau)+R_{YX}(\tau)$$

故有

$$\begin{aligned}S_Z(\omega)&=S_X(\omega)+S_Y(\omega)+S_{XY}(\omega)+S_{YX}(\omega)\\&=S_X(\omega)+S_Y(\omega)+2\mathrm{Re}[S_{XY}(\omega)]\end{aligned}$$

例 2.4-7 设

$$S_{XY}(\omega)=\begin{cases}a+\mathrm{j}\dfrac{b\omega}{c} & -c<\omega<c\\0 & \text{其他}\end{cases}$$

其中 $c>0,a,b$ 为常数,求 $R_{XY}(\tau)$。根据维纳-辛钦定理则有

$$\begin{aligned}R_{XY}(\tau)&=\frac{1}{2\pi}\int_{-c}^{c}\left(a+\mathrm{j}\frac{b\omega}{c}\right)\mathrm{e}^{\mathrm{j}\omega\tau}\mathrm{d}\omega\\&=\frac{1}{2\pi}\int_{-c}^{c}a\,\mathrm{e}^{\mathrm{j}\omega\tau}\mathrm{d}\omega+\frac{1}{2\pi}\int_{-c}^{c}\mathrm{j}\,\frac{b}{c}\omega\,\mathrm{e}^{\mathrm{j}\omega\tau}\mathrm{d}\omega\\&=\frac{1}{\pi c\tau^2}[(ac\tau-b)\sin c\tau+bc\tau\cos c\tau]\end{aligned}$$

前面曾经指出,自谱密度 $S_X(\omega)$ 表示随机过程 $X(t)$ 的平均功率关于频率的分布。但互谱密度不像自谱密度那样具有明确的物理意义。引入这个概念主要是为了能在频域上描述两个平稳过程的相关性。在下一章将会看到,常常通过测定线性系统输入、输出之间的互谱密度来确定系统的冲激响应函数。

2.5 白噪声过程

在 2.1.5 节中已指出,随机过程中按功率谱密度可以分为白噪声过程和有色噪声过程。由于具有均匀功率谱密度的白噪声在通信、雷达、导航和控制领域中极为重要,因此,本节重点介绍白噪声的特征。

2.5.1 白噪声的基本概念

定义 若一个均值为零的平稳过程 $\{W(t),t\geqslant 0\}$ 具有恒定功率谱密度

$$S(\omega)=N_0/2,\quad \omega\in(-\infty,+\infty) \tag{2.5.1}$$

则称 $W(t)$ 为白噪声过程。其中 N_0 表示单边功率谱密度。换言之,称谱密度为常数 $N_0/2$ 的平稳过程为白噪声过程。所谓"白"是借用白光的概念,因为白光具有均匀光谱的性质。

根据维纳-辛钦公式,不难求出白噪声的自相关函数为

$$R(\tau)=\frac{1}{2\pi}\int_{-\infty}^{\infty}\frac{N_0}{2}\mathrm{e}^{\mathrm{j}\omega\tau}\mathrm{d}\omega=\frac{N_0}{2}\,\frac{1}{2\pi}2\pi\delta(\tau)=\frac{N_0}{2}\delta(\tau) \tag{2.5.2}$$

白噪声的谱密度 $S(\omega)$ 和自相关函数 $R(\tau)$ 如图 2.16 所示。由于白噪声的自相关函数是狄拉克函数,即 δ 函数,因此又称它为 δ 相关过程,或称为不相关过程。

白噪声的相关系数为

$$r(\tau)=\frac{R(\tau)-R(\infty)}{R(0)-R(\infty)}=\frac{R(\tau)}{R(0)}=\begin{cases}1, & \tau=0\\0, & \tau\neq 0\end{cases} \tag{2.5.3}$$

由此看出,白噪声在任意两个多么近的相邻时刻的取值都是不相关的。换句话说,白噪声随时间的起伏变化较快,从频域看,过程的功率谱极宽。

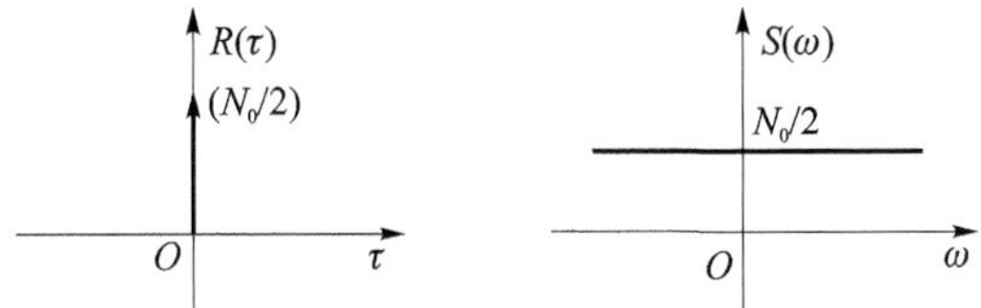

图 2-16　白噪声

白噪声是一种理想化的数学模型，在物理上是不能实现的，因为按照白噪声的定义，它的平均功率是无限大的，即

$$P = R(0) = \frac{1}{2\pi}\int_{-\infty}^{\infty} S(\omega)\mathrm{d}\omega = \frac{1}{2\pi}\int_{-\infty}^{\infty} \frac{N_0}{2}\mathrm{d}\omega = \frac{N_0}{4\pi}\int_{-\infty}^{\infty} \mathrm{d}\omega \to \infty$$

但是由于白噪声在数学上的简单性，故常用白噪声作为许多物理现象的一种近似模型。实际上，当所研究的平稳过程在系统有效响应的最大频率范围内具有均匀功率谱密度时，就可把该过程视为白噪声过程来处理。例如，电子管中的散弹噪声和电子设备中电阻性器件的热噪声都是白噪声。白噪声是各态历经过程，通常用其样本函数 $n(t)$ 表示。

值得指出的是，白噪声是从过程的功率谱密度的角度来定义的，并未涉及过程的概率密度。因此，可以有各种不同分布律的白噪声。在高斯分布的白噪声中，有前面提到的电子管中的散弹噪声，以及电子设备中的阻性热噪声。此外还有瑞利分布的白噪声等。在随机信号分析中，还涉及矢量白噪声过程。

2.5.2　矢量白噪声

定义　若一个 n 维独立矢量随机过程 $\{\boldsymbol{W}(t), t \geqslant 0\}$ 的均值矢量

$$\boldsymbol{m}_W(t) = E[\boldsymbol{W}(t)] = 0 \tag{2.5.4}$$

自协方差阵

$$\boldsymbol{P}_W(t,\tau) = \mathrm{cov}\{\boldsymbol{W}(t), \boldsymbol{W}(\tau)\} = \boldsymbol{Q}(t)\delta(t-\tau) \tag{2.5.5}$$

则称此 n 维矢量随机过程为零均值的矢量白噪声过程。式中，$\boldsymbol{W}(t)$ 为 n 维列矢量，即

$$\boldsymbol{W}(t) = [W_1(t), W_2(t), \cdots, W_n(t)]^{\mathrm{T}}$$

$\boldsymbol{Q}(t)$ 为对称非负定矩阵，即

$$\boldsymbol{Q}(t) = \begin{bmatrix} Q_{11} & & & 0 \\ & Q_{22} & & \\ & & \ddots & \\ 0 & & & Q_{nn} \end{bmatrix}$$

其中方差

$$Q_{ii} = \mathrm{cov}[W_i(t), W_i(t)]$$

其冲激强度为 $\boldsymbol{Q}(t)$ 矩阵。而冲激函数

$$\delta(t-\tau) = \begin{cases} \dfrac{1}{\Delta t} & \tau - \dfrac{\Delta t}{2} < t < \tau + \dfrac{\Delta t}{2} \\ 0 & \text{其他} \end{cases} \tag{2.5.6}$$

式(2.5.6)意味着 Δt 下降，相关性增强。在 $t=\tau$ 时刻最大相关，而在其余时刻均不相关。

对应地将非白噪声称为有色噪声，或相关噪声。有色噪声的功率谱密度为

$$S(\omega) = \frac{N(\omega)}{2}, \omega \in R^1 \tag{2.5.7}$$

由此看出,有色噪声的功率谱密度不再是均匀的,它是频率 ω 的函数。

2.6 正交增量过程

2.6.1 独立增量过程

定义 设随机过程$\{X(t),t\geqslant 0\}$,若在时间参数集 T 上任选 n 个时刻点 $t_1<t_2<\cdots<t_n\in T$,随机过程 $X(t)$的增量 $X(t_2)-X(t_1),X(t_3)-X(t_2),\cdots,X(t_n)-X(t_{n-1})$是相互统计独立的随机变量,则称$\{X(t),t\geqslant 0\}$为独立增量过程。

可以看出,如果$\{X(t),t\geqslant 0\}$有独立增量,那么新过程 $Y(t)=X(t)-X(0),t\geqslant 0$ 也是一个独立增量过程。与 $X(t)$有相同的增量,并有性质 $P\{Y(0)=0\}=1$。所以不失一般性地,可以认为 $X(t)$满足 $P\{X(0)=0\}=1$。

独立增量过程是与马尔可夫过程密切相关的随机过程。例如连续参数的独立增量过程是马氏过程。设连续参数随机过程$\{X(t),t\geqslant 0\}$有独立增量,并且 $P\{X(0)=0\}=1$,或等价地研究过程 $X(t)-X(0)$。显然,$X(t_n)-X(0)$是互相独立的随机变量的级数的部分和

$$\sum_{j=1}^{n}[X(t_j)-X(t_{(j-1)})]$$

所以随机过程 $X(t)$是一个离散参数随机过程的连续形式,它表示在离散时刻的随机变量是独立随机变量级数的部分和,并具有马尔可夫性,因此过程 $X(t)$是一个连续参数的马尔可夫过程。

和马尔可夫过程一样,独立增量过程的有限维分布可由它的初始分布 $P\{X(t_0)<x\}$和它的全部增量的分布唯一确定。t_0 为过程的初始时刻。

定义 设随机过程$\{X(t),t\geqslant 0\}$是独立增量过程,如果增量 $X(t_1,t_2),X(t_2,t_3),\cdots,X(t_{n-1},t_n)$的概率分布仅依赖于时间差$(t_k-t_{k-1})$,而与 t_k,t_{k-1}本身无关,则称这类过程为平稳独立增量过程。

对于平稳独立增量过程,任何时间间隔上过程状态的改变均不影响未来任何一个时间间隔上状态的改变。

在后面将要讨论的维纳过程和泊松过程是两个最重要的独立增量过程。

2.6.2 正交增量过程

定义 设有二阶矩过程$\{X(t),t\in T\}$,并有 $t_1<t_2\leqslant t_3<t_4,t_i\in T,i=1,2,3,4$,若有

$$E\{[X(t_2)-X(t_1)][X(t_4)-X(t_3)]^*\}=0 \tag{2.6.1}$$

则称过程$\{X(t),t\in T\}$为正交增量过程。

对于独立增量过程$\{X(t),t\geqslant 0\}$,若满足

$$E[X(t)]=0,\qquad E[|X(t)|^2]<\infty \tag{2.6.2}$$

则 $X(t)$也是正交增量过程。

正交增量过程具有非平稳性。设 T 为有限区间$[a,b]$,并假定 $X(a)=0$,且 $t_1=a,t_2=t_3=s,t_4=t$,其中 $s<t$。则

$$E\{X(s)[X(t)-X(s)]^*\}=0$$

由此可以得出

$$E[X(s)X^*(t)] = E[X(s)X^*(s)] = E[|X(s)|^2]$$

现在定义

$$F(s) = E[|X(s)|^2] \tag{2.6.3}$$

则自相关函数

$$\begin{aligned} R_{XX}(s,t) &= E\{X(s)X^*(t)\} \\ &= E\{X(s)[X(t)-X(s)+X(s)]^*\} \\ &= E\{X(s)[X(t)-X(s)]^*\} + E\{X(s)X^*(s)\} \\ &= F(s) \qquad t > s \end{aligned} \tag{2.6.4}$$

若 $t<s$，则

$$R_{XX}(s,t) = F(t) \qquad t < s \tag{2.6.5}$$

于是得

$$R_{XX}(s,t) = F(\min(s,t)) \tag{2.6.6}$$

此外，当 $t>s$ 时，有

$$\begin{aligned} E\{|X(t)-X(s)|^2\} &= E\{X(t)X^*(t)\} - E\{X(t)X^*(s)\} \\ &\quad - E\{X(s)X^*(t)\} + E\{X(s)X^*(s)\} \\ &= F(t)-F(s)-F(s)+F(s) = F(t)-F(s) \end{aligned} \tag{2.6.7}$$

由于

$$E\{|X(t)-X(s)|^2\} \geqslant 0$$

故

$$F(t)-F(s) \geqslant 0 \tag{2.6.8}$$

即 $F(t)$为单调不减函数。因为

$$R_{XX}(s,t) = F(\min(s,t))$$

故正交增量过程为非平稳随机过程。

习题二

2.1　设有余弦波随机过程 $X(t)=A\cos\omega t$，其中 $0\leqslant t<\infty$，ω 为常数，A 是均匀分布于$[0,1]$之间的随机变量。

(1) 确定随机变量 $X(t_i)$的概率密度，$t_i=0,\dfrac{\pi}{4\omega},\dfrac{3\pi}{4\omega},\dfrac{\pi}{\omega}$；

(2) 当 $t'=\dfrac{\pi}{2\omega}$时，求 $X(t')$的概率密度。

2.2　利用重复抛掷硬币的试验定义一个随机过程：

$$X(t) = \begin{cases} \cos\pi t & \text{出现正面} \\ 2t & \text{出现反面} \end{cases}$$

设“出现正面”和“出现反面”的概率各为 1/2。

(1) 求 $X(t)$的一维分布函数 $F_X(x;1/2)$，$F_X(x;1)$；

(2) 求 $X(t)$的二维分布函数 $F_x(x_1,x_2;1/2,1)$。

2.3　给定一个随机过程 $X(t)$和任一实数 x，定义另一个随机过程：

$$Y(t) = \begin{cases} 1 & X(t) \leqslant x \\ 0 & X(t) > x \end{cases}$$

证明:$Y(t)$的均值函数和自相关函数分别为$X(t)$的一维和二维分布函数。

2.4　考虑随机过程$X(t)$,其样本函数是周期性锯齿波。两个典型的样本函数如图题2.4所示。每一个样本函数都具有相同的形状,但它们将$t=0$以后的第一个零值时刻记为T_0,假设T_0是一个均匀分布的随机变量

$$f_{T_0}(t)=\begin{cases}\dfrac{1}{T} & 0\leqslant t<T\\ 0 & \text{其他}\end{cases}$$

求$X(t)$的一维概率密度$f_X(x)$。

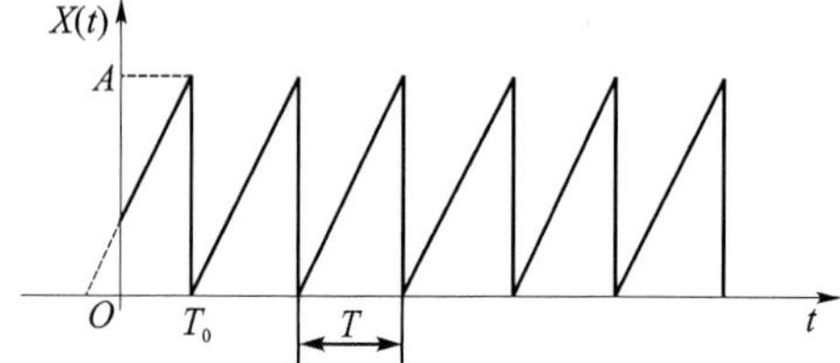

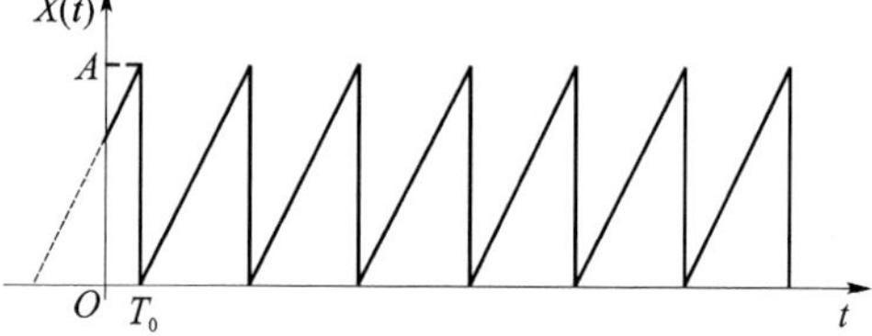

图　题 2.4

2.5　将习题2.4中锯齿波过程做一点改动,使每个脉冲幅度A为服从麦克斯韦(Maxwell)分布的随机变量

$$f_A(a)=\begin{cases}\dfrac{\sqrt{2}a^2}{a^3\sqrt{\pi}}\exp\left(\dfrac{-a^2}{2a^2}\right) & a\geqslant 0\\ 0 & a<0\end{cases}$$

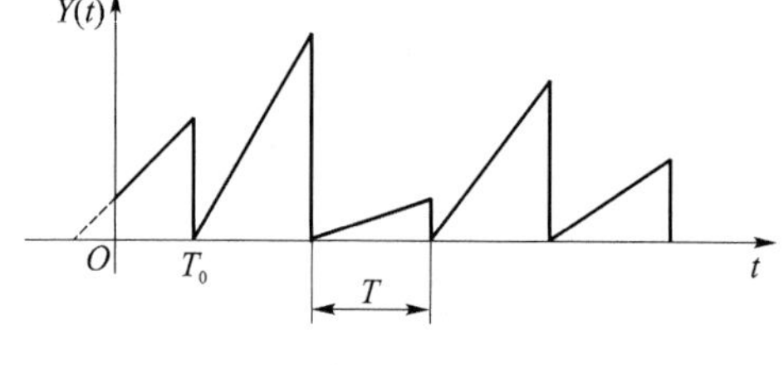

图　题 2.5

图题2.5中示出了一个典型的样本函数,其中T_0的定义与习题2.4相同。假设不同脉冲的幅度A之间统计独立。并均与T_0统计独立。求$Y(t)$的一维概率密度$f_Y(y)$。

2.6*　考虑一个正弦振荡器,由于器件的热噪声和分布参数变化的影响,振荡器输出的正弦波可视为一个随机过程

$$X(t)=A\sin(\Omega t+\Theta)$$

其中振幅A、角频率Ω和相位Θ是相互独立的随机变量,并且已知

$$f_A(a)=\begin{cases}2a/A_0^2, & 0\leqslant a\leqslant A_0\\ 0, & \text{其他}\end{cases};\quad f_\Omega(\omega)=\begin{cases}1/100, & 250\leqslant\omega\leqslant 350\\ 0, & \text{其他}\end{cases};$$

$$f_\Theta(\theta)=\begin{cases}1/2\pi, & 0\leqslant\theta\leqslant 2\pi\\ 0, & \text{其他}\end{cases}$$

(1) 求$X(t)$的一维概率密度;

(2) $X(t)$是一阶平稳过程吗?

2.7*　设某信号源每T秒钟产生一个幅度为A的方波脉冲,其脉冲宽度X为均匀分布于$[0,T]$中的随机变量,这样构成一个随机过程$Y(t)$,$0\leqslant t<\infty$,其中一个样本函数示于图题2.7中。设不同间隔中的脉冲是统计独立的。求$Y(t)$的概率密度$f_Y(y)$。

2.8　设随机过程$X(t)$的均值为$m_X(t)$,协方差函数为$K_X(t_1,t_2)$,$\phi(t)$为普通确知函数。求随机过程$Y(t)=X(t)+\phi(t)$的均值和协方差。

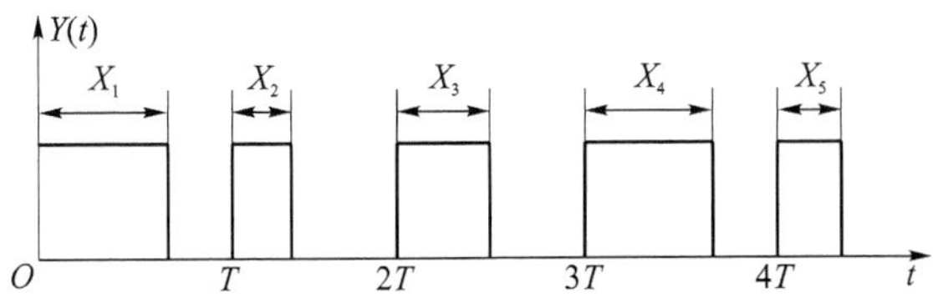

图　题 2.7

2.9　随机过程 $X(t)=f(t+\varepsilon)$，其中 $f(t)$ 是周期为 T 的周期波形，ε 在区间 $[0,T]$ 内为均匀分布的随机变量。证明 $X(t)$ 是平稳随机过程。

2.10　考虑一维随机游走过程 Y_n，其中 $Y_0=0$，$Y_n=\sum_{i=1}^{n}X_i$，X_i 是一个取值为 -1 和 $+1$ 的随机变量，已知 $P\{X_i=-1\}=q$，$P\{X_i=+1\}=p$，并且 X_i 彼此统计独立。

(1) 求 $P[Y_n=m]$，$E[Y_n]$，$D[Y_n]$；

(2) 若 $p>q$，则 Y_n 是平稳的吗？为什么？

2.11　给定一个随机变量 Θ，其特征函数为 $\phi(v)$，另外给定一个常数 ω，构造一个随机过程

$$X(t)=\cos(\omega t+\Theta)$$

证明：当且仅当 $\phi(1)=0$，$\phi(2)=0$ 时，$X(t)$ 才是一个广义平稳过程，并举出一个满足上述条件的例子。

2.12　随机过程由 $X(t,e_1)=1$，$X(t,e_2)=\sin t$，$X(t,e_3)=\cos t$ 三个样本函数组成，且等概率发生。

(1) 计算均值 $m_X(t)$ 和自相关函数 $R_X(t_1,t_2)$；

(2) 该随机过程 $X(t)$ 是否平稳？

2.13　设随机过程 $X(t)=A\cos(\omega t+\Theta)$，其中 A 为具有瑞利分布的随机变量，其概率密度为

$$f_A(a)=\begin{cases}\dfrac{a}{\sigma^2}\exp\left(-\dfrac{a^2}{2\sigma^2}\right), & a>0\\ 0, & a\leqslant 0\end{cases};\quad f_\Theta(\theta)=\begin{cases}\dfrac{1}{2\pi}, & 0\leqslant\theta\leqslant 2\pi\\ 0, & \text{其他}\end{cases}$$

随机变量 Θ 与 A 统计独立，ω 为常数。试问 $X(t)$ 是否为平稳随机过程？

2.14　求随机过程 $X(t)=a\sin(\omega t+\Phi)$ 的数学期望和方差。这里 a 和 ω 都是正的常数，Φ 是概率密度为 $f(\varphi)=\dfrac{1}{\sqrt{2\pi}}\mathrm{e}^{-\varphi^2/2}$ 的正态分布随机变量。

2.15　定义复随机过程 $X(t)=Yf(t)$，其中 Y 是一个零均值的实随机变量，$f(t)$ 是一个确定性复函数。

证明：$X(t)$ 是广义平稳过程的充要条件是，$f(t)$ 具有如下形式：

$$f(t)=c\mathrm{e}^{\mathrm{j}(\lambda t+\theta)}$$

其中，c，λ，θ 均为常数。

2.16*　设有一复随机过程 $Z(t)=\sum_{k=1}^{n}A_k\mathrm{e}^{\mathrm{j}\omega_k t}$，式中 A_k 是 n 个实随机变量，ω_k 是 n 个实数。试问 A_k 及 $A_j(k,j=1,2,\cdots,n,k\neq j)$ 之间应满足什么条件才能使 $Z(t)$ 成为一个复的广义

平稳过程。

2.17 设 $X(t)$为平稳随机过程,其自相关函数为 $R(\tau)$。构造随机积分 $S=\int_a^b X(t)\mathrm{d}t$。证明:$E[S^2]=\int_{-T}^{T}(T-|\tau|)R(\tau)\mathrm{d}\tau, T=b-a$。

2.18 设随机过程 $X(t)=U\cos t+V\sin t, Y(t)=U\sin t+V\cos t$。其中 U 和 V 是两个相互独立的随机变量,已知 $E[U]=E[V]=0, E[U^2]=E[V^2]=1$。

(1) 证明:$X(t)$和 $Y(t)$各自是广义平稳的随机过程;

(2) 证明:$X(t)$和 $Y(t)$不是广义联合平稳的。

2.19 设随机过程 $Z(t)=X(t)\cos\omega t-Y(t)\sin\omega t$,其中 ω 为常数,$X(t)$和 $Y(t)$为平稳随机过程。

(1) 求 $Z(t)$的自相关函数 $R_Z(t_1,t_2)$;

(2) 若 $R_X(\tau)=R_Y(\tau), R_{XY}(\tau)=0$,求 $R_Z(t_1,t_2)$。

2.20* 设 $X(t)$是雷达的发射信号,遇到目标后返回接收机的微弱信号为 $aX(t-\tau_1)$,其中 $a\ll 1$,τ_1 是信号返回时间。由于接收到的信号总是伴随有噪声 $n(t)$,于是接收到的信号为 $Y(t)=aX(t-\tau_1)+n(t)$。

(1) 如 $X(t)$和 $Y(t)$是联合平稳过程,求互相关函数 $R_{XY}(\tau)$;

(2) 在满足(1)的条件下,假设 $n(t)$为零均值,且与 $X(t)$统计独立,求 $R_{XY}(\tau)$。

2.21 已知平稳随机过程的相关函数为:

(1) $R_X(\tau)=\sigma_X^2\mathrm{e}^{-a|\tau|}$;

(2) $R_X(\tau)=\sigma_X^2(1-a|\tau|), |\tau|\leqslant\frac{1}{a}$。

试求其相关时间 τ_0。

2.22 设随机过程 $X(t)=A\sin(2\pi\Omega t+\Theta)$,其中 A 为常数,Ω 和 Θ 为相互独立的随机变量,Ω 的概率密度函数为偶函数,Θ 在$[-\pi,\pi]$内均匀分布。证明:

(1) $X(t)$为广义平稳过程;

(2) $X(t)$的均值是各态历经的。

2.23 设随机过程 $X(t)=A\cos(\omega t+\Theta)$,其中 A 和 ω 为常数,Θ 为均匀分布的随机变量

$$f(\theta)=\begin{cases}\frac{1}{2\pi} & 0\leqslant\theta\leqslant 2\pi\\ 0 & \text{其他}\end{cases}$$

证明:$X(t)$为各态历经过程。

2.24 设 $X(t)$为一平稳随机过程,若对应于某一个 $T\neq 0$,$X(t)$的自相关函数 $R(\tau)$满足 $R(T)=R(0)$。证明:$R(\tau)$必为以 T 为周期的周期函数。

2.25* 设 $X(t)$为一个二元波过程,它的一个样本函数如图题 2.25 所示。已知在每个单位长度的时间间隔内波形取正、负值的概率各为 1/2,假定任一间隔内波形的取值与任何其他间隔的取值无关,为使过程具有平稳性,图题 2.25 中有意不设定时间轴的原点。

(1) 求 $X(t)$的自相关函数;

(2) 求 $X(t)$的功率谱密度。

2.26* 设 $X(t)$为一个随机电报波过程,它的一个样本函数如图题 2.26 所示。已知在任

一时刻波形取$+A$或$-A$的概率相同，在时间间隔τ内波形变号的次数n服从参数为λ的泊松分布，即

$$f(n,\tau)=\frac{(\lambda\tau)^n}{n!}\mathrm{e}^{-\lambda\tau}$$

(1) 求$X(t)$的自相关函数；

(2) 求$X(t)$的功率谱密度函数。

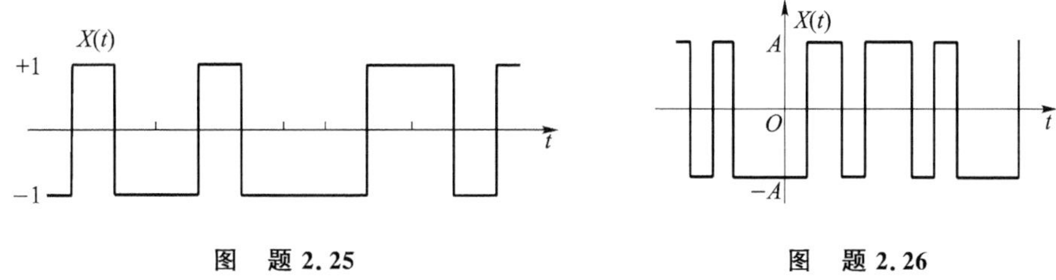

图　题 2.25　　　　图　题 2.26

2.27　设随机过程$Z(t)=X(t)Y(t)$，其中$X(t)$和$Y(t)$是相互独立的平稳过程。

(1) 用$X(t)$和$Y(t)$的自相关函数和功率谱密度函数表示出$Z(t)$的自相关函数$R_Z(\tau)$和功率谱密度$S_Z(\omega)$；

(2) 设$X(t)$为二元波过程，已知谱密度为$S_X(\omega)=\frac{\sin^2(\omega/2)}{(\omega/2)^2}$。而$Y(t)=\cos(\omega_0 t+\Theta)$，其中$\omega_0$为常数，$\Theta$为$[0,2\pi]$上均匀分布的随机变量。求$S_Z(\omega)$。

2.28　已知随机过程$X(t)$的自相关函数为

$$R_X(\tau)=\frac{a^2}{2}\cos\omega_1\tau+b^2\mathrm{e}^{-a|\tau|}$$

求平稳过程$X(t)$的谱密度$S_X(\omega)$。

2.29　已知随机过程$X(t)$和$Y(t)$的功率谱密度为

$$S_X(\omega)=\frac{\omega^2+4}{\omega^4+10\omega^2+9},\quad S_Y(\omega)=\frac{\omega^2}{\omega^4+3\omega^2+2}$$

求$X(t)$和$Y(t)$的自相关函数和均方值。

2.30　在图题 2.30 中，若$X(t)$为平稳随机过程，证明：过程$Y(t)$的功率谱为

$$S_Y(\omega)=2S_X(\omega)(1+\cos\omega T)$$

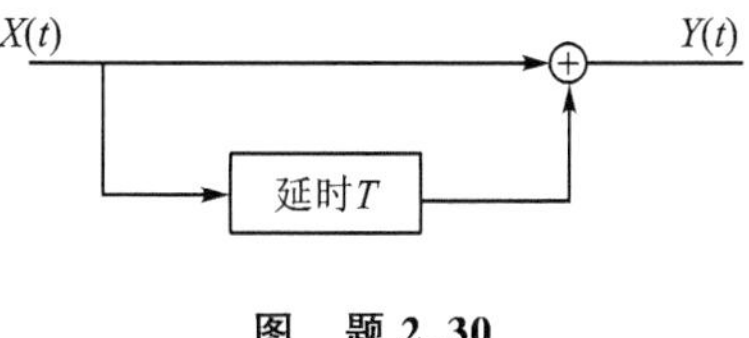

图　题 2.30

2.31　设$X(t)$和$Y(t)$是两个相互独立的平稳随机过程，均值分别为常数m_X和m_Y，且$X(t)$的功率谱密度为$S_X(\omega)$。定义$Z(t)=X(t)+Y(t)$。求$S_{XY}(\omega)$和$S_{XZ}(\omega)$。

2.32*　设随机过程$X(t)=a\cos(\Omega t+\Theta)$，其中$a$为常数，$\Omega$和$\Theta$为相互独立的随机变量，且$\Theta$均匀分布于$[0,2\pi]$中，$\Omega$的一维概率密度为偶函数，即$f_\Omega(\omega)=f_\Omega(-\omega)$。

求证$X(t)$的功率谱密度为$S_X(\omega)=\pi a^2 f_\Omega(\omega)$。

2.33*　设随机过程$X(t)$具有周期性的自相关函数，其周期为T，如图题 2.33 所示。试求该过程的功率谱密度。

2.34　设$S(\omega)$是一个随机过程的功率谱密度函数，证明：$\frac{\mathrm{d}^2 S(\omega)}{\mathrm{d}\omega^2}$不可能是功率谱密度

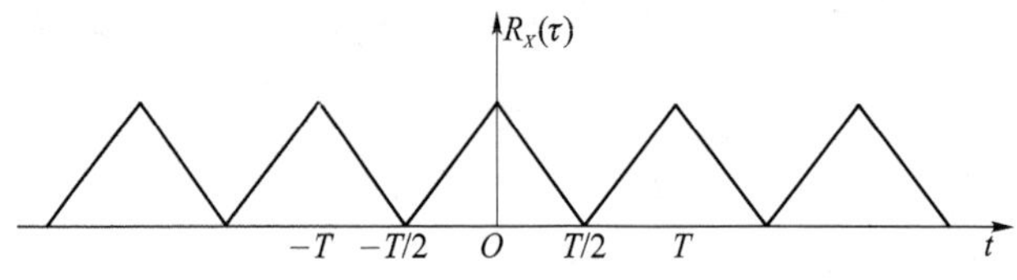

图 题 2.33

函数。

2.35 设随机过程 $X(t)$和 $Y(t)$是联合平稳的。证明:

$$\mathrm{Re}\{S_{XY}(\omega)\}=\mathrm{Re}\{S_{YX}(\omega)\},\quad \mathrm{Im}\{S_{XY}(\omega)\}=-\mathrm{Im}\{S_{YX}(\omega)\}$$

2.36* 若随机过程 $X(t)$的样本函数可用傅里叶级数表示为

$$X(t)=\frac{a_0}{2}+\sum_{n=1}^{\infty}[a_n\cos n\omega_0(t+t_0)+b_n\sin n\omega_0(t+t_0)]$$

式中,t_0 是在一个周期内均匀分布的随机变量,a_n,b_n 是常数。试求 $X(t)$的功率谱密度表达式。

2.37* 随机过程 $X(t)$具有图题 2.37 所示的周期性样本函数,a 是一个常数,t_0 是在周期内均匀分布的随机变量。

(1) 求 $X(t)$的功率谱密度 $S_X(\omega)$;

(2) 当 $Y(t)=a+X(t)$时,求 $S_Y(\omega)$。

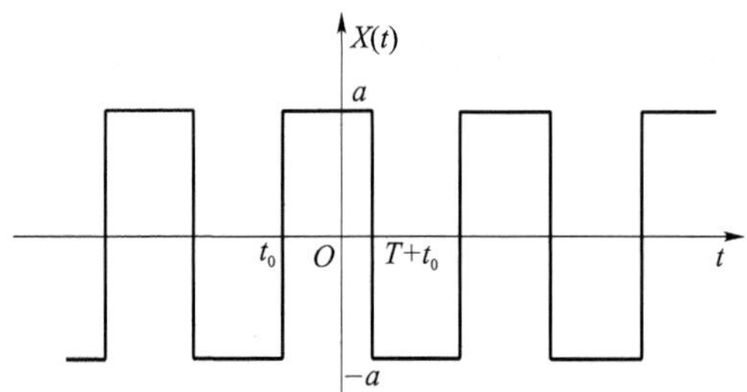

图 题 2.37

第 3 章　随机过程的线性变换

在通信、雷达、导航和控制等领域中，由于有用信号常常被噪声所污染，因而研究信号的传输和处理时，必然要涉及随机噪声通过线性系统时的变换和处理，以便更有效地从噪声背景中提取有用信号。此外，在科学试验中所遇到的各类随机过程往往都与系统相联系。因此，要用统计方法来研究随机过程通过线性系统和非线性系统的变换问题。本章重点讨论随机过程通过线性系统时的统计特征。对随机过程的非线性变换仅做简单介绍。

3.1　随机过程变换的基本概念

3.1.1　系统的描述及其分类

系统可以定义为实现某种特性的要求而构成的集合。它可以很简单，也可以很复杂。但从数学观点来看，系统的输出 $Y(t)$ 只不过是系统对输入信号 $X(t)$ 进行一定数学运算的结果。或者说，系统可以看做是由输入到输出的数学映象。

如果给定函数 $X(t)$ 为系统输入，按照某些特定规则而指定与 $X(t)$ 相对应的、新的函数 $Y(t)$ 作为输出。如图 3.1 所示，则 $Y(t)$ 可以表示为

$$Y(t) = \mathrm{T}\{X(t)\} \tag{3.1.1}$$

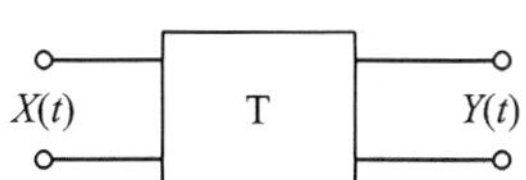

图 3.1　系统模型

式中，符号 T 表示函数 $X(t)$ 与 $Y(t)$ 之间相对应的变换规则。这个系统就由变换 T 来定义。

假定系统输入 $X(t)$ 是一随机过程，则输出 $Y(t)$ 必为一随机过程。按照随机过程的概念，它可以看成是所有可能的诸样本函数的集合，而对某一特定的实验结果 ξ_i，所取得的样本函数 $x(t,\xi_i)$，可以看成是时间 t 的确定函数。当系统的输入为确定信号时，可以得到一个与 $x(t,\xi_i)$ 相对应的、特定的输出信号 $y(t,\xi_i)$，即

$$y(t,\xi_i) = \mathrm{T}\{x(t,\xi_i)\} \tag{3.1.2}$$

$y(t,\xi_i)$ 只是过程 $Y(t)$ 的一个组成部分，它与试验结果 ξ_i 相对应。因此，系统对输入信号（过程）的响应和对一般的确定性模拟信号的响应是相同的。输出过程的随机性由输入过程的试验结果 ξ_i 来表征。

如果所讨论的系统是确定性的，则“T”就是一个确定性的变换。而确定性系统是大家所熟知的，它可以分为线性时不变、非线性时不变、线性时变和非线性时变系统等。下面简略地讨论什么是确定性变换，什么是随机变换。

假定对两个实验结果 ξ_1 和 ξ_2，当 $x(t,\xi_1)=x(t,\xi_2)$ 时，有

$$y(t,\xi_1) = y(t,\xi_2) \tag{3.1.3}$$

则这种系统（变换）称为确定性系统，变换 T 称为确定性变换。

假定对两个实验结果 ξ_1 和 ξ_2，当 $x(t,\xi_1)=x(t,\xi_2)$ 时，有

$$y(t,\xi_1) \neq y(t,\xi_2) \tag{3.1.4}$$

则这种系统是随机的,变换 T 是随机变换。

显然这种分类是基于系统末端特性来分的。也可以从描述线性系统的微分方程来考虑分类的方式。如果考虑下列线性微分方程

$$a_n Y^{(n)}(t) = a_{n-1} Y^{(n-1)}(t) + \cdots + a_1 Y^{(1)}(t) + a_0 Y(t) = X(t) \tag{3.1.5}$$

若方程式中的系数 $a_n, a_{n-1}, \cdots, a_0$ 是随机的,则该系统是随机系统,相应的变换 T 也是随机的。但是,本章所涉及的仅仅是确定性系统——确定性变换,且只讨论定常线性系统。这意味着式(3.1.5)中的系数 $a_n, a_{n-1}, \cdots, a_0$ 为常数。

3.1.2 线性系统的概念和基本关系式

线性时不变系统,是常用而又非常重要的一类系统。它不仅在工程实际中应用广泛,在分析方法上已形成了完整的、严密的体系,而且还有一些非线性系统或时变系统在某一限定的范围内与指定的条件下,遵循线性时不变特性的规律。因此,讨论随机信号通过线性时不变系统具有非常重要的意义。

对一个线性系统,不管它多么简单或多么复杂,笼统地看,它都不过是对各种输入按一定的线性规律来产生输出的。若 $x(t)$是线性系统的输入信号,则输出 $y(t)$可以表示成

$$y(t) = \mathrm{L}[x(t)] \tag{3.1.6}$$

式中,符号 L 表示 $x(t)$和 $y(t)$之间的相对应的变换规则,称为线性算子。这个线性系统就由变换规则 L 来定义。线性算子 L 可以表示加法、乘法、微分和积分等运算。因此,在线性时不变系统的输入端加入随机信号 $X(t)$,则输出 $Y(t)$可以看成是该系统对 $X(t)$进行加法、乘法、微分或积分运算的结果。此时,式(3.1.6)中的 L 则称为对随机信号 $X(t)$的线性变换。

线性时不变系统有如下特性。

● 若等式

$$\mathrm{L}[x_1(t) + x_2(t) + \cdots + x_n(t)] = \mathrm{L}[x_1(t)] + \mathrm{L}[x_2(t)] + \cdots + \mathrm{L}[x_n(t)] \tag{3.1.7}$$

对任意的 $x_1(t), x_2(t), \cdots, x_n(t)$都成立,则称这一特性为线性系统的**叠加性**。L 表示线性变换。

● 若 k 为任一常数,有下列等式成立

$$\mathrm{L}[kx(t)] = k\mathrm{L}[x(t)] \tag{3.1.8}$$

则称这一特性为线性系统的**比例性**。

● 若线性系统的输出对输入的依赖关系不随时间的推移而改变,即

$$y(t+\tau) = \mathrm{L}[x(t+\tau)] \tag{3.1.9}$$

则称这一特性为线性系统的**时不变性**。

应该指出的是,以后凡是提到线性系统,若无特殊声明,都是指线性时不变系统。

假定读者已有“信号与系统”方面的基本知识,那么下面将直接给出在线性系统讨论中所常用的一些关系式。

线性时不变系统的数学模型是常系数线性微分方程,其一般形式为

$$a_n y^{(n)}(t) + a_{n-1} y^{(n-1)}(t) + \cdots + a_0 y(t) = b_m x^{(m)}(t) + b_{m-1} x^{(m-1)}(t) + \cdots + b_0 x(t) \tag{3.1.10}$$

式中,$y(t)$是系统的输出函数(或响应),$x(t)$是系统的输入函数,$a_0, a_1, \cdots, a_n$ 及 $b_0, b_1, \cdots, b_m$ 为常数,并假定 $n > m$。

运用拉普拉斯变换方法来求解方程式(3.1.10)。先对等式两边乘以 e^{-st}，再从 $-\infty$ 到 $+\infty$ 逐项进行积分，且利用拉普拉斯变换的性质，可以得出

$$(a_n s^n + a_{n-1} s^{n-1} + \cdots + a_0) Y(s) = (b_m s^m + b_{m-1} s^{m-1} + \cdots + b_0) X(s) \tag{3.1.11}$$

式中，参数 $s=\sigma+\mathrm{j}\omega$，且

$$\boldsymbol{X}(s) = \int_{-\infty}^{\infty} x(t) \mathrm{e}^{-st} \mathrm{d}t, \quad Y(s) = \int_{-\infty}^{\infty} y(t) \mathrm{e}^{-st} \mathrm{d}t$$

由式(3.1.11)解得

$$Y(s) = H(s) X(s) \tag{3.1.12}$$

其中

$$H(s) = \frac{b_m s^m + b_{m-1} s^{m-1} + \cdots + b_0}{a_n s^n + a_{n-1} s^{n-1} + \cdots + a_0} \tag{3.1.13}$$

称为系统传递函数，它仅与系统的特性有关。

若系统的输入是平方可积的函数，即

$$\int_{-\infty}^{\infty} |x(t)|^2 \mathrm{d}t < \infty$$

则 $x(t)$ 可以表示为傅里叶积分

$$x(t) = \frac{1}{2\pi} \int_{-\infty}^{\infty} X(\mathrm{j}\omega) \mathrm{e}^{\mathrm{j}\omega t} \mathrm{d}\omega \tag{3.1.14}$$

式中

$$X(\mathrm{j}\omega) = \int_{-\infty}^{\infty} x(t) \mathrm{e}^{-\mathrm{j}\omega t} \mathrm{d}t \tag{3.1.15}$$

称为信号 $x(t)$ 的频谱函数。可认为 $x(t)$ 是下列形式 $x_n(t)$ 的极限

$$x_n(t) = \frac{1}{2\pi} \sum_k X(\mathrm{j}\omega_k) \Delta\omega_k \mathrm{e}^{\mathrm{j}\omega_k t}$$

若线性变换 L 保持连续性，当 $x_n(t)$ 收敛于 $x(t)$ 时，则

$$\begin{aligned} y(t) &= \mathrm{L}[x(t)] = \mathrm{L}[\lim_{n\to\infty} x_n(t)] = \lim_{n\to\infty} \mathrm{L}[x_n(t)] \\ &= \lim_{n\to\infty} \frac{1}{2\pi} \sum_k X(\mathrm{j}\omega_k) \Delta\omega_k \mathrm{L}[\mathrm{e}^{\mathrm{j}\omega_k t}] \end{aligned}$$

因为

$$\mathrm{L}[\mathrm{e}^{\mathrm{j}\omega_k t}] = H(\mathrm{j}\omega_k) \mathrm{e}^{\mathrm{j}\omega_k t}$$

故

$$\begin{aligned} y(t) &= \lim_{n\to\infty} \left[\frac{1}{2\pi} \sum_k X(\mathrm{j}\omega_k) \Delta\omega_k H(\mathrm{j}\omega_k) \mathrm{e}^{\mathrm{j}\omega_k t} \right] \\ &= \frac{1}{2\pi} \int_{-\infty}^{\infty} X(\mathrm{j}\omega) H(\mathrm{j}\omega) \mathrm{e}^{\mathrm{j}\omega t} \mathrm{d}\omega \end{aligned} \tag{3.1.16}$$

类似于式(3.1.14)，可得 $y(t)$ 的傅里叶逆变换

$$y(t) = \frac{1}{2\pi} \int_{-\infty}^{\infty} Y(\mathrm{j}\omega) \mathrm{e}^{\mathrm{j}\omega t} \mathrm{d}t \tag{3.1.17}$$

由式(3.1.16)和式(3.1.17)可得

$$Y(\mathrm{j}\omega) = H(\mathrm{j}\omega) X(\mathrm{j}\omega) \tag{3.1.18}$$

称 $Y(\mathrm{j}\omega)$ 是输出 $y(t)$ 的频谱函数，$H(\mathrm{j}\omega)$ 为系统的频率响应函数。而式(3.1.18)则表明系统输出与输入在频域上的关系。

系统的频率响应函数 $H(\mathrm{j}\omega)$ 和冲激响应 $h(t)$ 是一对傅里叶变换，即

$$h(t) = \frac{1}{2\pi} \int_{-\infty}^{\infty} H(\mathrm{j}\omega) \mathrm{e}^{\mathrm{j}\omega t} \mathrm{d}\omega \tag{3.1.19}$$

$$H(\mathrm{j}\omega) = \frac{1}{2\pi} \int_{-\infty}^{\infty} h(t) \mathrm{e}^{-\mathrm{j}\omega t} \mathrm{d}\omega \tag{3.1.20}$$

对式(3.1.18)两边取傅里叶反变换,并利用时域卷积定理,则有

$$y(t)=\int_{-\infty}^{\infty}h(t-\tau)x(\tau)\mathrm{d}\tau=h(t)*x(t) \tag{3.1.21}$$

式(3.1.21)表明线性系统的输出 $y(t)$ 是输入 $x(t)$ 和系统冲激响应 $h(t)$ 的卷积。它是从时域联系输入和输出之间的关系式。

对于物理可实现系统,冲激响应函数应符合条件

$$h(t)=0 \qquad 当\ t<0\ 时$$

这样,线性系统的输出 $y(t)$ 可以表示为

$$y(t)=\int_{-\infty}^{t}h(t-\tau)x(\tau)\mathrm{d}\tau \tag{3.1.22}$$

或

$$y(t)=\int_{0}^{\infty}x(t-\lambda)h(\lambda)\mathrm{d}\lambda \tag{3.1.23}$$

如果线性时不变系统的冲激响应函数 $h(t)$ 绝对可积,即 $\int_{0}^{\infty}|h(t)|\mathrm{d}t<\infty$,则对于物理可实现的系统,其频率响应函数为

$$H(\mathrm{j}\omega)=\int_{0}^{\infty}h(t)\mathrm{e}^{-\mathrm{j}\omega t}\mathrm{d}t \tag{3.1.24}$$

以上给出的基本关系式,为讨论随机信号通过线性系统提供了方便。假如线性系统输入端所加的是随机过程 $X(t)$,而 $x(t)$ 是随机过程 $X(t)$ 中某一样本函数,且已知该样本函数的形式,,这时可直接应用式(3.1.10)~式(3.1.24)来求系统的输出响应 $y(t)$ 等。但是,在工程实际中,往往只知道输入随机过程的某些特征,如均值、方差、相关函数或功率密度等,且假定这些随机过程是均方可微、均方可积的,来求输出过程的统计特征。

例 3.1-1 求图3.2所示RC积分电路的传递函数和冲激响应。

解:由图可知,输出电压 $y(t)$ 与输入电压 $x(t)$ 之间的关系式为

$$RC\frac{\mathrm{d}y(t)}{\mathrm{d}t}+y(t)=x(t)$$

图 3.2 RC积分电路

令 $a=1/RC$,并对上式两边做拉普拉斯变换,得

$$(s+a)Y(s)=aX(s)$$

故得传递函数为

$$H(s)=\frac{Y(s)}{X(s)}=\frac{a}{s+a} \tag{3.1.25}$$

对式(3.1.25)做拉普拉斯反变换,即得冲激响应为

$$h(t)=\begin{cases}a\mathrm{e}^{-at} & t\geqslant 0\\ 0 & t<0\end{cases}$$

同样可以求得其他常用线性系统的传递函数和冲激响应。

例 3.1-2 求图3.3所示RLC积分电路的传递函数和冲激响应。

解:由图3.3可知,电路中的电流 $i(t)$ 和输入电压 $v(t)$ 之间的关系式为

$$\frac{\mathrm{d}^2i(t)}{\mathrm{d}t}+5.6\frac{\mathrm{d}i(t)}{\mathrm{d}t}+5.6i(t)=\frac{\mathrm{d}v(t)}{\mathrm{d}t}+v(t) \tag{3.1.26}$$

对式(3.1.26)两边进行拉普拉斯变换,得

$$(s^2+5.6s+5.6)I(s)=(s+1)V(s)$$

由此求出
$$\frac{I(s)}{V(s)} = \frac{s+1}{s^2+5.6s+5.6}$$

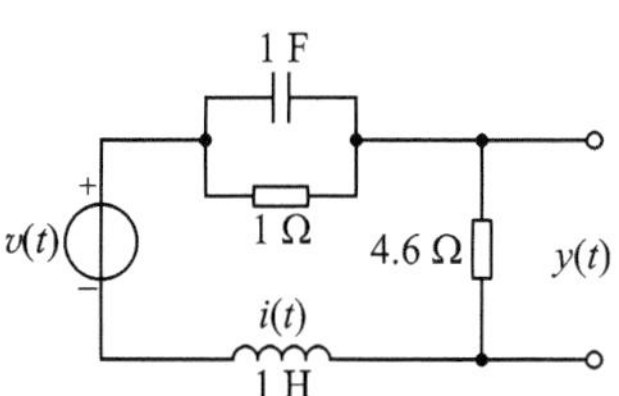

图 3.3　RLC 积分电路

从图 3.3 又知输出电压 $y(t)=4.6i(t)$，输入电压 $x(t)=v(t)$，所以电路的传递函数为

$$H(s) = \frac{Y(s)}{X(s)} = \frac{4.6I(s)}{V(s)}$$

把前面求出的 $I(s)/V(s)$ 代入上式，则有

$$H(s) = \frac{4.6s+4.6}{s^2+5.6s+5.6}$$

对上式进行拉普拉斯反变换，得出电路的冲激响应为

$$h(t) = 5.06\mathrm{e}^{-4.3t} - 0.46^{-1.8t} \quad t \geqslant 0$$

3.2　随机过程的均方微分和积分

在信号与系统中，对确定信号的描述、分析和变换，如信号通过一个线性定常系统，常常用一个常系数微分方程来表示，而进行微分和积分运算都是建立在极限收敛的概念之上的；同样，在随机信号的分析中，除了少数随机信号可以用简单的随机过程作为它们的数学模型之外，大量的物理现象需要对随机过程做极限求和、微分和积分等运算。例如，本章将要讨论的随机信号的线性变换，就要遇到随机过程的微分、积分等问题，因此，必须将数学分析中有关连续、微分、积分等概念进行推广，以建立在随机极限上的均方连续、均方可微和均方可积等概念，使它们适合于对随机过程的研究。这部分内容统称为随机分析。

在 2.2.2 小节中，已经讨论了二阶矩过程的定义和基本性质。本节将进一步研究二阶矩过程的性质，亦即讨论二阶矩过程的连续性、导数和积分等概念。实际上是研究二阶矩过程在均方意义下的随机分析。

3.2.1　随机过程的极限

1. 随机变量序列的极限

研究随机过程的极限问题时，需要先讨论随机变量序列的极限。

随机变量与普通变量的性质不同，故其极限的定义也不同。常用的定义有如下两种。

(1) 随机变量序列 $\{X_n\}$，$n=1,2,\cdots$，若对任意小的正数 ε，恒有

$$\lim_{n\to\infty} P\{|X_n - X| > \varepsilon\} = 0 \tag{3.2.1}$$

则称随机变量序列 $\{X_n\}$ 依概率收敛于随机变量 X，或称 X 是序列 $\{X_n\}$ 依概率收敛意义下的极限，记做

$$\lim_{n\to\infty} X_n \overset{P}{=} X$$

即 X_n 与 X 的偏差大于 ε 的事件几乎不可能出现。

(2) 设随机变量 X 和 $X_n (n=1,2,\cdots)$ 都是二阶矩的，若有

$$\lim_{n\to\infty} E\{|X_n - X|^2\} = 0 \tag{3.2.2}$$

则称随机变量序列 $\{X_n\}$ 依均方收敛于随机变量 X，或称 X 是序列 $\{X_n\}$ 依均方收敛意义下的

极限,记做①

$$\underset{n\to\infty}{\mathrm{l.i.m}}\, X_n = X$$

由切比雪夫不等式 $$P\{|X_n - X| > \varepsilon\} \leqslant \frac{E\{|X_n - X|^2\}}{\varepsilon^2}$$

可知,若随机变量序列$\{X_n\}$依均方收敛于随机变量 X,则必定也依概率收敛于 X。但反之不然。下面主要运用依均方概率收敛的概念,而依概率收敛的概念仅用做统计解释。

2. 随机过程的极限

随机过程是随时间变化的一族随机变量。与由数列的极限定义推广到连续变量的确知函数一样,由随机变量序列$\{X_n\}$极限的定义可以推广到随机过程(随机函数)。

(1) 若随机过程 $X(t)$对于任意小的正数 ε,当 $t\to t_0$ 时恒有

$$\lim_{t\to t_0} P\{|X(t) - X| > \varepsilon\} = 0 \tag{3.2.3}$$

则称随机过程 $X(t)$在 $t=t_0$ 时依概率收敛于随机变量 X,或称 X 是过程 $X(t)$在 $t\to t_0$ 时依概率收敛意义下的极限,记做

$$\lim_{t\to t_0} X_n \stackrel{P}{=} X$$

(2) 设随机过程 $X(t)$和随机变量 X 都有二阶矩,当 $t\to t_0$ 时若有

$$\lim_{t\to t_0} E\{|X(t) - X|^2\} = 0 \tag{3.2.4}$$

则称随机过程 $X(t)$在 $t\to t_0$ 时依均方收敛于随机变量 X,或者称 X 是过程 $X(t)$在 $t\to t_0$ 时依均方收敛意义下的极限,记做

$$\underset{t\to t_0}{\mathrm{l.i.m}}\, X(t) = X \tag{3.2.5}$$

3.2.2 随机过程的连续性

随机过程 $X(t)$可视为一族样本函数,样本函数是随机过程的一次观察所得的结果。如果过程的每一个样本函数在 t 点都是连续的,则可称过程 $X(t)$在 t 点连续。换言之,如果 $\varepsilon\to 0$ 对几乎所有的样本函数满足$\lim\limits_{\varepsilon\to 0} X(t+\varepsilon)=X(t)$,亦即只有那些以零概率出现的样本函数才不满足上述关系,则称该过程以概率 1 在 t 点连续。

但是用这种方法来定义随机过程 $X(t)$的连续性,其限制太严了一些,也不适用于对工程问题的随机分析。因此用均方意义下的极限来描述随机过程的连续性。

1. 均方连续的定义

若随机过程 $X(t)$在 t 点连续,有

$$\lim_{\Delta t\to 0} E\{|X(t+\Delta t) - X(t)|^2\} = 0 \tag{3.2.6}$$

或

$$\underset{\Delta t\to 0}{\mathrm{l.i.m}}\, X(t+\Delta t) = X(t) \tag{3.2.7}$$

则称 $X(t)$依均方收敛意义下在 t 时刻连续。以后简称随机过程 $X(t)$在 t 时刻连续,或称随机过程具有均方连续性。

由于依均方收敛必有依概率收敛,故得

$$\lim_{\Delta t\to 0} X(t+\Delta t) \stackrel{P}{=} X(t)$$

① l.i.m 是 limit in mean square 的缩写,表示依均方收敛意义下的极限。

即当 $\Delta t \to 0$ 时，有 $$P\{|X(t+\Delta t)-X(t)|>\varepsilon\}<\eta$$
式中，ε 和 η 为任意小的正数。这说明，当时间 t 做微小变动时，$X(t+\Delta t)$ 与 $X(t)$ 的偏差大于 ε 的事件几乎不可能出现。这也可以看成是随机过程连续性的统计物理意义。

2. 均方连续的条件

实随机过程 $X(t)$ 在 t 时刻均方连续的充要条件是，相关函数 $R_X(t_1,t_2)$ 在 $t_1=t_2=t$ 处连续。证明如下。

$$E\{|X(t+\Delta t)-X(t)|^2\}=R_X(t+\Delta t,t+\Delta t)-R_X(t+\Delta t,t)-R_X(t,t+\Delta t)+R_X(t,t)$$
当 $\Delta t\to 0$ 时，只要 $R_X(t_1,t_2)$ 于 $t_1=t_2=t$ 处连续，则上式右边必等于零。因而有
$$E\{|X(t+\Delta t)-X(t)|^2\}\to 0$$
故随机过程 $X(t)$ 在 t 点均方连续。由此可知，若 $R_X(t_1,t_2)$ 沿时间轴 $t_1=t_2=t$ 处处连续，则随机过程 $X(t)$ 于每一时刻都是依均方意义下连续的。

若上述 $X(t)$ 为平稳随机过程，则其相关函数为
$$R_X(\tau)=E[X(t)X(t-\tau)]=E[X(t+\tau)X(t)]$$
据此容易得出 $$E\{[X(t+\Delta t)-X(t)]^2\}=2[R_X(0)-R_X(\tau)]$$
故知平稳随机过程 $X(t)$ 均方连续的充要条件为
$$\lim_{\tau\to 0}R_X(\tau)=R_X(0)$$
亦即只要 $R_X(\tau)$ 在 $\tau=0$ 点连续，则平稳随机过程 $X(t)$ 在任意时刻都是均方连续的。

3. 均值连续性

若随机过程 $X(t)$ 均方连续，则其均值 $E[X(t)]$ 必定连续。即
$$\lim_{\Delta t\to 0}E[X(t+\Delta t)]=E[X(t)] \tag{3.2.8}$$
或
$$\lim_{\Delta t\to 0}m_X(t+\Delta t)=m_X(t) \tag{3.2.9}$$

证明： 设随机变量 $Z=\dot{Z}+E[Z]$，其中 $\dot{Z}$ 为经中心化后且均值为零的随机变量。于是，随机变量 Z 的均方值为
$$E[Z^2]=\sigma_Z^2+\{E[Z]\}^2\geqslant\{E[Z]\}^2$$
因此，若随机过程 $Z(t)=X(t+\Delta t)-X(t)$，则有
$$E\{[X(t+\Delta t)-X(t)]^2\}\geqslant E^2\{[X(t+\Delta t)-X(t)]\} \tag{3.2.10}$$
已知 $X(t)$ 是均方连续的，按定义有
$$\lim_{\Delta t\to 0}E\{|X(t+\Delta t)-X(t)|^2\}=0$$
故式(3.2.10)右边也趋于零，因而有
$$\lim_{\Delta t\to 0}E[X(t+\Delta t)-X(t)]=\lim_{\Delta t\to 0}E[X(t+\Delta t)]-E[X(t)]=0$$
故
$$\lim_{\Delta t\to 0\infty}E[X(t+\Delta t)]=E[X(t)]$$
于是式(3.2.8)得证。

将式(3.2.7)代入式(3.2.8)，得
$$\lim_{\Delta t\to 0}E[X(t+\Delta t)]=E[\underset{\Delta t\to 0}{\mathrm{l.i.m}}\,X(t+\Delta t)] \tag{3.2.11}$$

式(3.2.11)表明，在均方连续的条件下，均值运算与极限运算的次序可以互换。但应注意，上式中两个极限的定义是不同的。左边为普通函数的极限，而右边是表示随机过程依均方收敛意义下的极限。

3.2.3 随机过程的均方微分

1. 均方导数的定义

定义 设有随机过程 $X(t)$，若当 $\Delta t \to 0$ 时，$\dfrac{X(t+\Delta t)-X(t)}{\Delta t}$ 依均方收敛于某个与 t 有关的随机变量，则此随机变量称为 $X(t)$ 在 t 时刻的导数，记做 $\dot{X}(t)$ 或 $\dfrac{\mathrm{d}X(t)}{\mathrm{d}t}$，即

$$\dot{X}(t)=\frac{\mathrm{d}X(t)}{\mathrm{d}t}=\lim_{\Delta t\to 0}\frac{X(t+\Delta t)-X(t)}{\Delta t} \tag{3.2.12}$$

或
$$\lim_{\Delta t\to 0}E\left\{\left|\frac{X(t+\Delta t)-X(t)}{\Delta t}-\dot{X}(t)\right|^2\right\}=0$$

式(3.2.12)存在的条件即为随机过程 $X(t)$ 可微的条件。

仿上所述，还可以定义随机过程 $X(t)$ 的二阶均方导数为

$$\ddot{X}(t)=\frac{\mathrm{d}^2X(t)}{\mathrm{d}t^2}=\mathop{\mathrm{l.i.m}}_{\Delta t\to 0}\frac{\dot{X}(t+\Delta t)-\dot{X}(t)}{\Delta t} \tag{3.2.13}$$

2. 均方可微条件

随机过程 $X(t)$ 在 t 点均方可微，不仅需要在 t 点均方连续，还需要过程 $X(t)$ 在均方意义下的左、右极限相等，即

$$\lim_{\Delta t_1,\Delta t_2\to 0}E\left\{\left|\frac{X(t+\Delta t_1)-X(t)}{\Delta t_1}-\frac{X(t+\Delta t_2)-X(t)}{\Delta t_2}\right|^2\right\}=0$$

而
$$\begin{aligned}&E\left\{\left|\frac{X(t+\Delta t_1)-X(t)}{\Delta t_1}-\frac{X(t+\Delta t_2)-X(t)}{\Delta t_2}\right|^2\right\}\\
&=\frac{1}{\Delta t_1^2}\{[R_X(t+\Delta t_1,t+\Delta t_1)-R_X(t,t+\Delta t_1)]-[R_X(t+\Delta t_1,t)-R_X(t,t)]\}+\\
&\frac{1}{\Delta t_2^2}\{[R_X(t+\Delta t_2,t+\Delta t_2)-R_X(t,t+\Delta t_2)]-[R_X(t+\Delta t_2,t)-R_X(t,t)]\}-\\
&\frac{2}{\Delta t_1\Delta t_2}\{[R_X(t+\Delta t_1,t+\Delta t_2)-R_X(t,t+\Delta t_2)]-[R_X(t+\Delta t_1,t)-R_X(t,t)]\}\end{aligned}$$

若 $t_1=t_2=t$ 时存在二阶混合偏导数 $\dfrac{\partial^2R_X(t_1,t_2)}{\partial t_1\partial t_2}$，则上式右端第三项系数2之后的部分的极限为

$$\begin{aligned}&\lim_{\Delta t_1,\Delta t_2\to 0}\frac{1}{\Delta t_1\Delta t_2}\{[R_X(t+\Delta t_1,t+\Delta t_2)-R_X(t,t+\Delta t_2)]-[R_X(t+\Delta t_1,t)-R_X(t,t)]\}\\
&=\left.\frac{\partial^2R_X(t_1,t_2)}{\partial t_1\partial t_2}\right|_{t_1=t_2=t}\end{aligned}$$

同理可得右端第一、二项的极限为

$$\begin{aligned}&\lim_{\Delta t_1,\Delta t_2\to 0}\frac{1}{\Delta t_1\Delta t_2}\{[R_X(t+\Delta t_1,t+\Delta t_2)-R_X(t,t+\Delta t_2)]-[R_X(t+\Delta t_1,t)-R_X(t,t)]\}\\
&=\left.\frac{\partial^2R_X(t_1,t_2)}{\partial t_1\partial t_2}\right|_{t_1=t_2=t}\end{aligned}$$

故得
$$\lim_{\Delta t_1,\Delta t_2\to 0}E\left\{\left|\frac{X(t+\Delta t_1)-X(t)}{\Delta t_1}-\frac{X(t+\Delta t_2)-X(t)}{\Delta t_2}\right|^2\right\}=0$$

可见随机过程 $X(t)$ 均方可微的充要条件为：相关函数 $R_X(t_1,t_2)$ 在自变量 $t_1=t_2=t$ 时，需要存在二阶混合偏导数。

若 $X(t)$ 为平稳随机过程，则有

$$R_X(t_1,t_2)=R_X(t_1-t_2)=R_X(\tau)$$

式中，$\tau=t_1-t_2$，故得

$$\left.\frac{\partial^2 R_X(t_1,t_2)}{\partial t_1 \partial t_2}\right|_{t_1=t_2=t}=\left.\frac{\mathrm{d}^2 R_X(\tau)}{\mathrm{d}\tau^2}\right|_{\tau=0}=-R_X''(0)$$

可见平稳随机过程 $X(t)$ 均方可微的充要条件为：相关函数 $R_X(\tau)$ 当自变量 $\tau=0$ 时，需有二阶导数 $R_X''(0)$ 存在。显然，若 $R_X''(0)$ 存在，则 $R_X'(\tau)$ 在 $\tau=0$ 点必定连续。

例 3.2－1　已知随机过程 $X(t)$ 的相关函数为 $R_X(\tau)=\mathrm{e}^{-\alpha\tau^2}$，问 $X(t)$ 是否均方连续、均方可微。

解：相关函数 $R_X(\tau)=\mathrm{e}^{-\alpha\tau^2}$ 属于初等函数，当 $\tau=0$ 时 $R_X(\tau)$ 是连续的，因而过程 $X(t)$ 在任意时刻 t 都是均方连续的，有

$$R_X'(\tau)=\frac{\mathrm{d}R_X(\tau)}{\mathrm{d}\tau}=-2\alpha\tau\mathrm{e}^{-\alpha\tau^2}$$

$$R_X''(\tau)=\left.\frac{\mathrm{d}^2 R_X(\tau)}{\mathrm{d}\tau^2}\right|_{\tau=0}=-2\alpha$$

由于 $R_X''(0)$ 存在，故知随机过程 $X(t)$ 是均方可微的。

例 3.2－2　已知随机过程 $X(t)$ 的相关函数为 $R_X(\tau)=\sigma^2\mathrm{e}^{-\alpha|\tau|}$，试判断其连续性和可微性。

解：
$$R_X(\tau)=\sigma^2\mathrm{e}^{-\alpha|\tau|}=\begin{cases}\sigma^2\mathrm{e}^{-\alpha\tau} & \tau\geqslant 0\\ \sigma^2\mathrm{e}^{\alpha\tau} & \tau<0\end{cases}$$

属于初等函数，当 $\tau=0$ 时 $R_X(\tau)$ 是连续的，如图 3.4(a)所示，故知过程 $X(t)$ 在任意时刻 t 都是均方连续的。

$$R_X'(\tau)=\begin{cases}-\alpha\sigma^2\mathrm{e}^{-\alpha\tau} & \tau\geqslant 0\\ \alpha\sigma^2\mathrm{e}^{\alpha\tau} & \tau<0\end{cases}$$

如图 3.4(b)所示，在 $\tau=0$ 点，由于一阶导数 $R_X'(\tau)$ 不连续，因而二阶导数 $R_X''(0)$ 不存在，故知随机过程 $X(t)$ 是均方不可微的。

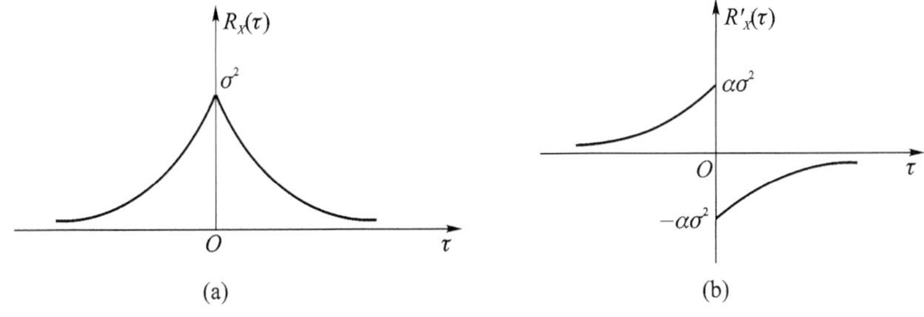

图 3.4　例 3.2－2 的相关函数

3. 随机过程的导数

若随机过程 $X(t)$ 均方可微，则其均方导数 $\frac{\mathrm{d}X(t)}{\mathrm{d}t}$ 仍为一随机过程，称其为导数过程，

记做

$$Y(t)=\frac{\mathrm{d}X(t)}{\mathrm{d}t}=\dot{X}(t)$$

它是输入随机过程 $X(t)$ 经过理想微分器做微分变换后的输出,如图3.5所示。显然,输出过程 $Y(t)$ 也具有概率分布、均值和相关函数等数字特征。

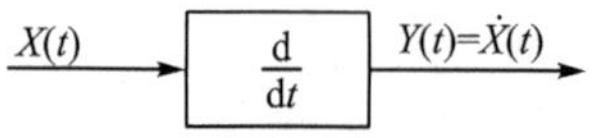

图 3.5 微分变换

下面来求输出过程 $Y(t)$ 的数字特征与输入随机过程 $X(t)$ 的关系,以便了解随机过程微分变换的一些重要特征。

(1) $Y(t)$ 的均值 $m_Y(t)$

因为
$$Y(t)=\frac{\mathrm{d}X(t)}{\mathrm{d}t}=\underset{\Delta t\to 0}{\mathrm{l.i.m}}\frac{X(t+\Delta t)-X(t)}{\Delta t}$$

所以

$$\begin{aligned}m_Y(t)&=E[\dot{X}(t)]=E\left[\underset{\Delta t\to 0}{\mathrm{l.i.m}}\frac{X(t+\Delta t)-X(t)}{\Delta t}\right]\\&=\lim_{\Delta t\to 0}E\left[\frac{X(t+\Delta t)-X(t)}{\Delta t}\right]\\&=\lim_{\Delta t\to 0}\frac{m_X(t+\Delta t)-m_X(t)}{\Delta t}=\frac{\mathrm{d}m_X(t)}{\mathrm{d}t}\end{aligned}\tag{3.2.14}$$

式(3.2.14)表明,随机过程导数的均值等于随机过程均值的导数。即有

$$E\left[\frac{\mathrm{d}X(t)}{\mathrm{d}t}\right]=\frac{\mathrm{d}}{\mathrm{d}t}E[X(t)]$$

可见随机过程的导数运算和均值运算可以互换次序。

若 $X(t)$ 为平稳随机过程,因其均值 $m_X(t)$ 是与时间 t 无关的常量,故知过程 $Y(t)$ 的均值 $m_Y(t)=0$。亦即随机过程 $X(t)$ 的各个样本在同一时刻的变化率,其统计平均值为零。

(2) $X(t)$ 与 $Y(t)$ 的互相关函数 $R_{XY}(t_1,t_2)$ 及 $R_{YX}(t_1,t_2)$

根据均方导数的定义有

$$Y(t_2)=\underset{\Delta t_2\to 0}{\mathrm{l.i.m}}\frac{X(t_2+\Delta t_2)-X(t_2)}{\Delta t_2}$$

而

$$\begin{aligned}R_{XY}(t_1,t_2)&=E[X(t_1)Y(t_2)]=E\left[X(t_1)\underset{\Delta t_2\to 0}{\mathrm{l.i.m}}\frac{X(t_2+\Delta t_2)-X(t_2)}{\Delta t_2}\right]\\&=\lim_{\Delta t_2\to 0}\frac{1}{\Delta t_2}E[X(t_1)X(t_2+\Delta t_2)-X(t_1)X(t_2)]\\&=\lim_{\Delta t_2\to 0}\frac{1}{\Delta t_2}[R_X(t_1,t_2+\Delta t_2)-R_X(t_1,t_2)]\\&=\frac{\partial}{\partial t_2}R_X(t_1,t_2)\end{aligned}\tag{3.2.15}$$

同理可得
$$R_{YX}(t_1,t_2)=\frac{\partial}{\partial t_1}R_X(t_1,t_2)\tag{3.2.16}$$

若 $X(t)$ 为平稳随机过程,且 $\tau=t_1-t_2$,则得

$$R_{XY}(\tau)=-\frac{\mathrm{d}}{\mathrm{d}\tau}R_X(\tau)\tag{3.2.17}$$

$$R_{YX}(\tau)=\frac{\mathrm{d}}{\mathrm{d}\tau}R_X(\tau)\tag{3.2.18}$$

当 $t_1 - t_2 = 0$ 时，有 $$R_{XY}(\tau)\big|_{\tau=0} = -R_{YX}(\tau)\big|_{\tau=0} = 0 \tag{3.2.19}$$

式(3.2.19)表明，平稳随机过程 $X(t)$ 与其导数过程 $Y(t)$ 在同一时刻的取值是互不相关的。若 $X(t)$ 又为高斯过程，则因其导数过程 $Y(t)$ 也是高斯过程，故 $X(t)$ 与 $Y(t)$ 不相关亦相互独立。

(3) $Y(t)$ 的自相关函数 $R_Y(t_1,t_2)$

$$\begin{aligned}R_Y(t_1,t_2) &= E[Y(t_1)Y(t_2)] \\ &= E\left[\lim_{\Delta t_1\to 0}\frac{X(t_1+\Delta t_1)-X(t_1)}{\Delta t_1}Y(t_2)\right] \\ &= \lim_{\Delta t_1\to 0}\frac{1}{\Delta t_1}E[X(t_1+\Delta t_1)Y(t_2)-X(t_1)Y(t_2)] \\ &= \lim_{\Delta t_1\to 0}\frac{1}{\Delta t_1}[R_{XY}(t_1+\Delta t_1,t_2)-R_{XY}(t_1,t_2)] \\ &= \frac{\partial}{\partial t_1}R_{XY}(t_1,t_2)\end{aligned} \tag{3.2.20}$$

同理可得 $$R_Y(t_1,t_2) = \frac{\partial}{\partial t_2}R_{YX}(t_1,t_2) \tag{3.2.21}$$

将式(3.2.15)或式(3.2.16)代入以上两式，即可求得

$$R_Y(t_1,t_2) = \frac{\partial^2}{\partial t_1\partial t_2}R_X(t_1,t_2) \tag{3.2.22}$$

式(3.2.22)表明，求过程 $Y(t)$ 的自相关函数时，需对随机过程 $X(t)$ 的自相关函数做两次微分变换。

若 $X(t)$ 为平稳随机过程，且其自相关函数为 $R_X(\tau)$，$\tau=t_1-t_2$，则得

$$R_Y(\tau) = -\frac{\mathrm{d}^2}{\mathrm{d}\tau^2}R_X(\tau) \tag{3.2.23}$$

式(3.2.23)表明，平稳随机过程的导数仍然是平稳过程。

现在根据式(3.2.22)来证明式(3.2.23)。因 $\tau=t_1-t_2$，故 $\dfrac{\partial\tau}{\partial t_1}=1$，$\dfrac{\partial\tau}{\partial t_2}=-1$，于是可得

$$\begin{aligned}R_Y(\tau) = R_Y(t_1,t_2) &= \frac{\partial^2 R_X(t_1,t_2)}{\partial t_1\partial t_2} = \frac{\partial^2 R_X(\tau)}{\partial t_1\partial t_2} = \frac{\partial}{\partial t_2}\left[\frac{\mathrm{d}R_X(\tau)}{\mathrm{d}\tau}\frac{\partial\tau}{\partial t_1}\right] \\ &= \left[\frac{\mathrm{d}^2R_X(\tau)}{\mathrm{d}\tau^2}\right]\frac{\partial\tau}{\partial t_2} = -\frac{\mathrm{d}^2R_X(\tau)}{\mathrm{d}\tau^2}\end{aligned}$$

(4) n 阶导数

根据上述讨论，重复类推可得过程 $X(t)$ 的 n 阶导数。若 $\dfrac{\mathrm{d}^{2n}R_X(\tau)}{\mathrm{d}\tau^{2n}}$ 存在，则有

$$X^{(n)}(t) = \frac{\mathrm{d}^nX(t)}{\mathrm{d}t^n}$$

如果随机过程 $X(t)$ 是平稳的，则其 n 阶微分过程 $X^{(n)}(t)$ 也是平稳的，且

$$R_{X^{(n)}X^{(n)}}(\tau) = (-1)^n\frac{\mathrm{d}^{2n}R_X(\tau)}{\mathrm{d}\tau^{2n}} \tag{3.2.24}$$

若随机过程 $X(t)$ 和 $Y(t)$ 是联合平稳的，则有

$$R_{X^{(n)}Y^{(n)}}(\tau) = E\left\{\frac{\mathrm{d}^nX(t+\tau)}{\mathrm{d}t^n}\frac{\mathrm{d}^mY(t)}{\mathrm{d}t^m}\right\} = (-1)^m\frac{\mathrm{d}^{n+m}R_{XY}(\tau)}{\mathrm{d}\tau^{n+m}} \tag{3.2.25}$$

4. 导数过程 $Y(t)$ 的功率谱

设随机过程 $X(t)$ 是一可微的平稳过程，由式(3.2.23)知

$$R_Y(\tau)=-\frac{d^2}{d\tau^2}R_X(\tau)$$

于是根据功率谱密度的定义，并利用傅里叶变换的性质，得

$$S_Y(\omega)=\int_{-\infty}^{\infty}R_Y(\tau)e^{-j\omega\tau}d\tau=-\int_{-\infty}^{\infty}\frac{d^2R_X(\tau)}{d\tau^2}e^{-j\omega\tau}d\tau$$

$$=-(j\omega)^2S_X(\omega)=\omega^2S_X(\omega) \tag{3.2.26}$$

通过类推，还可得出

$$S_{X^{(n)}}(\omega)=\omega^{2n}S_X(\omega) \tag{3.2.27}$$

$$S_{XY}(\omega)=-j\omega S_X(\omega) \tag{3.2.28}$$

$$S_{YX}(\omega)=j\omega S_X(\omega) \tag{3.2.29}$$

例 3.2-3 设随机相位余弦波 $X(t)=\cos(\omega_c t+\Theta)$，$\Theta$ 在 $[0,2\pi]$ 上为均匀分布，$X(t)$ 为平稳随机过程，其相关函数为 $R_X(\tau)=\frac{1}{2}\cos\omega_c\tau$。$Y(t)$ 为 $X(t)$ 的导数过程。求 $R_Y(\tau)$、$R_{XY}(\tau)$ 和 $R_{YX}(\tau)$。

解：可以看出，这是一个无限次可微的函数，因此，过程存在着各阶均匀方导数，计算可得

$$R_Y(\tau)=-\frac{d^2}{d\tau^2}\left[\frac{1}{2}\cos\omega_c\tau\right]=\frac{\omega_c}{2}\cos\omega_c\tau$$

$$R_{XY}(\tau)=-\frac{d}{d\tau}\left[\frac{1}{2}\cos\omega_c\tau\right]=\frac{\omega_c}{2}\sin\omega_c\tau$$

$$R_{YX}(\tau)=\frac{d}{d\tau}\left[\frac{1}{2}\cos\omega_c\tau\right]=-\frac{\omega_c}{2}\sin\omega_c\tau$$

例 3.2-4 泊松过程 $X(t)$ 如图 3.6(a)所示，且已知其均值 $m_X=\lambda t$，自相关函数

$$R_X(t_1,t_2)=\lambda^2t_1t_2+\lambda\min(t_1,t_2)$$

经微分变换后成为泊松冲激过程 $Y(t)$，如图 3.6(c)所示。假定由一系列随机冲激函数所组成的泊松冲激过程为

$$Y(t)=\sum_i\delta(t-t_i)$$

式中，t_i 表示冲激出现的时刻，它是随机的。证明泊松冲激过程的均值和相关函数分别为

$$m_X(t)=E[Y(t)]=\lambda,\quad R_Y(\tau)=\lambda^2+\lambda\delta(\tau)$$

证明：可从图 3.6 中直接看出，泊松冲激过程 $Y(t)$ 是由泊松过程 $X(t)$ 微分而成的，即

$$Y(t)=\underset{\Delta t\to 0}{\mathrm{l.i.m}}\frac{X(t+\Delta t)-X(t)}{\Delta t}=\frac{d}{dt}X(t)$$

故由式(3.2.14)得 $$m_Y(t)=\frac{d}{dt}m_X(t)=\frac{d}{dt}(\lambda t)=\lambda$$

又根据式(3.2.22)得 $$R_Y(t_1,t_2)=\frac{\partial^2R_X(t_1,t_2)}{\partial t_1\partial t_2}$$

先对 t_2 求导得 $$\frac{\partial R_X(t_1,t_2)}{\partial t_2}=\begin{cases}\lambda^2t_1 & t_1<t_2\\ \lambda+\lambda^2t_1 & t_1>t_2\end{cases}$$

$$=\lambda^2t_1+\lambda U(t_1-t_2)$$

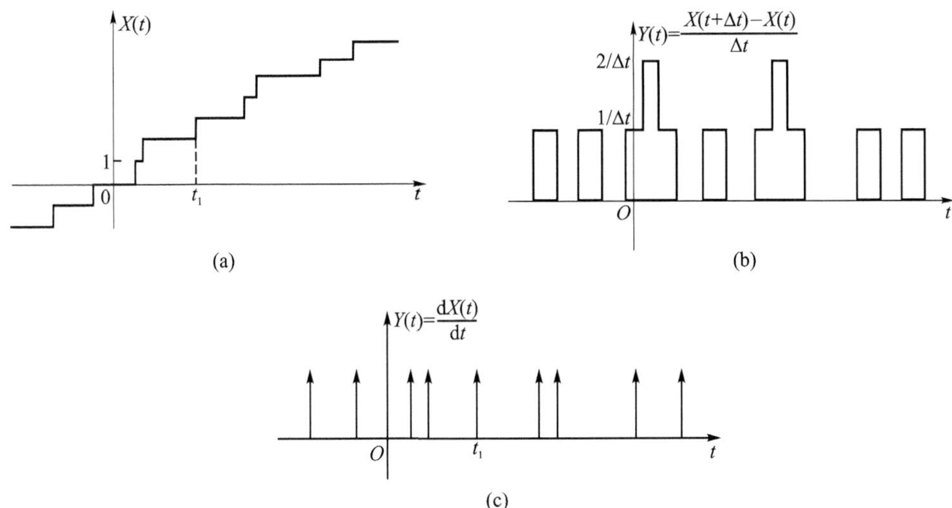

图 3.6　泊松过程和泊松冲激过程的样本函数

式中,$U(t)$是单位阶跃函数。将此函数的图形示于图 3.7 中。然后再对 t_1 求导得

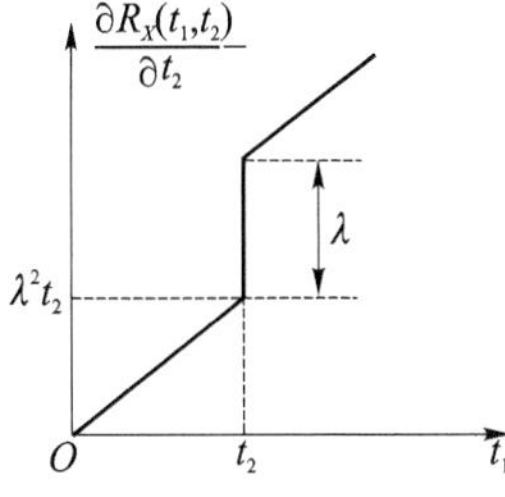

图 3.7　例 3.2－4 的图

$$\frac{\partial^2 R_X(t_1,t_2)}{\partial t_1 \partial t_2}=\lambda^2+\lambda\delta(t_1-t_2)$$

故有　　$R_Y(\tau)=\lambda^2+\lambda\delta(\tau)\qquad \tau=t_1-t_2$

例 3.2－5　设 $X(t)=At+B$,其中 A 和 B 是独立的随机变量,其均值分别为 m_A 和 m_B,方差为 σ_A^2 和 σ_B^2,则 $\dot{X}(t)=A$。求 $R_{\dot{X}}(t_1,t_2)$

解:因为

$$E\left\{\left|\frac{A(t+\Delta t)+B-(At+B)}{\Delta t}-A\right|^2\right\}=0$$

此外,还可以求得

$$\dot{m}_X(t)=m'_X(t)=\{E[At+B]\}'=(m_At+m_B)'=m_A$$

$$R_X(t_1,t_2)=E[X(t_1)X(t_2)]=E\{[At_1+B][At_2+B]\}$$

$$=t_1t_2(\sigma_A^2+m_A^2)+(\sigma_B^2+m_B^2)+(t_1+t_2)m_Am_B$$

于是可得

$$R_{\dot{X}}(t_1,t_2)=\frac{\partial^2 R_X(t_1,t_2)}{\partial t_1\partial t_2}=\sigma_A^2+m_A^2$$

$$\sigma_{\dot{X}}^2(t)=\sigma_A^2$$

例 3.2－6　已知平稳随机过程 $X(t)$的自相关函数 $R_X(\tau)=\mathrm{e}^{-\alpha\tau^2}$,求相关系数 $r_X(\tau)$、$r_{\dot{X}X}(\tau)$ 和 $r_{\dot{X}}(\tau)$,并画出其图形。

解:因均值

$$m_X=\pm\sqrt{R_X(\infty)}=0$$

故

$$C_X(\tau)=R_X(\tau)=\mathrm{e}^{-\alpha\tau^2}$$

$$C_{\dot{X}X}(\tau)=\frac{\mathrm{d}C_X(\tau)}{\mathrm{d}\tau}=-2\alpha\tau\mathrm{e}^{-\alpha\tau^2}$$

$$C_{\dot{X}}(\tau)=-\frac{\mathrm{d}^2C_X(\tau)}{\mathrm{d}\tau^2}=2\alpha(1-2\alpha\tau^2)\mathrm{e}^{-\alpha\tau^2}$$

由 $$\sigma_X^2 = C_X(0) = 1,\ \sigma_{\dot{X}}^2 = C_{\dot{X}}(0) = 2\alpha$$

于是可得相关系数 $$r_X(\tau) = \frac{C_X(\tau)}{\sigma_X^2} = \mathrm{e}^{-\alpha\tau^2}$$

$$r_{\dot{X}X}(\tau) = \frac{C_{\dot{X}X}(\tau)}{\sigma_{\dot{X}}\sigma_X} = \sqrt{2\alpha}\tau\mathrm{e}^{-\alpha\tau^2}$$

$$r_{\dot{X}}(\tau) = \frac{C_{\dot{X}}(\tau)}{\sigma_{\dot{X}}^2} = (1-2\alpha\tau^2)\mathrm{e}^{-\alpha\tau^2}$$

各个相关系数的图形如图 3.8 所示。

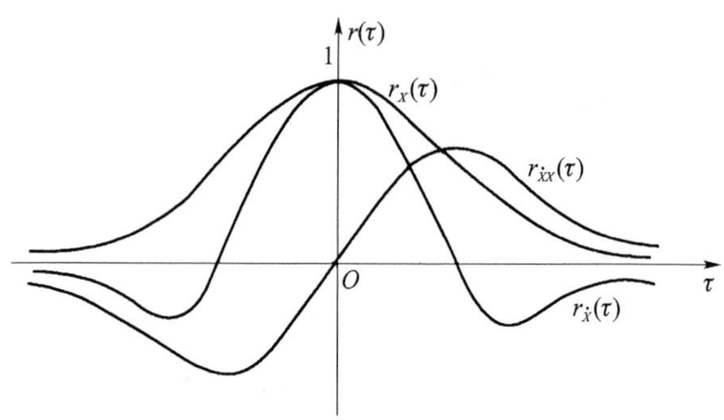

图 3.8 例 3.2-6 的相关函数

3.2.4 随机过程的均方积分及其积分变换

1. 随机过程的均方积分

定义 设 $X(t)$为一随机过程,$a,b\in T$,$a<b$,将区间$[a,b]$划分为 $n+1$ 个时刻

$$a = t_0 < t_1 < \cdots < t_n = b$$

令 $$\Delta_n = \max_{0\leqslant k\leqslant n-1}(t_{k+1}-t_k)$$

又设 t'_k是区间$[t_k,t_{k+1}]$内的任意一点,即

$$t_k < t'_k < t_{k+1},\qquad k = 0,1,2,\cdots,n-1$$

如果和式 $\sum\limits_{k=0}^{n-1}X(t'_k)(t_{k+1}-t_k)$ 具有均方极限,则称随机过程在区间$[a,b]$上均方黎曼可积(或均方可积)。其极限称为 $X(t)$在区间$[a,b]$上的均方积分,记为$\int_a^b X(t)\mathrm{d}t$。即

$$\int_a^b X(t)\mathrm{d}t = \underset{\substack{\Delta_n\to 0\\ n\to\infty}}{\mathrm{l.i.m}}\sum_{k=0}^{n-1}X(t'_k)(t_{k+1}-t_k) \tag{3.2.30}$$

定理 随机过程 $X(t)$在$[a,b]$上均方可积的充要条件是 $R(t_1,t_2)$在矩形域 $t_1\in[a,b]$且 $t_2\in[a,b]$上可积。即

$$\int_a^b\int_a^b R_X(t_1,t_2)\mathrm{d}t_1\mathrm{d}t_2 < \infty$$

证明从略。本定理表明,随机过程均方黎曼积分的性质取决于它的自相关函数的普通黎曼积分的性质。不难证明。维纳过程、泊松过程等都是均方可积过程。

例 3.2-7 研究均方积分

$$Y(u)=\int_0^u X(t)\mathrm{d}t \tag{3.2.31}$$

设 $X(t)(t>0)$是维纳过程，$R(t_1,t_2)=D\min(t_1,t_2)$，式中 D 为物理常数。有

$$\int_0^u\int_0^u R_X(t_1,t_2)\mathrm{d}t_1\mathrm{d}t_2=\int_0^u\int_0^u D\min(t_1,t_2)\mathrm{d}t_1\mathrm{d}t_2$$

$$=D\int_0^u \mathrm{d}t_2\left[\int_0^{t_2} t_1\mathrm{d}t_1+\int_{t_2}^u t_2\mathrm{d}t_1\right]=Du^3/3 \tag{3.2.32}$$

因此，对一切有限的 u，二重积分存在且有限。于是，对一切有限的 u，式(3.2.31)定义的 $Y(u)$ 存在。

下面求均方积分的均值和相关函数。

若随机过程 $X(t)$在$[a,b]$及$[c,d]$上均方可积，则有

● $$E\left[\int_a^b X(t)\mathrm{d}t\right]=\int_a^b E[X(t)]\mathrm{d}t \tag{3.2.33}$$

证明：利用式(3.2.30)，有

$$E\left[\int_a^b X(t)\mathrm{d}t\right]=E\left[\underset{\substack{\Delta_n\to 0\\ n\to\infty}}{\mathrm{l.i.m}}\sum_{k=0}^{n-1}X(t_k')(t_{k+1}-t_k)\right]$$

$$=\lim_{\substack{\Delta_n\to 0\\ n\to\infty}}\sum_{k=0}^{n-1}E[X(t_k')](t_{k+1}-t_k)=\int_a^b E[X(t)]\mathrm{d}t$$

● $$E\left[\int_a^b X(t)\mathrm{d}t\int_c^d X(t)\mathrm{d}t\right]=\int_a^b\int_c^d E[X(t_1)X(t_2)]\mathrm{d}t_1\mathrm{d}t_2$$

$$=\int_a^b\int_c^d R(t_1,t_2)\mathrm{d}t_1\mathrm{d}t_2 \tag{3.2.34}$$

证明：将区间$[a,b]$做如下划分：$a=t_0<t_1<\cdots<t_n=b$，令

$$\Delta=\max_{0\leqslant k\leqslant n-1}(t_{k+1}-t_k),\qquad t_k<t_k'<t_{k+1},\qquad k=0,1,2,\cdots,n-1$$

又将区间$[c,d]$做另一种划分：$c=\tilde{t}_0<\tilde{t}_1<\cdots<\tilde{t}_m=d$，令

$$\tilde{\Delta}=\max_{0\leqslant i\leqslant m-1}(\tilde{t}_{i+1}-\tilde{t}_i),\qquad \tilde{t}_i<\tilde{t}_i'<\tilde{t}_{i+1},\qquad i=0,1,2,\cdots,m-1$$

于是可得　$$E\left[\int_a^b X(t)\mathrm{d}t\int_c^d X(t)\mathrm{d}t\right]=\lim_{\Delta,\tilde{\Delta}\to 0}E\left[\sum_{k=0}^{n-1}X(t_k')(t_{k+1}-t_k)\sum_{i=0}^{m-1}X(\tilde{t}_i')(\tilde{t}_{i+1}-\tilde{t}_i)\right]$$

$$=\lim_{\Delta,\tilde{\Delta}\to 0}\sum_{k=0}^{n-1}\sum_{i=0}^{m-1}E[X(t_k')X(\tilde{t}_i')](t_{k+1}-t_k)(\tilde{t}_{i+1}-\tilde{t}_i)$$

$$=\int_a^b\int_c^d R(t_1,t_2)\mathrm{d}t_1\mathrm{d}t_2$$

上述证明表明，若 $X(t)$均方可积，则求数学期望与积分可调换次序。

2. 随机过程的积分变换

若随机过程$\{X(t),t\in T\}$在域$[a,b]$上均方可积，且输出过程 $Y(t)$与输入过程 $X(t)$是积分关系

$$Y(t)=\int_a^t X(s)\mathrm{d}s\qquad a\leqslant t\leqslant b \tag{3.2.35}$$

式(3.2.25)可以视为输入随机过程 $X(t)$经过理想积分器做积分变换后的输出，如图 3.9 所示。下面求过程 $X(t)$、$Y(t)$的数字特征。

(1) 输出过程 $Y(t)$ 的均值

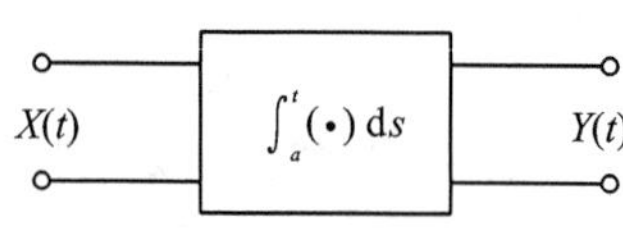

图 3.9 积分变换

由式(3.2.33)知,输出过程的均值为

$$m_Y(t)=\int_a^t m_X(s)\mathrm{d}s \qquad a\leqslant t\leqslant b \tag{3.2.36}$$

式中,$m_X(s)$是输入过程 $X(t)$的均值函数。式(3.2.36)表明,若输出过程是输入过程的积分,则输出过程的均值等于输入过程的均值的积分。

若 $X(t)$为平稳随机过程,其均值为常数 c,则得

$$m_Y(t)=\int_a^t m_X(s)\mathrm{d}s=\int_a^t c\,\mathrm{d}s=c(t-a) \tag{3.2.37}$$

可见,即使输入随机过程 $X(t)$平稳,但其积分 $Y(t)$已与时间有关,故 $Y(t)$不再是平稳随机过程。

(2) 输出过程 $Y(t)$的相关函数

由式(3.2.34)可得输出过程 $Y(t)$的自相关函数为

$$\begin{aligned}R_Y(t_1,t_2)&=E\left[\int_a^{t_1}\int_a^{t_2}X(s)X(\lambda)\mathrm{d}s\mathrm{d}\lambda\right]=\int_a^{t_1}\int_a^{t_2}E[X(s)X(\lambda)]\mathrm{d}s\mathrm{d}\lambda\\&=\int_a^{t_1}\int_a^{t_2}R_X(s,\lambda)\mathrm{d}s\mathrm{d}\lambda\end{aligned} \tag{3.2.38}$$

由此可知,输出过程的自相关函数可以通过输入过程的自相关函数的二次积分得到:先对一个变量 s 积分,再对另一个变量 λ 积分。

通过类推,可得随机过程 $X(t)$与其积分 $Y(t)$的互相关函数为

$$\begin{aligned}R_{XY}(t_1,t_2)&=E[X(t_1)Y(t_2)]=E\left[X(t_1)\int_a^{t_2}X(s_2)\mathrm{d}s_2\right]\\&=\int_a^{t_2}R_X(t_1,s_2)\mathrm{d}s_2\end{aligned} \tag{3.2.39}$$

$$R_{YX}(t_1,t_2)=\int_a^{t_1}R_X(s_1,t_2)\mathrm{d}s_1 \tag{3.2.40}$$

上述表明,若 $X(t)$为平稳过程,其相关函数 $R_X(t_1,t_2)$等于 $R_X(\tau)$,$\tau=t_1-t_2$,它与时间 t 无关;但 $Y(t)$的自相关函数和互相关函数却都与时间 t 有关。

(3) 输出过程 $Y(t)$的协方差函数

在求得积分变换后的均值和自相关函数之后,现在进一步讨论自协方差函数。

若实随机过程$\{X(t),t\in T\}$在域$[a,b]$上均方可积,并构成下列积分

$$Y=\int_a^b X(t)\mathrm{d}t \tag{3.2.41}$$

则 Y 的平方可以写成下列双重积分

$$Y^2=\int_a^b X(t_1)\mathrm{d}t_1\int_a^b X(t_2)\mathrm{d}t_2=\int_a^b\int_a^b X(t_1)X(t_2)\mathrm{d}t_1\mathrm{d}t_2$$

取数学期望可得

$$E[Y]=\int_a^b E[X(t)]\mathrm{d}t=\int_a^b m_X(t)\mathrm{d}t \tag{3.2.42}$$

$$E[Y^2]=\int_a^b\int_a^b E[X(t_1)X(t_2)]\mathrm{d}t_1\mathrm{d}t_2=\int_a^b\int_a^b R_X(t_1,t_2)\mathrm{d}t_1\mathrm{d}t_2 \tag{3.2.43}$$

由式(2.1.15)得

$$C_X(t_1,t_2)=R_X(t_1,t_2)-m_X(t_1)m_X(t_2)$$

用式(3.2.43)减去式(3.2.42)的平方后,即得 Y 的方差为

$$\sigma_Y^2 = \int_a^b\int_a^b [R_X(t_1,t_2) - m_X(t_1)m_X(t_2)]\mathrm{d}t_1\mathrm{d}t_2$$
$$= \int_a^b\int_a^b C_X(t_1,t_2)\mathrm{d}t_1\mathrm{d}t_2 \tag{3.2.44}$$

若 $X(t)$ 为平稳随机过程，则其协方差函数为

$$C_X(t_1,t_2) = C_X(t_1-t_2) = C_X(\tau) = R_X(\tau) - m_X^2$$

如果用 $X(t)$ 的时间平均代替积分，即

$$Y = \frac{1}{2T}\int_{-T}^{T} X(t)\mathrm{d}t$$

则 Y 的均值和方差分别为

$$E[Y] = m_X$$
$$\sigma_Y^2 = \frac{1}{4T^2}\int_{-T}^{T}\int_{-T}^{T} C_X(t_1-t_2)\mathrm{d}t_1\mathrm{d}t_2$$

采用变量置换，令 $\tau=t_1-t_2$，不难得出

$$\sigma_Y^2 = \frac{1}{2T}\int_{-2T}^{2T}\left(1-\frac{|\tau|}{2T}\right)C_X(\tau)\mathrm{d}\tau \tag{3.2.45}$$

由于 $C_X(\tau)$ 为 τ 的偶函数，上式又可表示为

$$\sigma_Y^2 = \frac{1}{T}\int_0^{2T}\left(1-\frac{\tau}{2T}\right)C_X(\tau)\mathrm{d}\tau$$
$$= \frac{1}{T}\int_0^{2T}\left(1-\frac{\tau}{2T}\right)[R_X(\tau)-m_X^2]\mathrm{d}\tau \tag{3.2.46}$$

此外，还可求出

$$C_Y(t_1,t_2) = \int_a^{t_1}\int_a^{t_2} C_X(s,\lambda)\mathrm{d}s\mathrm{d}\lambda$$
$$= \int_a^{t_1}\int_a^{t_2} [R_X(s,\lambda) - m_X(s)m_X(\lambda)]\mathrm{d}s\mathrm{d}\lambda \tag{3.2.47}$$

由此看出，Y 的自协方差函数，可以通过对 $X(t)$ 的自协方差函数做二重积分得到。

由上面所讨论的随机过程微分运算和积分运算可以看出，只要随机过程满足均方微分、均方积分的条件，求变换后的输出过程的均值和相关函数的方法就是类似的。即变换后的随机过程的均值和相关函数可以从输入过程的均值和相关函数中求得。现在，把微分和积分运算用一般线性运算符号 L 来表示，则有

$$Y(t) = \mathrm{L}[X(t)]$$

为了求得随机信号 $Y(t)$ 的均值，则对随机信号 $X(t)$ 的均值进行上述线性运算即可，即

$$m_Y(t) = \mathrm{L}[m_X(t)]$$

若求随机信号 $Y(t)$ 的自相关函数，则应对随机信号 $X(t)$ 的自相关函数进行两次相同的线性运算：先对一个变量，然后再对另一个变量，即

$$R_Y(t_1,t_2) = \mathrm{L}^{(t_1)}\mathrm{L}^{(t_2)}[R_X(t_1,t_2)] \tag{3.2.48}$$

式中，L 的上标 (t_1) 和 (t_2) 表示是对哪个变量做运算。

根据随机过程均方可积的定义和定理，$f(t,\lambda)X(t)$ 在区间 $[a,b]$ 内的均方黎曼积分可表示为

$$Y(\lambda) = \int_a^b f(t,\lambda)X(t)\mathrm{d}t \tag{3.2.49}$$

式中，$\{X(t),t\in T\}$ 是在区间 $[a,b]$ 上定义的二阶矩过程，$f(t,\lambda)$ 是在 $[a,b]$ 上定义的确定性函

数,并对每一个 $\lambda\in U$,$f(t,\lambda)$是黎曼可积的函数。把上式中的 $f(t,\lambda)$用线性系统的冲激响应 $h(t)$来代替,那么 $h(t)$就可看成是随机过程 $X(t)$通过线性系统时所加的权。故 $h(t)$也称为系统权函数。又因为在研究信号与系统时,系统的权函数往往是 t 和 τ 的双变量函数,因此随机过程 $X(t)$加权后的积分为一个新的随机过程,这个新的随机过程便是线性系统的输出过程,即

$$Y(\tau)=\int_a^b X(t)h(t,\tau)\mathrm{d}t \tag{3.2.50}$$

将式(3.2.50)与式(3.1.21)比较,可以看出两者在形式上是相同的。因此,随机过程在满足均方可积的条件下,可运用通常的线性系统的分析方法来分析随机过程通过线性系统时的变换。

例 3.2-8 随机初相信号 $X(t)=A\cos(\omega_0 t+\Phi)$,式中 A 和 ω_0 均为常量。已知 $m_X(t)=0$,$R_X(\tau)=\dfrac{A^2}{2}\cos\omega_0\tau$,$\tau=t_1-t_2$。信号 $X(t)$在时间 T 内的积分值为 $Y(T)=\int_0^T X(t)\mathrm{d}t$,试求 $Y(T)$的均值和方差。

解:均值为

$$m_Y(t)=\int_0^T m_X(t)\mathrm{d}t=0$$

相关函数为

$$\begin{aligned}R_Y(T,T-\tau)&=\int_0^T\int_0^{T-\tau}R_X(t_1,t_2)\mathrm{d}t_1\mathrm{d}t_2\\&=\int_0^T\int_0^{T-\tau}\frac{A^2}{2}\cos\omega_0(t_1-t_2)\mathrm{d}t_1\mathrm{d}t_2\\&=\frac{A^2}{2\omega_0^2}[\cos\omega_0\tau-\cos\omega_0(T-\tau)-\cos\omega_0 T+1]\end{aligned}$$

因而方差为

$$\sigma_Y^2(T)=C_Y(T,T)=R_Y(T,T)=\frac{A^2}{\omega_0^2}(1-\cos\omega_0 T)$$

例 3.2-9 随机电报信号 $X(t)$和图 3.10 所示,设其均值 $m_X=0$,相关函数 $R_X(\tau)=\mathrm{e}^{-2\lambda|\tau|}$。当 $Y=\dfrac{1}{2T}\int_{-T}^T X(t)\mathrm{d}t$ 时,求其自协方差函数 $C_Y(t_1,t_2)$。

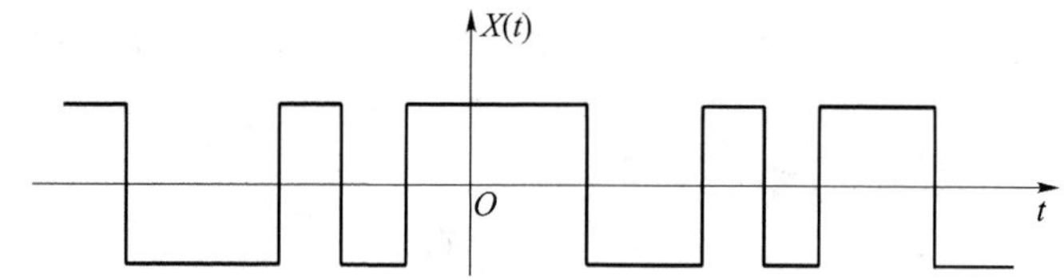

图 3.10 随机电报信号样本函数

解:可以从式(3.2.42)得 $m_Y=0$。又根据式(3.2.47)可得

$$\begin{aligned}C_Y(t_1,t_2)&=\frac{1}{4T^2}\int_{-T}^T\int_{-T}^T E\{[X(t_1)-m_X(t_1)][X(t_2)-m_X(t_2)]\}\mathrm{d}t_1\mathrm{d}t_2\\&=\frac{1}{4T^2}\int_{-T}^T\int_{-T}^T[R_X(t_1,t_2)-m_X^2]\mathrm{d}t_1\mathrm{d}t_2\end{aligned} \tag{3.2.51}$$

式(3.2.51)利用了随机过程 $X(t)$的平稳性。为简化上式右端的积分,引入变量置换 $\tau_1=t_1+t_2$,$\tau_2=t_1-t_2$。此变换的函数行列式为

$$J=\left|\frac{\partial(t_1,t_2)}{\partial(\tau_1,\tau_2)}\right|=\frac{1}{2}$$

于是可得
$$\int_{-T}^{T}\int_{-T}^{T}R_X(t_1-t_2)\mathrm{d}t_1\mathrm{d}t_2=2\int_0^{2T}(2T-\tau_2)R_X(\tau_2)\mathrm{d}\tau_2$$

将变量 τ_2 用 τ 表示，则有
$$\int_{-T}^{T}\int_{-T}^{T}R_X(t_1-t_2)\mathrm{d}t_1\mathrm{d}t_2=2\int_0^{2T}(2T-\tau)R_X(\tau)\mathrm{d}\tau$$

代入到式(3.2.51)得
$$\begin{aligned}C_Y(t_1,t_2)&=\frac{1}{T}\int_0^{2T}\left(1-\frac{\tau}{2T}\right)[R_X(\tau)-m_X^2]\mathrm{d}\tau\\&=\frac{1}{T}\int_0^{2T}\left(1-\frac{\tau}{2T}\right)\mathrm{e}^{-2\lambda\tau}\mathrm{d}\tau=\frac{1}{2\lambda T}-\frac{1-\mathrm{e}^{-4\lambda T}}{8\lambda^2T^2}\end{aligned}$$

3.2.5　均方导数和均方积分的概率分布

随机过程的均方导数和均方积分是建立在随机过程二阶矩性质基础上的。现在研究均方导数和均方积分的二阶矩性质。

在实际应用中通常希望在已知随机过程 $X(t)$ 的概率分布的条件下，来求 $X(t)$ 的均方导数或均方积分的联合概率分布。

1. 均方导数的概率分布

设导数过程 $\dot{X}(t)$ 的 n 阶联合特征函数用 $\phi_{n\dot{X}}(v_1,t_1;v_2,t_2;\cdots;v_n,t_n)$ 表示，则有下述定理。

定理 1　如果 $X(t)$ 对一切 $t\in T$ 存在均方导数 $\dot{X}(t)$，则对每个有限集 $t_1,t_2,\cdots,t_n\in T$ 及 $t_1+\tau_1,t_2+\tau_2,\cdots,t_n+\tau_n\in T$，有
$$\begin{aligned}&\phi_{n\dot{X}}(v_1,t_1;v_2,t_2;\cdots;v_n,t_n)\\&=\lim_{\tau_1,\tau_2,\cdots,\tau_n\to 0}\phi_{2nX}\left(\frac{v_1}{\tau_1},t_1+\tau_1;-\frac{v_1}{\tau_1},t_1;\cdots;\frac{v_n}{\tau_n},t_n+\tau_n;-\frac{v_n}{\tau_n},t_n\right)\end{aligned}\tag{3.2.52}$$

这一定理建立了随机过程 $X(t)$ 的联合特征函数与均方导数 $\dot{X}(t)$ 的联合特征函数之间的关系。$\dot{X}(t)$ 的 n 阶特征函数决定于 $X(t)$ 的 $2n$ 阶特征函数。

证明：应用数学归纳法进行证明。

设 $n=1$，有
$$\begin{aligned}\phi_{\dot{X}}(v_1,t_1)&=E\{\exp[\mathrm{j}v_1\dot{X}(t)]\}\\&=E\left\{\underset{\tau_1\to 0}{\mathrm{l.i.m}}\exp\left[\frac{\mathrm{j}v_1X(t_1+\tau_1)}{\tau_1}-\frac{\mathrm{j}v_1X(t_1)}{\tau_1}\right]\right\}\\&=\lim_{\tau_1\to 0}E\left\{\exp\left[\frac{\mathrm{j}v_1X(t_1+\tau_1)}{\tau_1}-\frac{\mathrm{j}v_1X(t_1)}{\tau_1}\right]\right\}\\&=\lim_{\tau_1\to 0}\phi_{2X}\left(\frac{v_1}{\tau_1},t_1+\tau_1;-\frac{v_1}{\tau_1},t_1\right)\end{aligned}\tag{3.2.53}$$

类似地，设 $n=2$，有
$$\begin{aligned}\phi_{2\dot{X}}(v_1,t_1;v_2,t_2)&=E\{\exp[\mathrm{j}v_1\dot{X}(t_1)+\mathrm{j}v_2\dot{X}(t_2)]\}\\&=E\left\{\underset{\tau_1,\tau_2\to 0}{\mathrm{l.i.m}}\exp\left[\mathrm{j}v_1\left(\frac{X(t_1+\tau_1)}{\tau_1}-\frac{X(t_1)}{\tau_1}\right)+\mathrm{j}v_2\left(\frac{X(t_2+\tau_2)}{\tau_2}-\frac{X(t_2)}{\tau_2}\right)\right]\right\}\\&=\lim_{\tau_1,\tau_2\to 0}\phi_{4X}\left(\frac{v_1}{\tau_1},t_1+\tau_1;-\frac{v_1}{\tau_1},t_1;\frac{v_2}{\tau_2},t_2+\tau_2;-\frac{v_2}{\tau_2},t_2\right)\end{aligned}\tag{3.2.54}$$

继续类推，可得 $\dot{X}(t)$ 的更高阶特征函数。证毕。

通常式(3.2.52)中的极限运算难以进行。但是可以根据它推得如下定理。

定理 2 若一个高斯随机过程 $X(t)$ 的均方导数 $\dot{X}(t)$ 存在,则 $\dot{X}(t)$ 必为高斯过程。

证明: 为了方便,不失一般性地假设 $X(t)$ 为零均值。此时 $X(t)$ 的 n 阶特征函数为

$$\phi_{nX}(v_1,t_1;v_2,t_2;\cdots;v_n,t_n)=\exp\left\{-\frac{1}{2}\boldsymbol{v}^T\boldsymbol{C}\boldsymbol{v}\right\}=\exp\left\{-\frac{1}{2}\sum_{i,j=1}^{n}v_iv_jC(t_i,t_j)\right\} \tag{3.2.55}$$

式中,$\boldsymbol{C}$ 表示过程 $X(t)$ 的协方差矩阵。

将式(3.2.55)代入到式(3.2.53),得

$$\begin{aligned}\phi_{\dot{X}}(v_1,t_1)&=\lim_{\tau_1\to 0}\phi_{2X}\left(\frac{v_1}{\tau_1},t_1+\tau_1;-\frac{v_1}{\tau_1},t_1\right)\\&=\lim_{\tau_1\to 0}\exp\left\{-\frac{v_1^2}{2\tau_1^2}[C_X(t_1+\tau_1,t_1+\tau_1)-C_X(t_1+\tau_1,t_1)-C_X(t_1,t_1+\tau_1)+C_X(t_1,t_1)]\right\}\\&=\exp\left\{-\frac{v_1^2}{2}\left.\frac{\partial^2C_X(t,s)}{\partial t\partial s}\right|_{t=s=t_1}\right\}\\&=\exp\left\{-\frac{v_1^2}{2}C_{\dot{X}}(t_1,t_1)\right\}\end{aligned} \tag{3.2.56}$$

式(3.2.56)中最后一步是利用式(3.2.22)得到的。

类似地,从式(3.2.54)可得

$$\begin{aligned}\phi_{2\dot{X}}(v_1,t_1;v_2,t_2)&=\lim_{\tau_1,\tau_2\to 0}\phi_{4X}\left(\frac{v_1}{\tau_1},t_1+\tau_1;-\frac{v_1}{\tau_1},t_1;\frac{v_2}{\tau_2},t_2+\tau_2;-\frac{v_2}{\tau_2},t_2\right)\\&=\exp\left\{-\frac{1}{2}\sum_{i,j=1}^{2}v_iv_jC_{\dot{X}}(t_i,t_j)\right\}\end{aligned} \tag{3.2.57}$$

依次类推可得 $$\phi_{n\dot{X}}(v_1,t_1;v_2,t_2;\cdots;v_n,t_n)=\exp\left\{-\frac{1}{2}\sum_{i,j=1}^{n}v_iv_jC_{\dot{X}}(t_i,t_j)\right\} \tag{3.2.58}$$

对比式(3.2.58)和式(3.2.55),可知 $\dot{X}(t)$ 是高斯的。

2. 均方积分的概率分布

现在研究均方积分。考虑最简单的情况,即

$$Y(t)=\int_a^t X(\lambda)\mathrm{d}\lambda \qquad [a,t]\in T \tag{3.2.59}$$

首先引入下述定理。

定理 1 如果均方积分 $Y(t),t\in T$ 存在,则对每个点集 $t_1,t_2,\cdots,t_m\in T$,有

$$\begin{aligned}&\phi_{m_Y}(v_1,t_1;v_2,t_2;\cdots;v_m,t_m)\\&=\lim_{\substack{n\to\infty\\ \Delta_n\to 0}}\phi_{mnX}[v_1(\tau_1-\tau_0),\tau_1';\cdots;v_1(\tau_n-\tau_{n-1}),\tau_n';\cdots;v_m(\tau_1-\tau_0),\tau_1';\cdots;v_m(\tau_n-\tau_{n-1}),\tau_n']\end{aligned} \tag{3.2.60}$$

式中,$\tau_i'\in[\tau_{i-1},\tau_i]\subset T$。

证明: 设 $m=1$,有

$$\begin{aligned}\phi_Y(v_1,t_1)&=E\{\exp[\mathrm{j}v_1Y(t_1)]\}\\&=E\left\{\underset{\substack{n\to\infty\\ \Delta_n\to 0}}{\mathrm{l.i.m}}\exp\left[\mathrm{j}v_1\sum_{k=1}^{n}(\tau_k-\tau_{k-1})X(\tau_k')\right]\right\}\end{aligned}$$

$$= \lim_{\substack{n\to\infty \\ \Delta_n\to 0}} \phi_{nX}[v_1(\tau_1-\tau_0),\tau_1';\cdots;v_1(\tau_n-\tau_{n-1}),\tau_n'] \tag{3.2.61}$$

设 $m=2$，有

$$\begin{aligned}\phi_{2Y}(v_1,t_1;v_2,t_2) &= E\{\exp\{\mathrm{j}[v_1Y(t_1)=v_2Y(t_2)]\}\} \\ &= E\Big\{\underset{\substack{n_1,n_2\to\infty \\ \Delta_{n_1},\Delta_{n2}\to 0}}{\mathrm{l.i.m}}\exp\Big[\mathrm{j}v_1\sum_{i=1}^{n_1}(\tau_i-\tau_{i-1})X(\tau_i')+\mathrm{j}v_2\sum_{k=1}^{n_2}(\sigma_k-\sigma_{k-1})X(\sigma_k')\Big]\Big\} \\ &= \lim_{\substack{n_1,n_2\to\infty \\ \Delta_{n_1},\Delta_{n2}\to 0}} \phi_{(n_1+n_2)X}[v_1(\tau_1-\tau_0),\tau_1';\cdots;v_1(\tau_{n_1}-\tau_{n_1-1}),\tau_{n_1}'; \\ &\qquad v_2(\sigma_1-\sigma_2),\sigma_1';\cdots;v_2(\sigma_{n_2}-\sigma_{n_2-1});\sigma_{n_2}']\end{aligned} \tag{3.2.62}$$

依次类推，可得对任意 m 的一般结果。当 $n_1=n_2=\cdots=n,\tau_i=\sigma_i=\cdots,i=1,2,\cdots,n$ 时，就可以从一般结果中得到式(3.2.60)。证毕。

现在讨论高斯过程的情况。此时，有下述定理。

定理 2　如果高斯过程 $X(t)$ 的均方积分

$$Y(t)=\int_a^t f(t,\tau)X(\tau)\mathrm{d}\tau \tag{3.2.63}$$

存在，则 $Y(t),t\in T$ 是一个高斯过程。

证明：过程 $X(t)$ 的联合特征函数由式(3.2.55)表示。从方程式(3.2.61)可得

$$\begin{aligned}\phi_Y(v_1,t_1) &= \underset{\substack{n\to\infty \\ \Delta_n\to 0}}{\mathrm{l.i.m}}\exp\Big\{-\frac{1}{2}v_1^2\sum_{i,k=1}^{n}C_X(\tau_i,\tau_k)(\tau_i-\tau_{i-1})(\tau_k-\tau_{k-1})\Big\} \\ &= \exp\Big\{-\frac{1}{2}v_1^2\int_a^{t_1}\int_a^{t_1}C_X(\tau,\sigma)\mathrm{d}\tau\mathrm{d}\sigma\Big\} \\ &= \exp\Big\{-\frac{v_1^2}{2}C_Y(t_1,t_1)\Big\}\end{aligned} \tag{3.2.64}$$

将上述过程一般化，便可得到过程 $Y(t)$ 的含有高斯性的特征函数的表示式。故得证。

3.3　随机过程线性变换的冲激响应法和频谱法

线性系统最基本的两个特性是满足叠加性和比例性。根据线性系统的叠加原理，可以把输入信号看成是由许多单元信号所组成的，而输出信号就是由各个单元信号分别通过线性系统后的总和。常常将输入信号分裂成单元脉冲信号和单元正弦信号，前者引出了冲激响应法——时域法，后者引出了频谱法——频域法。本节重点讨论用这两种方法处理随机过程通过线性系统时的变换问题，并分析这两种方法之间的内在联系。但是，由于讨论的是随机信号，如果直接引用确定性信号通过线性系统时的研究方法和结论是不适合的。不过随机过程的数字特征是确定性函数，因此，研究随机过程通过线性系统时的数字特征，如均值、方差、相关函数和功率谱密度等是完全可以的。下面分别讨论随机过程通过线性系统时的冲激响应法和频谱法，并假定所讨论的是平稳随机过程。

3.3.1　冲激响应法

若线性系统的冲激响应为 $h(t)$，输入随机过程为 $X(t)$，根据式(3.1.21)，可以写出系统输

出的随机过程为

$$\begin{aligned} Y(t) &= \int_{-\infty}^{\infty} X(t-\tau)h(\tau)\mathrm{d}\tau \\ &= \int_{-\infty}^{\infty} X(\tau)h(t-\tau)\mathrm{d}\tau = X(t) * h(t) \end{aligned} \tag{3.3.1}$$

即系统的输出响应等于系统输入响应与冲激响应的卷积。

假定输入、输出过程均为平稳随机过程，且输入过程的自相关函数为

$$R_X(\tau) = E[X(t+\tau)X(t)]$$

则输出过程的自相关函数为

$$\begin{aligned} R_Y(t_1,t_2) &= E[Y(t_1)Y(t_2)] \\ &= E\left[\int_{-\infty}^{\infty} X(t_1-u)h(u)\mathrm{d}u \int_{-\infty}^{\infty} X(t_2-v)h(v)\mathrm{d}v\right] \\ &= \int_{-\infty}^{\infty}\int_{-\infty}^{\infty} E[X(t_1-u)X(t_2-v)]h(u)h(v)\mathrm{d}u\mathrm{d}v \end{aligned} \tag{3.3.2}$$

做变量置换，令 $\tau=t_1-t_2$，则有

$$E[X(t_1-u)X(t_2-v)] = R_X(\tau-u+v)$$

故

$$R_Y(\tau) = \int_{-\infty}^{\infty}\int_{-\infty}^{\infty} R_X(\tau-u+v)h(u)h(v)\mathrm{d}u\mathrm{d}v \tag{3.3.3}$$

又令 $z=u-v$，并消去 u，上式可以改写为

$$\begin{aligned} R_Y(\tau) &= \int_{-\infty}^{\infty}\int_{-\infty}^{\infty} R_X(\tau-z)h(v+z)h(v)\mathrm{d}z\mathrm{d}v \\ &= \int_{-\infty}^{\infty} R_X(\tau-z)\int_{-\infty}^{\infty} h(v+z)h(v)\mathrm{d}v\mathrm{d}z \\ &= \int_{-\infty}^{\infty} R_X(\tau-z)R_h(z)\mathrm{d}z \\ &= R_X(\tau) * R_h(\tau) \end{aligned} \tag{3.3.4}$$

式中

$$R_h(\tau) = \int_{-\infty}^{\infty} h(v)h(v-\tau)\mathrm{d}v = \int_{-\infty}^{\infty} h(v+\tau)h(v)\mathrm{d}v \tag{3.3.5}$$

称为系统权函数的自相关函数。

由式(3.3.4)可看出，输出过程的自相关函数等于输入过程的自相关函数与系统权函数的自相关函数的卷积。

输出过程 $Y(t)$ 的协方差函数为

$$C_Y(\tau) = \int_{-\infty}^{\infty} C_X(\tau-z)R_h(z)\mathrm{d}z \tag{3.3.6}$$

现在扼要证明式(3.3.6)。对于一个广义平稳随机过程有

$$C_Y(\tau) = R_Y(\tau) - m_Y^2$$

由式(3.3.1)可得输出过程的均值为

$$E[Y(t)] = E\left[\int_{-\infty}^{\infty} X(t-\tau)h(\tau)\mathrm{d}\tau\right]$$

变换求均值与积分的次序，即得过程 $Y(t)$ 的均值为

$$m_Y(t) = \int_{-\infty}^{\infty} E[X(t-\tau)h(\tau)\mathrm{d}\tau$$

若 $X(t)$ 为平稳过程，则有

$$E[X(t-\tau)]=E[X(t)]=m_X$$

故得

$$m_Y=m_X\int_{-\infty}^{\infty}h(\tau)\mathrm{d}\tau$$

由式(3.3.3)可得 $Y(t)$ 的自相关函数为

$$R_Y(\tau)=\int_{-\infty}^{\infty}\int_{-\infty}^{\infty}R_X(\tau-u+v)h(u)h(v)\mathrm{d}u\mathrm{d}v$$

因此

$$C_Y(\tau)=\int_{-\infty}^{\infty}\int_{-\infty}^{\infty}R_X(\tau-u+v)h(u)h(v)\mathrm{d}u\mathrm{d}v=\int_{-\infty}^{\infty}m_Xh(u)\mathrm{d}u\int_{-\infty}^{\infty}m_Xh(v)\mathrm{d}v$$

$$=\int_{-\infty}^{\infty}\int_{-\infty}^{\infty}[R_X(\tau-u+v)-m_X^2]h(u)h(v)\mathrm{d}u\mathrm{d}v$$

又因为

$$R_X(\tau-u+v)-m_X^2=C_X(\tau-u+v)$$

所以

$$C_Y(\tau)=\int_{-\infty}^{\infty}\int_{-\infty}^{\infty}C_X(\tau-u+v)h(u)h(v)\mathrm{d}u\mathrm{d}v$$

类似于求 $R_Y(\tau)$ 的推导过程，可以求出

$$C_Y(\tau)=\int_{-\infty}^{\infty}C_X(\tau-z)R_h(z)\mathrm{d}z$$

3.3.2　频谱法

下面讨论输入、输出随机过程在频域中的统计特征。对于平稳随机过程，根据维纳-辛钦定理，可以写出随机过程的功率谱密度和自相关函数的关系式。对于输出过程有

$$G_Y(\omega)=\int_{-\infty}^{\infty}R_Y(\tau)\mathrm{e}^{-\mathrm{j}\omega\tau}\mathrm{d}\tau \tag{3.3.7}$$

$$R_Y(\tau)=\frac{1}{2\pi}\int_{-\infty}^{\infty}G_Y(\omega)\mathrm{e}^{\mathrm{j}\omega\tau}\mathrm{d}\omega \tag{3.3.8}$$

将式(3.3.3)代入式(3.3.7)可得

$$S_Y(\omega)=\int_{-\infty}^{\infty}\mathrm{e}^{-\mathrm{j}\omega\tau}\mathrm{d}t\int_{-\infty}^{\infty}h(u)\mathrm{d}u\int_{-\infty}^{\infty}h(v)R_X(\tau-u+v)\mathrm{d}v$$

令 $\lambda=\tau-u+v$，则 $\tau=\lambda-v+u$，有

$$\begin{aligned}G_Y(\omega)&=\int_{-\infty}^{\infty}\mathrm{e}^{-\mathrm{j}\omega(\lambda-v+u)}\mathrm{d}\lambda\int_{-\infty}^{\infty}h(u)\mathrm{d}u\int_{-\infty}^{\infty}h(v)R_X(\lambda)\mathrm{d}v\\&=\int_{-\infty}^{\infty}h(u)\mathrm{e}^{-\mathrm{j}\omega u}\mathrm{d}u\int_{-\infty}^{\infty}h(v)\mathrm{e}^{\mathrm{j}\omega v}\mathrm{d}v\int_{-\infty}^{\infty}R_X(\lambda)\mathrm{e}^{-\mathrm{j}\omega\lambda}\mathrm{d}\lambda\\&=H(-\mathrm{j}\omega)H(\mathrm{j}\omega)G_X(\omega)\\&=H^*(\mathrm{j}\omega)H(\mathrm{j}\omega)G_X(\omega)\\&=|H(\mathrm{j}\omega)|^2G_X(\omega)\end{aligned} \tag{3.3.9}$$

式(3.3.9)表明了输入、输出过程功率谱密度之间的关系。在上述推导中，利用了系统传递函数 $H(\mathrm{j}\omega)$ 和系统冲激响应 $h(t)$ 是傅里叶变换对的关系。

在式(3.3.9)中，$|H(\mathrm{j}\omega)|^2$ 称为功率增益因子，它是无相位因子。所以功率谱密度是无相位的实函数。即输出功率谱密度仅与系统传递函数的幅频特性有关，而与其相频特性无关。

于是，式(3.3.8)又可改写为

$$R_Y(\tau)=\frac{1}{\pi}\int_{0}^{\infty}|H(\mathrm{j}\omega)|^2G_X(\omega)\cos\omega\tau\mathrm{d}\omega \tag{3.3.10}$$

冲激响应法是随机过程线性变换的一种基本方法。它能求解出线性系统平稳或非平稳输出过程的相关函数,也能求解出有限工作时间的瞬态过程的相关函数。当系统的冲激响应 $h(t)$ 较为简单时,应用此法是较为方便的。频谱法只能计算平稳输出过程的统计特性。这是其局限性。但这种方法简易,因而应用极为广泛。

例 3.3-1 已知输入平稳随机过程 $X(t)$ 的相关函数 $R_X(\tau)=\sigma_X^2 e^{-\beta|\tau|}$,其中 $\tau=t_1-t_2$。求通过图 3.11 所示的 RC 积分电路后,输出随机过程 $Y(t)$ 在稳态时的相关函数。

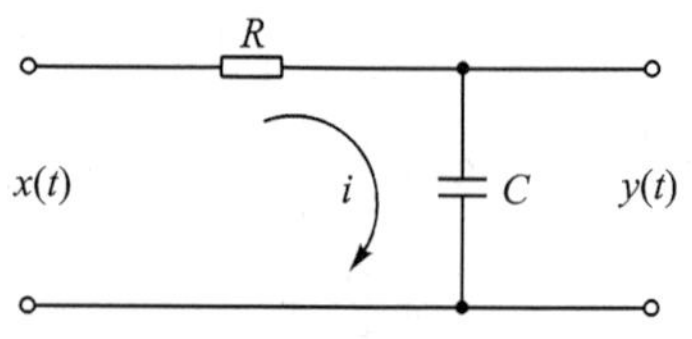

图 3.11 RC 积分电路

解:采用以下两种方法分别求解。

① 冲激响应法。

求得此线性系统的冲激响应为

$$h(t)=\begin{cases}\alpha e^{-\alpha t}, & t\geqslant 0\\ 0, & t<0\end{cases}$$

式中,$\alpha=1/RC$。

题中仅要求输出过程 $Y(t)$ 的稳态解,故由式(3.3.3)得

$$\begin{aligned}R_Y(\tau)&=\int_0^\infty\int_0^\infty \sigma_X^2 e^{-\beta|\tau-u+v|}\alpha e^{-\alpha u}\alpha e^{-\alpha v}dudv\\&=\alpha^2\sigma_X^2\int_0^\infty\int_0^\infty e^{-\alpha(u+v)}e^{-\beta|\tau-u+v|}dudv\end{aligned}\tag{3.3.11}$$

令 $\tau>0$,且将式(3.3.11)分成两个部分积分:$\tau-u+v>0$ 和 $\tau-u+v<0$,即 $u<\tau+v$ 和 $u>\tau+v$。因而可改写为

$$R_Y(\tau)=\alpha^2\sigma_X^2\int_0^\infty\left[\int_0^{\tau+v}e^{-\alpha(u+v)}e^{-\beta(\tau-u+v)}du\right]dv+\alpha^2\sigma_X^2\int_0^\infty\left[\int_{\tau+v}^\infty e^{-\alpha(u+v)}e^{-\beta(-\tau+u-v)}du\right]dv$$

对等号右边第一项积分,可得

$$\begin{aligned}\int_0^\infty\left[\int_0^{\tau+v}e^{-\alpha(u+v)}e^{-\beta(\tau-u+v)}du\right]dv&=\int_0^\infty e^{-(\alpha+\beta)v}e^{-\beta\tau}\frac{1}{\beta-\alpha}\left[e^{(\beta-\alpha)(\tau+v)}-1\right]dv\\&=\frac{e^{-\alpha\tau}}{2\alpha(\beta-\alpha)}-\frac{e^{-\beta\tau}}{\beta^2-\alpha^2}\end{aligned}$$

对等号右边第二项积分,可得

$$\begin{aligned}\int_0^\infty\left[\int_{\tau+v}^\infty e^{-\alpha(u+v)}e^{-\beta(-\tau+u-v)}du\right]dv&=\int_0^\infty e^{-(\alpha-\beta)v}e^{\beta\tau}\left[\frac{1}{\alpha+\beta}e^{-(\alpha+\beta)(\tau+v)}\right]dv\\&=\frac{e^{-\alpha\tau}}{2\alpha(\alpha+\beta)}\end{aligned}$$

于是可得

$$\begin{aligned}R_Y(\tau)&=\alpha^2\sigma_X^2\left[\frac{e^{-\alpha\tau}}{2\alpha(\beta-\alpha)}-\frac{e^{-\beta\tau}}{\beta^2-\alpha^2}+\frac{e^{-\alpha\tau}}{2\alpha(\alpha+\beta)}\right]\\&=\frac{\alpha\sigma_X^2}{\alpha^2-\beta^2}(\alpha e^{-\beta\tau}-\beta e^{-\alpha\tau})\end{aligned}$$

由于这时输出过程 $Y(t)$ 仅有稳态而且为平稳过程,自相关函数为偶函数,故得

$$R_Y(\tau)=\frac{\alpha\sigma_X^2}{\alpha^2-\beta^2}(\alpha e^{-\beta|\tau|}-\beta e^{-\alpha|\tau|})\tag{3.3.12}$$

② 频谱法。

令输入、输出过程均为平稳随机过程，由于 $G_X(\omega)\leftrightarrow R_X(\tau)$，故得输入过程 $X(t)$的功率谱密度为

$$G_X(\omega)=2\int_0^{\infty}R_X(\tau)\cos\omega\tau\mathrm{d}\tau=2\int_0^{\infty}\sigma_X^2\mathrm{e}^{-\beta\tau}\cos\omega\tau\mathrm{d}\tau=2\sigma_X^2\frac{\beta}{\beta^2+\omega^2}$$

由 RC 积分电路的冲激响应 $h(t)$可得传递函数为

$$H(\mathrm{j}\omega)=\frac{1}{1+\mathrm{j}\omega RC}$$

故有
$$|H(\mathrm{j}\omega)|^2=\frac{1}{1+(\omega RC)^2}=\frac{\alpha^2}{\alpha^2+\omega^2},\qquad\alpha=\frac{1}{RC}$$

由式(3.3.10)得
$$\begin{aligned}R_Y(\tau)&=\frac{1}{\pi}\int_0^{\infty}G_X(\omega)|H(\mathrm{j}\omega)|^2\cos\omega\tau\mathrm{d}\omega\\&=\frac{1}{\pi}\int_0^{\infty}2\sigma_X^2\frac{\beta}{\beta^2+\omega^2}\frac{\alpha^2}{\alpha^2+\omega^2}\cos\omega\tau\mathrm{d}\omega\\&=\frac{\alpha\sigma_X^2}{\alpha^2-\beta^2}(\alpha\mathrm{e}^{-\beta\tau}-\beta\mathrm{e}^{-\alpha\tau})\end{aligned}$$

由于输出过程 $Y(t)$为平稳随机过程，其自相关函数为偶函数，得

$$R_Y(\tau)=\frac{\alpha\sigma_X^2}{\alpha^2-\beta^2}(\alpha\mathrm{e}^{-\beta|\tau|}-\beta\mathrm{e}^{-\alpha|\tau|})$$

两种方法所得的结果完全一致，显然，此例采用频谱法更为简易。但应注意频谱法只利用了功率谱特征，未涉及相位特性。

3.4　联合平稳过程的互相关函数和互功率谱密度

一个线性系统的输出必定按某种方式依赖于输入，就是说系统的输出和输入是相关的。因此，需要讨论线性系统的输出、输入之间的互相关函数和互功率谱密度。一般来说，如果线性系统的输入是平稳随机过程，则输入、输出这两个随机过程是联合平稳的。

3.4.1　互相关函数和互功率谱密度

1. 互相关函数

设线性系统的输入 $X(t)$是一个平稳随机过程，且与系统的输出过程 $Y(t)$平稳相关。按互相关函数的定义，输出、输入过程的互相关函数为

$$R_{YX}(\tau)=E[Y(t)X(t-\tau)]\tag{3.4.1}$$

按式(3.3.1)有
$$Y(t)=\int_{-\infty}^{\infty}X(t-\lambda)h(\lambda)\mathrm{d}\lambda$$

代入式(3.4.1)得

$$\begin{aligned}R_{YX}(\tau)&=\int_{-\infty}^{\infty}E[X(t-\lambda)X(t-\tau)]h(\lambda)\mathrm{d}\lambda\\&=\int_{-\infty}^{\infty}R_X(\tau-\lambda)h(\lambda)\mathrm{d}\lambda=R_X(\tau)*h(\tau)\end{aligned}\tag{3.4.2}$$

式(3.4.2)表明，输出、输入过程的互相关函数等于输入自相关函数与系统权函数的卷积。

类似地，可以得到
$$R_{XY}(\tau)=E[X(t+\tau)Y(t)]\tag{3.4.3}$$

将式(3.3.1)代入上式有

$$R_{XY}(\tau)=\int_{-\infty}^{\infty} E[X(t+\tau)X(t-\lambda)]h(\lambda)\mathrm{d}\lambda$$

$$=\int_{-\infty}^{\infty} R_X(\tau+\lambda)h(\lambda)\mathrm{d}\lambda = R_X(\tau) * h(-\tau) \tag{3.4.4}$$

式(3.4.4)表明,将输入过程 $X(t)$的自相关函数 $R_X(\tau)$作用到具有冲激响应 $h(-\tau)$的系统,就可以得到输入、输出过程的互相关函数 $R_{XY}(\tau)$。

若输入过程 $X(t)$为各态历经过程,且与输出过程平稳相关,则根据各态历经过程的性质,可以写出线性系统输出、输入过程互相关函数为

$$R_{YX}(\tau) = \lim_{T\to\infty}\frac{1}{2T}\int_{-T}^{T} Y(t)X(t-\tau)\mathrm{d}t \tag{3.4.5}$$

将式(3.3.1)代入上式得

$$R_{YX}(\tau)=\lim_{T\to\infty}\frac{1}{2T}\int_{-\infty}^{\infty} h(\lambda)\int_{-T}^{T} X(t-\lambda)X(t-\tau)\mathrm{d}t\mathrm{d}\lambda$$

$$=\int_{-\infty}^{\infty} h(\lambda)\lim_{T\to\infty}\frac{1}{2T}\int_{-T}^{T} X(t-\lambda)X[t-\lambda-(\tau-\lambda)]\mathrm{d}t\mathrm{d}\lambda$$

$$=\int_{-\infty}^{\infty} h(\lambda)R_X(\tau-\lambda)\mathrm{d}\lambda$$

$$= h(\tau) * R_X(\tau) \tag{3.4.6}$$

式中 $$R_X(\tau-\lambda) = \lim_{T\to\infty}\frac{1}{2T}\int_{-T}^{T} X(t-\lambda)X[t-\lambda-(\tau-\lambda)]\mathrm{d}t$$

由此得出,从各态历经性推得的输出、输入的互相关函数 $R_{YX}(\tau)$和前面推得的结果是完全一致的。

类似地,可得 $$R_Y(\tau)=\int_{-\infty}^{\infty} R_{YX}(\tau+v)h(v)\mathrm{d}v$$

$$= R_{YX}(\tau) * h(-\tau) \tag{3.4.7}$$

将式(3.4.2)代入上式得

$$R_Y(\tau)= R_X(\tau) * h(\tau) * h(-\tau)$$

$$= R_X(\tau) * h(-\tau) * h(\tau)$$

$$= R_{XY}(\tau) * h(\tau) \tag{3.4.8}$$

对于平稳随机过程,线性系统的输入、输出相关函数的关系如图 3.12 所示。

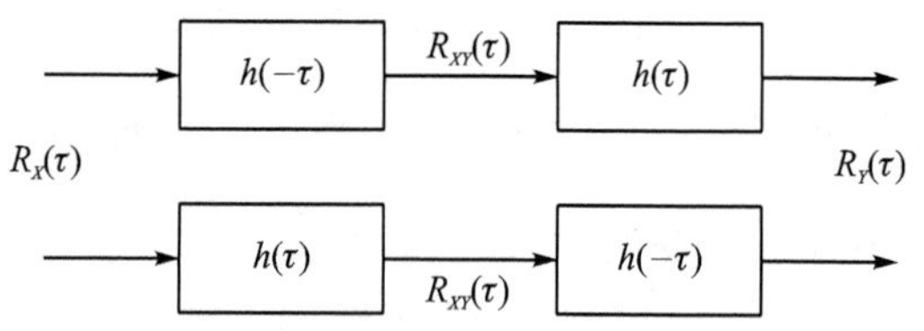

图 3.12 平稳过程输入与输出的相关函数的关系

2. 互功率谱密度

将联合平稳随机过程的互相关函数的傅里叶变换称为互功率谱密度函数,简称互谱密度。

对式(3.4.6)两边取傅里叶变换,或直接运用时域卷积定理,可得

$$G_{YX}(\omega) = H(\mathrm{j}\omega)G_X(\omega) \tag{3.4.9}$$

由上式看出,输出、输入过程的互功率谱密度等于系统传递函数与输入功率谱密度的乘积。式中 $G_X(\omega)$是无相位因子的实函数。但系统传递函数 $H(\mathrm{j}\omega)$是复数,含有相位因子。故互功率谱密度 $G_{YX}(\omega)$不是实函数,也不是偶对称的。而输出过程 $Y(t)$的自功率谱密度 $G_Y(\omega)$是无相位因子的实函数,且偶对称。

例 3.4-1　假定一个线性时不变系统的冲激响应 $h(t)=e^{-\beta t}U(t),\beta>0$。输入平稳过程 $X(t)$ 的自相关函数 $R_X(\tau)=e^{-\alpha|\tau|},\alpha>0$。求输出、输入过程之间的互相关函数 $R_{YX}(\tau)$。

解:由式(3.4.6)可得

$$R_{YX}(\tau)=\int_{-\infty}^{\infty}h(\lambda)R_X(\tau-\lambda)\mathrm{d}\lambda=\int_0^{\infty}e^{-\beta\lambda}e^{-\alpha|\tau-\lambda|}\mathrm{d}\lambda$$

当 $\tau<0$ 时

$$R_{YX}(\tau)=\int_0^{\infty}e^{-\beta\lambda}e^{\alpha(\tau-\lambda)}\mathrm{d}\lambda=\frac{e^{\alpha\tau}}{\alpha+\beta}$$

当 $\tau\geqslant 0$ 时

$$\begin{aligned}R_{YX}(\tau)&=\int_0^{\tau}e^{-\beta\lambda}e^{-\alpha(\tau-\lambda)}\mathrm{d}\lambda+\int_{\tau}^{\infty}e^{-\beta\lambda}e^{\alpha(\tau-\lambda)}\mathrm{d}\lambda\\&=\frac{1}{\alpha-\beta}(e^{-\beta\tau}-e^{-\alpha\tau})+\frac{1}{\alpha+\beta}e^{-\beta\tau}\end{aligned}$$

综合以上结果可得

$$R_{YX}(\tau)=\begin{cases}\dfrac{1}{\alpha+\beta}e^{\alpha\tau} & \tau<0\\ \dfrac{1}{\alpha-\beta}(e^{-\beta\tau}-e^{-\alpha\tau})+\dfrac{1}{\alpha+\beta}e^{-\beta\tau} & \tau\geqslant 0\end{cases}$$

互相关原理在最佳线性滤波器中将要用到。下面介绍互相关原理的另一种应用,即用互相关函数来确定系统的权函数。

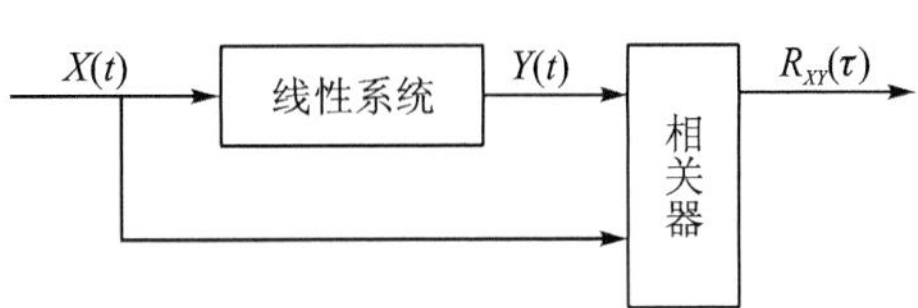

图 3.13　系统权函数确定

如图 3.13 所示,设输入是白噪声过程,其功率谱密度 $G_X(\omega)=N_0/2,-\infty<\omega<+\infty$,相关函数 $R_X(\tau)=\frac{N_0}{2}\delta(\tau)$,则应用互相关原理可得

$$\begin{aligned}R_{YX}(\tau)&=R_X(\tau)*h(\tau)\\&=\int_{-\infty}^{\infty}R_X(\tau-\lambda)h(\lambda)\mathrm{d}\lambda\\&=\int_{-\infty}^{\infty}\frac{N_0}{2}\delta(\tau-\lambda)h(\lambda)\mathrm{d}\lambda\\&=\frac{N_0}{2}\int_0^{\infty}h(\lambda)\delta(\tau-\lambda)\mathrm{d}\lambda\\&=\begin{cases}\dfrac{N_0}{2}h(\tau) & \tau>0\\ 0 & \tau<0\end{cases}\end{aligned}\tag{3.4.10}$$

由此得知,在白噪声激励时,线性系统输出、输入的互相关函数正比于系统权函数。换言之,系统的权函数可以通过测定系统的输出、输出过程的互相关函数来得到。在抗干扰性方面,互相关法比通常直接测量冲激响应要优越。

应用时域卷积定理,输出、输入过程的互功率谱密度为

$$G_{YX}(\omega)=H(\mathrm{j}\omega)G_X(\omega)=\frac{N_0}{2}H(\mathrm{j}\omega)\tag{3.4.11}$$

已知输入过程的功率谱密度 $G_X(\omega)=N_0/2$,若测出互谱密度 $G_{YX}(\omega)$,就可求出系统传递函数 $H(\mathrm{j}\omega)$。

例 3.4-2　考虑如图 3.14 所示的线性反馈系统,其中 $X(t)$ 和 $N(t)$ 均为广义平稳随机过

程。求：

(1) 输出过程 $Y(t)$ 的自相关函数 $R_Y(\tau)$ 和功率谱密度 $G_Y(\omega)$；

(2) 过程 $E(t)$ 的自相关函数 $R_E(\tau)$ 和功率谱密度 $G_E(\omega)$。

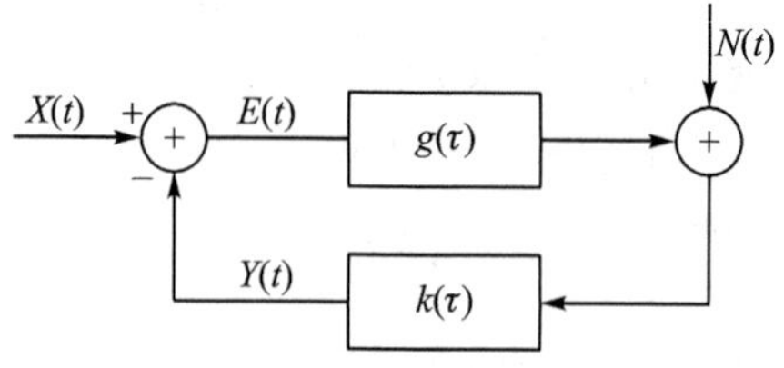

图 3.14 线性反馈系统

解：(1) 因为系统是线性的，故可写出

$$Y(t)=Y_X(t)+Y_N(t)$$

式中，$Y_X(t)$ 是输入为 $X(t)$ 时的输出，$Y_N(t)$ 是输入为 $N(t)$ 时的输出。由式(3.3.1)有

$$Y_X(t)=X(t)*h_1(t)$$

$$Y_N(t)=N(t)*h_2(t)$$

其中

$$h_1(t)=\mathscr{F}^{-1}[H_1(\mathrm{j}\omega)]=\mathscr{F}^{-1}\left[\frac{G(\omega)K(\omega)}{1+G(\omega)K(\omega)}\right]$$

$$h_2(t)=\mathscr{F}^{-1}[H_2(\mathrm{j}\omega)]=\mathscr{F}^{-1}\left[\frac{K(\omega)}{1+G(\omega)K(\omega)}\right]$$

故 $Y(t)$ 的相关函数为

$$\begin{aligned}R_Y(\tau)&=E\{[Y_X(t)+Y_N(t)][Y_X(t-\tau)+Y_N(t-\tau)]\}\\&=R_{Y_X}(\tau)+R_{Y_N}(\tau)+R_{Y_XY_N}(\tau)+R_{Y_NY_X}(\tau)\end{aligned}$$

$Y(t)$ 的功率谱密度为

$$G_Y(\omega)=G_{Y_X}(\omega)+G_{Y_N}(\omega)+G_{Y_XY_N}(\omega)+G_{Y_NY_X}(\omega)$$

其中

$$G_{Y_X}(\omega)=|H_1(\mathrm{j}\omega)|^2G_X(\omega)$$

$$G_{Y\ N}(\omega)=|H_2(\mathrm{j}\omega)|^2G_N(\omega)$$

$$G_{Y_XY_N}(\omega)=H_1(\mathrm{j}\omega)H_2^*(\mathrm{j}\omega)G_{X_N}(\omega)$$

$$G_{Y_NY_X}(\omega)=H_1^*(\mathrm{j}\omega)H_2(\mathrm{j}\omega)G_{N_X}(\omega)=G_{Y_XY_N}^*(\omega)$$

(2) 类似地有

$$E(t)=E_X(t)+E_N(t)$$

$$E_X(t)=X(t)*h_{1E}(t)$$

$$E_N(t)=N(t)*h_{2E}(t)$$

且

$$h_{1E}(t)=\mathscr{F}^{-1}[H_{1E}(\mathrm{j}\omega)]=\mathscr{F}^{-1}\left[\frac{1}{1+G(\omega)K(\omega)}\right]$$

$$h_{2E}(t)=\mathscr{F}^{-1}[H_{2E}(\mathrm{j}\omega)]=\mathscr{F}^{-1}\left[\frac{-K(\omega)}{1+G(\omega)K(\omega)}\right]$$

故

$$\begin{aligned}R_E(\tau)&=E\{[E_X(t)+E_N(t)][E_X(t-\tau)+E_N(t-\tau)]\}\\&=R_{E_X}(\tau)+R_{E_N}(\tau)+R_{E_XE_N}(\tau)+R_{E_NE_X}(\tau)\end{aligned}$$

$$G_E(\omega)=G_{E_X}(\omega)+G_{E\ N}(\omega)+G_{E_XE_N}(\omega)+G_{E_NE_X}(\omega)$$

其中

$$G_{E_X}(\omega)=|H_{1E}(\mathrm{j}\omega)|^2G_X(\omega)$$

$$G_{E_N}(\omega)=|H_{2E}(\mathrm{j}\omega)|^2G_N(\omega)$$

$$G_{E_XE_N}(\omega)=H_{1E}(\mathrm{j}\omega)H_{2E}^*(\mathrm{j}\omega)G_{X_N}(\omega)$$

$$G_{E_NE_X}(\omega)=H_{1E}^*(\mathrm{j}\omega)H_{2E}(\mathrm{j}\omega)G_{N_X}(\omega)$$

3.4.2 输出为非平稳过程时的互相关函数

现在简要地讨论一下输出为非平稳过程时，输出过程的自相关函数、输入和输出过程的互

相关函数与输入自相关函数、系统权函数之间的关系。

按定义，输出过程的自相关函数为

$$R_Y(t_1,t_2) = E[Y(t_1)Y(t_2)] \tag{3.4.12}$$

因为

$$Y(t_1) = \int_{-\infty}^{\infty} X(t_1-\tau)h(\tau)\mathrm{d}\tau$$

将其代入式(3.4.12)得

$$\begin{aligned} R_Y(t_1,t_2) &= \int_{-\infty}^{\infty} E[X(t_1-\tau)Y(t_2)]h(\tau)\mathrm{d}\tau \\ &= \int_{-\infty}^{\infty} R_{XY}(t_1-\tau,t_2)h(\tau)\mathrm{d}\tau \\ &= R_{XY}(t_1,t_2) * h(t_1) \end{aligned} \tag{3.4.13}$$

式(3.4.13)表明，输出过程的自相关函数 $R_Y(t_1,t_2)$等于输入和输出过程的互相关函数与系统权函数的卷积。

类似地，还可得出

$$R_Y(t_1,t_2) = R_{YX}(t_1,t_2) * h(t_2) \tag{3.4.14}$$

下面讨论输入和输出过程的互相关函数与输入过程的自相关函数之间的关系。

按互相关函数的定义，可以写出

$$R_{YX}(t_1,t_2) = E[Y(t_1)X(t_2)]$$

因为

$$Y(t_1) = \int_{-\infty}^{\infty} X(t_1-\tau)h(\tau)\mathrm{d}\tau$$

故

$$\begin{aligned} R_{YX}(t_1,t_2) &= E\left[\int_{-\infty}^{\infty} X(t_1-\tau)h(\tau)X(t_2)\mathrm{d}\tau\right] \\ &= \int_{-\infty}^{\infty} E[X(t_1-\tau)X(t_2)]h(\tau)\mathrm{d}\tau \\ &= \int_{-\infty}^{\infty} R_X(t_1-\tau,t_2)h(\tau)\mathrm{d}\tau \\ &= R_X(t_1,t_2) * h(t_1) \end{aligned} \tag{3.4.15}$$

式(3.4.15)表示输出与输入过程的互相关函数等于输入过程的自相关函数与系统权函数的卷积。

3.5　白噪声过程通过线性系统

3.5.1　一般关系式

设线性系统的冲激响应和传递函数分别为 $h(t)$和 $H(\mathrm{j}\omega)$，输入白噪声 $X(t)$的功率谱密度 $G_X(\omega)=N_0/2$，$-\infty<\omega<\infty$。则白噪声过程通过线性系统后的输出过程 $Y(t)$可以用以下方法求解。

1. 频谱法

由式(3.3.9)得输出过程 $Y(t)$的功率谱密度为

$$G_Y(\omega) = G_X(\omega)\,|H(\mathrm{j}\omega)|^2 = \frac{N_0}{2}\,|H(\mathrm{j}\omega)|^2 \tag{3.5.1}$$

式(3.5.1)表明，由于系统的频率响应特性的影响，因而输出过程的功率谱已不再是均匀的了。

由式(3.3.10)得输出过程$Y(t)$的相关函数为

$$\begin{aligned} R_Y(\tau) &= \frac{1}{\pi}\int_0^{\infty} G_X(\omega)\,|H(j\omega)|^2 \cos\omega\tau \, d\omega \\ &= \frac{N_0}{2\pi}\int_0^{\infty} |H(j\omega)|^2 \cos\omega\tau \, d\omega \end{aligned} \tag{3.5.2}$$

因为噪声的均值为零,故当$\tau=0$时,由上式可得$Y(t)$的方差为

$$\sigma_Y^2 = C_Y(0) = R_Y(0) = \frac{N_0}{2\pi}\int_0^{\infty} |H(j\omega)|^2 d\omega \tag{3.5.3}$$

或

$$\sigma_Y^2 = N_0\int_0^{\infty} |H(jf)|^2 df$$

2. 冲激响应法

白噪声$X(t)$的自相关函数为

$$R_X(\tau) = \frac{N_0}{2}\delta(\tau)$$

由式(3.3.4)可得输出过程$Y(t)$的自相关函数为

$$\begin{aligned} R_Y(\tau) &= R_X(\tau) * h(\tau) * h(-\tau) \\ &= \frac{N_0}{2}\delta(\tau) * h(\tau) * h(-\tau) \end{aligned} \tag{3.5.4}$$

利用δ函数的卷积性质:$\delta(\tau) * h(\tau)=h(\tau)$,得

$$R_Y(\tau) = \frac{N_0}{2}h(\tau) * h(-\tau)$$

即

$$R_Y(\tau) = \frac{N_0}{2}\int_{-\infty}^{\infty} h(u)h(\tau+u)du \tag{3.5.5}$$

当式(3.5.5)中$\tau=0$时,即得$Y(t)$的方差为

$$\sigma_Y^2 = R_Y(0) = \frac{N_0}{2}\int_{-\infty}^{\infty} h^2(u)du \tag{3.5.6}$$

用上述两种方法求得的表达式虽然不同,但其计算结果却一致。显然,简单积分运算要比卷积运算简便,因而频谱法应用十分广泛。

3.5.2 噪声等效通频带

为了分析和计算方便,把白噪声通过线性系统后的非均匀物理谱密度等效成在一不定频带内是均匀的物理谱密度,这个频带称为噪声等效通频带,简称噪声通频带,并记为Δf_e。它表示该系统对噪声功率谱的选择性。

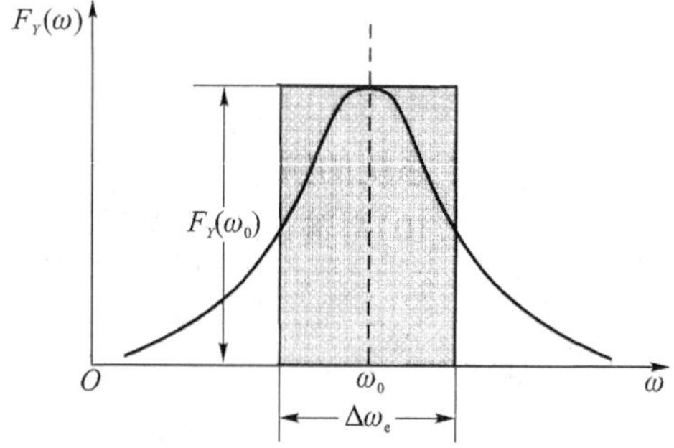

图 3.15 噪声等效通频带

噪声通频带的宽度是按噪声功率相等来等效的。如图3.15所示,高为$F_Y(\omega_0)$、宽为$\Delta\omega_e=2\pi\Delta f_e$的矩形面积和由$F_Y(\omega)$与$\omega$轴围成的面积相等,即

$$F_Y(\omega_0)\Delta\omega_e = \int_0^{\infty} F_Y(\omega)\mathrm{d}\omega$$

由此得噪声通频带为

$$\Delta f_e = \frac{1}{2\pi}\frac{\int_0^{\infty} F_Y(\omega)\mathrm{d}\omega}{F_Y(\omega_0)} = \frac{\int_0^{\infty} F_Y(f)\mathrm{d}f}{F_Y(f_0)}$$

$$= \frac{\int_0^{\infty} |H(\mathrm{j}f)|^2\mathrm{d}f}{|H(\mathrm{j}f_0)|^2} \tag{3.5.7}$$

上述为带通网络的情况。如实际系统为低通网络，则有

$$\Delta f_e = \frac{1}{2\pi}\frac{\int_0^{\infty} F_Y(\omega)\mathrm{d}\omega}{F_Y(0)} = \frac{\int_0^{\infty} |H(\mathrm{j}f)|^2\mathrm{d}f}{|H(0)|^2}$$

可见，噪声通频带 Δf_e 如信号通频带那样，仅由线性电路本身所决定。而且由噪声通频带 Δf_e 可直接给出系统 输出过程平均功率的表达式。

当系统为带通网络时　$R_Y(0) = N_0\Delta f_e|H(\mathrm{j}\omega_0)|^2$　(3.5.8)

当系统为低通网络时　$R_Y(0) = N_0\Delta f_e|H(0)|^2$　(3.5.9)

3.5.3　白噪声通过线性系统

1. 白噪声通过 RC 积分器

RC 积分器如图 3.16 所示。假定系统的冲激响应为

$$h(t) = \frac{1}{RC}\mathrm{e}^{-\frac{t}{RC}} \qquad t > 0$$

输入随机过程为白噪声过程 $X(t)$，其自相关函数为

$$R_X(\tau) = \frac{N_0}{2}\delta(\tau)$$

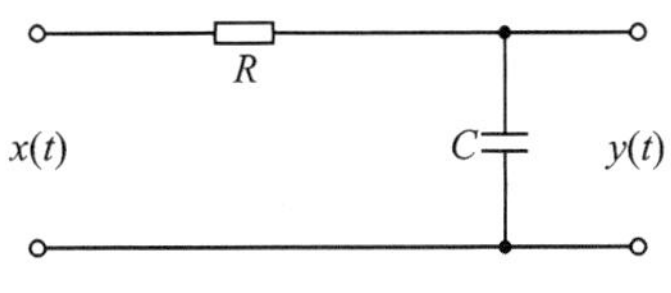

图 3.16　RC 积分器

设 $a=1/RC$，则系统冲激响应又可表示为

$$h(t) = a\mathrm{e}^{-at} \qquad t > 0$$

先求系统权函数的自相关函数 $R_h(\tau)$。

当 $\tau > 0$ 时，有　$R_h(\tau) = \int_0^{\infty} h(t)h(t-\tau)\mathrm{d}t = \int_{\tau}^{\infty} a\mathrm{e}^{-at}a\mathrm{e}^{-a(t-\tau)}\mathrm{d}t = \frac{a}{2}\mathrm{e}^{-a\tau}$

当 $\tau < 0$ 时，有　$R_h(\tau) = \int_0^{\infty} h(t)h(t-\tau)\mathrm{d}t = \int_0^{\infty} a\mathrm{e}^{-at}a\mathrm{e}^{-a(t-\tau)}\mathrm{d}t = \frac{a}{2}\mathrm{e}^{a\tau}$

综合上述两种情况，得

$$R_h(\tau) = \frac{a}{2}\mathrm{e}^{-a|\tau|}$$

然后，由式(3.3.4)可得输出过程 $Y(t)$的自相关函数为

$$R_Y(\tau) = \int_{-\infty}^{\infty} R_X(\tau-z)R_h(z)\mathrm{d}z = \int_{-\infty}^{\infty}\frac{N_0}{2}\delta(\tau-z)\,\frac{a}{2}\mathrm{e}^{-a|z|}\,\mathrm{d}z$$

$$= \frac{N_0 a}{4}\int_{-\infty}^{\infty}\mathrm{e}^{-a|z|}\delta(\tau-z)\mathrm{d}z = \frac{N_0 a}{4}\mathrm{e}^{-a|\tau|} \tag{3.5.10}$$

相关系数为　$r_Y(\tau) = \frac{R_Y(\tau)}{R_Y(0)} = \mathrm{e}^{-a|\tau|}$　(3.5.11)

相关时间为
$$\tau_0=\int_0^{\infty} r_Y(\tau)\mathrm{d}\tau=\int_0^{\infty}\mathrm{e}^{-a|\tau|}\,\mathrm{d}\tau=\frac{1}{a}=\frac{1}{4\Delta f_{\mathrm{e}}} \tag{3.5.12}$$

白噪声通过 RC 电路，若 RC 很大，即 a 很小，则噪声通带 $\mathrm{d}f_{\mathrm{e}}$ 很小，相关时间 τ_0 很大。此时只有低频分量才能通过电路，输出噪声的起伏程度小，相关性变强。反之，若 RC 很小，表明电路趋于全通网络，则输出仍为白噪声。

综上所述，可得如下结论。

① 输出过程的自相关函数 $R_Y(\tau)$和系统权函数的自相关函数 $R_h(\tau)$在形式上完全相同，均为指数函数，只有系数上的差异。故当输入为白噪声过程时，输出过程的特性可由系统权函数的特性来决定。换言之，白噪声过程可作为一个策动源，工程上所要求的任一随机过程$Y(t)$都可以用白噪声过程通过一特定结构的线性系统来产生。

② 若系统输入为白噪声过程，通过实验方法测得输出过程 $Y(t)$的特征，则该系统的特性就可以求出来。因此，将白噪声过程作为策动源，来研究线性系统的特征是极为方便的。

2. 白噪声通过理想低通网络

设理想低通线性系统的幅频特性为

$$|H(\mathrm{j}\omega)|=\begin{cases}K_0 & -\Delta\omega<\omega<\Delta\omega\\ 0 & \text{其他}\end{cases}$$

如图 3.17 所示。已知输入白噪声的功率谱为 $N_0/2$，因而输出过程 $Y(t)$的功率谱为

$$G_Y(\omega)=G_X(\omega)\,|H(\mathrm{j}\omega)|^2=\begin{cases}\dfrac{N_0K_0^2}{2} & -\Delta\omega<\omega<\Delta\omega\\ 0 & \text{其他}\end{cases} \tag{3.5.13}$$

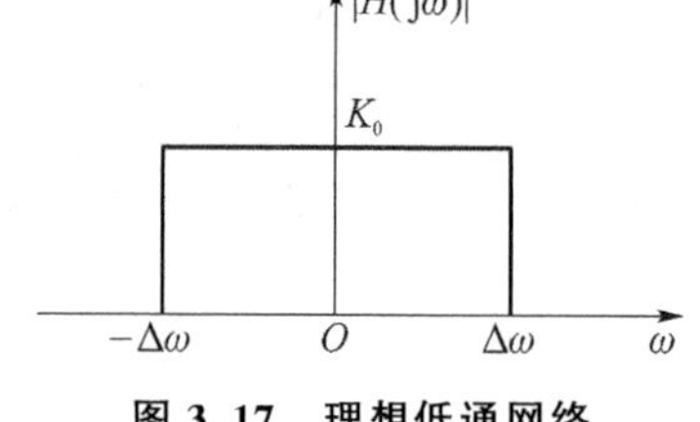

图 3.17 理想低通网络

式(3.5.13)表明，通频带以外的分量全被滤除了。

相关函数为
$$R_Y(\tau)=\frac{1}{\pi}\int_0^{\infty}G_Y(\omega)\cos\omega\tau\mathrm{d}\omega=\frac{N_0K_0^2}{2\pi}\int_0^{\Delta\omega}\cos\omega\tau\mathrm{d}\omega$$
$$=\frac{N_0K_0^2\Delta\omega}{2\pi}\,\frac{\sin\Delta\omega\tau}{\Delta\omega\tau} \tag{3.5.14}$$

于是可得方差为
$$\sigma_Y^2=C_Y(0)=R_Y(0)=\frac{N_0K_0^2\Delta\omega}{2\pi}$$

相关系数为
$$r_Y(\tau)=\frac{C_Y(\tau)}{\sigma_Y^2}=\frac{\sin\Delta\omega\tau}{\Delta\omega\tau}$$

相关时间为
$$\tau_0=\int_0^{\infty}\frac{\sin\Delta\omega\tau}{\Delta\omega\tau}\mathrm{d}\tau=\frac{\pi}{2\Delta\omega}=\frac{1}{4\Delta f}$$

式中，$\Delta\omega=2\pi\Delta f$。

由于输出噪声的功率谱呈矩形，系统的噪声通频带等于信号通频带，即

$$\Delta f_{\mathrm{e}}=\Delta f=\frac{\Delta\omega}{2\pi}$$

故有关系式

$$\tau_0\Delta f_{\mathrm{e}}=1/4$$

由此可见，相关时间 τ_0 与系统的通频带 Δf_{e}(或 Δf_n)成反比。若 Δf_{e} 大，则 τ_0 小，输出过程的起伏变化快。如果 $\Delta f_{\mathrm{e}}\to\infty$，则 $\tau_0\to 0$，这时输出过程仍为白噪声。反之，若 Δf_{e} 小，则 τ_0

大，输出过程的起伏变化慢。

3. 白噪声通过理想带通网络

设理想带通网络的频率特性为

$$H(\mathrm{j}\omega)=\begin{cases}K_0 & |\omega-\omega_0|<\dfrac{\Delta\omega}{2}\\ 0 & \text{其他}\end{cases}$$

如图 3.18 所示。显然，这里的噪声通频带就是通带 $\Delta f=\dfrac{\Delta\omega}{2\pi}$。如果输入白噪声的物理谱密度 $G_X(\omega)=N_0$，则输出 $Y(t)$ 的物理谱密度为

$$G_Y(\omega)=\begin{cases}K_0^2N_0 & |\omega-\omega_0|<\dfrac{\Delta\omega}{2}\\ 0 & \text{其他}\end{cases}$$

其自相关函数为 $R_Y(\tau)=\dfrac{1}{2\pi}\displaystyle\int_0^{\infty}G_Y(\omega)\cos\omega\tau\,\mathrm{d}\omega=\dfrac{1}{2\pi}\int_{\omega_0-\frac{\Delta\omega}{2}}^{\omega_0+\frac{\Delta\omega}{2}}N_0K_0^2\cos\omega\tau\,\mathrm{d}\omega$

$$=\frac{N_0K_0^2\Delta\omega}{2\pi}\frac{\sin\dfrac{\Delta\omega}{2}\tau}{\dfrac{\Delta\omega}{2}\tau}\cos\omega_0\tau=a(\tau)\cos\omega_0\tau \tag{3.5.15}$$

式中

$$a(\tau)=\frac{N_0K_0^2\Delta\omega}{2\pi}\frac{\sin\dfrac{\Delta\omega}{2}\tau}{\dfrac{\Delta\omega}{2}\tau}$$

$Y(t)$ 的自相关系数为

$$r_Y(\tau)=\frac{R_Y(\tau)}{R_Y(0)}=\frac{\sin\dfrac{\Delta\omega}{2}\tau}{\dfrac{\Delta\omega}{2}\tau}\cos\omega_0\tau$$

如果 $\Delta\omega\ll\omega_0$，则输出 $Y(t)$ 称为窄带随机过程或窄带噪声。图 3.19 示出了其自相关函数 $R_Y(\tau)$ 的波形，曲线的包络为 $a(\tau)$ 的波形，由于 $a(\tau)$ 只含有 $\dfrac{\Delta\omega}{2}$ 的成分，和 $\cos\omega_0\tau$ 相比是慢变化部分。

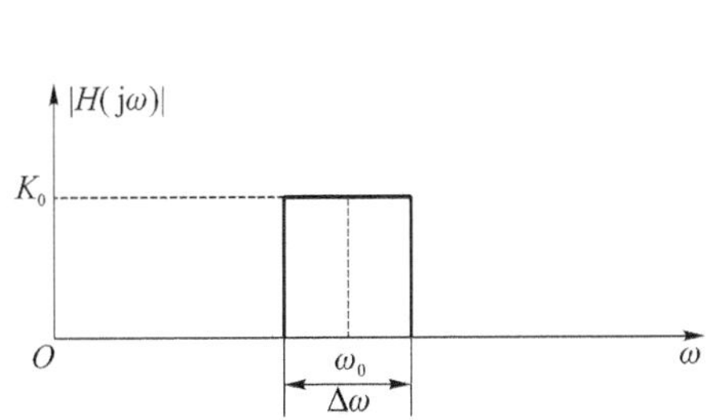

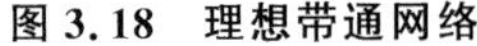

图 3.18　理想带通网络

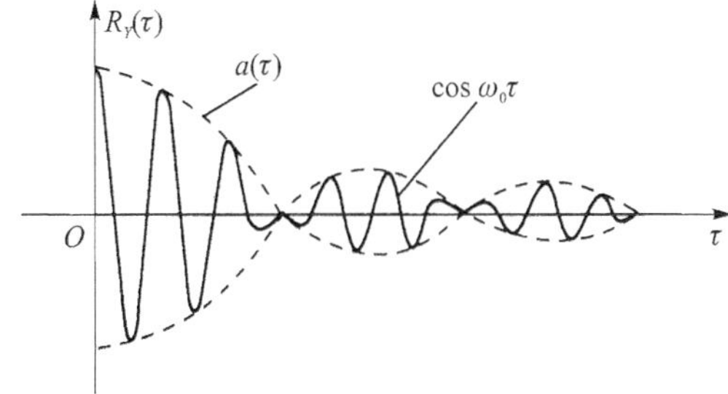

图 3.19　窄带矩形噪声的相关函数

根据窄带噪声自相关函数的特点，一般都用 $R_Y(\tau)$ 的慢变化部分 $a(\tau)$ 来定义相关时间，即

$$\tau_0=\frac{\displaystyle\int_0^{\infty}a(\tau)\mathrm{d}\tau}{a(0)}=\int_0^{\infty}\frac{\sin\dfrac{\Delta\omega}{2}\tau}{\dfrac{\Delta\omega}{2}\tau}\mathrm{d}\tau=\frac{\pi}{\Delta\omega} \tag{3.5.16}$$

窄带噪声的相关时间 τ_0 表示其包络起伏变化的快慢程度。τ_0 越大,包络变化越缓慢。

白噪声通过理想低通网络和理想带通网络的输出过程称为限带白噪声。它在给定的通带内具有均匀的功率谱,在通带外其功率谱为零。

4. 白噪声通过高斯型带通网络

在电子、控制等许多实际系统中,系统的频率响应特性曲线呈现高斯型,如图3.20所示。高斯型频率响应特性曲线的表达式为

$$H(\mathrm{j}\omega) = K_0 \exp\left\{-\frac{(\omega-\omega_0)^2}{2\beta^2}\right\}$$

式中,β 是用来确定频率响应特性曲线带宽的参数。β 越小,通带越窄。

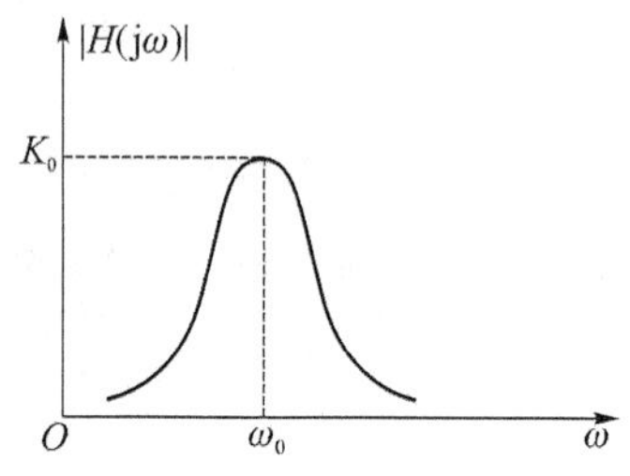

图3.20 高斯型带通网络

假定具有高斯型频率响应特性的线性系统,其输入是白噪声过程,则系统的输出功率谱密度为

$$C_Y(\omega) = C_X(\omega)\,|H(\mathrm{j}\omega)|^2 = N_0 K_0^2 \exp\left\{-\frac{(\omega-\omega_0)^2}{\beta^2}\right\} \tag{3.5.17}$$

式中,N_0 是输入过程的单边功率谱密度。从式(3.5.17)可看出,白噪声过程通过具有高斯型频率响应特性的窄带线性系统后,输出过程的功率谱密度仍是高斯型的。

下面讨论输出过程的自相关函数。由式(3.3.10)得

$$R_Y(\tau) = \frac{1}{2\pi}\int_0^{\infty} G_Y(\omega)\cos\omega\tau\,\mathrm{d}\omega = \frac{N_0 K_0^2}{2\pi}\int_0^{\infty}\exp\left\{-\frac{(\omega-\omega_0)^2}{\beta^2}\right\}\cos\omega\tau\,\mathrm{d}\omega$$

做变量代换,令 $\omega-\omega_0=\Omega$,则 $\cos\omega\tau\,\mathrm{d}\omega=\cos(\omega_0+\Omega)\tau\,\mathrm{d}\Omega$,故

$$\begin{aligned} R_Y(\tau) &= \frac{N_0 K_0^2}{2\pi}\int_{-\omega_0}^{\infty} \mathrm{e}^{-\Omega^2/\beta^2}[\cos\Omega\tau\cos\omega_0\tau - \sin\Omega\tau\sin\omega_0\tau]\mathrm{d}\Omega \\ &= \frac{N_0 K_0^2}{\pi}\cos\omega_0\tau\int_0^{\infty}\mathrm{e}^{-\Omega^2/\beta^2}\cos\Omega\tau\,\mathrm{d}\Omega \\ &= \frac{N_0 K_0^2\beta}{2\sqrt{\pi}}\mathrm{e}^{-\beta^2\tau^2/4}\cos\omega_0\tau \end{aligned} \tag{3.5.18}$$

仍照前面,可得自相关系数为

$$r_Y(\tau) = \mathrm{e}^{-\beta^2\tau^2/4}\cos\omega_0\tau \tag{3.5.19}$$

其曲线如图3.21所示。

此窄带噪声的相关时间为

$$\tau_0 = \int_0^{\infty}\mathrm{e}^{-\beta^2\tau^2/4}\mathrm{d}\tau = \frac{\sqrt{\pi}}{\beta} \tag{3.5.20}$$

由于参量 β 正比于系统通频带 Δf,故相关时间 τ_0 与系统通频带 Δf 成反比。

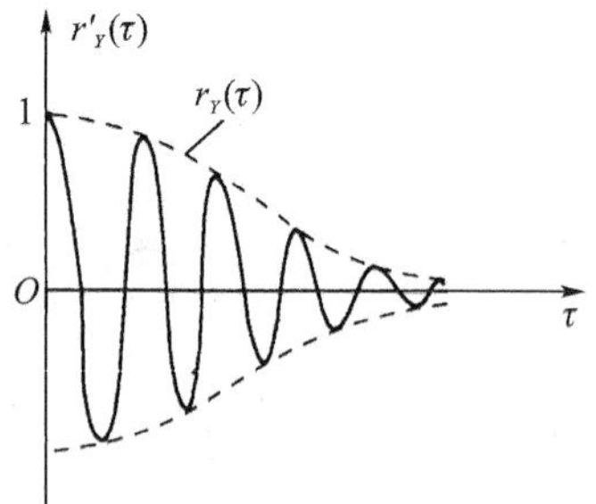

图3.21 窄带高斯噪声的相关系数曲线

3.6 随机过程的非线性变换

前面讨论了随机过程的线性变换问题,得到了随机过程经线性变换后的统计特征和许多重要结论。由于在工程实际中,存在一类非线性系统,而求解这类非线性系统往往比较复杂和

困难，除非在特定的条件下、在特定的范围内可以把它当成线性问题来处理外，一般情况下是不能直接引用线性系统的分析方法和结论的。因此，下面运用前面得出的结论，再根据非线性系统的特殊性，来讨论随机过程通过非线性时不变系统的统计特征，并简要介绍一些求解随机过程非线性变换的方法。

3.6.1　非线性变换的基本概念和分析方法

如图 3.22 所示，非线性系统的输入和输出关系可用如下的函数关系式来表示

$$y = g(x) \tag{3.6.1}$$

式中，符号 $g(\cdot)$表示非线性系统对输入的非线性变换规则。此非线性系统则由该变换规则 $g(\cdot)$来定义。

如果系统的输入随机过程为 $X(t)$，输出过程为 $Y(t)$，则有

$$Y(t) = g[X(t)] \tag{3.6.2}$$

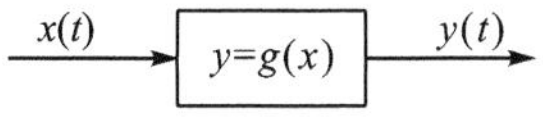

图 3.22　非线性系统

在随机信号的非线性变换中，又可分为有记忆(有惰性)和无记忆(无惰性)两大类。如果在某瞬时 t_h，输出 $Y(t_h)$仅仅依赖于 $X(t_h)$而不依赖于 $X(t_h)$的过去值和将来值，则称为无记忆的非线性变换。此时，非线性系统不含有记忆元件。但是通常在非线性电路中都含有记忆元件(电感、电容)。这时常将它们归并到输入或输出的线性系统中去。

需要强调指出的是，$g(x)$不是时间的函数，是时不变的非线性系统，即输入过程为 $X(t+\eta)$时，输出过程为

$$Y(t+\eta) = g[X(t+\eta)] \tag{3.6.3}$$

式中，η 为任意正数，这是时不变系统的基本特征。

随机过程的非线性变换主要讨论概率密度的变换，以及矩函数和功率谱密度的变换。

1. 概率密度的变换

概率密度的变换实际上是随机变量的函数的变换。由式(3.6.2)可以看出，当 t 为确定值时，则随机变量 $Y(t)$是随机变量 $X(t)$的函数。因此 $Y(t)$的概率密度 $p_Y(y,t)$可由 $X(t)$的概率密度变换得出，其关系式为

$$p_Y(y,t) = |J|\, p_X(x,t) \tag{3.6.4}$$

式中，雅可比因子 $J=\dfrac{\mathrm{d}X}{\mathrm{d}Y}$。由 $y=g(x)$得出 $x=g^{-1}(y)$，并代入上式即可。如果 $y=g(x)$不是单调函数，即有

$$p_Y(y,t) = |J_1|\, p_X(x_1,t) + |J_2|\, p_X(x_2,t) + \cdots \tag{3.6.5}$$

式中，$J_1=\dfrac{\mathrm{d}x}{\mathrm{d}y}\Big|_{x=x_1}$，$J_2=\dfrac{\mathrm{d}x}{\mathrm{d}y}\Big|_{x=x_2}$，…。

类似地，因为　$Y(t_1) = g[X(t_1)]$，　$Y(t_2) = g[X(t_2)]$

随机变量的二维概率密度 $p_Y(y_1,y_2;t_1,t_2)$可由 $X(t)$的二维概率密度 $p_X(x_1,x_2;t_1,t_2)$变换得出。其关系式为

$$p_Y(y_1,y_2;t_1,t_2) = |J|\, p_X(x_1,x_2;t_1,t_2) \tag{3.6.6}$$

式中，雅可比因子为

$$J=\frac{\partial(x_1,x_2)}{\partial(y_1,y_2)}=\begin{pmatrix}\dfrac{\partial x_1}{\partial y_1} & \dfrac{\partial x_2}{\partial y_1}\\ \dfrac{\partial x_1}{\partial y_2} & \dfrac{\partial x_2}{\partial y_2}\end{pmatrix}$$

同理,可导出 $Y(t)$的 n 维概率密度。

2. 矩函数和功率谱密度的变换

为求得输出过程 $Y(t)$的均值和相关函数,只知道输入 $X(t)$的均值和相关函数是不够的,在非线性变换中还必须给定 $X(t)$的一维和二维概率密度。于是 $Y(t)$的均值为

$$m_Y(t)=E[Y(t)]=\int_{-\infty}^{\infty}g(x)p_X(x,t)\mathrm{d}x \tag{3.6.7}$$

同理可得 $Y(t)$的 n 阶原点矩为

$$E\{[Y(t)]^n\}=\int_{-\infty}^{\infty}[g(x)]^n p_X(x,t)\mathrm{d}x \tag{3.6.8}$$

$Y(t)$ 的相关函数为 $R_Y(t_1,t_2)=E[Y(t_1)Y(t_2)]$

$$=\int_{-\infty}^{\infty}\int_{-\infty}^{\infty}g(x_1)g(x_2)p_X(x_1,x_2;t_1,t_2)\mathrm{d}x_1\mathrm{d}x_2 \tag{3.6.9}$$

如果输入随机过程 $X(t)$是平稳过程,其一维和二维概率密度分别为 $p_X(x)$和 $p_X(x_1,x_2;\tau)$,代入式(3.6.7)和式(3.6.9),则得 $Y(t)$的均值为

$$m_Y=E[Y(t)]=\int_{-\infty}^{\infty}g(x)p_X(x)\mathrm{d}x \tag{3.6.10}$$

$Y(t)$的相关函数为

$$\begin{aligned}R_Y(\tau)&=E[Y(t_1)Y(t_2)]\\&=\int_{-\infty}^{\infty}\int_{-\infty}^{\infty}g(x_1)g(x_2)p_X(x_1,x_2;\tau)\mathrm{d}x_1\mathrm{d}x_2 \qquad \tau=t_2-t_1\end{aligned} \tag{3.6.11}$$

可以看出,若输入为平稳随机过程,则输出过程亦为平稳的。

对式(3.6.11)进行傅里叶变换,则可求得输出过程 $Y(t)$的功率谱密度为

$$S_Y(\omega)=\int_{-\infty}^{\infty}R_Y(\tau)\mathrm{e}^{-\mathrm{j}\omega\tau}\mathrm{d}\tau \tag{3.6.12}$$

3.6.2 无记忆非线性变换的分析方法

式(3.6.11)为平稳过程通过无记忆非线性系统后相关函数的基本关系式。根据求积分时所用的方法不同,一般分为直接法和变换法。

1. 直接法

直接利用式(3.6.9)或式(3.6.11)做二重积分的计算方法称为直接法。此法一般仅适用于非线性函数关系式和概率密度函数表达式比较简单的情况。如果表达式复杂,则直接做二重积分将会遇到困难,此时有

$$R_Y(t_1,t_2)=\int_{-\infty}^{\infty}\int_{-\infty}^{\infty}g(x_1)g(x_2)p_X(x_1,x_2;t_1,t_2)\mathrm{d}x_1\mathrm{d}x_2 \tag{3.6.13}$$

或

$$R_Y(\tau)=\int_{-\infty}^{\infty}\int_{-\infty}^{\infty}g(x_1)g(x_2)p_X(x_1,x_2;\tau)\mathrm{d}x_1\mathrm{d}x_2 \tag{3.6.14}$$

从上述分析可以看出,直接法对输入过程 $X(t)$没有特殊要求,但实际中常用的大多为高斯过程。

2. 变换法

变换法不直接按式(3.6.9)或式(3.6.11)去求积分，而是用 $g(x)$的积分变换，如傅里叶变换或拉普拉斯变换，将非线性函数变换成转移函数，将概率密度函数变换成特征函数，改变积分顺序后再进行运算，这样可以克服某些在直接法中遇到的困难。

设函数 $g(x)$有连续导数，并且满足绝对可积条件

$$\int_{-\infty}^{\infty} |g(x)| \mathrm{d}x < \infty$$

则存在 $g(x)$的傅里叶变换，即

$$F(\mu) = \int_{-\infty}^{\infty} g(x) \mathrm{e}^{-\mathrm{j}\mu x} \mathrm{d}x$$

而反变换为

$$g(x) = \frac{1}{2\pi}\int_{-\infty}^{\infty} F(\mu) \mathrm{e}^{\mathrm{j}\mu x} \mathrm{d}\mu \tag{3.6.15}$$

在许多重要的非线性系统中，如半波线性检波器、理想的单边带硬限幅等，$g(x)$并不绝对可积，因而不存在傅里叶变换。如果 $g(x)$在 $x<0$ 处恒为零，在 $x>0$ 处有连续导数，并且 $g(x)\mathrm{e}^{-\lambda x}$满足绝对可积条件，则存在 $g(x)$的拉普拉斯变换，即

$$F(s) = \int_{0}^{\infty} g(x) \mathrm{e}^{-sx} \mathrm{d}x$$

式中，$s=\lambda+\mathrm{j}\mu$，λ 为常数。对上式进行拉普拉斯反变换，则有

$$g(x) = \frac{1}{2\pi\mathrm{j}}\int_{\lambda-\mathrm{j}\infty}^{\lambda+\mathrm{j}\infty} F(s) \mathrm{e}^{sx} \mathrm{d}s = \frac{1}{2\pi\mathrm{j}}\int_{D} F(s) \mathrm{e}^{sx} \mathrm{d}s \tag{3.6.16}$$

式中，D 代表积分路线。$F(\mu)$和 $F(s)$通常称为转移函数。

将式(3.6.15)代入式(3.6.11)，互换积分与求均值的顺序，则得

$$\begin{aligned} R_Y(\tau) &= \frac{1}{4\pi^2}\int_{-\infty}^{\infty} F(\mu)\mathrm{d}\mu\int_{-\infty}^{\infty} F(v)\mathrm{d}v\int_{-\infty}^{\infty}\int_{-\infty}^{\infty} \mathrm{e}^{\mathrm{j}(\mu x_1+vx_2)} p_X(x_1,x_2;\tau)\mathrm{d}x_1\mathrm{d}x_2 \\ &= \frac{1}{4\pi^2}\int_{-\infty}^{\infty} F(\mu)\int_{-\infty}^{\infty} F(v)\phi(\mu,v;\tau)\mathrm{d}\mu\mathrm{d}v \end{aligned} \tag{3.6.17}$$

式中

$$\phi(\mu,v;\tau) = \int_{-\infty}^{\infty}\int_{-\infty}^{\infty} \mathrm{e}^{\mathrm{j}(\mu x_1+vx_2)} p_X(x_1,x_2;\tau)\mathrm{d}x_1\mathrm{d}x_2$$

为输入过程 $X(t)$的二维特征函数。如果需用拉普拉斯变换求转移函数，则有

$$R_Y(\tau) = \frac{1}{(2\pi\mathrm{j})^2}\int_D F(s_1)\int_D F(s_2)\phi(s_1,s_2;\tau)\mathrm{d}s_1\mathrm{d}s_2 \tag{3.6.18}$$

式中，s_1 和 s_2 是复变量，D 代表在复平面上的积分路线。

在随机过程的非线性变换中，采用式(3.6.17)和式(3.6.18)的分析方法通常称为变换法，这是因为在式中出现了由系统传输特性 $g(x)$变换而来的转移函数。有时该方法又称为特征函数法，这是因为在式中出现了输入过程的二维特征函数。

3.6.3 包络法

在 3.6.2 节中，直接法和变换法都假定：在非线性系统中，输出和输入过程间的响应是瞬时或无记忆的。如果分析的是检波器，则线路中应不含有储能元件而仅仅含有负载电阻。但在一般的接收设备中，经常应用的是线性包络检波器，其负载是 RC 并联电路。于是，输出和输入间的响应不是瞬时的，而是一种有记忆的非线性变换。在这种情况下，检波器的输入应为

呈现有包络的窄带随机过程。借助于包络的变换来解决这一类窄带过程的非线性变换问题,称为包络法。

设输入过程 $X(t)$可表示为准正弦振荡的窄带随机过程,即

$$X(t)=A(t)\cos[\omega_0 t-\Phi(t)]$$

式中,包络 $A(t)$和相位 $\Phi(t)$均为随机过程,相对于 ω_0来说,都是随机的、慢变化的时间函数。线性包络检波器的输出为

$$Y(t)=bA(t)$$

式中,b 为常数。不难得出,$Y(t)$的均值为

$$E[Y(t)]=bE[A(t)] \tag{3.6.19}$$

相关函数为

$$\begin{aligned}R_Y(\tau)&=E[Y(t)Y(t-\tau)]\\&=b^2E[A(t)A(t-\tau)]=b^2R_A(\tau)\end{aligned} \tag{3.6.20}$$

式中,$R_A(\tau)$为包络过程 $A(t)$的相关函数,其表达式为

$$R_A(\tau)=\int_0^{\infty}\int_0^{\infty}a_1a_2p_A(a_1,a_2;\tau)\mathrm{d}a_1\mathrm{d}a_2 \tag{3.6.21}$$

式中,a_1 和 a_2 分别为 $A(t_1)$和 $A(t_2)$的取值。$p_A(a_1,a_2;\tau)$为 $A(t)$的二维概率密度。这种方法的关键是计算包络相关函数 $R_A(\tau)$,一般来说这种运算也是十分复杂的。

对输入高频窄带过程做包络检波时,只需考虑包络 $A(t)$的非线性变换,从而可使计算大为简化。这是缓变包络法的优点。但是应注意到,对此法适用的条件有限制,即非线性输入必须为高频窄带过程。

例 3.6-1 设非线性系统的传输函数为 $y=x^2$,已知输入过程 $X(t)$的概率密度为 $p_X(x,t)$和 $p_X(x_1,x_2;t_1,t_2)$。求输出过程 $Y(t)$的概率密度 $p_Y(y,t)$和 $p_Y(y_1,y_2;t_1,t_2)$。

解:(1) 求 $p_Y(y,t)$。若 $y>0$,因 $y=x^2$,则有 $x_1=\sqrt{y}$,$x_2=-\sqrt{y}$,雅可比因子 $|J|=\left|\dfrac{\mathrm{d}x}{\mathrm{d}y}\right|=\dfrac{1}{2\sqrt{y}}$,按式(3.6.5)有

$$p_Y(y,t)=|J_1|p_X(x_1,t)+|J_2|p_X(x_2,t)=\frac{p_X(\sqrt{y},t)+p_X(-\sqrt{y},t)}{2\sqrt{y}}$$

若 $y<0$,则 $p_Y(y,t)=0$。

(2) 求 $p_Y(y_1,y_2;t_1,t_2)$。若 $y_1>0,y_2>0$,则因系统 $y_1=x_1^2,y_2=x_2^2$,故有四个解:

$$(\sqrt{y_1},\sqrt{y_2}),\quad(-\sqrt{y_1},\sqrt{y_2}),\quad(\sqrt{y_1},-\sqrt{y_2}),\quad(-\sqrt{y_1},-\sqrt{y_2})$$

雅可比因子为

$$|J|=\left|\frac{\partial(x_1,x_2)}{\partial(y_1,y_2)}\right|=\begin{vmatrix}\dfrac{1}{2\sqrt{y_1}} & 0\\ 0 & \dfrac{1}{2\sqrt{y_2}}\end{vmatrix}=\frac{1}{4\sqrt{y_1y_2}}$$

按式(3.6.6)有

$$\begin{aligned}p_Y(y_1,y_2;t_1,t_2)=&\{p_X(\sqrt{y_1},\sqrt{y_2};t_1,t_2)+p_X(-\sqrt{y_1},\sqrt{y_2};t_1,t_2)+p_X(\sqrt{y_1},-\sqrt{y_2};t_1,t_2)+\\&p_X(-\sqrt{y_1},-\sqrt{y_2};t_1,t_2)\}\frac{1}{4\sqrt{y_1y_2}},\qquad y_1>0,\ y_2>0\end{aligned}$$

若 $y_1<0$ 或 $y_2<0$,则 $p_Y(y_1,y_2;t_1,t_2)=0$。

例 3.6-2 图 3.23 示出了三种检波系统的无惰性传输特性。

求经上述检波系统后输出过程的均值和自相关函数。

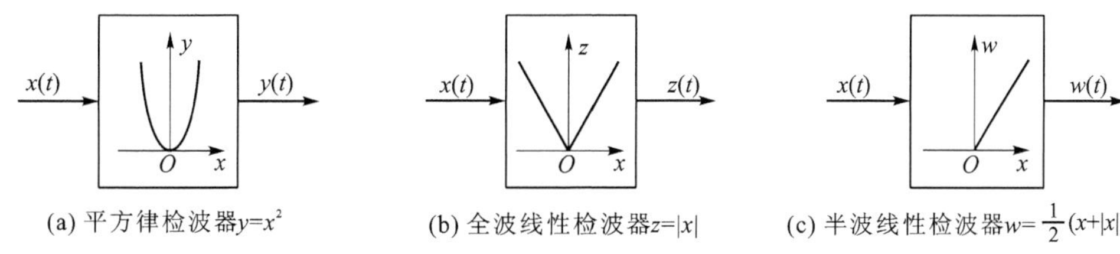

图 3.23　检波器的传输特性

解：已知输入过程 $X(t)$ 的概率密度为 $p(x)$ 和 $p_X(x_1, x_2; \tau)$，按式(3.6.10)和式(3.6.11)，则输出过程的均值和相关函数分别可求出如下。

(a) 平方律检波器　　$E[Y(t)] = \int_{-\infty}^{\infty} x^2 p_X(x)\mathrm{d}x$

$$R_Y(\tau) = \int_{-\infty}^{\infty}\int_{-\infty}^{\infty} x_1^2 x_x^2 p_X(x_1, x_2; \tau)\mathrm{d}x_1\mathrm{d}x_2$$

(b) 全波线性检波器　　$E[Z(t)] = \int_{-\infty}^{\infty} |x| p_X(x)\mathrm{d}x$

$$R_Z(\tau) = \int_{-\infty}^{\infty}\int_{-\infty}^{\infty} |x_1 x_2| p_X(x_1, x_2; \tau)\mathrm{d}x_1\mathrm{d}x_2$$

(c) 半波线性检波器　　$E[W(t)] = \int_0^{\infty} x p_X(x)\mathrm{d}x$

$$R_W(\tau) = \int_0^{\infty}\int_0^{\infty} x_1 x_2 p_X(x_1, x_2; \tau)\mathrm{d}x_1\mathrm{d}x_2$$

若用变换法，则先求出转移函数

$$F(s) = \int_0^{\infty} x\mathrm{e}^{-sx}\mathrm{d}x = \frac{1}{s^2} \tag{3.6.22}$$

将式(3.6.22)代入式(3.6.18)中，则有

$$R_W(\tau) = \frac{1}{(2\pi\mathrm{j})^2}\int_D \frac{1}{s_1^2}\int_D \frac{1}{s_2^2}\phi(s_1, s_2; \tau)\mathrm{d}s_1\mathrm{d}s_2$$

例 3.6-3　设理想限幅系统的输出为

$$Y(t) = \begin{cases} +1 & X(t) > 0 \\ -1 & X(t) \leqslant 0 \end{cases}$$

理想限幅系统如图 3.24 所示。求 $Y(t)$ 的自相关函数。

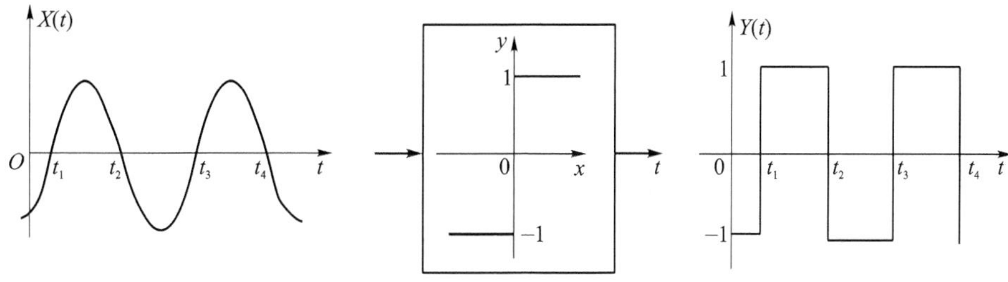

图 3.24　理想限幅系统

解:显然有
$$P[Y(t)=1]=P[X(t)>0]=1-F_X(0)$$
$$P[Y(t)=-1]=P[X(t)\leqslant 0]=F_X(0)$$
式中,$F_X(x)$为 $X(t)$的一维概率分布。于是 $Y(t)$的均值为
$$E[Y(t)]=1\times P[Y(t)=1]-1\times P[Y(t)=-1]=1-2F_X(0)$$
自相关函数为 $E[Y(t)Y(t-\tau)]=P[X(t)X(t-\tau)>0]-P[X(t)X(t-\tau)<0]$
上式表明,在此情况下,$Y(t)$的自相关函数在数值上等于 $X(t)$和 $X(t-\tau)$正、负号相同的概率减去正、负号相反的概率。

习题三

3.1 设$\{X_n\}$为一个随机变量序列,X 为随机变量。对于任意给定的正数 ε,若当 $n\to\infty$ 时,X_n 满足:$P\{|X_n-X|>\varepsilon\}\to 0$,则称 X_n 依概率收敛于 X。证明:若 X_n 均方收敛于 X,则 X_n 必依概率收敛于 X。

3.2 设平稳过程 $X(t)$是均方可微的,其导数为 $\dot{X}(t)$。证明:对于任意给定的 t,随机变量 $X(t)$和 $\dot{X}(t)$是正交的和不相关的,即 $E[X(t)\dot{X}(t)]=E[X(t)]E[\dot{X}(t)]=0$。

3.3 已知平稳随机过程 $X(t)$的相关函数 $R_X(\tau)=\sigma_X^2\mathrm{e}^{-\alpha^2\tau^2}$,试求随机过程 $Y(t)=a\dfrac{\mathrm{d}X(t)}{\mathrm{d}t}$的相关函数。

3.4 已知 $R_X(\tau)=\mathrm{e}^{-\tau^2}$,如果 $Y(t)=X(t)+\dfrac{\mathrm{d}X(t)}{\mathrm{d}t}$,求 $R_Y(\tau)$。

3.5 随机过程 $Y(t)$满足微分方程:
$$\begin{cases}\dot{Y}(t)+2Y(t)=X(t) & t>0\\ Y(0)=1\end{cases}$$
式中,$X(t)$为平稳随机过程,并且已知 $E[X(t)]=2$,$R_X(\tau)=4+2\mathrm{e}^{-|\tau|}$。求 $E[Y(t)]$,$R_{XY}(t_1,t_2)$,$R_Y(t_1,t_2)$,其中,$t>0$,$t_1>0$,$t_2>0$。

3.6 设线性系统 $H(\mathrm{j}\omega)$的输入为平稳过程 $X(t)$,其功率谱密度为 $S_X(\omega)$,输出为 $Y(t)$。

(1) 求误差过程 $E(t)=Y(t)-X(t)$的功率谱密度函数 $S_E(\omega)$;

(2) 如图题 3.6 所示,设输入到 RC 电路的是一个二元波过程。求误差过程 $E(t)$的功率谱密度 $S_E(\omega)$。

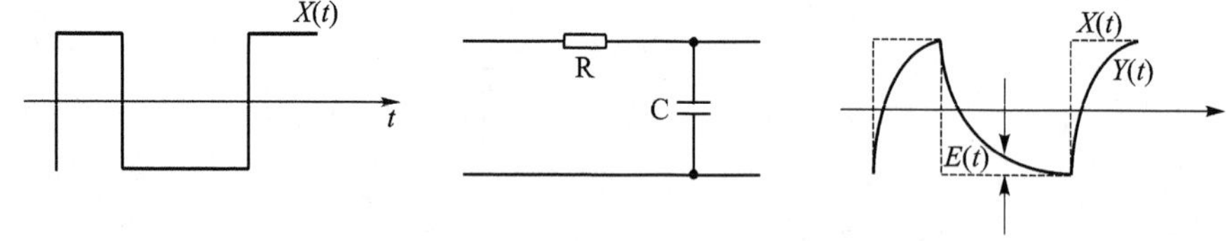

图 题 3.6

3.7 图题 3.7 中所示系统通常称为梳状滤波器。证明:

(1) 梳状滤波器的传输函数 $H(f)$满足
$$|H(f)|^2=2(1-\cos 2\pi fT)$$
并画出$|H(f)|^2$ 的图形;

(2) 对应 $f \ll 1/T$，有

$$S_Y(f) = 4\pi^2 f^2 T^2 S_X(f)$$

并说明这一结果的物理意义。

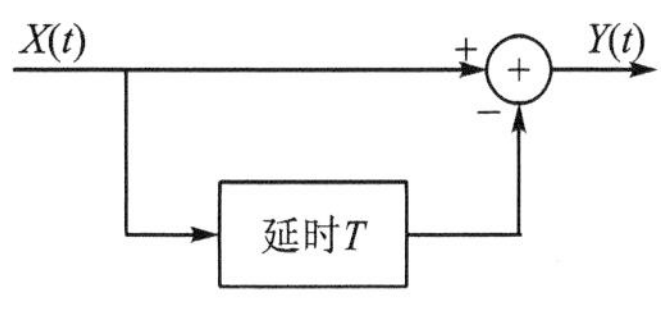

图　题 3.7

3.8　设白噪声的相关函数为 $\frac{N_0}{2}\delta(\tau)$，将其加到一个理想窄带放大器的输入端，放大器的频谱特性为

$$H(\mathrm{j}\omega) = \begin{cases} 2 & |\omega - \omega_c| \leqslant \frac{\Delta\omega}{2} \\ 0 & |\omega - \omega_c| > \frac{\Delta\omega}{2} \end{cases}$$

求输出噪声的总平均功率。

3.9　一个平均电路如图题 3.9 所示。

(1) 证明系统的冲激响应函数为

$$h(t) = \begin{cases} 1/T & 0 \leqslant t \leqslant T \\ 0 & \text{其他} \end{cases}$$

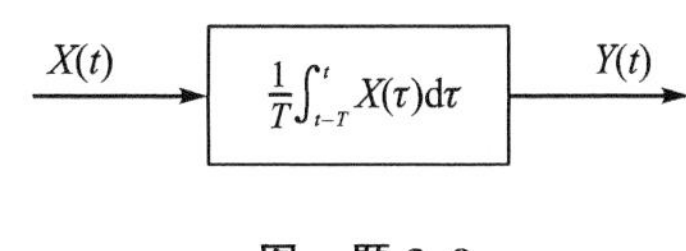

图　题 3.9

(2) 设输入过程 $X(t)$ 的功率谱密度为 $S_X(\omega)$，求输出过程 $Y(t)$ 的功率谱密度 $S_Y(\omega)$。

3.10　如图题 3.10 所示，低通 RC 滤波器的输入为白噪声，其物理功率谱密度 $F_X(\omega) = N_0, 0 < \omega < \infty$，相应的自相关函数 $R_X(\tau) = \frac{N_0}{2}\delta(\tau)$。试求输出的 $F_Y(\omega)$ 和 $R_Y(\tau)$。令 $t_3 > t_2 > t_1$，证明

$$R_Y(t_3 - t_1) = \frac{R_Y(t_3 - t_2) R_Y(t_2 - t_1)}{R_Y(0)}$$

3.11　对于图题 3.11 所示系统，证明：$S_Y(\omega) = 4 S_X(\omega) \sin^2 a\omega$。

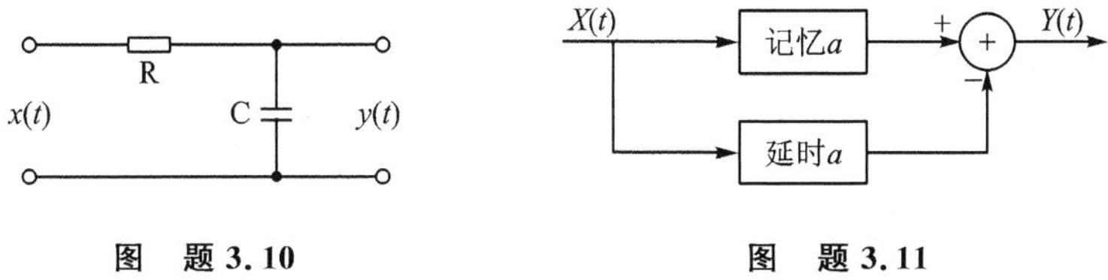

图　题 3.10　　　　图　题 3.11

3.12　在图题 3.12 中，设输入为白噪声过程 $X(t)$，其自相关函数 $R_X(\tau) = S_0\delta(\tau)$。

(1) 求系统的冲激响应函数。

(2) 求输出过程 $Y(t)$ 的均方值。

3.13　证明：均值为零、自相关函数为 $R_X(\tau) = \sigma^2\delta(\tau)$ 的白噪声过程 $X(t)$ 通过一个理想积分器后，输出 $Y(t) = \int_0^t X(u)\mathrm{d}u$ 的均方值为 $\sigma^2 t$。

3.14　图题 3.10 所示的 RC 电路中，设输入过程 $X(t)$ 的自相关函数为 $R_X(\tau) = \sigma^2 \mathrm{e}^{-\beta|\tau|}, \beta > 0$。求输出过程 $Y(t)$ 的功率谱密度函数 $S_Y(\omega)$、自相关函数 $R_Y(\tau)$ 和均方值 Ψ_Y^2。

3.15　在图题 3.15 所示的 RL 电路中，输入谱密度为 S_0 的白噪声 $X(t)$，求输出过程 $Y(t)$ 的自相关函数。

3.16　平稳过程 $W(t)$ 在 $t=0$ 时刻接入一个线性系统，在 $t=T$ 时刻断开，即输入为

$$X(t)=\begin{cases}W(t) & 0\leqslant t\leqslant T\\ 0 & 其他\end{cases}$$

若已知 $W(t)$ 是具有单位谱高的白噪声，系统的冲激响应函数 $h(t)=\mathrm{e}^{-\alpha t}U(t)$，$\alpha>0$，求输出 $Y(t)$ 的自相关函数 $R_Y(t_1,t_2)$。

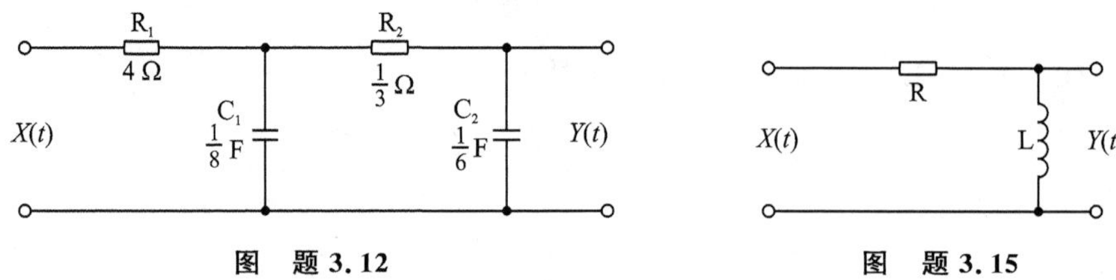

图　题3.12　　　　图　题3.15

3.17　一个线性时不变系统的传递函数 $H(\mathrm{j}\omega)=\dfrac{\mathrm{j}\omega-\alpha}{\mathrm{j}\omega+\beta}$。输入平稳过程 $X(t)$ 的自相关函数 $R_X=\mathrm{e}^{-\alpha|\tau|}$，$\alpha>0$。求输入和输出之间的互相关函数 $R_{XY}(\tau)$。

3.18　线性系统 $h(t)$ 的输入为平稳过程 $X(t)$，其功率谱密度为 $S_X(\omega)$，输出为 $Y(t)$。若对于任意 $\varepsilon>0$，当 $|\tau|>\varepsilon$ 时，有 $R_X(\tau)=0$。证明：$R_{YX}(\tau)\approx S_X(0)h(\tau)-\dfrac{1}{2}S''_X(0)h''(\tau)$。

3.19　一个线性系统如图题3.19所示，$X(t)$ 为输入，$Z(t)$ 为输出。

(1) 求整个系统的传输函数；

(2) 若 $X(t)$ 是功率谱密度为 S_0 的白噪声，试求 $Z(t)$ 的均方值。

3.20*　对于任意 t，随机过程 $Y(t)$ 满足微分方程

$$Y''(t)+3Y'(t)+2Y(t)=X(t)$$

其中 $X(t)$ 为白噪声，其自相关函数 $R_X(\tau)=k\delta(\tau)$。证明：$Y(t)$ 的自相关函数 $R_Y(\tau)$ 满足微分方程

$$R''_Y(\tau)+3R'_Y(\tau)+2R_Y(\tau)=0\qquad \tau>0$$

其中，初始条件为 $R_Y(0)=\dfrac{k}{12}$，$R'_Y(0)=0$。

3.21　图题3.21所示系统为一个理想延时器，设输入过程 $X(t)$ 的自相关函数为 $R_X(\tau)$。

(1) 求输出过程 $Y(t)$ 的自相关函数 $R_Y(\tau)$ 和输入与输出之间的互相关函数 $R_{XY}(\tau)$。

(2) 直观地看，你所得的结果合理吗？

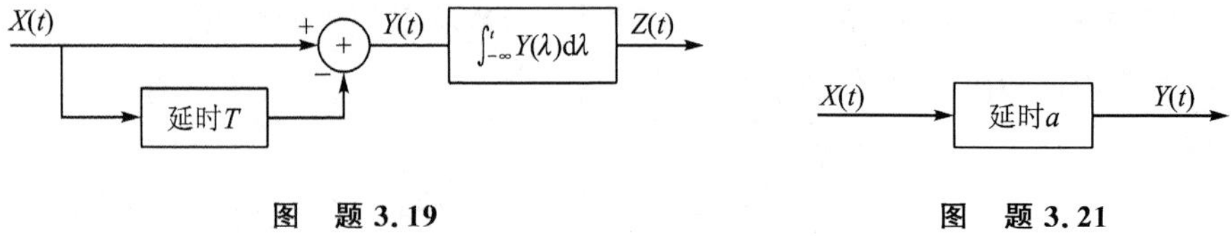

图　题3.19　　　　图　题3.21

3.22　一个线性系统 $H(\mathrm{j}\omega)=1/(\alpha+\mathrm{j}\omega)$ 的输入 $X(t)$ 和输出 $Y(t)$ 分别为

$$X(t)=A_{\mathrm{i}}\sin\omega_{\mathrm{c}}t+n_{\mathrm{i}}(t)$$

$$Y(t)=A_0\sin(\omega_{\mathrm{c}}t+\theta)+n_0(t)$$

输出中的 $A_0\sin(\omega_{\mathrm{c}}t+\theta)$ 和 $n_0(t)$ 分别对应于输入中的信号 $A_{\mathrm{i}}\sin\omega_{\mathrm{c}}t$ 和噪声 $n_{\mathrm{i}}(t)$。

证明：若 $n_{\mathrm{i}}(t)$ 为单位谱高的白噪声，则当 $\alpha=\omega_{\mathrm{c}}$ 时，输出信噪比 $A_0^2/E[n_0^2(t)]$ 为最大。并说明此结果的意义。

3.23　在图题 3.23 所示的反馈线性系统中，$n(t)$为白噪声，$S_n(\omega)=1$，$X(t)$与 $n(t)$不相关，即有 $R_{Xn}(\tau)=0$。设

$$H_0(j\omega)=\frac{H_b(j\omega)H_f(j\omega)}{1+H_a(j\omega)H_b(j\omega)H_f(j\omega)}$$

的傅里叶反变换为 $h_0(t)$，$Y(t)$如图中所示。证明：$R_{Yn}(\tau)=-h_0(\tau)$。

3.24　要构成一个随机过程 $X(t)$，它的功率谱密度 $S_X(\omega)=\dfrac{\omega^2+4}{\omega^4+10\omega^2+9}$。

(1) 求一个可实现的稳定系统 $H(j\omega)$，当具有单位谱高的白噪声 $W(t)$输入到该系统时，输出过程的功率密度恰为 $S_X(\omega)$（此系统一般称为成形滤波器）。

(2) 第(1)问的答案是否唯一，或者证明其唯一性，或者求出另一个可实现的稳定系统。

3.25*　在图题 3.25 所示的系统中，输入 $X(t)$同时作用于两个系统。

(1) 求输出 $Y_1(t)$和 $Y_2(t)$的互谱密度 $S_{Y_1Y_2}(\omega)$；

(2) 设 $X(t)$是零均值的具有单位谱高的白噪声，若要使 $Y_1(t)$和 $Y_2(t)$为不相关过程，$h_1(\tau)$和 $h_2(\tau)$应满足什么条件？

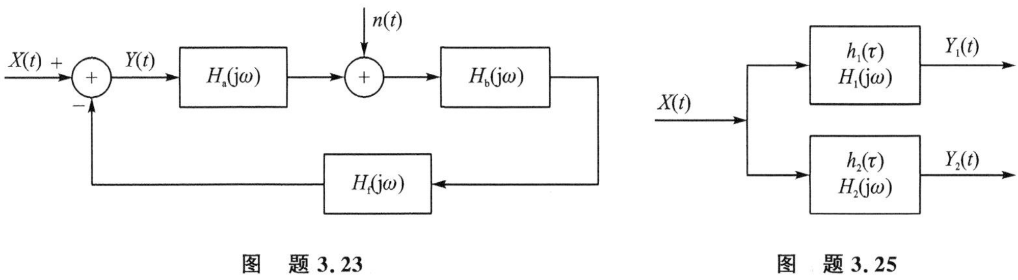

图　题 3.23　　　　图　题 3.25

3.26*　一个线性系统的输入过程 $X(t)$的功率谱密度 $S_X(\omega)=\dfrac{\omega^2+3}{\omega^2+8}$，若要求该系统的输出为具有单位谱高的白噪声过程。

(1) 求满足以上要求的可实现的稳定系统的传递函数（此系统一般称为白化滤波器）；

(2) 第(1)问的答案是否唯一，或者证明其唯一性，或者求出另一个可实现的稳定系统。

3.27　构造一个随机过程 $Y(t)$，它的功率谱密度 $S(\omega)=\dfrac{b^2}{a^4+\omega^4}$。求成形滤波器的状态模型。

3.28　在图题 3.28 所示的系统中，若已知 $h(t)=e^{-\alpha t}U(t)$，$\alpha>0$，并已知输入 $W(t)$是均值为零、谱密度为 $N_0/2$ 的高斯白噪声。求输出过程 $Y(t)$的一维概率密度 $p_Y(y)$。

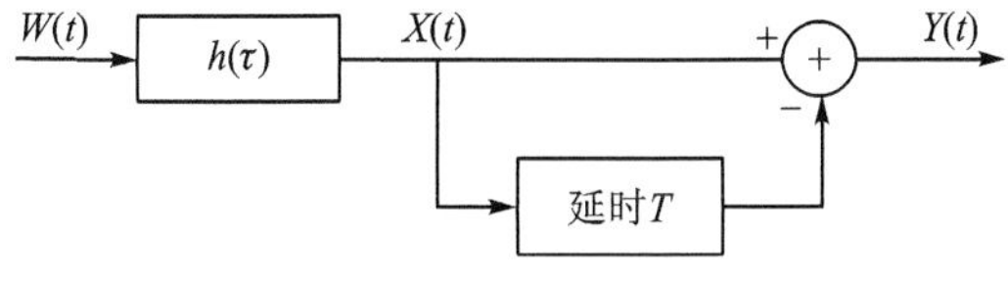

图　题 3.28

3.29*　已知 $X(t)$为一个零均值的平稳高斯过程，其自相关函数为 $R_X(\tau)$。设 $X(t)$通过平方律检波器后的输出过程 $Y(t)=X^2(t)$。求：

(1) $Y(t)$的自相关函数 $R_Y(\tau)$；

(2) $Y(t)$的均值 m_Y 和方差 σ_Y^2;

(3) $Y(t)$的一维概率密度 $p_Y(y)$。

3.30* $X(t)$与习题 3.29 中相同,设 $X(t)$通过线性全波检波器后的输出过程 $Z(t)=|X(t)|$。求:

(1) $Z(t)$的自相关函数 $R_Z(\tau)$;

(2) $Z(t)$的均值 m_Z 和方差 σ_Z^2;

(3) 求 $Z(t)$的一维概率密度 $p_Z(z)$。

3.31* $X(t)$与习题 3.29 中相同,设 $X(t)$通过线性半波检波器后输出过程为

$$W(t)=\begin{cases}X(t) & X(t)\geqslant 0\\ 0 & X(t)<0\end{cases}$$

(1) 求 $W(t)$的自相关函数 $R_W(\tau)$;

(2) 求 $W(t)$的均值 m_W 和方差 σ_W^2;

(3) 求 $W(t)$的一维概率密度 $p_W(w)$。

3.32* $X(t)$与习题 3.29 中相同,设 $X(t)$通过一个非线性系统后的输出过程为 $Y(t)$,如图题 3.32 所示。

$$Y(t)=\begin{cases}1 & X(t)\geqslant 0\\ -1 & X(t)<0\end{cases}$$

证明:$Y(t)$的自相关函数 $R_Y(\tau)$满足

$$R_Y(\tau)=\frac{2}{\pi}\arcsin\left[\frac{R_X(\tau)}{R_X(0)}\right]$$

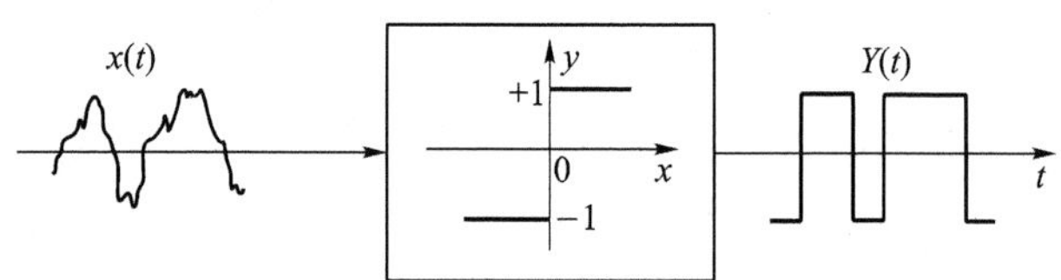

图 题 3.32

3.33* 如图题 3.33 所示,设 $X(t)$为零均值的平稳高斯过程,其自相关函数为 $R_X(\tau)$。试求一个无记忆系统 $g(x)$,使该系统的输出 $Y(t)=g[X(t)]$在$[a,b]$区间上均匀分布。

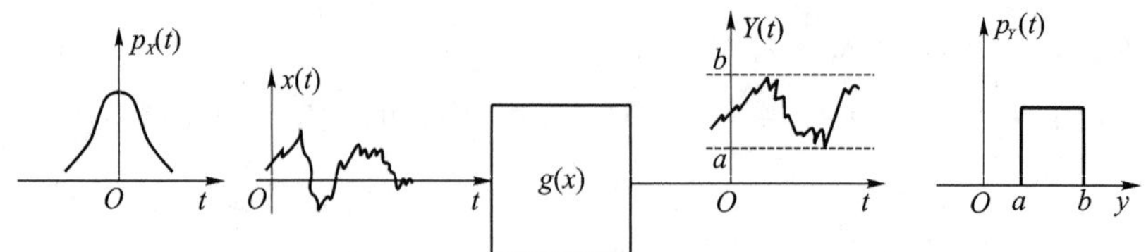

图 题 3.33

3.34 如图题 3.34 所示的非线性系统,该系统的输入为均值为零、功率谱密度为 $G_X(\omega)=N_0/2$ 的高斯白噪声。不考虑其他因素,试求输出随机过程 $Y(t)$的自相关函数和功率谱密度。

3.35* 一个非线性系统如图题 3.35 所示。输入 $X(t)$为零均值平稳高斯噪声。证明:

(1) $G_Y(f) = \left[\int_{-\infty}^{\infty} G(f)\,\mathrm{d}f\right]^2 \delta(f) + 2G_X(f) * G_X(f)$；

(2) $G_Z(f) = G_Y(f)\,|H(f)|^2$；

(3) $D[Z(t)] = 2\int_{-\infty}^{\infty} [G_X(f) * G_X(f)]\,|H(f)|^2\,\mathrm{d}f$。

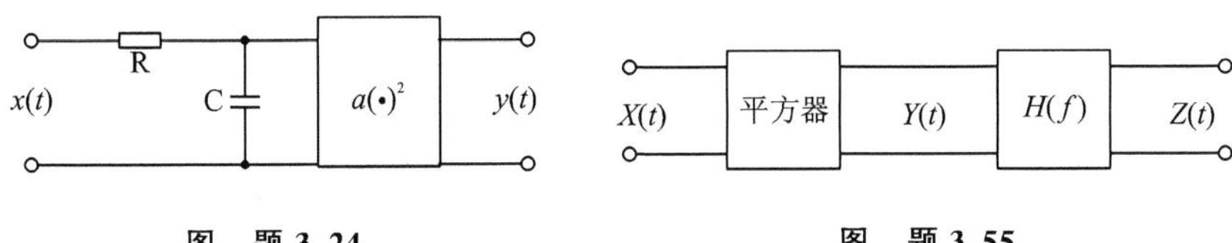

图　题 3.24　　　　图　题 3.55

3.36* 设随机序列$\{X_n\}$是由一个白噪声序列$\{W_n\}$经过图题 3.36 所示的线性系统后得到的输出，即$X_n = aX_{n-1} + W_n$，初始值 $X_0 = 0$。且已知$\{W_n\}$是平稳的，其均值为 m_W，方差为 σ_W^2。

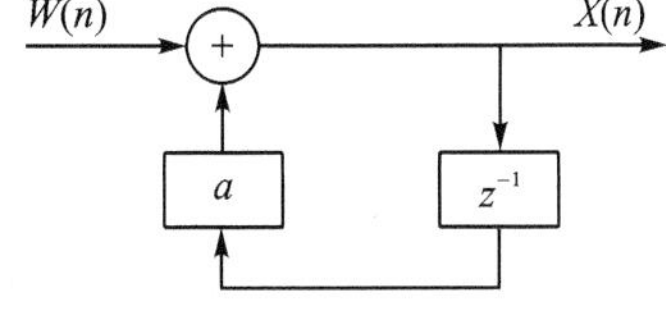

图　题 3.36

(1) 求$\{X_n\}$的均值 $E\{X_n\}$，并说明在什么条件下$\{X_n\}$是均值平稳的。

(2) 设 $m_W = 0$，求$\{X_n\}$的协方差函数 $\mathrm{cov}(X_n, X_{n+m})$。并说明在什么条件下$\{X_n\}$是广义平稳的。

(3) 设 $m_W = 0$，在$\{X_n\}$为广义平稳的条件下，求$\{X_n\}$的归一化的自相关函数 $R(m)$。

$$R(m) = \frac{\mathrm{cov}(X_n, X_{n+m})}{D(X_n)}$$

第 4 章　窄带随机过程

4.1　窄带随机过程的基本概念

4.1.1　窄带随机过程的表达式

在通信、控制工程等系统中，有用信号和噪声经常被具有频率选择性的滤波器所加工、处理，结果只有那些在系统通频带之内的信号和噪声被输出，在通频带之外的其他频率分量的信号和噪声都被抑制掉。例如，接收系统中的高、中频放大器，就是一个有源带通滤波器。当有用信号和噪声通过它们之后，则在中心频率 f_0 附近，通频带 Δf 之内的信号和噪声一起被输出。就是说，接收系统的高、中频放大器在选择、放大有用信号的同时，在系统通频带之内的噪声（如接收机内部噪声）也随之被选择进来，加以放大而输出。这种噪声称为窄带噪声。本章讨论这类随机过程。

对于满足 $\Delta f \ll f_0$ 的系统，称为窄带系统。例如接收系统中的中频放大器，它的中心频率一般都在中放带宽的 10 倍以上，满足 $\Delta f \ll f_0$。所以中频放大器通常被认为是一个窄带系统。高斯白噪声通过窄带系统，就形成了窄带噪声，即窄带随机过程。

窄带系统输出端的高斯起伏噪声——窄带噪声的样本函数 $n(t)$，如图 4.1 所示。

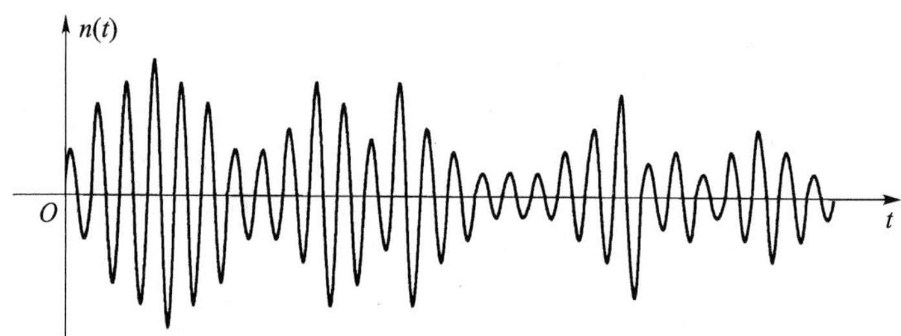

图 4.1　窄带噪声的样本函数

现在从功率谱密度来定义窄带随机过程。若随机过程的功率谱密度分布在载频附近的窄带范围之内，在窄带范围之外其功率谱密度全为零，则称此随机过程为窄带随机过程。

假定中心频率为 f_0 的窄带噪声 $n(t)$ 的功率谱密度 $S_N(f)$ 的曲线如图 4.2(a)所示，将其分割成许多个如图 4.2(a)中阴影部分所表示的窄脉冲，当 Δf 趋近于零的极限情况下，便是冲激信号。因此，可以认为，以频率间隔为 Δf 的、均匀隔开的一系列 δ 函数就可近似表示窄带噪声的功率谱密度 $S_N(f)$，如图 4.2(b)中所示。显然，频率间隔 Δf 越小，则这种近似的程度越高。这样，就可用一系列冲激函数的总和来表示窄带过程的功率谱密度 $S_N(f)$，其表达式为

$$S_N(f) = \lim_{\Delta f \to 0} \sum_k S_N(f_0 + k\Delta f)\Delta f[\delta(f - f_0 - k\Delta f) + \delta(f + f_0 + k\Delta f)] \quad (4.1.1)$$

式中，$k\Delta f$ 表示离开中心频率 f_0 的变量。在 Δf 趋于零的极限情况下，$k\Delta f$ 趋于一个连续变量 λ，则式(4.1.1)右边的总和可以用一个积分来表示，则 λ 就是一个积分变量。

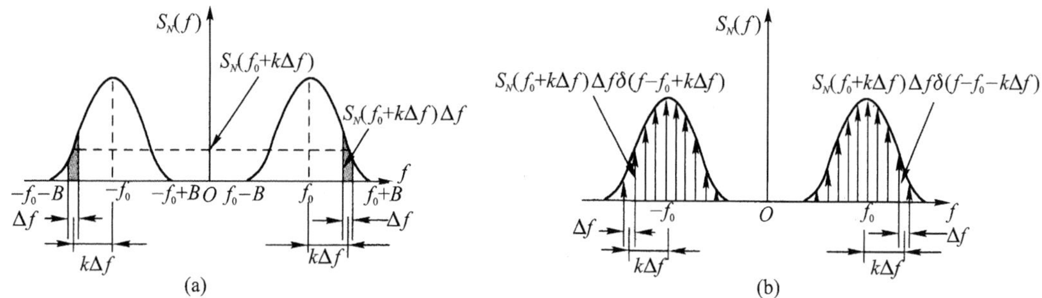

图 4.2　窄带噪声的特征

将式(4.1.1)右边各项与图 4.2(b)中所示的冲激函数对照，可以看出：

① δ 函数的冲激强度是 $S_N(f_0+k\Delta f)\Delta f$，即为图 4.2(a)中阴影部分的面积；

② δ 函数的作用位置分别是$(f-f_0-k\Delta f)$和$(f+f_0+k\Delta f)$。$k\Delta f$ 是离开中心频率 f_0 的变量。

在第 2 章中已讨论了随机相位正弦波，其表达式为

$$X(t)=A\cos(2\pi f_0 t+\Theta) \tag{4.1.2}$$

它的功率谱密度函数是位于 $\pm f_0$ 的、以系数 $A^2/2$ 为强度的一对 δ 函数，即

$$S_X(f)=\frac{A^2}{2}[\delta(f-f_0)+\delta(f+f_0)] \tag{4.1.3}$$

将式(4.1.1)和式(4.1.3)比较，可以看出窄带过程的功率谱密度函数和随机相位正弦波的功率谱密度函数都由 δ 函数组成。因此可以参照随机相位正弦波的表达式(4.1.2)，把窄带噪声的样本函数 $n(t)$表示成

$$n(t)=\lim_{\Delta f\to 0}\sum_k A_k\cos[2\pi(f_0+k\Delta f)t+\theta_k] \tag{4.1.4}$$

式中
$$A_k=[4S_N(f_0+k\Delta f)\Delta f]^{1/2}$$

式(4.1.4)中的 θ_k 是一组统计独立的随机变量$\{\theta\}$的取值，并且具有均匀分布的概率密度

$$p_\theta(\theta_k)=\begin{cases}\dfrac{1}{2\pi}, & 0\leqslant\theta_k\leqslant 2\pi\\ 0, & \text{其他}\end{cases}$$

不难看出，在式(4.1.4)中，当 Δf 趋于零时，则正弦分量的数目趋于无穷多个，按照中心极限定理，可以证明 $n(t)$具有高斯性，即窄带过程 $n(t)$的幅度是按高斯分布的。因此，式(4.1.4)是对窄带噪声 $n(t)$的一种数学描述，即用正弦波模型来描述一个均值为零、方差 $\sigma^2=\sum_k A_k^2/2$ 的高斯分布的窄带噪声。换言之，窄带过程可以看成是无穷多个具有随机振幅和随机相位的正弦波之和。

将式(4.1.4)等号右边用三角公式展开为

$$n(t)=\lim_{\Delta f\to 0}\sum_k A_k[\cos(2\pi k\Delta f t+\theta_k)\cos(2\pi f_0 t)-\sin(2\pi k\Delta f t+\theta_k)\sin(2\pi f_0 t)]$$

令
$$n_c(t)=\lim_{\Delta f\to 0}\sum_k A_k\cos(2\pi k\Delta f t+\theta_k) \tag{4.1.5}$$

$$n_s(t)=\lim_{\Delta f\to 0}\sum_k A_k\sin(2\pi k\Delta f t+\theta_k) \tag{4.1.6}$$

故式(4.1.4)又可写成
$$n(t)=n_c(t)\cos 2\pi f_0 t-n_s(t)\sin 2\pi f_0 t \tag{4.1.7}$$

不难看出,$n_c(t)$项和载波 $\cos 2\pi f_0 t$ 同相,而 $n_s(t)$项与载波的相位相差 $\pi/2$。因此,将 $n_c(t)$称为窄带噪声 $n(t)$的同相分量,而将 $n_s(t)$称为窄带噪声 $n(t)$的正交分量。通常情况下,为简便起见,称 $n_c(t)$和 $n_s(t)$为窄带噪声 $n(t)$的两正交分量。式(4.1.7)是用同相分量和正交分量来表示的窄带过程。

下面分析窄带随机过程的包络和相位。利用三角函数公式将式(4.1.7)改写成

$$n(t)=A(t)\cos[\omega_0 t+\Phi(t)] \tag{4.1.8}$$

式中,$\omega_0=2\pi f_0$,$A(t)$称为窄带过程的包络,其表达式为

$$A(t)=[n_c^2(t)+n_s^2(t)]^{1/2} \tag{4.1.9}$$

$\Phi(t)$是窄带过程的相位,其表达式为

$$\Phi(t)=\arctan\left[\frac{n_s(t)}{n_c(t)}\right] \tag{4.1.10}$$

因为 $n_c(t)$、$n_s(t)$是随时间 t 做慢变化的随机过程,因此由式(4.1.9)和式(4.1.10)所决定的包络 $A(t)$和相位 $\Phi(t)$均为随时间 t 做慢变化的随机过程。由于式(4.1.8)和正弦振荡的表达式相同,故窄带过程可用准正弦振荡的形式来描述,其示意图如图 4.3 所示。

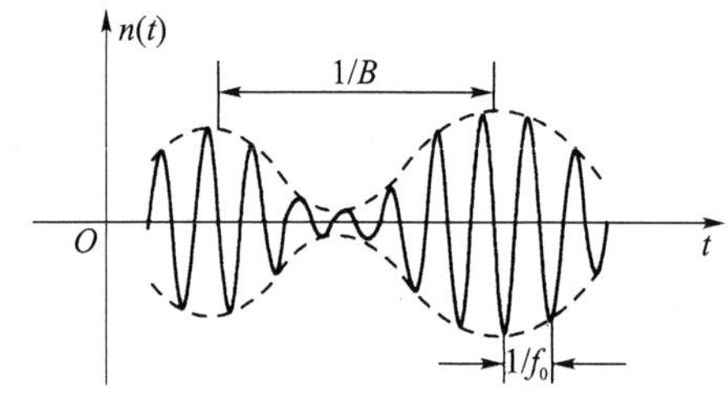

图 4.3 窄带过程的准正弦振荡表示

综上所述,一个具有均匀功率谱密度的白高斯过程,通过窄带系统后便形成窄带随机过程,它可用两正交分量表示,也可以仿照高频窄带信号的描述方法用准正弦振荡来表示。采用准正弦振荡来表示窄带过程,对于求解窄带过程的非线性变换问题将带来很大方便,并可使问题大为简化。

4.1.2 两正交分量 $n_c(t)$、$n_s(t)$的性质

从式(4.1.7)可以看出,为了分析窄带噪声的特性,就必然要了解 $n_c(t)$和 $n_s(t)$的一些重要性质,因此下面讨论两正交分量 $n_c(t)$、$n_s(t)$的几个重要性质。

① $n_c(t)$和 $n_s(t)$是两个低频分量。

这一性质可以直接从式(4.1.5)和式(4.1.6)得出。因为 $\Delta f\ll f_0$,将式(4.1.5)、式(4.1.6)与式(4.1.4)比较,可以看出 $n_c(t)$、$n_s(t)$是低频、随时间慢变化的随机过程的样本函数。

② 若窄带噪声 $n(t)$是均值为零、方差 $\sigma_N^2=\sum_k A_k^2/2$ 的高斯噪声,则 $n_c(t)$、$n_s(t)$也是均值为零、方差 $\sigma^2=\sum_k A_k^2/2=\sigma_N^2$ 的高斯噪声。

这一性质可以这样来证明,考虑两正交分量的表达式,即式(4.1.5)和式(4.1.6),当 Δf 趋于零时,正弦波分量的数目将趋于无穷多个,按中心极限定理,则 $n_c(t)$、$n_s(t)$也应是均值为零、方差 $\sigma^2=\sum_k A_k^2/2$ 的高斯分布。显然,它的方差和原窄带噪声 $n(t)$的方差是完全相同的。

③ 同相分量 $n_c(t)$ 和正交分量 $n_s(t)$ 有着同样的功率谱密度，且和窄带噪声 $n(t)$ 的功率谱密度之间有如下关系：

$$S_{N_c}(f) = S_{N_s}(f) = \begin{cases} S_N(f+f_0)+S_N(f-f_0), & -B \leqslant f \leqslant B \\ 0, & \text{其他} \end{cases} \tag{4.1.11}$$

证明：由式(4.1.5)和式(4.1.6)可得

$$S_{N_c}(f) = S_{N_s}(f) = \lim_{\Delta f \to 0} \sum_k \frac{A_k^2}{4}[\delta(f-k\Delta f)+\delta(f+k\Delta f)] \tag{4.1.12}$$

由式(4.1.4) 可得　$S_N(f) = \lim\limits_{\Delta f \to 0} \sum\limits_k \dfrac{A_k^2}{4}[\delta(f-f_0-k\Delta f)+\delta(f+f_0+k\Delta f)]$

将频率 f 等于 $f+f_0$ 和 $f-f_0$ 分别代入上式可得

$$S_N(f+f_0) = \lim_{\Delta f \to 0} \sum_k \frac{A_k^2}{4}[\delta(f-k\Delta f)+\delta(f+2f_0+k\Delta f)] \tag{4.1.13}$$

和

$$S_N(f-f_0) = \lim_{\Delta f \to 0} \sum_k \frac{A_k^2}{4}[\delta(f-2f_0-k\Delta f)+\delta(f+k\Delta f)] \tag{4.1.14}$$

不难看出，只有式(4.1.13)中等号右边第一项和式(4.1.14)中等号右边第二项落在频带 $-B \leqslant f \leqslant B$ 之内，因此将这两项相加则正好是式(4.1.12)等号右边的结果。从而证明式(4.1.11)的结论。

④ 当窄带噪声 $n(t)$ 为零均值的高斯噪声时，则在同一时刻的同相分量 $n_c(t)$ 和正交分量 $n_s(t)$ 是统计独立的。

证明：设 $N_{c,t}$ 和 $N_{s,t}$ 为表示随机过程 $N_c(t)$ 和 $N_s(t)$ 在某一固定时刻 t 的量，它是一个随机变量。若 $N_{c,t}$ 和 $N_{s,t}$ 是正交的，则

$$E[N_{c,t}N_{s,t}] = 0 \tag{4.1.5}$$

参照式(4.1.5)、式(4.1.6)的形式，可以写出

$$N_{c,t} = \lim_{\Delta f \to 0} \sum_k A_k \cos(2\pi k\Delta f t + \theta_k)$$

$$N_{s,t} = \lim_{\Delta f \to 0} \sum_k \sin(2\pi k\Delta f t + \theta_k)$$

将上面两式相乘，再取数学期望，其结果为零，因此式(4.1.15)是成立的。由于 $E[N_{c,t}] = E[N_{s,t}] = 0$，故 $N_{c,t}$ 和 $N_{s,t}$ 是互不相关的。又因为它们具有高斯性，其统计独立和互不相关是等价的，所以 $n_c(t)$ 和 $n_s(t)$ 在同一时刻是统计独立的。

由于随机变量 $N_{c,t}$ 和 $N_{s,t}$ 具有高斯分布，因此它们的概率密度为

$$p_{N_{c,t}}(n_{c,t}) = \frac{1}{\sqrt{2\pi}\sigma} \exp\left[-\frac{n_{c,t}^2}{2\sigma^2}\right] \tag{4.1.16}$$

$$p_{N_{s,t}}(n_{s,t}) = \frac{1}{\sqrt{2\pi}\sigma} \exp\left[-\frac{n_{s,t}^2}{2\sigma^2}\right] \tag{4.1.17}$$

$N_{c,t}$ 和 $N_{s,t}$ 在同一时刻的联合概率密度为

$$\begin{aligned} p_{N_{c,t},N_{s,t}}(n_{c,t}n_{s,t}) &= p_{N_{c,t}}(n_{c,t})p_{N_{s,t}}(n_{s,t}) \\ &= \frac{1}{2\pi\sigma^2} \exp\left[-\frac{n_{c,t}^2+n_{s,t}^2}{2\sigma^2}\right] \end{aligned} \tag{4.1.18}$$

式中，σ 是大于零的实数，σ^2 是窄带噪声 $n(t)$ 的方差。

窄带噪声 $n(t)$的同相分量 $n_c(t)$和正交分量 $n_s(t)$，可利用低通滤波器的性质，用图 4.4 所示的方框图获得。

图 4.4 中所示的上边支路中，在低通滤波器输入端的信号是 $n(t)\cos(2\pi f_0 t)$，将窄带噪声 $n(t)$用正交分量的表达式，即式(4.1.7)代入，可得

$$\begin{aligned} n(t)\cos(2\pi f_0 t) &= [n_c(t)\cos(2\pi f_0 t) - n_s(u)\sin(2\pi f_0 t)]\cos(2\pi f_0 t) \\ &= n_c(t)\cos^2(2\pi f_0 t) - n_s(t)\sin(2\pi f_0 t)\cos(2\pi f_0 t) \\ &= n_c(t) \times \frac{1}{2}\Big[1 + \cos(4\pi f_0 t)\Big] - n_c(t) \times \frac{1}{2}\Big[\sin(4\pi f_0 t) - \sin 0\Big] \end{aligned}$$

因为上式中 $\cos(4\pi f_0)$和 $\sin(4\pi f_0 t)$是高频分量，将被低通滤波器抵制掉，故 $n(t)\cos(2\pi f_0 t)$通过低通滤波器后，将得到同相分量。即通过低通滤波器后有

$$n(t)\cos(2\pi f_0 t) = \frac{1}{2}n_c(t) \qquad (4.1.19)$$

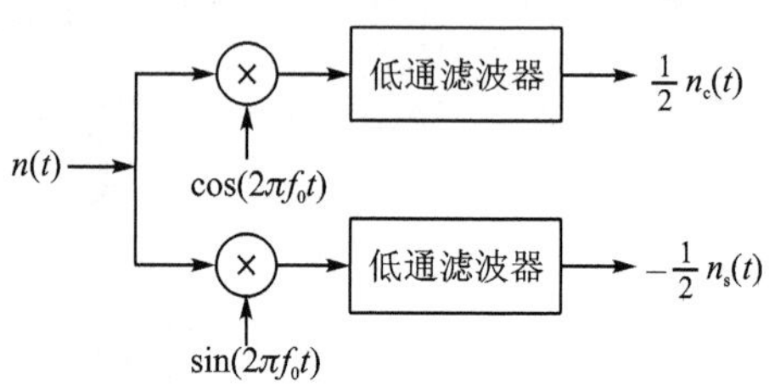

图 4.4　$n_c(t)$，$n_s(t)$的形成

对图 4.4 中所示下边支路，同理可得

$$n(t)\sin(2\pi f_0 t) = -\frac{1}{2}n_s(t) \qquad (4.1.20)$$

这一结论告诉我们，把窄带过程用两个正交分量来表示，在工程实际上也是可以实现的。

4.2　确定性信号的复信号表示

实际信号都是时间的实值函数，这种表示方法比较直观明了。但在某些情况下，信号用复数形式表示会使推导和运算更为方便。在随机信号的分析和处理中也有类似情况。本节先对确定性信号的复信号表示做一简要回顾，然后，进一步讨论复随机过程及其在分析窄带随机过程中的应用。

4.2.1　窄带实信号的复信号表示

1. 余弦信号的复信号表示

先讨论简单的余弦信号。设有实信号

$$s(t) = a\cos(\omega_0 t + \varphi) \qquad (4.2.1)$$

式中，振幅 a、角频率 ω_0和起始相位 φ 皆为常数。对应式(4.2.1)的最常见的复信号形式为

$$\tilde{s}(t) = a e^{j(\omega_0 t + \varphi)} = \tilde{a} e^{j\omega_0 t} \qquad (4.2.2)$$

式中，$\tilde{a} = a e^{j\varphi}$称为复包络，复信号的实部就是原来的实信号，即 $s(t) = \mathrm{Re}[\tilde{s}(t)]$。

还可以把复信号 $\tilde{s}(t)$表示为另一种形式，即

$$\tilde{s}(t) = s(t) + j\hat{s}(t) \qquad (4.2.3)$$

式中，$s(t)$和 $\hat{s}(t)$都是实函数，即

$$\left.\begin{aligned} s(t) &= a\cos(\omega_0 t + \varphi) \\ \hat{s}(t) &= a\sin(\omega_0 t + \varphi) \end{aligned}\right\} \qquad (4.2.4)$$

式(4.2.4)表明，$s(t)$和 $\hat{s}(t)$的相位差 90°，是正交函数。$\hat{s}(t)$的振幅和相角分别为

$$a = [s^2(t) + \hat{s}^2(t)]^{\frac{1}{2}}$$

$$\varphi(t) = \omega_0 t + \varphi = \arctan \frac{\hat{s}(t)}{s(t)}$$

下面讨论将实信号 $s(t)$ 表示成复信号 $\hat{s}(t)$ 后，信号频谱的变化。

对式(4.2.4)进行傅里叶变换，得到 $s(t)$ 和 $\hat{s}(t)$ 的频谱分别为

$$S(\mathrm{j}\omega) = \pi\tilde{a}\delta(\omega - \omega_0) + \pi\tilde{a}\delta(\omega + \omega_0) \tag{4.2.5}$$

$$\hat{S}(\mathrm{j}\omega) = -\mathrm{j}\pi\tilde{a}S(\omega - \omega_0) + \mathrm{j}\pi\tilde{a}\delta(\omega + \omega_0) \tag{4.2.6}$$

式中，$\tilde{a} = a\mathrm{e}^{\mathrm{j}\varphi}$，$\tilde{a}^*$ 为 $\tilde{a}$ 的复共轭。

根据式(4.2.3)，将式(4.2.5)和式(4.2.6)相加，得

$$\tilde{S}(\mathrm{j}\omega) = S(\mathrm{j}\omega) + \mathrm{j}\hat{S}(\mathrm{j}\omega) = 2\pi\tilde{a}\delta(\omega - \omega_0) \tag{4.2.7}$$

式(4.2.5)～式(4.2.7)表明，实信号 $s(t)$ 和 $\hat{s}(t)$ 的频谱对称分布于正、负频域中；复信号 $\tilde{s}(t)$ 的频谱由于 $S(\omega)$ 和 $\mathrm{j}\hat{S}(\omega)$ 在负频域中正、负相反而被对消，正频域中正、负号相同而被叠加。所以复信号的频谱是实信号频谱正频域分量的两倍。复信号只在正频域存在，它具有单边谱，即

$$\tilde{S}(\mathrm{j}\omega) = \begin{cases} 2S(\mathrm{j}\omega), & \omega > 0 \\ 0, & \omega < 0 \end{cases} \tag{4.2.8}$$

2. 高频窄带信号的复信号表示

现在讨论窄带信号的复信号表示及其频谱的变化。一般窄带信号可表示为

$$s(t) = a(t)\cos[\omega_0 t + \varphi(t)] \tag{4.2.9}$$

式中，$a(t)$ 和 $\varphi(t)$ 分别表示振幅调制和相位调制信号，相对于中心频率，它们都是低频的慢变化信号。

仿照式(4.2.2)和式(4.2.3)，把实窄带信号，即式(4.2.9)表示成相应的复信号为

$$\tilde{s}(t) = a(t)\mathrm{e}^{\mathrm{j}[\omega_0 t + \varphi(t)]} = \tilde{a}(t)\mathrm{e}^{\mathrm{j}\omega_0 t} \tag{4.2.10}$$

或

$$\tilde{s}(t) = s(t) + \mathrm{j}\hat{s}(t)$$

式中，$\tilde{a}(t) = a(t)\mathrm{e}^{\mathrm{j}\varphi(t)}$ 称为 $s(t)$ 的复包络。

现在讨论将式(4.2.9)表示成复信号时的频谱特性。

(1) 复信号 $\tilde{s}(t)$ 的频谱

由傅里叶变换有 $\tilde{a}(t) \Longleftrightarrow \tilde{A}(\omega)$

其中符号"$\Longleftrightarrow$"表示互为傅里叶变换对偶。利用傅里叶变换的相移特性有

$$\mathrm{e}^{\mathrm{j}\omega_0 t} \Longleftrightarrow 2\pi\delta(\omega - \omega_0)$$

又利用傅里叶变换的相乘特性，得

$$\tilde{a}(t)\mathrm{e}^{\mathrm{j}\omega_0 t} \Longleftrightarrow \frac{1}{2\pi}\tilde{A}(\omega) * 2\pi\delta(\omega - \omega_0)$$

考虑到 $\tilde{s}(t) \Longleftrightarrow \tilde{S}(\omega)$，再利用 δ 函数的卷积特性，于是可得

$$\tilde{S}(\omega) = \tilde{A}(\omega - \omega_0) \tag{4.2.11}$$

有限带宽的低频复信号 $\tilde{a}(t)$ 的频谱 $\tilde{A}(\omega)$ 如图 4.5(a)所示，故 $\tilde{s}(t)$ 的频谱 $\tilde{S}(\omega)$ 是 $\tilde{A}(\omega)$ 向右平移 ω_0 的结果，如图 4.5(b)所示。

(2) 窄带实信号 $s(t)$ 的频谱

因为 $$s(t)=\mathrm{Re}[\tilde{s}(t)] = \frac{1}{2}[\tilde{s}(t)+\tilde{s}^*(t)] \tag{4.2.12}$$

式中,$\tilde{s}^*(t)$ 为 $\tilde{s}(t)$ 的复共轭。利用傅里叶变换的共轭特性:若 $\tilde{s}(t)\Longleftrightarrow\tilde{S}(\omega)$,则有 $\tilde{s}^*(t)\Longleftrightarrow\tilde{S}^*(-\omega)$,于是有

$$S(\omega)=\frac{1}{2}[\tilde{S}(\omega)+\tilde{S}^*(-\omega)] = \frac{1}{2}[\tilde{A}(\omega-\omega_0)+\tilde{A}^*(-\omega-\omega_0)] \tag{4.2.13}$$

式(4.2.13)表明,窄带实信号 $s(t)$ 的频谱对称分布于正、负频域中,如图4.5(c)所示。从图中得出,实信号 $s(t)$ 的频谱是 ω 的偶函数。

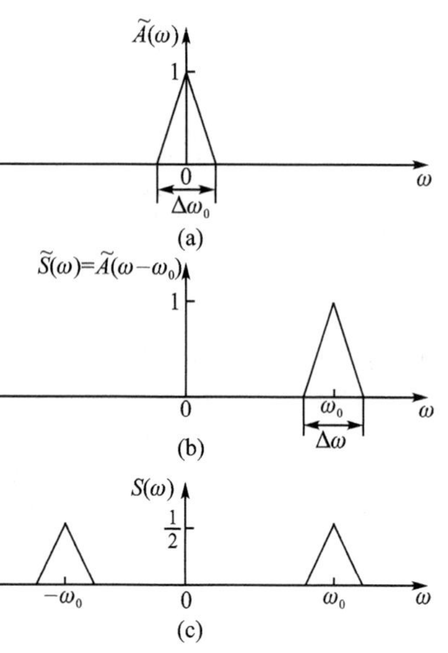

图4.5 高频窄带信号的频谱

(3) 信号 $\mathrm{j}\hat{s}(t)$ 的频谱

因为 $$\mathrm{j}\hat{s}(t)=\frac{1}{2}[\tilde{s}(t)-\tilde{s}^*(t)]$$

仿照上述过程,可得 $\mathrm{j}\hat{s}(t)$ 的频谱为

$$\mathrm{j}\hat{S}(\omega)=\frac{1}{2}[\tilde{A}(\omega-\omega_0)-\tilde{A}^*(-\omega-\omega_0)] \tag{4.2.14}$$

不难看出,$\mathrm{j}\hat{S}(\omega)$ 是 ω 的奇函数。这样,复信号 $\tilde{s}(t)$ 的频谱为

$$\tilde{S}(\omega)=S(\omega)+\mathrm{j}\hat{S}(\omega)=\tilde{A}(\omega-\omega_0) = 2S(\omega)U(\omega)=\begin{cases}2S(\omega), & \omega>0\\ 0, & \omega<0\end{cases} \tag{4.2.15}$$

式中,$U(\omega)$ 是单位阶跃函数,即

$$U(\omega)=\begin{cases}1, & \omega>0\\ 0, & \omega<0\end{cases}$$

式(4.2.15)说明,复信号 $\tilde{s}(t)$ 的频谱只有正的频率分量且为实信号频谱在正频谱中的二倍。

从以上讨论得知,把一高频窄带信号表示成复信号时,就把原来具有高频频谱的信号化为只具有低频频谱的包络和正弦型信号的乘积,如式(4.2.10)所示。该复包络的频谱可通过把复信号的频谱左移 ω_0 后得到(见图4.5),这样就可把对高频信号的运算转换为对低频信号的运算,从而使分析简化。

4.2.2 任意实信号的复信号表示

设 $x(t)$ 为任意实信号,其相应的复信号表达式为

$$\tilde{x}(t)=x(t)+\mathrm{j}\hat{x}(t) \tag{4.2.16}$$

这是一种极重要的复信号形式。下面从复信号的频域定义来推导这一表达式。

复信号 $\tilde{x}(t)$ 和实信号 $x(t)$ 的频谱保持式(4.2.15)的关系,即

$$\tilde{X}(\omega) = 2X(\omega)U(\omega) \tag{4.2.17}$$

式(4.2.17)成立的条件是信号的频带宽度 $\Delta\omega < 2\omega_0$。由于

$$U(\omega) \Longleftrightarrow \frac{1}{2}\left[\delta(t) - \frac{1}{\mathrm{j}\pi t}\right]$$

利用傅里叶变换的相乘特性，可得

$$\tilde{X}(\omega) \Longleftrightarrow \tilde{x}(t) = x(t) * \left[\delta(t) - \frac{1}{\mathrm{j}\pi t}\right]$$

于是有

$$\begin{aligned}\tilde{x}(t) &= \int_{-\infty}^{\infty} x(t)\delta(t-\tau)\mathrm{d}\tau + \mathrm{j}\,\frac{1}{\pi}\int_{-\infty}^{\infty}\frac{x(\tau)}{t-\tau}\mathrm{d}\tau \\ &= x(t) + \mathrm{j}\hat{x}(t)\end{aligned} \tag{4.2.18}$$

显然，复信号 $\tilde{x}(t)$ 的虚部为

$$\hat{x}(t) = \frac{1}{\pi}\int_{-\infty}^{\infty}\frac{x(\tau)}{t-\tau}\mathrm{d}\tau \tag{4.2.19}$$

式(4.2.19)表示的 $\hat{x}(t)$ 称为 $x(t)$ 的希尔伯特变换并为一实函数。

由式(4.2.18)得

$$\hat{x}(t) = -\mathrm{j}[\tilde{x}(t) - x(t)] \tag{4.2.20}$$

并且有

$$-\mathrm{j}[\tilde{x}(t) - x(t)] \Longleftrightarrow -\mathrm{j}[2X(\omega)U(\omega) - X(\omega)]$$

因此，得到 $\hat{x}(t)$ 的频谱为

$$\begin{aligned}\hat{X}(\omega) &= \begin{cases}-\mathrm{j}X(\omega), & \omega > 0 \\ \mathrm{j}X(\omega), & \omega < 0\end{cases} \\ &= -\mathrm{j}X(\omega)\operatorname{sgn}(\omega)\end{aligned} \tag{4.2.21}$$

式中，$\operatorname{sgn}(\omega)$ 称为符号函数(Signum)，即

$$\operatorname{sgn}(\omega) = \begin{cases}1, & \omega > 0 \\ 0, & \omega = 0 \\ -1, & \omega < 0\end{cases}$$

根据式(4.2.17)、式(4.2.18)和式(4.2.21)又可得出

$$X(\omega) = \begin{cases}X(\omega), & \omega > 0 \\ X(\omega), & \omega < 0\end{cases};\ \mathrm{j}\hat{X}(\omega) = \begin{cases}X(\omega), & \omega > 0 \\ -X(\omega), & \omega < 0\end{cases};\ \tilde{X}(\omega) = \begin{cases}2X(\omega), & \omega > 0 \\ 0, & \omega < 0\end{cases} \tag{4.2.22}$$

式(4.2.22)表明，若任意实信号按式(4.2.18)构成复信号 $\tilde{x}(t)$，则 $\tilde{x}(t)$ 的实部 $x(t)$ 和虚部 $\mathrm{j}\hat{x}(t)$ 的频谱在正频域中相同，在负频域中反相。

4.3　希尔伯特变换

在研究窄带随机过程的复表示时，都要用到希尔伯特变换。

若在区间 $t \in R^1$ 中，给定实值函数 $x(t)$，则其复形式为

$$\tilde{x}(t) = x(t) + \mathrm{j}\hat{x}(t) \tag{4.3.1}$$

其中实部为原实值函数 $x(t)$，虚部为 $x(t)$ 的希尔伯特变换，有

$$\hat{x}(t) = \mathscr{H}[x(t)] = \frac{1}{\pi}\int_{-\infty}^{\infty}\frac{x(\tau)}{t-\tau}\mathrm{d}\tau \tag{4.3.2}$$

其逆变换为

$$x(t) = \mathscr{H}^{-1}[\hat{x}(t)] = -\frac{1}{\pi}\int_{-\infty}^{\infty}\frac{\hat{x}(\tau)}{t-\tau}\mathrm{d}\tau \tag{4.3.3}$$

现在推求式(4.3.2)。设 $x(t)$ 为任意实值函数,其傅里叶变换为 $S(\omega)$。定义一个新的复函数 $\tilde{x}(t)$,且有

$$\tilde{x}(t) \Longleftrightarrow \tilde{S}(\omega) = 2S(\omega)U(\omega)$$

式中,$U(\omega)$ 为单位阶跃函数。

利用傅里叶变换的频域相乘特性,可得

$$\begin{aligned}\tilde{x}(t) &= 2x(t) * \frac{1}{2}\left[\delta(t) - \frac{1}{\mathrm{j}\pi t}\right] = \int_{-\infty}^{\infty} x(\tau)\delta(t-\tau)\mathrm{d}\tau + \mathrm{j}\,\frac{1}{\pi}\int_{-\infty}^{\infty} \frac{x(\tau)}{t-\tau}\mathrm{d}\tau \\ &= x(t) + \mathrm{j}\hat{x}(t)\end{aligned}$$

于是,式(4.3.2)成立。

若在式(4.3.2)中做变量置换,令 $\tau = t + \lambda$,得

$$\hat{x}(t) = -\frac{1}{\pi}\int_{-\infty}^{\infty} \frac{x(t+\lambda)}{\lambda}\mathrm{d}\lambda$$

将变量 λ 仍用 τ 表示,则有

$$\hat{x}(t) = -\frac{1}{\pi}\int_{-\infty}^{\infty} \frac{x(t+\tau)}{\tau}\mathrm{d}\tau \tag{4.3.4}$$

若在式(4.3.2)中做变量置换,令 $\tau = t - \lambda$,则得

$$\hat{x}(t) = \frac{1}{\pi}\int_{-\infty}^{\infty} \frac{x(t-\lambda)}{\lambda}\mathrm{d}\lambda$$

同样,将变量 λ 仍用 τ 表示,则有

$$\hat{x}(t) = \frac{1}{\pi}\int_{-\infty}^{\infty} \frac{x(t-\tau)}{\tau}\mathrm{d}\tau \tag{4.3.5}$$

式(4.3.4)、式(4.3.5)是式(4.3.2)的等价形式。

同理,可得式(4.3.3)的等价形式为

$$x(t) = \frac{1}{\pi}\int_{-\infty}^{\infty} \frac{\hat{x}(t+\tau)}{\tau}\mathrm{d}\tau \tag{4.3.6}$$

和

$$x(t) = -\frac{1}{\pi}\int_{-\infty}^{\infty} \frac{\hat{x}(t-\tau)}{\tau}\mathrm{d}\tau \tag{4.3.7}$$

希尔伯特变换的主要性质如下。

性质1 若 $X(\omega)$ 是 $x(t)$ 的傅里叶变换,则希尔伯特变换 $\hat{x}(t)$ 的傅里叶变换为

$$F_{\hat{x}}(\omega) = -\mathrm{j}X(\omega)\mathrm{sgn}(\omega) \tag{4.3.8}$$

证明:由希尔伯特变换的定义,即式(4.3.2)有

$$\hat{x}(t) = \frac{1}{\pi}\int_{-\infty}^{\infty} \frac{x(t-\tau)}{\tau}\mathrm{d}\tau = x(t) * \frac{1}{\pi t}$$

利用时域卷积定理得

$$F_{\hat{x}}(\omega) = -\mathrm{j}X(\omega)\mathrm{sgn}(\omega)$$

式(4.3.8)表明,希尔伯特变换可以看成是一个 90°的移相器。

性质2 函数 $x(t)$ 的希尔伯特变换 $\hat{x}(t)$ 的希尔伯特变换为原来函数 $x(t)$ 的负值,即

$$\mathscr{H}[\hat{x}(t)] = -x(t) \tag{4.3.9}$$

证明:按定义,有

$$\begin{aligned}\mathscr{H}[\hat{x}(t)] &= \frac{1}{\pi}\int_{-\infty}^{\infty} \frac{\hat{x}(\tau)}{t-\tau}\mathrm{d}\tau \\ &= -\left[-\frac{1}{\pi}\int_{-\infty}^{\infty} \frac{\hat{x}(\tau)}{(t-\tau)}\mathrm{d}\tau\right] = -x(t)\end{aligned}$$

性质 3　设实信号 $a(t)$ 具有有限带宽的傅里叶变换 $A(\omega)$，即

$$A(\omega)=\begin{cases}A(\omega), & |\omega|\leqslant B\\ 0, & 其他\end{cases}$$

则

$$\mathscr{H}[a(t)\cos\omega_c t]=a(t)\sin\omega_c t \tag{4.3.10}$$

$$\mathscr{H}[a(t)\sin\omega_c t]=-a(t)\cos\omega_c t \tag{4.3.11}$$

式中，$\omega_c>B$。

证明： 令

$$x(t)=a(t)\cos\omega_c t=\frac{a(t)\mathrm{e}^{\mathrm{j}\omega_c t}}{2}+\frac{a(t)\mathrm{e}^{-\mathrm{j}\omega_c t}}{2}$$

其傅里叶变换为

$$X(\omega)=\int_{-\infty}^{\infty}\frac{a(t)}{2}\mathrm{e}^{-\mathrm{j}(\omega-\omega_c t)}\mathrm{d}t+\int_{-\infty}^{\infty}\frac{a(t)}{2}\mathrm{e}^{-\mathrm{j}(\omega+\omega_c)t}\mathrm{d}t$$

$$=\frac{1}{2}[A(\omega-\omega_c)+A(\omega+\omega_c)]$$

$$=\begin{cases}\dfrac{1}{2}A(\omega-\omega_c), & \omega>0\\ \dfrac{1}{2}A(\omega+\omega_c), & \omega<0\end{cases}$$

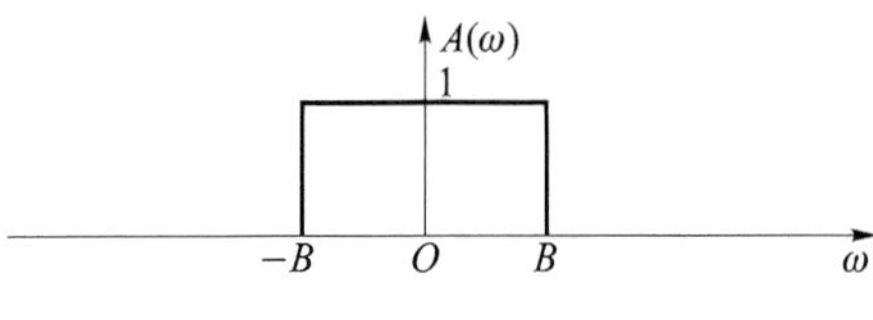

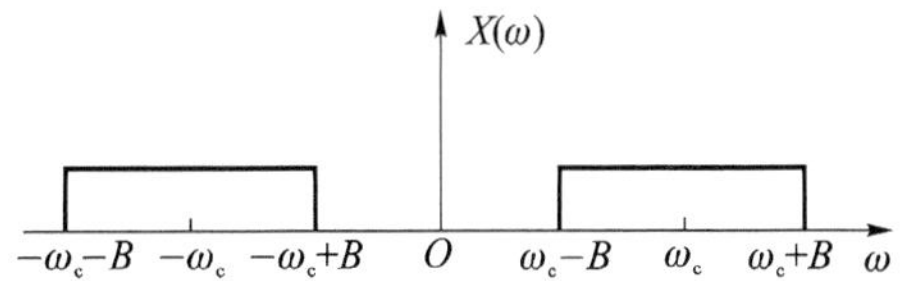

图 4.6　$x(t)=a(t)\cos\omega_c t$ 的傅里叶变换

$X(\omega)$ 如图 4.6 所示。根据式(4.3.8)得

$$F_{\hat{x}}(\omega)=\begin{cases}-\dfrac{\mathrm{j}}{2}A(\omega-\omega_c), & \omega>0\\ \dfrac{\mathrm{j}}{2}A(\omega+\omega_c), & \omega<0\end{cases}$$

由傅里叶逆变换得

$$\hat{x}(t)=\frac{1}{2\pi}\int_{-\infty}^{\infty}F_{\hat{x}}(\omega)\mathrm{e}^{\mathrm{j}\omega t}\mathrm{d}\omega$$

$$=\frac{1}{2\pi}\int_{0}^{\infty}-\frac{\mathrm{j}}{2}A(\omega-\omega_c)\mathrm{e}^{\mathrm{j}\omega t}\mathrm{d}\omega+\frac{1}{2\pi}\int_{-\infty}^{0}\frac{\mathrm{j}}{2}A(\omega+\omega_c)\mathrm{e}^{\mathrm{j}\omega t}\mathrm{d}\omega$$

从图 4.6 可看出，$A(\omega-\omega_c)$ 在 $\omega>\omega_c+B$，$\omega<\omega_c-B$ 的区域为零，而 $A(\omega+\omega_c)$ 在 $\omega<-\omega_c-B$，$\omega>-\omega_c+B$ 的区域也为零，故

$$\hat{x}(t)=\frac{1}{2\pi}\int_{\omega_c-B}^{\omega_c+B}-\frac{\mathrm{j}}{2}A(\omega-\omega_c)\mathrm{e}^{\mathrm{j}\omega t}\mathrm{d}\omega+\frac{1}{2\pi}\int_{-\omega_c-B}^{-\omega_c+B}\frac{\mathrm{j}}{2}A(\omega+\omega_c)\mathrm{e}^{\mathrm{j}\omega t}\mathrm{d}\omega$$

进行变量置换，令 $\lambda_1=\omega-\omega_c$，$\lambda_2=\omega-\omega_c$，则得

$$\hat{x}(t)=-\frac{\mathrm{j}}{2}\mathrm{e}^{\mathrm{j}\omega_c t}\frac{1}{2\pi}\int_{-B}^{B}A(\lambda_1)\mathrm{e}^{\mathrm{j}\lambda_1 t}\mathrm{d}\lambda_1+\frac{\mathrm{j}}{2}\mathrm{e}^{-\mathrm{j}\omega_c t}\frac{1}{2\pi}\int_{-B}^{B}A(\lambda_2)\mathrm{e}^{\mathrm{j}\lambda_2 t}\mathrm{d}\lambda_2$$

$$=\frac{1}{2\mathrm{j}}a(t)[\mathrm{e}^{\mathrm{j}\omega_c t}-\mathrm{e}^{-\mathrm{j}\omega_c t}]=a(t)\sin\omega_c t$$

类似地，可以证明式(4.3.11)成立。

性质 4　若 $y(t)=v(t)*x(t)$，则 $y(t)$ 的希尔伯特变换为

$$\hat{y}(t)=v(t)*\hat{x}(t) \tag{4.3.12}$$

证明：

$$\hat{y}(t)=\frac{1}{\pi}\int_{-\infty}^{\infty}\frac{y(\tau)}{t-\tau}\mathrm{d}\tau=\frac{1}{\pi}\int_{-\infty}^{\infty}\int_{-\infty}^{\infty}\frac{v(\eta)x(\tau-\eta)}{t-\tau}\mathrm{d}\tau\mathrm{d}\eta$$

$$=\int_{-\infty}^{\infty}v(\eta)\mathrm{d}\eta\frac{1}{\pi}\int_{-\infty}^{\infty}\frac{x(\tau-\eta)}{t-\tau}\mathrm{d}\tau$$

进行变量置换,令 $\lambda=\tau-\eta$,则

$$\begin{aligned}\hat{y}(t)&=\int_{-\infty}^{\infty}v(\eta)\mathrm{d}\eta\,\frac{1}{\pi}\int_{-\infty}^{\infty}\frac{x(\lambda)}{t-\eta-\lambda}\mathrm{d}\lambda\\&=\int_{-\infty}^{\infty}v(\eta)\hat{x}(t-\eta)\mathrm{d}\eta=v(t)*\hat{x}(t)\end{aligned}$$

证毕。

由式(4.3.12)可以推出下式成立

$$\begin{aligned}\hat{y}(t)&=v(t)*x(t)*\frac{1}{\pi t}\\&=v(t)*\left[x(t)*\frac{1}{\pi t}\right]=v(t)*\hat{x}(t)\end{aligned}$$

即连续卷积的顺序可以互换。

同理可以证明,$y(t)$也能写成

$$\hat{y}(t)=x(t)*\hat{v}(t) \tag{4.3.13}$$

性质 5 $x(t)$和 $\hat{x}(t)$在$-\infty<t<\infty$范围内的功率相等,即

$$\lim_{T\to\infty}\frac{1}{2T}\int_{-T}^{T}x^2(t)\mathrm{d}t=\lim_{T\to\infty}\frac{1}{2T}\int_{-T}^{T}\hat{x}^2(t)\mathrm{d}t \tag{4.3.14}$$

证明略。留做读者练习。

性质 6 在$-\infty<t<\infty$范围内,函数 $x(t)$和 $\hat{x}(t)$是正交的,即

$$\lim_{T\to\infty}\frac{1}{2T}\int_{-T}^{T}x(t)\hat{x}(t)\mathrm{d}t=0 \tag{4.3.15}$$

证明略。留做读者练习。

4.4 复随机过程

考虑到随机过程可视为随时间而变化的随机变量,故在分析复随机过程的统计特性时,要涉及复随机变量的问题。因此本节先讨论复随机变量,然后再讨论复随机过程的数字特征和分析方法。

4.4.1 复随机变量及其数字特征

定义 设有

$$Z=X+\mathrm{j}Y \tag{4.4.1}$$

式中,X 和 Y 皆为实随机变量,则称 Z 为复随机变量。

复随机变量的数字特征如下。

1. 数学期望

复随机变量 Z 的数学期望定义为

$$m_Z=E[Z]=E[X]+\mathrm{j}E[Y]=m_X+\mathrm{j}m_Y \tag{4.4.2}$$

如果 $g(x)$为 x 的复函数,即 $g(X)=g_1(X)+\mathrm{j}g_2(X)$,则 $g(X)$的数学期望为

$$\begin{aligned}E[g(X)]&=\int_{-\infty}^{\infty}g(x)f_X(x)\mathrm{d}x\\&=\int_{-\infty}^{\infty}g_1(x)f_X(x)\mathrm{d}x+\mathrm{j}\int_{-\infty}^{\infty}g_2(x)f_X(x)\mathrm{d}x\end{aligned} \tag{4.4.3}$$

2. 方　差

复随机变量的方差定义为

$$D[Z]=E[|Z-m_Z|^2]=E[(Z-m_Z)(Z^*-m_Z^*)]$$
$$=E[(X-m_X)^2+(Y-m_Y)^2]=D[X]+D[Y] \tag{4.4.4}$$

当 $Y=0$ 时，则 $Z=X,D[Z]=D[X]$。

式(4.4.4)表明，复随机变量的方差等于它的实部方差和虚部方差之和，且复随机变量的方差是非负的实数。应当注意的是，在定义复随机变量的方差时，是求$(Z-m_Z)$模平方的数学期望。不难看出，上面给出的数学期望和方差的定义，完全满足前面提出的原则，即当 $Y=0$，$Z=X$ 时，它们就和通常定义的实随机变量 X 的数学期望和方差一致。

3. 协方差

现在定义两个复随机变量 Z_1 和 Z_2 的协方差。设有复随机变量

$$Z_1=X_1+\mathrm{j}Y_1,\quad Z_2=X_2+\mathrm{j}Y_2$$

定义 Z_1 和 Z_2 的协方差为

$$\mathrm{cov}[Z_1,Z_2]=E\{[Z_1-E(Z_1)][Z_2-E(Z_2)]*\} \tag{4.4.5}$$

式中，符号“$*$”表示复共轭，即

$$[Z_2-E(Z_2)]^*=(X_2-m_{X_2})-\mathrm{j}(Y_2-m_{Y_2})$$

显然，当 $Z_1=Z_2=Z$ 时有

$$\mathrm{cov}[Z_1,Z_2]=E[(X_1-m_X)^2]+E[(Y-m_Y)^2]$$
$$=D[X]+D[Y]=D[Z] \tag{4.4.6}$$

式(4.4.5)还可以写成下面的形式

$$\mathrm{cov}[Z_1,Z_2]=E\{[(X_1-m_{X_1})+\mathrm{j}(Y_1-m_{Y_1})][(X_2-m_{X_2})-\mathrm{j}(Y_2-m_{Y_2})]\}$$
$$=\mathrm{cov}[X_1,X_2]+\mathrm{cov}[Y_1,Y_2]+\mathrm{j}[\mathrm{cov}(Y_1,X_2)-\mathrm{cov}(X_1,Y_2)] \tag{4.4.7}$$

式中，$\mathrm{cov}[X_1,X_2]$，$\mathrm{cov}[Y_1,X_2]$，$\mathrm{cov}[Y_1,Y_2]$，$\mathrm{cov}[X_1,Y_2)$分别是(X_1,X_2)，(Y_1,X_2)，(Y_1,Y_2)，(X_1,Y_2)的协方差。当所有这些变量不相关时，协方差 $\mathrm{cov}[Z_1,Z_2]$亦为零。

以下定义复随机变量的不相关、正交和独立。

- 不相关。若两个复随机变量 Z_1 和 Z_2 的协方差等于零，即

$$\mathrm{cov}[Z_1,Z_2]=E[(Z_1-m_{Z_1})(Z_2^*-m_{Z_2}^*)]=0$$

或有

$$E[Z_1Z_2^*]=E[Z_1]E[Z_2^*] \tag{4.4.8}$$

则称 Z_1 和 Z_2 不相关。

- 正交。如果复随机变量 Z_1 和 Z_2 满足 $E[Z_1Z_2^*]=0$，则称 Z_1 和 Z_2 正交。
- 独立。若复随机变量 $Z_1=X_1+\mathrm{j}Y_1$ 和 $Z_2=X_2+\mathrm{j}Y_2$，并有

$$f(x_1,y_1;x_2,y_2)=f(x_1,y_1)f(x_2,y_2) \tag{4.4.9}$$

则称 Z_1 和 Z_2 独立。

显然，只要式(4.4.9)成立，则必有式(4.4.8)成立。因此，若 Z_1 和 Z_2 独立，则必不相关。

4.4.2　复随机过程

下面考虑复随机过程 $Z(t)$的数字特征。设复随机过程为

$$Z(t)=X(t)+\mathrm{j}Y(t) \tag{4.4.10}$$

式中,$X(t)$和 $Y(t)$都是实随机过程。则复随机过程 $Z(t)$的数学期望定义为

$$m_Z(t) = E[Z(t)] = m_X(t) + \mathrm{j}m_Y(t) \tag{4.4.11}$$

复随机过程 $Z(t)$的方差定义为

$$D[Z(t)] = E[|Z(t) - m_Z(t)|^2] \tag{4.4.12}$$

式中,$Z(t)-m_Z(t)=[X(t)-m_X(t)]+\mathrm{j}[Y(t)-m_Y(t)]$。不难看出,复随机过程的方差是实的和非负的。类似复随机变量的方差,可以得到

$$D[Z(t)] = D[X(t)] + D[Y(t)] \tag{4.4.13}$$

复随机过程的自相关函数为

$$R_Z(t_1,t_2) = E[Z(t_1)Z^*(t_2)] \tag{4.4.14}$$

式中,$Z^*(t_2)$是 $Z(t_2)$的复共轭。式(4.4.14)又可写成

$$\begin{aligned} R_Z(t_1,t_2) &= E\{[X(t_1)+\mathrm{j}Y(t_1)][X(t_2)-\mathrm{j}Y(t_2)]\} \\ &= E[X(t_1)X(t_2)] + E[Y(t_1)Y(t_2)] - \mathrm{j}\{E[X(t_1)Y(t_2)] - E[X(t_2)Y(t_1)]\} \\ &= R_X(t_1,t_2) + R_Y(t_1,t_2) + \mathrm{j}[R_{YX}(t_1,t_2) - R_{XY}(t_1,t_2)] \end{aligned} \tag{4.4.15}$$

对于两个复随机过程 $Z_1(t)$和 $Z_2(t)$,它们的互相关函数可以定义为

$$R_{Z_1Z_2}(t_1,t_2) = E[Z_1(t_1)Z_2^*(t_2)] \tag{4.4.16}$$

式中,$Z_2^*(t_2)$是 $Z_2(t_2)$的复共轭。

互协方差函数定义为

$$\begin{aligned} C_{Z_1Z_2}(t_1,t_2) &= E\{[Z_1(t_1) - m_{Z_1}(t_1)][Z_2(t_2) - m_{Z_2}(t_2)]^*\} \\ &= R_{Z_1,Z_2}(t_1,t_2) - m_{Z_1}(t_1)m_{Z_2}^*(t_2) \end{aligned} \tag{4.4.17}$$

若复随机过程$\{Z(t)\}$满足下面两式:

① $E[|Z(t)|^2]<\infty$;

② $R(t+\tau,t)=R(\tau)$(一般来说,$R(\tau)$是实变量复函数)。

则称 $Z(t)$为复的弱平稳随机过程。

对于复的弱平稳随机过程有类似于实平稳随机过程相关函数的性质。现不加证明地列出:

① $R(0)\geqslant 0$;

② $R(-\tau)=R^*(\tau)$;

③ $|R(\tau)|\leqslant R(0)$;

④ $R(\tau)$为非负定的,即对任意 n 个复数 $z_1,z_2,\cdots,z_n$ 及 n 个实数 $\tau_1,\tau_2,\cdots,\tau_n$,有

$$\sum_{i,j=1}^{n} R(\tau_i - \tau_j)z_i z_j^* \geqslant 0$$

4.4.3 实随机过程的复表示

利用希尔伯特变换可以把实随机过程表示成复随机过程。

设有一实随机过程 $X(t)$,现在定义一个新的复随机过程 $\tilde{X}(t)$,使得原实随机过程 $X(t)$是它的实部,而 $X(t)$的希尔伯特变换 $\hat{X}(t)$是它的虚部,即

$$\tilde{X}(t) = X(t) + \mathrm{j}\hat{X}(t) \tag{4.4.18}$$

下面讨论复随机过程 $\tilde{X}(t)$的数字特征。

● 实随机过程 $X(t)$ 和它的希尔伯特变换 $\hat{X}(t)$ 具有相同的自相关函数，即

$$R_{\hat{X}}(\tau)=R_X(\tau) \tag{4.4.19}$$

证明：按定义

$$\begin{aligned}R_{\hat{X}}(\tau)&=E[\hat{X}(t)\hat{X}(t-\tau)]\\&=E\left\{\int_{-\infty}^{\infty}\frac{1}{\pi\lambda}X(t+\lambda)\mathrm{d}\lambda\int_{-\infty}^{\infty}\frac{1}{\pi\lambda}X(t-\tau+\sigma)\mathrm{d}\sigma\right\}\\&=\int_{-\infty}^{\infty}\frac{\mathrm{d}\lambda}{\pi\lambda}\int_{-\infty}^{\infty}\frac{\mathrm{d}\sigma}{\pi\sigma}E[X(t+\lambda)X(t-\tau+\sigma)]\\&=\int_{-\infty}^{\infty}\frac{\mathrm{d}\lambda}{\pi\lambda}\int_{-\infty}^{\infty}\frac{\mathrm{d}\sigma}{\pi\sigma}R_X(\tau-\sigma+\lambda)\\&=\int_{-\infty}^{\infty}\frac{\mathrm{d}\lambda}{\pi\lambda}\hat{R}_X(\tau+\lambda)=R_X(\tau)\end{aligned}$$

证毕。

由式(4.4.19)可得 $R_{\hat{X}}(0)=R_X(0)$，这表明平稳随机过程 $X(t)$ 经希尔伯特变换后，其平均功率不变。同时还可得出，$X(t)$ 和 $\hat{X}(t)$ 在 $-\infty<t<\infty$ 范围内的平均功率相等。

若平稳随机过程 $X(t)$ 是各态历经的，其时间自相关函数为

$$R_{XT}(\tau)=\lim_{T\to\infty}\frac{1}{2T}\int_{-T}^{T}X(t)X(t-\tau)\mathrm{d}t$$

由式(4.4.19)可得 $R_{\hat{X}T}(\tau)=R_{XT}(\tau)$，由此可知 $R_{\hat{X}T}(0)=R_{XT}(0)$，且不难得出

$$\lim_{T\to\infty}\frac{1}{2T}\int_{-T}^{T}X^2(t)\mathrm{d}t=\lim_{T\to\infty}\frac{1}{2T}\int_{-T}^{T}\hat{X}^2(t)\mathrm{d}t$$

即 $X(t)$ 和 $\hat{X}(t)$ 在 $-\infty<t<\infty$ 范围内的平均功率相等。

● $X(t)$ 和 $\hat{X}(t)$ 的互相关函数 $R_{\hat{X}X}(\tau)$ 等于 $X(t)$ 的自相关函数的希尔伯特变换 $\hat{R}_X(\tau)$，即

$$R_{\hat{X}X}(\tau)=\hat{R}_X(\tau) \tag{4.4.20}$$

证明：利用式(4.3.4)有

$$\begin{aligned}R_{\hat{X}X}(\tau)&=E[\hat{X}(\tau)X(t-\tau)]\\&=E\left[-\frac{1}{\pi}\int_{-\infty}^{\infty}\frac{X(t+\eta)}{\eta}X(t-\tau)\right]\mathrm{d}\eta\\&=-\frac{1}{\pi}\int_{-\infty}^{\infty}E[X(t+\eta)X(t-\tau)]\frac{\mathrm{d}\eta}{\eta}\\&=-\frac{1}{\pi}\int_{-\infty}^{\infty}\frac{R_X(\tau+\eta)}{\eta}\mathrm{d}\eta=\hat{R}_X(\tau)\end{aligned}$$

证毕。

同理可证

$$R_{X\hat{X}}(\tau)=R_{\hat{X}X}(-\tau)=-\hat{R}_X(\tau) \tag{4.4.21}$$

由式(4.4.20)和式(4.4.21)可以看出，$R_{X\hat{X}}(\tau)$ 和 $R_{\hat{X}X}(\tau)$ 皆为奇函数，有 $R_{X\hat{X}}(0)=R_{\hat{X}X}(0)=0$。这说明，零均值的平稳过程 $X(t)$ 和 $\hat{X}(t)$ 在同一时刻是互不相关的。

若 $X(t)$ 又为各态历经过程，其时间互相关函数为

$$R_{X\hat{X}T}(\tau)=\lim_{T\to\infty}\frac{1}{2T}\int_{-T}^{T}X(t)\hat{X}(t-\tau)\mathrm{d}t$$

则同理可证

$$\left.\begin{aligned}&R_{\hat{X}XT}(\tau)=\hat{R}_{XT}(\tau)\\&R_{X\hat{X}T}(\tau)=R_{\hat{X}XT}(-\tau)=-\hat{R}_{XT}(\tau)\\&R_{X\hat{X}T}(0)=R_{\hat{X}XT}(0)=0\end{aligned}\right\} \tag{4.4.22}$$

由此得到各态历经过程 $X(t)$ 和 $\hat{X}(t)$ 在同一刻互不相关，且其时间互相关函数是奇函数。

● 复随机过程 $\widetilde{X}(t)$ 的自相关函数 $R_{\widetilde{X}}(\tau)$。

按自相关函数的定义有

$$\begin{aligned}R_{\widetilde{X}}(\tau) &= E[\widetilde{X}(t)\widetilde{X}^*(t-\tau)] \\ &= E\{[X(t)+\mathrm{j}\hat{X}(t)][X(t-\tau)-\mathrm{j}\hat{X}(t-\tau)]\} \\ &= R_X(\tau)+R_{\hat{X}}(\tau)+\mathrm{j}[R_{\hat{X}X}(\tau)-R_{X\hat{X}}(\tau)]\end{aligned} \tag{4.4.23}$$

又由式(4.4.19)、式(4.4.20)和式(4.4.21)得

$$R_{\widetilde{X}}(\tau) = 2[R_X(\tau)+\mathrm{j}\hat{R}_X(\tau)] \tag{4.4.24}$$

因 $R_X(\tau)$ 为偶函数，$\hat{R}_X(\tau)$ 为奇函数，故有

$$R_{\widetilde{X}}(-\tau) = 2[R_X(\tau)-\mathrm{j}\hat{R}_X(\tau)] = R_{\widetilde{X}}^*(\tau) \tag{4.4.25}$$

式(4.4.24)和式(4.4.25)表明，复随机过程 $\widetilde{X}(t)$ 的自相关函数 $R_{\widetilde{X}}(\tau)$ 也是 τ 的复函数。

● 复随机过程 $\widetilde{X}(t)$ 的功率谱密度 $G_{\widetilde{X}}(\omega)$。

对式(4.4.24)或式(4.4.25)进行傅里叶变换，可以得到复机过程 $\widetilde{X}(t)$ 的功率谱密度 $G_{\widetilde{X}}(\omega)$。若已知 $X(t)$ 的功率谱密度 $G_X(\omega)$ 是 $R_X(\tau)$ 的傅里叶变换，则 $R_X(\tau)$ 的希尔伯特变换 $\hat{R}_X(\tau)$ 的傅里叶变换为

$$\hat{G}_X(\omega) = -\mathrm{j}G_X(\omega)\mathrm{sgn}(\omega)$$

因此，$\widetilde{X}(t)$ 的功率谱密度为

$$\begin{aligned}G_{\widetilde{X}}(\omega) &= 2[G_X(\omega)+\mathrm{j}\hat{G}_X(\omega)] \\ &= 2[G_X(\omega)+G_X(\omega)\mathrm{sgn}(\omega)] \\ &= \begin{cases}0, & \omega<0 \\ 2G_X(\omega), & \omega=0 \\ 4G_X(\omega), & \omega>0\end{cases}\end{aligned}$$

由于推导式(4.2.21)的条件为信号带宽 $\Delta\omega \ll \omega_0$，这意味着在 $\omega=0$ 处 $G_X(\omega)=0$，故 $\widetilde{X}(t)$ 的功率谱密度又可写为

$$G_{\widetilde{X}}(\omega) = \begin{cases}0, & \omega<0 \\ 4G_X(\omega), & \omega>0\end{cases} \tag{4.4.26}$$

即
$$G_{\widetilde{X}}(\omega) = 4G_X(\omega)U(\omega) \tag{4.4.27}$$

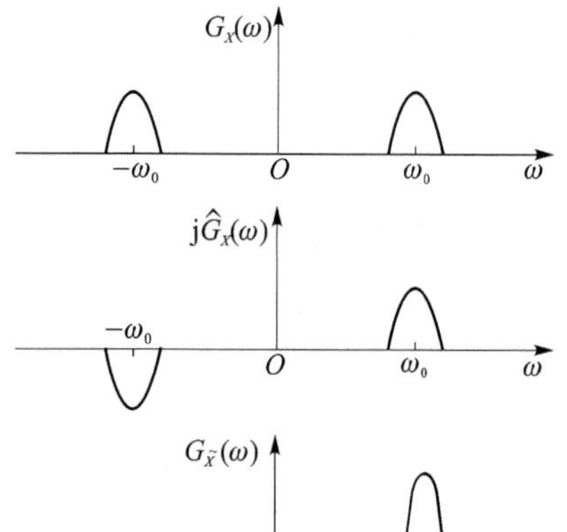

图 4.7 复随机过程的功率谱

式中，$U(\omega)$ 为阶跃函数。上述分析表明，平稳窄带实随机过程用复过程表示时，只在正频域内具有单边功率谱密度，如图 4.7 所示。

例 4.4-1 设有 N 个复信号组成的复随机过程 $Y(t)=\sum_{n=1}^{N}A_n\mathrm{e}^{\mathrm{j}(\omega_0 t+\varphi_n)}$，式中 ω_0 为常量，A_n 和 φ_n 分别为第 n 个信号的随机振幅和随机相位。已知随机变量 A_n 和 φ_n 统计独立，且 φ_n 在 $[0,2\pi]$ 上均匀分布。求 $Y(t)$ 的自相关函数。

解：由式(4.4.14)得 $Y(t)$ 的自相关函数为

$$R_Y(t,t-\tau) = E[Y(t)Y^*(t-\tau)]$$

$$= E\left[\sum_{n=1}^{N} A_n e^{j\omega_0 t + j\varphi_n} \sum_{m=1}^{N} A_m e^{-j\omega_0 t + j\omega_0 \tau - j\varphi_m}\right]$$

$$= \sum_{n=1}^{N}\sum_{m=1}^{N} e^{j\omega_0 \tau} E[A_n A_m e^{j(\varphi_n - \varphi_m)}] = R_Y(\tau)$$

因为 A_n 和 φ_n 统计独立，有

$$R_Y(\tau) = e^{j\omega\tau} \sum_{n=1}^{N}\sum_{m=1}^{N} E[A_n A_m] E[e^{j(\varphi_n - \varphi_m)}]$$

而

$$E[e^{j(\varphi_n - \varphi_m)}] = E[\cos(\varphi_n - \varphi_m)] + jE[\sin(\varphi_n - \varphi_m)]$$

$$= \int_0^{2\pi}\int_0^{2\pi} \frac{1}{(2\pi)^2}[\cos(\varphi_n - \varphi_m) + j\sin(\varphi_n - \varphi_m)] d\varphi_m d\varphi_n$$

$$= \begin{Bmatrix} 0, & m \neq n \\ 1, & m = n \end{Bmatrix}$$

故得

$$R_Y(\tau) = e^{j\omega_0 \tau} \sum_{n=1}^{N} \overline{A_n^2}$$

4.5　窄带实平稳随机过程的数字特征

如果 $X(t)$是窄带实平稳随机过程，它的功率谱密度为

$$S_X(\omega) = \begin{cases} S_X(\omega) \neq 0, & \omega_0 - \omega_c < |\omega| < \omega_0 + \omega_c \\ S_X(\omega) = 0, & \text{其他} \end{cases}$$

则 $X(t)$ 可以表示为

$$X(t) = A(t)\cos[\omega_0 t + \Phi(t)]$$

$$= X_c(t)\cos\omega_0 t - X_s(t)\sin\omega_0 t \tag{4.5.1}$$

式中

$$X_c(t) = A(t)\cos\Phi(t), \quad X_s(t) = A(t)\sin\Phi(t) \tag{4.5.2}$$

通常称 $X_c(t)$为同组分量，$X_s(t)$为正交分量。由式(4.5.2)还可以得出窄带过程 $X(t)$的包络和相位分别为

$$A(t) = [X_c^2(t) + X_s^2(t)]^{1/2}, \quad \Phi(t) = \arctan\frac{X_s(t)}{X_c(t)} \tag{4.5.3}$$

4.5.1　自相关函数 $R_{X_c}(\tau)$和 $R_{X_s}(\tau)$

设窄带实平稳随机过程的自相关函数为 $R_X(\tau)$，现在求同相分量 $X_c(t)$和正交分量 $X_s(t)$的自相关函数。

引用希尔伯特变换把实随机过程表示成复随机过程，可得

$$\widetilde{X}(t) = X(t) + j\hat{X}(t) \tag{4.5.4}$$

式中，$\hat{X}(t)$为原信号 $X(t)$的希尔伯特变换。这种由实信号 $X(t)$和它的希尔伯特变换 $\hat{X}(t)$所组成的复信号 $\widetilde{X}(t)$常称为信号的预包络，又称为解析信号。根据希尔伯特变换的性质，对式(4.5.1)进行希尔伯特变换，则有

$$\hat{X}(t) = X_c(t)\sin\omega_0 t + X_s(t)\cos\omega_0 t \tag{4.5.5}$$

联立求解式(4.5.1)和式(4.5.5)，得

$$X_c(t) = X(t)\cos\omega_0 t + \hat{X}(t)\sin\omega_0 t$$

$$X_s(t) = \hat{X}(t)\cos\omega_0 t - X(t)\sin\omega_0 t \tag{4.5.6}$$

由 4.1.2 节对窄带过程两正交分量性质的讨论可知,若 $X(t)$是均值为零的广义平稳随机过程,则 $X_c(t)$和 $X_s(t)$也是均值为零的广义平稳随机过程。根据自相关函数的定义,同相分量 $X_c(t)$的自相关函数为

$$\begin{aligned}R_{X_c}(\tau) &= E[X_c(t)X_c(t-\tau)]\\ &= E[X(t)\cos\omega_0 t + \hat{X}(t)\sin\omega_0 t][X(t-\tau)\cos\omega_0(t-\tau) + \hat{X}(t-\tau)\sin\omega_0(t-\tau)]\\ &= E[X(t)X(t-\tau)]\cos\omega_0 t\cos\omega_0(t-\tau) + E[\hat{X}(t)X(t-\tau)]\sin\omega_0\cos\omega_0(t-\tau) +\\ &\quad E[X(t)\hat{X}(t-\tau)]\cos\omega_0 t\sin\omega_0(t-\tau) + E[\hat{X}(t)\hat{X}(t-\tau)]\sin\omega_0 t\sin\omega_0(t-\tau)\\ &= R_X(\tau)\cos\omega_0 t\cos\omega_0(t-\tau) + R_{\hat{X}X}(\tau)\sin\omega_0 t\cos\omega_0(t-\tau) +\\ &\quad R_{X\hat{X}}(\tau)\cos\omega_0 t\sin\omega_0(t-\tau) + R_{\hat{X}}(\tau)\sin\omega_0 t\sin\omega_0(t-\tau)\end{aligned} \tag{4.5.7}$$

根据 4.4.3 节复随机过程的数字特征,有下列等式

$$R_{\hat{X}}(\tau) = R_X(\tau),\quad R_{X\hat{X}}(\tau) = -\hat{R}_X(\tau),\quad R_{\hat{X}X}(\tau) = \hat{R}_X(\tau) \tag{4.5.8}$$

式中,$\hat{R}_X(\tau)$是 $R_X(\tau)$的希尔伯特变换。

将式(4.5.8)代入式(4.5.7)中,得

$$\begin{aligned}R_{X_c}(\tau) &= R_X(\tau)[\cos\omega_0 t\cos\omega_0(t-\tau) + \sin\omega_0 t\sin\omega_0(t-\tau)] +\\ &\quad \hat{R}_X(\tau)[\sin\omega_0 t\cos\omega_0(t-\tau) - \cos\omega_0 t\sin\omega_0(t-\tau)]\\ &= R_X(\tau)\cos\omega_0\tau + \hat{R}_X(\tau)\sin\omega_0\tau\end{aligned} \tag{4.5.9}$$

类似地,可推导出正交分量 $X_s(t)$的自相关函数为

$$R_{X_s}(\tau) = E[X_s(t)X_s(t-\tau)] = R_X(\tau)\cos\omega_0\tau + \hat{R}_X(\tau)\sin\omega_0\tau \tag{4.5.10}$$

由式(4.5.9)和式(4.5.10)得

$$R_{X_c}(\tau) = R_{X_s}(\tau) \tag{4.5.11}$$

综上所述可以看出:

① 若 $X(t)$为实平稳随机过程,则 $X_c(t)$和 $X_s(t)$也为实平稳随机过程。

② 由于 $R_{X_c}(\tau)=R_{X_s}(\tau)$,故 $X_c(t)$和 $X_s(t)$的方差相等,即 $\sigma^2_{X_c}=R_{X_c}(0)=R_{X_s}(0)=\sigma^2_{X_s}$。当然它们的功率谱密度也应相同。

③ 以 $\tau=0$ 代入式(4.5.9)和式(4.5.10),则有 $R_{X_c}(0)=R_{X_s}(0)=R_X(0)$。这表明低频过程 $X_c(t)$和 $X_s(t)$具有和窄带随机过程 $X(t)$相同的平均功率,即

$$\sigma^2_X = \sigma^2_{X_c} = \sigma^2_{X_s} \tag{4.5.12}$$

这就是说,窄带过程 $X(t)$的方差和两正交分量 $X_c(t)$和 $X_s(t)$的方差是相等的。若 $X(t)$和 $X_c(t)$、$X_s(t)$均表示噪声电压或噪声电流,由于方差 σ^2 是表示消耗在 1 Ω 电阻上的交流平均功率,因此式(4.5.12)说明窄带噪声 $X(t)$消耗在 1 Ω 电阻上的交流平均功率与它的两个正交分量消耗在 1 Ω 电阻上的交流平均功率是相等的。

4.5.2 互相关函数 $R_{cs}(\tau)$

按两随机过程平稳相关时的互相关函数的定义,可得

$$R_{cs}(\tau)=E[X_c(t)X_s(t-\tau)] \tag{4.5.13}$$

将式(4.5.6)代入式(4.5.13)中，得

$$\begin{aligned}R_{cs}(\tau)=&E\{[X(t)\cos\omega_0 t+\hat{X}(t)\sin\omega_0 t]\times\\&[\hat{X}(t-\tau)\cos\omega_0(t-\tau)-X(t-\tau)\sin\omega_0(t-\tau)]\}\\=&E[X(t)\hat{X}(t-\tau)]\cos\omega_0 t\cos\omega_0(t-\tau)+\\&E[\hat{X}(t)\hat{X}(t-\tau)]\sin\omega_0 t\cos\omega_0(t-\tau)-\\&E[X(t)X(t-\tau)]\cos\omega_0 t\sin\omega_0(t-\tau)-\\&E[\hat{X}(t)X(t-\tau)]\sin\omega_0 t\sin\omega_0(t-\tau)\end{aligned}$$

再将式(4.5.8)代入，得

$$\begin{aligned}R_{cs}(\tau)=&R_{X\hat{X}}(\tau)[\cos\omega_0 t\cos\omega_0(t-\tau)+\sin\omega_0 t\sin\omega_0(t-\tau)]+\\&R_X(\tau)[\sin\omega_0 t\cos\omega_0(t-\tau)-\cos\omega_0 t\sin\omega_0(t-\tau)]\\=&R_X(\tau)\sin\omega_0\tau-\hat{R}_X(\tau)\cos\omega_0\tau\end{aligned} \tag{4.5.14}$$

类似地，可得　　$$R_{sc}(\tau)=\hat{R}_X(\tau)\cos\omega_0\tau-R_X(\tau)\sin\omega_0\tau \tag{4.5.15}$$

比较式(4.5.14)和式(4.5.15)，可得

$$R_{cs}(\tau)=-R_{sc}(-\tau) \tag{4.5.16}$$

在第 2 章中已证明，对于两个平稳的实随机过程，其互相关函数有如下性质：

$$R_{sc}(\tau)=R_{cs}(-\tau)$$

故

$$R_{cs}(\tau)=-R_{cs}(-\tau) \tag{4.5.17}$$

这意味着 $X_c(t)$ 和 $X_s(t)$ 的互相关函数是奇函数。若又以 $\tau=0$ 代入式(4.5.17)中，则有 $R_{cs}(0)=0$。即在同一时刻两正交分量 $X_c(t)$ 和 $X_s(t)$ 的互相关函数为零。换言之，在同一时刻，$X_c(t)$ 和 $X_s(t)$ 是互不相关的，即为正交的。

现在讨论相关函数 $R_X(\tau)$ 和 $R_{X_c}(\tau)$ 与 $R_{cs}(\tau)$ 的关系。根据自相关函数的定义，窄带实平稳过程 $X(t)$ 的自相关函数可写成

$$R_X(\tau)=E[X(t)X(t-\tau)] \tag{4.5.18}$$

将式(4.5.1)代入式(4.5.18)，可得

$$\begin{aligned}R_X(\tau)=&E\{[X_c(t)\cos\omega_0 t-X_s(t)\sin\omega_0 t]\times\\&[X_c(t-\tau)\cos\omega_0(t-\tau)-X_s(t-\tau)\sin\omega_0(t-\tau)]\}\\=&E[X_c(t)X_c(t-\tau)\cos\omega_0 t\cos\omega_0(t-\tau)]-\\&E[X_c(t)X_s(t-\tau)\cos\omega_0 t\sin\omega_0(t-\tau)]-\\&E[X_s(t)X_c(t-\tau)\sin\omega_0 t\cos\omega_0(t-\tau)]+\\&E[X_s(t)X_s(t-\tau)\sin\omega_0 t\sin\omega_0(t-\tau)]\end{aligned}$$

将式(4.5.11)和式(4.5.16)代入，可得

$$\begin{aligned}R_X(\tau)=&R_{X_c}(\tau)[\cos\omega_0 t\cos\omega_0(t-\tau)+\sin\omega_0 t\sin\omega_0(\tau-\tau)]-\\&R_{cs}(\tau)[\cos\omega_0 t\sin\omega_0(t-\tau)-\sin\omega_0 t\cos\omega_0(t-\tau)]\\=&R_{X_c}(\tau)\cos\omega_0\tau+R_{cs}(\tau)\sin\omega_0\tau\end{aligned} \tag{4.5.19}$$

式(4.5.19)为窄带过程的自相关函数 $R_X(\tau)$ 与同相分量的自相关函数 $R_{X_c}(\tau)$ 及两正交分量互相关函数 $R_{cs}(\tau)$ 之间的关系。

例 4.5-1 设平稳窄带噪声 $X(t)$ 的均值为零,并具有对称的功率谱,其相关函数 $R_X = A(\tau)\cos\omega_0\tau$。试求相关函数 $R_{X_c}(\tau)$ 和 $R_{X_s}(\tau)$,方差 $\sigma_{X_c}^2$ 和 $\sigma_{X_s}^2$,以及互相关函数 $R_{cs}(\tau)$ 和 $R_{sc}(\tau)$。

解:由式(4.4.19)和式(4.4.21)知

$$R_{\hat{X}}(\tau) = R_X(\tau) = A(\tau)\cos\omega_0\tau$$

$$R_{X\hat{X}}(\tau) = -\hat{R}_X(\tau) = -A(\tau)\sin\omega_0\tau$$

代入式(4.5.9)和式(4.5.10)得

$$R_{X_c}(\tau) = R_{X_s}(\tau) = A(\tau)$$

由于均值为零,故以 $\tau=0$ 代入上式则得到方差为

$$\sigma_{X_c}^2 = \sigma_{X_s}^2 = A(0)$$

将 $R_X(\tau)$ 和 $\hat{R}_X(\tau)$ 代入式(4.5.14)和式(4.5.15)得

$$R_{cs}(\tau) = -R_{sc}(\tau) = 0$$

此式表明,时间间隔为 τ 的任意两个低频分量 $A_c(t)$ 与 $A_s(t-\tau)$ 或 $A_s(t)$ 与 $A_c(t-\tau)$ 都正交,均为不相关的随机变量。

4.5.3 功率谱

根据维纳-辛钦定理,实平稳随机过程的功率谱密度函数和相关函数构成傅里叶变换对。因此,从前面得到的相关函数可以导出相应的功率谱密度函数。

1. 随机过程 $X(t)$ 经希尔伯特变换后的频域性质

由式(4.4.19)知,$R_{\hat{X}}(\tau)=R_X(\tau)$,因此不难得出 $G_{\hat{X}}(\omega)=G_X(\omega)$。如果将傅里叶变换视为线性系统的输入与输出之间的关系,那么有

$$G_{\hat{X}}(\omega) = |H(j\omega)|^2 G_X(\omega) = |-j\text{sgn}(\omega)|^2 G_X(\omega)$$

于是系统的传递函数为 $H(j\omega)=-j\text{sgn}(\omega)$,如图 4.8 所示。

由式(4.4.27)得到窄带复随机过程的功率谱密度为

$$G_{\tilde{X}}(\omega) = 4G_X(\omega)U(\omega)$$

上式可以等效地视为线性系统 $H_1(j\omega)$ 的输入与输出之间的功率谱密度的关系式。其传递函数为

$$H_1(j\omega) = 2U(\omega) = 1 + \text{sgn}(\omega) \tag{4.5.20}$$

图 4.9 示出了传递函数 $H_1(j\omega)$ 的方框图。由图 4.9 再根据互功率谱的定义不难得到

$$G_{\hat{X}X}(\omega) = -j\text{sgn}(\omega)G_X(\omega) \tag{4.5.21}$$

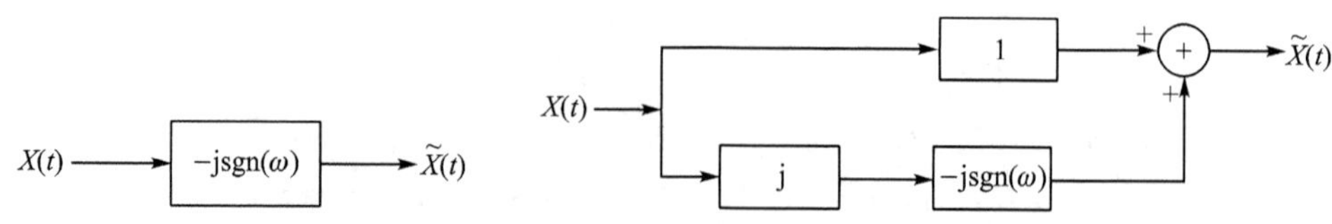

图 4.8 转移函数 $H(j\omega)$　　**图 4.9 传递函数 $H_1(j\omega)$**

又根据式(4.5.21)和 $R_{X\hat{X}}(\tau)=-\hat{R}_X(\tau)=-R_{\hat{X}X}(\tau)$,可得

$$G_{X\hat{X}}(\omega) = j\text{sgn}(\omega)G_X(\omega) \tag{4.5.22}$$

2. 两正交分量 $X_c(t)$ 和 $X_s(t)$ 的功率谱密度

由于 $R_{X_c}(\tau)=R_{X_s}(\tau)$，故有

$$
\begin{aligned}
G_{X_c}(\omega)=G_{X_s}(\omega)&=\int_{-\infty}^{\infty}R_{X_c}(\tau)\mathrm{e}^{-\mathrm{j}\omega\tau}\mathrm{d}\tau \\
&=\int_{-\infty}^{\infty}[R_X(\tau)\cos\omega_0\tau-R_{X\hat{X}}(\tau)\sin\omega_0\tau]\mathrm{e}^{-\mathrm{j}\omega\tau}\mathrm{d}\tau \\
&=\frac{1}{2}\int_{-\infty}^{\infty}[R_X(\tau)\mathrm{e}^{-\mathrm{j}(\omega-\omega_0)\tau}+R_X(\tau)\mathrm{e}^{-\mathrm{j}(\omega+\omega_0)\tau}]\mathrm{d}\tau- \\
&\quad\frac{1}{2\mathrm{j}}\int_{-\infty}^{\infty}[R_{X\hat{X}}(\tau)\mathrm{e}^{-\mathrm{j}(\omega-\omega_0)\tau}-R_{X\hat{X}}(\tau)\mathrm{e}^{-\mathrm{j}(\omega+\omega_0)\tau}]\mathrm{d}\tau \\
&=\frac{1}{2}[G_X(\omega-\omega_0)+G_X(\omega+\omega_0)]- \\
&\quad\frac{1}{2\mathrm{j}}[\mathrm{j}\,\mathrm{sgn}(\omega-\omega_0)G_X(\omega-\omega_0)-\mathrm{j}\,\mathrm{sgn}(\omega+\omega_0)G_X(\omega+\omega_0)] \\
&=\frac{1}{2}[G_X(\omega-\omega_0)+G_X(\omega+\omega_0)]+ \\
&\quad\frac{1}{2}[\mathrm{sgn}(\omega+\omega_0)G_X(\omega+\omega_0)-\mathrm{sgn}(\omega-\omega_0)G_X(\omega-\omega_0)]
\end{aligned}
\tag{4.5.23}
$$

根据式(4.5.23)，$G_{X_c}(\omega)=G_{X_s}(\omega)$ 及其各构成分量如图 4.10 所示。从图中看出，$G_{X_c}(\omega)=G_{X_s}(\omega)$ 集中在 $|\omega|<\omega_c$，故 $X_c(t)$、$X_s(t)$ 确实为一低频平稳随机过程。式(4.5.23)又可表示为

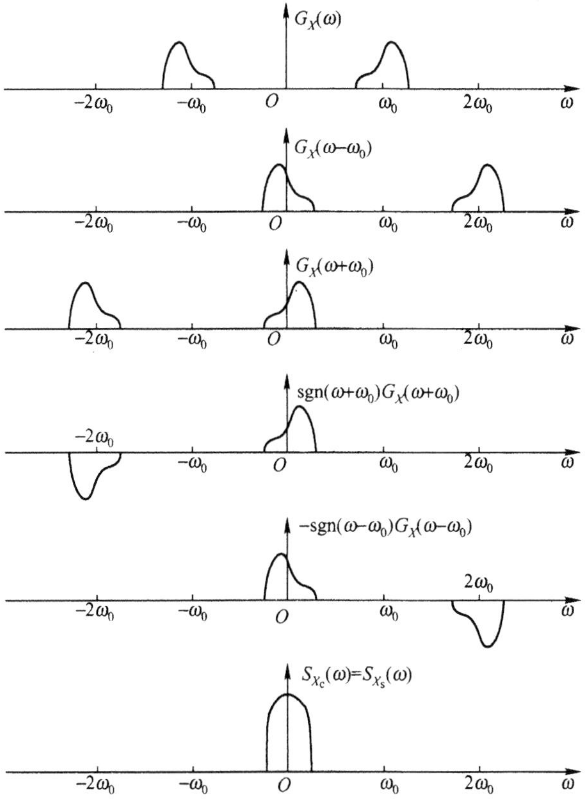

图 4.10 两正交分量的功率谱密度

$$G_{X_c}(\omega)=G_{X_s}(\omega)=\begin{cases}G_X(\omega-\omega_0)+G_X(\omega+\omega_0), & |\omega|<\omega_0\\ 0, & \text{其他}\end{cases} \tag{4.5.24}$$

3. 互功率谱密度

对式(4.5.14)和式(4.5.15)取傅里叶变换,可得

$$\begin{aligned}G_{cs}(\omega)=&-G_{sc}(\omega)=\int_{-\infty}^{\infty}R_{cs}(\tau)\mathrm{e}^{-\mathrm{j}\omega\tau}\mathrm{d}\tau\\
=&\int_{-\infty}^{\infty}[R_X(\tau)\sin\omega_0\tau+R_{X\hat{X}}(\tau)\cos\omega_0\tau]\mathrm{e}^{-\mathrm{j}\omega\tau}\mathrm{d}\tau\\
=&-\frac{1}{2\mathrm{j}}\int_{-\infty}^{\infty}[R_X(\tau)\mathrm{e}^{-\mathrm{j}(\omega-\omega_0)\tau}-R_X(\tau)\mathrm{e}^{-\mathrm{j}(\omega+\omega_0)\tau}]\mathrm{d}\tau-\\
&\frac{1}{2}\int_{-\infty}^{\infty}[R_{X\hat{X}}(\tau)\mathrm{e}^{-\mathrm{j}(\omega-\omega_0)\tau}-R_{X\hat{X}}(\tau)\mathrm{e}^{-\mathrm{j}(\omega+\omega_0)\tau}]\mathrm{d}\tau\\
=&\frac{\mathrm{j}}{2}[G_X(\omega-\omega_0)-G_X(\omega+\omega_0)]-\\
&\frac{1}{2}[\mathrm{j}\,\mathrm{sgn}(\omega-\omega_0)G_X(\omega-\omega_0)+\mathrm{j}\,\mathrm{sgn}(\omega+\omega_0)G_X(\omega+\omega_0)]\\
=&\frac{\mathrm{j}}{2}[G_X(\omega-\omega_0)-G_X(\omega+\omega_0)-\mathrm{sgn}(\omega-\omega_0)G_X(\omega-\omega_0)-\\
&\mathrm{sgn}(\omega+\omega_0)G_X(\omega+\omega_0)]\end{aligned} \tag{4.5.25}$$

根据式(4.5.25)画出互功率谱密度 $G_{cs}(\omega)=-G_{sc}(\omega)$ 及其构成分量如图 4.11 所示。从图中

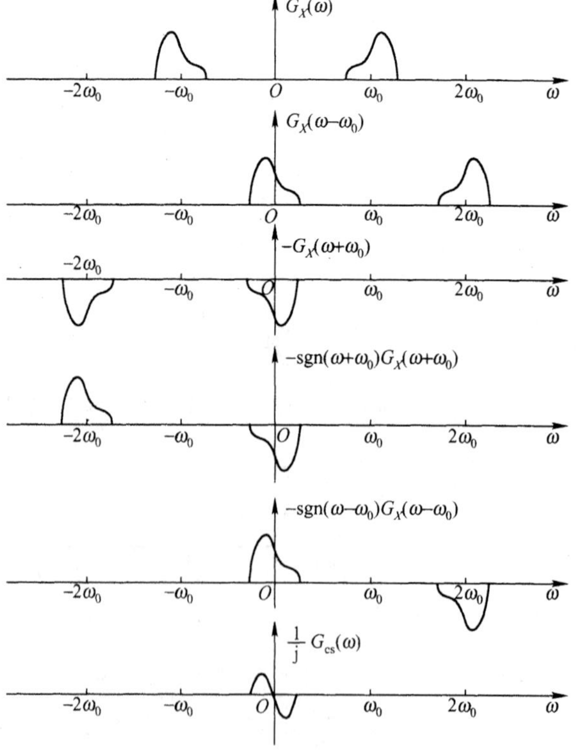

图 4.11 互功率谱密度

看出，互功率谱密度 $G_{cs}(\omega)$ 集中在 $|\omega|<\omega_c$ 内。故式(4.5.25)又可写为

$$G_{cs}(\omega)=-G_{sc}(\omega)=\begin{cases}\mathrm{j}[G_X(\omega-\omega_0)-G_X(\omega+\omega_0)] & |\omega|<\omega_c\\ 0 & |\omega|>\omega_c\end{cases}\tag{4.5.26}$$

习题四

4.1　在 4.1.2 节中，若窄带噪声 $n(t)$ 是均值为零、方差为 $\sigma_N^2=\sum_k A_k^2/2$ 的高斯噪声，则 $n_c(t)$ 及 $n_s(t)$ 也是均值为零、方差为 $\sigma^2=\sum_k A_k^2/2=\sigma_N^2$ 的高斯噪声。

4.2　在 4.3 节中，$\hat{x}(t)$ 为 $x(t)$ 的希尔伯特变换。证明：

(1) $x(t)$ 和 $\hat{x}(t)$ 在 $-\infty<t<\infty$ 范围内的功率相等，即

$$\lim_{T\to\infty}\frac{1}{2T}\int_{-T}^{T}x^2(t)\mathrm{d}t=\lim_{T\to\infty}\frac{1}{2T}\int_{-T}^{T}\hat{x}^2(t)\mathrm{d}t$$

(2) 在 $-\infty<t<\infty$ 范围，$x(t)$ 和 $\hat{x}(t)$ 是正交的，即

$$\lim_{T\to\infty}\frac{1}{2T}\int_{-T}^{T}x(t)\hat{x}(t)\mathrm{d}t=0$$

4.3　分别求下列信号的解析信号。

(1) $s_1(t)=\sin\omega_0 t$；　　(2) $s_2(t)=\cos\omega_0 t$。

4.4　已知实信号 $s(t)=\cos\omega_0 t$，求经过两次希尔伯特正交变换后的信号 $s_0(t)$。

4.5　证明：(1)偶函数的希尔伯特变换为奇函数；

(2) 奇函数的希尔伯特变换为偶函数。

4.6　对于复平稳随机过程，证明自相关函数 $R(\tau)$ 有下列性质。

(1) $R(0)\geqslant 0$；

(2) $R(-\tau)=R^*(\tau)$；

(3) $|R(\tau)|\leqslant R(0)$；

(4) $R(\tau)$ 为非负定的，即对任意 n 个复数 $z_1,z_2,\cdots,z_n$ 及 n 个实数 $\tau_1,\tau_2,\cdots,\tau_n$，有

$$\sum_{i,j=1}^{n}R(\tau_i-\tau_j)z_i z_j^*\geqslant 0$$

4.7　设复随机过程 $Z(t)=\mathrm{e}^{\mathrm{j}(\omega_0 t+\varphi)}$，式中 φ 是在$[0,2\pi]$上均匀分布的随机变量，求 $E[Z^*(t)Z(t-\tau)]$ 和 $E[Z(t)Z^*(t-\tau)]$。

4.8　证明：(1) $R_{\tilde{X}}(\tau)=E[\tilde{X}*(t)\tilde{X}(t+\tau)]=2[R_X(\tau)+\mathrm{j}\hat{R}_X(\tau)]$；

(2) $E[\tilde{X}(t)\tilde{X}(t-\tau)]=0$。

4.9　设对称窄带平稳高斯过程为

$$Y(t)=A_c(t)\cos\omega_0 t-A_s(t)\sin\omega_0 t$$

证明：$E[A_c(t)A_s(t-\tau)]=0$。

4.10　设窄带平稳高斯噪声为

$$n(t)=X(t)\cos\omega_0 t-Y(t)\sin\omega_0 t$$

证明：$n(t)$ 的自相关函数为

$$R_n(\tau)=R_X(\tau)\cos\omega_0\tau+R_{XY}(\tau)\sin\omega_0\tau$$

4.11 对于窄带平稳随机过程

$$Y(t) = A_c(t)\cos\omega_0 t - A_s(t)\sin\omega_0 t$$

若已知 $R_Y(\tau)=a(\tau)\cos\omega_0\tau$,求证:$R_{A_s}(\tau)=R_{A_c}(\tau)=a(\tau)$。

4.12 证明:正交分量 $X_s(t)$ 的自相关函数为

$$R_{X_s}(\tau) = E[X_s(t)X_s(t-\tau)] = R_X(\tau)\cos\omega_0\tau + \hat{R}_X(\tau)\sin\omega_0\tau$$

4.13 证明:两正交分量的自相关函数为

$$R_{sc}(\tau) = E[X_s(t)X_c(t-\tau)] = \hat{R}_X(\tau)\cos\omega_0\tau - R_X(\tau)\sin\omega_0\tau$$

4.14 一个线性系统的输入为 $X(t)$,相应的输出为 $Y(t)$。证明:若该系统的输入为 $X(t)$ 的希尔伯特变换 $\hat{X}(t)$,则相应的输出为 $Y(t)$ 的希尔伯特变换 $\hat{Y}(y)$。

4.15 证明:若系统的 $H(\omega)=2U(\omega)$,$U(\omega)$ 为单位阶跃函数,输入为 $X(t)$,则相应的输出为对应于 $X(t)$ 的解析信号,即

$$Z(t) = X(t) + \mathrm{j}\hat{X}(t)$$

4.16* 谱密度为 $N_0/2$ 的零均值高斯白噪声通过一个理想带通滤波器,此滤波器的增益为 1,中心频率为 f_c,带宽为 $2B$。求滤波器输出端的窄带过程 $n(t)$ 和它的同相及正交分量的自相关函数 $R_n(\tau)$、$R_{n_c}(\tau)$ 及 $R_{n_s}(\tau)$。

4.17* 考虑图题 4.17 所示的 LRC 带通滤波器。设滤波器的品质因数 $Q\gg 1$,输入功率谱密度为 $N_0/2$ 的零均值白噪声 $W(t)$。求滤波器输出端的窄带过程 $n(t)$ 和它的同相及正交分量的功率谱密度函数 $S_N(f)$、$S_{N_c}(f)$ 及 $S_{N_s}(f)$。并图示之。

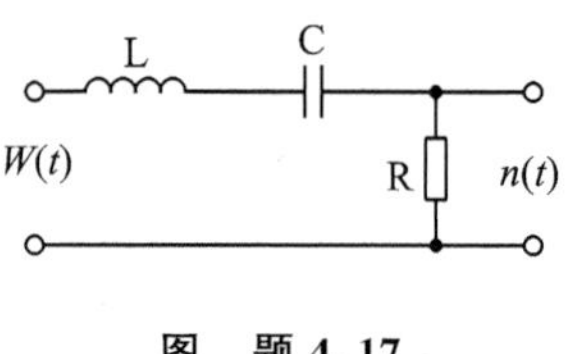

图 题 4.17

4.18 设图题 4.18 所示系统的输入 $X(t)$ 是功率谱密度为 $N_0/2$ 的零均值高斯白噪声,Θ 在$[0,2\pi]$上均匀分布,且与 $X(t)$ 统计独立。

(1) 求输出过程 $Y(t)$ 的功率谱密度 $S_Y(f)$; (2) 求 $Y(t)$ 的方差。

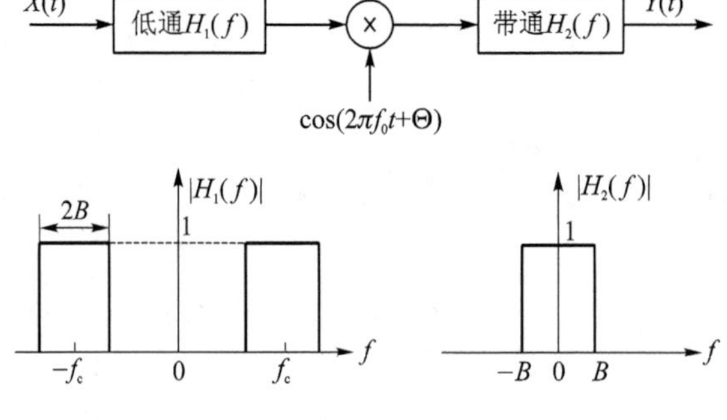

图 题 4.18

4.19 一窄带过程 $n(t)$ 的功率谱密度 $S_n(f)$。如图题 4.19 所示。

(1) 求 $n(t)$ 的同相和正交分量的功率谱密度;

(2) 求它们之间的互谱密度 $S_{n_s n_c}(f)$。

4.20* 两个平稳随机过程 $X(t)$ 和 $Y(t)$ 之间有下面的有关系

$$Y(t) = X(t)\cos(2\pi f_c t + \Theta) - \hat{X}(t)\sin(2\pi f_c t + \Theta)$$

式中，f_c 为常数，Θ 为在$[0,2\pi]$上均匀分布的随机变量，Θ 与 $X(t)$统计独立。已知 $X(t)$的功率谱密度 $S_X(f)$如图题 4.20 所示，求 $Y(t)$的功率谱密度 $S_Y(f)$，并图示之。

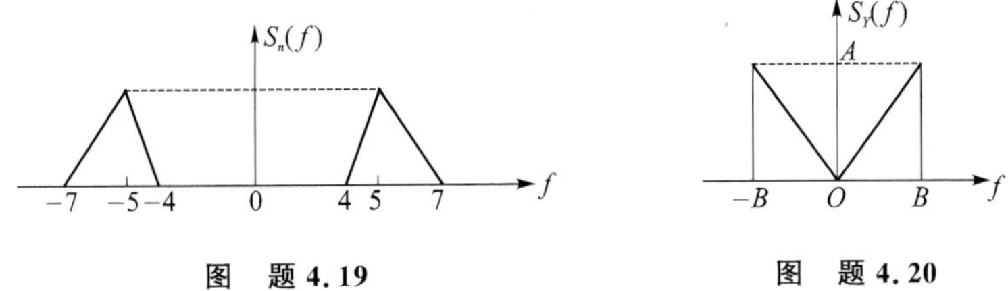

图　题 4.19　　　　图　题 4.20

4.21* 已知随机过程 $X(t)$的功率谱密度 $S_X(\omega)=0$，其中$|\omega|>B$。取常数 $\omega_0\gg B$，构造一个新的随机过程为

$$Y(t)=X(t)\cos(\omega_0 t)-\hat{X}(t)\sin(\omega_0 t)$$

求 $Y(t)$的功率谱密度 $S_Y(\omega)$，并画出 $S_X(\omega)$和 $S_Y(\omega)$的关系。

4.22* 自相关函数为$\frac{N}{2}\delta(\tau)$的白噪声 $X(t)$，分成两路经过频率响应特性分别为$H_1(\mathrm{j}\omega)$和 $H_2(\mathrm{j}\omega)$的对称谱窄带系统，如图题 4.22 所示。问：

(1) 当 $H_1(\mathrm{j}\omega)$和 $H_2(\mathrm{j}\omega)$在什么条件下，互相关函数 $R_{Y_1Y_2}(\tau)$为偶函数；

(2) 当 $H_1(\mathrm{j}\omega)$和 $H_2(\mathrm{j}\omega)$在什么条件下，$Y_1(t)$和 $Y_2(t)$统计独立。

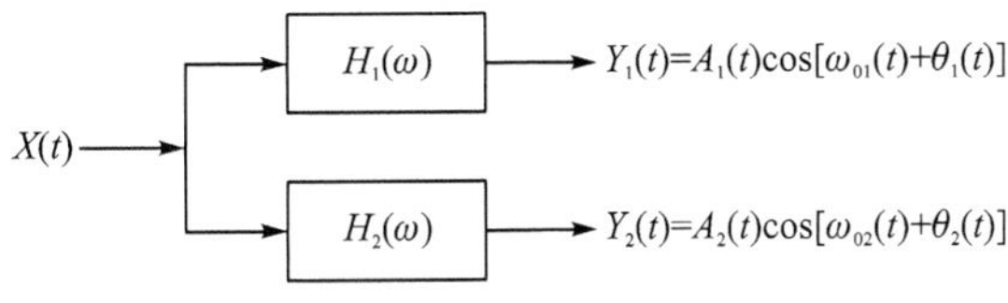

图　题 4.22

第 5 章　高斯随机过程

高斯随机过程(亦称正态随机过程)是最常见、最易处理的随机过程。特别是在电子技术中,如电阻热噪声、晶体管噪声、大气湍流和宇宙噪声等都是高斯性的,通常称为高斯噪声。在许多实际情况中遇到的是大量随机变量和的问题,根据中心极限定理,凡是大量独立的、均匀微小的随机变量的总和都近似服从高斯分布。随机过程的情况也是如此。

高斯过程是二阶矩过程。高斯过程有许多数学上的优点,即高斯过程特性完全由它的均值与协方差决定。所以,对于高斯过程,其广义平稳性意味着狭义平稳性。另外,高斯过程的高斯性在线性变换下保持不变。这些情况是极为有用的。

高斯过程的特点在于能够得到易于处理的解。因此,在某些情况下,常直接采用高斯假定,而不去管它是否经过证明。由于高斯假定相当普遍,且被广泛应用,因此经常还会遇到与之有关的一些其他分布。对于这些分布的推导和性质,本章将做适当分析和讨论。

在第 2 章中已指出,一个随机过程可以用 n 维随机矢量来定义,其统计特性可以用 n 维随机矢量的分布来描述,n 越大则这种描述越精确。如果对一个随机过程任意选取 n 个时刻,得到 n 个相应的随机变量,此 n 个随机变量的分布均为高斯分布,其 n 维联合分布也是高斯的,则称该过程为高斯随机过程或正态随机过程。因此,在研究高斯随机过程之前,先讨论多维高斯分布的随机矢量的特征。

5.1　多维高斯随机变量

5.1.1　一维高斯(或正态)分布

在第 1 章中已讨论过高斯分布,若随机变量 X 是高斯分布的,其均值为 a,方差为 σ^2,则其概率密度函数可以表示为

$$p(x) = \frac{1}{\sqrt{2\pi}\sigma}\exp\left\{-\frac{1}{2}\frac{(x-a)^2}{\sigma^2}\right\} \tag{5.1.1}$$

相应的特征函数为

$$\phi(v) = \int_{-\infty}^{\infty} e^{jvx} p(x)dx = \exp\left\{jav - \frac{1}{2}\sigma^2 v^2\right\} \tag{5.1.2}$$

根据傅里叶变换,可得式(5.1.2)的逆形式为

$$p(x) = \frac{1}{2\pi}\int_{-\infty}^{\infty}\phi(v)e^{-jvx}dv \tag{5.1.3}$$

一维高斯分布常用 $N(a,\sigma^2)$表示。如果一维高斯随机变量的均值为 0、方差为 1,则称为归一化(或标准化)高斯分布 $N(0,1)$。其概率密度函数和特征函数分别表示为

$$p(x) = \frac{1}{\sqrt{2\pi}}\exp\left\{-\frac{1}{2}x^2\right\} \tag{5.1.4}$$

和
$$\phi(v)=\exp\left\{-\frac{1}{2}v^2\right\} \tag{5.1.5}$$

5.1.2　二维高斯分布

设有二维高斯分布的随机变量(X_1,X_2)，其均值分别为a_1,a_2，方差分别为σ_1^2,σ_2^2，r为X_1和X_2的相关系数，则二维分布的概率密度函数为

$$p(x_1,x_2)=\frac{1}{2\pi\sigma_1\sigma_2\sqrt{1-r^2}}\exp\left\{-\frac{1}{2(1-r^2)}\left[\frac{(x_1-a_1)^2}{\sigma_1^2}-2r\left(\frac{x_1-a_1}{\sigma_1}\right)\left(\frac{x_2-a_2}{\sigma_2}\right)+\frac{(x_2-a_2)^2}{\sigma_2^2}\right]\right\} \tag{5.1.6}$$

相应的特征函数为

$$\phi(v_1,v_2)=\exp\left\{\mathrm{j}(a_1v_1+a_2v_2)-\frac{1}{2}(\sigma_1^2v_1^2+2r\sigma_1v_1\sigma_2v_2+\sigma_2^2v_2^2)\right\} \tag{5.1.7}$$

若二维高斯分布随机变量(X_1,X_2)为归一化随机变量，亦即分别具有零均值和单位方差，则二维分布的概率密度函数和特征函数分别为

$$p(x_1,x_2)=\frac{1}{2\pi\sqrt{1-r^2}}\exp\left\{-\frac{1}{2(1-r^2)}[x_1^2-2rx_1x_2+x_2^2]\right\} \tag{5.1.8}$$

和
$$\phi(v_1,v_2)=\exp\left\{-\frac{1}{2}(v_1^2+2rv_1v_2+v_2^2)\right\} \tag{5.1.9}$$

如果随机变量X_1和X_2互不相关，即相关系数r等于零，于是有

$$p(x_1,x_2)=\frac{1}{2\pi}\exp\left\{-\frac{1}{2}(x_1^2+x_2^2)\right\}=p(x_1)p(x_2) \tag{5.1.10}$$

相应的特征函数为

$$\phi(v_1,v_2)=\exp\left\{-\frac{1}{2}(v_1^2+v_2^2)\right\} \tag{5.1.11}$$

根据傅里叶变换，式(5.1.7)的逆形式为

$$p(x_1,x_2)=\frac{1}{2\pi}\int_{-\infty}^{\infty}\int_{-\infty}^{\infty}\phi(v_1,v_2)\exp\{-\mathrm{j}(x_1v_1+x_2v_2)\}\mathrm{d}v_1\mathrm{d}v_2 \tag{5.1.12}$$

为了简化，二维高斯分布的概率密度函数的表达式常采用矩阵形式。

令
$$\boldsymbol{x}=\begin{bmatrix}x_1\\x_2\end{bmatrix},\boldsymbol{a}=\begin{bmatrix}a_1\\a_2\end{bmatrix}$$

其协方差矩阵为
$$\boldsymbol{C}=\begin{bmatrix}C_{11}&C_{12}\\C_{21}&C_{22}\end{bmatrix}=\begin{bmatrix}\sigma_1^2&r\sigma_1\sigma_2\\r\sigma_1\sigma_2&\sigma_2^2\end{bmatrix}$$

式中相关系数
$$r=\frac{C_{12}}{\sqrt{C_{11}C_{22}}}$$

它描述了随机变量X_1和X_2之间的线性相关程度。显然，若X_1和X_2线性不相关，则$r=0$。

协方差矩阵$\boldsymbol{C}$的行列式为

$$|\boldsymbol{C}|=\sigma_1^2\sigma_2^2(1-r^2)$$

其逆矩阵为
$$\boldsymbol{C}^{-1}=\frac{1}{|\boldsymbol{C}|}\begin{bmatrix}\sigma_2^2&-r\sigma_1\sigma_2\\-r\sigma_1\sigma_2&\sigma_1^2\end{bmatrix}$$

令 $$[\boldsymbol{x}-\boldsymbol{a}]=\begin{bmatrix}x_1-a_1\\x_2-a_2\end{bmatrix}$$

其转置矩阵为 $$[\boldsymbol{x}-\boldsymbol{a}]^{\mathrm{T}}=[x_1-a_1,x_2-a_2]$$

二次型 $$[\boldsymbol{x}-\boldsymbol{a}]^{\mathrm{T}}\boldsymbol{C}^{-1}(\boldsymbol{x}-\boldsymbol{a})=\frac{1}{|\boldsymbol{C}|}[x_1-a_1,x_2-a_2]\begin{bmatrix}\sigma_2^2 & -r\sigma_1\sigma_2\\-r\sigma_1\sigma_2 & \sigma_1^2\end{bmatrix}\begin{bmatrix}x_1-a_1\\x_2-a_2\end{bmatrix}$$

$$=\frac{1}{1-r^2}\left[\frac{(x_1-a_1)^2}{\sigma_1^2}-2r\left(\frac{x_1-a_1}{\sigma_1}\right)\left(\frac{x_2-a_2}{\sigma_2}\right)+\frac{(x_2-a_2)^2}{\sigma_2^2}\right]$$

于是,二维随机变量(X_1,X_2)的概率密度函数可以写成矢量形式

$$p_{\boldsymbol{X}}(\boldsymbol{x})=\frac{1}{(2\pi)^{n/2}\mid\boldsymbol{C}\mid^{1/2}}\exp\left\{-\frac{1}{2}(\boldsymbol{x}-\boldsymbol{a})^{\mathrm{T}}\boldsymbol{C}^{-1}(\boldsymbol{x}-\boldsymbol{a})\right\} \tag{5.1.3}$$

式中,$n=2$。相应的特征函数为

$$\phi_{\boldsymbol{X}}(v)=\int_{R^n}\mathrm{e}^{\mathrm{j}\boldsymbol{x}^{\mathrm{T}}\boldsymbol{v}}p_{\boldsymbol{X}}(\boldsymbol{x})\mathrm{d}\boldsymbol{x}=\exp\left\{\mathrm{j}\boldsymbol{a}^{\mathrm{T}}\boldsymbol{v}-\frac{1}{2}\boldsymbol{v}^{\mathrm{T}}\boldsymbol{C}\boldsymbol{v}\right\} \tag{5.1.14}$$

式中,$\boldsymbol{v}=[v_1,v_2]^{\mathrm{T}}$。

5.1.3 n 维高斯分布

n 维随机矢量可表示为

$$\boldsymbol{X}=[x_1,x_2,\cdots,x_n]^{\mathrm{T}}$$

其均值矢量为 $$\boldsymbol{a}=[a_1,a_2,\cdots,a_n]^{\mathrm{T}}$$

协方差矩阵为 $$\boldsymbol{C}=\begin{bmatrix}C_{11} & C_{12} & \cdots & C_{1n}\\C_{21} & C_{22} & \cdots & C_{2n}\\\vdots & \vdots & \ddots & \vdots\\C_{n1} & C_{n2} & \cdots & C_{nn}\end{bmatrix}$$

协方差矩阵是对称矩阵。其中

$$C_{ik}=\mathrm{cov}[X_i,X_k]=E[(X_i-a_i)(X_k-a_k)],\quad C_{ii}=D(X_i)=E[(X_i-a_i)^2],\quad i,k=1,2,\cdots,n$$

因为 $$\iint\cdots\int\left[\sum_{i=1}^{n}\lambda_i(x_i-a_i)\right]^2p_n(x_1,x_2,\cdots,x_n)\mathrm{d}x_1\mathrm{d}x_2\cdots\mathrm{d}x_n\geqslant 0$$

即 $\sum_{i=1}^{n}\sum_{k=1}^{n}\lambda_i\lambda_kC_{ik}\geqslant 0$,或 $\boldsymbol{\lambda}^{\mathrm{T}}\boldsymbol{C}\boldsymbol{\lambda}\geqslant 0$。其中 $\boldsymbol{\lambda}^{\mathrm{T}}=[\lambda_1\quad\lambda_2\quad\cdots\quad\lambda_n]$。故协方差矩阵 $\boldsymbol{C}$ 具有非负定性。

若 n 维高斯分布的随机变量 $X_1,X_2,\cdots,X_n$,其均值矢量为 $\boldsymbol{a}$,且它的协方差矩阵 $\boldsymbol{C}$ 是正定矩阵,则有

$$p_{\boldsymbol{X}}(\boldsymbol{x})=\frac{1}{(2\pi)^{n/2}\mid\boldsymbol{C}\mid^{1/2}}\exp\left\{-\frac{1}{2}(\boldsymbol{x}-\boldsymbol{a})^{\mathrm{T}}\boldsymbol{C}^{-1}(\boldsymbol{x}-\boldsymbol{a})\right\} \tag{5.1.15}$$

式中,列矢量 $\boldsymbol{x}$ 表示随机矢量 $\boldsymbol{X}$ 的取值,有 $\boldsymbol{x}=[x_1,x_2,\cdots,x_n]^{\mathrm{T}}$,而$(\boldsymbol{x}-\boldsymbol{a})^{\mathrm{T}}$ 为转置矩阵,$(\boldsymbol{x}-\boldsymbol{a})^{\mathrm{T}}\boldsymbol{C}^{-1}(\boldsymbol{x}-\boldsymbol{a})$为二次型。$n$ 维高斯分布可用 $N(\boldsymbol{a},\boldsymbol{C})$表示。

作为概率密度函数仍需满足下述条件:

① $p_{\boldsymbol{X}}(\boldsymbol{x})\geqslant 0,\boldsymbol{x}\in R^n$

② $\int_{R^n}p_{\boldsymbol{X}}(\boldsymbol{x})\mathrm{d}\boldsymbol{x}=1$

由于式(5.1.15)为负指数函数，显然满足条件①。现在证明条件②成立。

要证明条件②成立，需要利用线性代数中的一个结论，即若矩阵 $\boldsymbol{C}$ 是正定对称矩阵，则存在一个非奇异矩阵 $\boldsymbol{L}$ 使

$$\boldsymbol{C}=\boldsymbol{L}\boldsymbol{L}^{\mathrm{T}} \tag{5.1.16}$$

做线性变换

$$\boldsymbol{y}=\boldsymbol{L}^{-1}(\boldsymbol{x}-\boldsymbol{a}) \tag{5.1.17}$$

对式(5.1.17)求逆，有

$$\boldsymbol{x}=\boldsymbol{L}\boldsymbol{y}+\boldsymbol{a} \tag{5.1.18}$$

雅可比行列式为

$$\left|\frac{\partial(\boldsymbol{x})}{\partial(\boldsymbol{y})}\right|=|\boldsymbol{L}|=|\boldsymbol{C}|^{1/2} \tag{5.1.19}$$

于是有

$$\begin{aligned}\int_{R^n}p_{\boldsymbol{X}}(\boldsymbol{x})\mathrm{d}\boldsymbol{x}&=\frac{1}{(2\pi)^{n/2}\mid\boldsymbol{C}\mid^{1/2}}\int_{-\infty}^{\infty}\cdots\int_{-\infty}^{\infty}\exp\left\{-\frac{1}{2}(\boldsymbol{x}-\boldsymbol{a})^{\mathrm{T}}\boldsymbol{C}^{-1}(\boldsymbol{x}-a)\right\}\mathrm{d}x_1\mathrm{d}x_2\cdots\mathrm{d}x_n\\&=\frac{1}{(2\pi)^{n/2}\mid\boldsymbol{C}\mid^{1/2}}\int_{-\infty}^{\infty}\cdots\int_{-\infty}^{\infty}\exp\left\{-\frac{1}{2}\boldsymbol{y}^{\mathrm{T}}\boldsymbol{y}\right\}\mid\boldsymbol{C}\mid^{1/2}\mathrm{d}y_1\mathrm{d}y_2\cdots\mathrm{d}y_n\\&=\frac{1}{(2\pi)^{n/2}}\int_{-\infty}^{\infty}\cdots\int_{-\infty}^{\infty}\exp\left\{-\frac{1}{2}[y_1^2+y_2^2+\cdots+y_n^2]\right\}\mathrm{d}y_1\mathrm{d}y_2\cdots\mathrm{d}y_n\\&=\left[\frac{1}{\sqrt{2\pi}}\int_{-\infty}^{\infty}\mathrm{e}^{-u^2/2}\mathrm{d}u\right]^n=1\end{aligned}$$

证毕。

如果 n 维随机变量 $X_1,X_2,\cdots,X_n$ 互不相关，则协方差矩阵为

$$\boldsymbol{C}=\begin{bmatrix}\sigma_1^2 & & & 0\\ & \sigma_2^2 & & \\ & & \ddots & \\ 0 & & & \sigma_n^2\end{bmatrix}$$

于是有

$$\mid\boldsymbol{C}\mid^{1/2}=\prod_{i=1}^{n}\sigma_i$$

$$\exp\left\{-\frac{1}{2}(\boldsymbol{x}-\boldsymbol{a})^{\mathrm{T}}\boldsymbol{C}^{-1}(\boldsymbol{x}-\boldsymbol{a})\right\}=\prod_{i=1}^{n}\exp\left\{-\frac{1}{2}\frac{(x_i-a_i)^2}{\sigma_i^2}\right\}$$

这时有

$$p_{\boldsymbol{X}}(\boldsymbol{x})=\prod_{i=1}^{n}\frac{1}{(2\pi\sigma_i^2)^{1/2}}\exp\left\{-\frac{1}{2}\frac{(x_i-a_i)^2}{\sigma_i^2}\right\}=\prod_{i=1}^{n}p(x_i) \tag{5.1.20}$$

由上面可看出，n 维高斯分布的概率密度函数等于 n 个一维分布的概率密度函数的乘积。这意味着对于高斯分布，不相关和相互独立是等价的。

n 维高斯随机矢量 $\boldsymbol{X}$ 的特征函数为

$$\phi_{\boldsymbol{X}}(\boldsymbol{v})=\exp\left\{\mathrm{j}\boldsymbol{a}^{\mathrm{T}}\boldsymbol{v}-\frac{1}{2}\boldsymbol{v}^{\mathrm{T}}\boldsymbol{C}\boldsymbol{v}\right\} \tag{5.1.21}$$

式中，$\boldsymbol{v}=[v_1,v_2,\cdots,v_n]^{\mathrm{T}}$。下面加以证明。

证明：按特征函数的定义有

$$\begin{aligned}\phi_{\boldsymbol{X}}(\boldsymbol{v})&=\int_{R^n}\exp\{\mathrm{j}\boldsymbol{v}^{\mathrm{T}}\boldsymbol{x}\}p_{\boldsymbol{X}}(\boldsymbol{x})\mathrm{d}\boldsymbol{x}\\&=\frac{1}{(2\pi)^{n/2}\mid\boldsymbol{C}\mid^{1/2}}\int_{R^n}\exp\left\{\mathrm{j}\boldsymbol{v}^{\mathrm{T}}\boldsymbol{x}-\frac{1}{2}(\boldsymbol{x}-\boldsymbol{a})^{\mathrm{T}}\boldsymbol{C}^{-1}(\boldsymbol{x}-\boldsymbol{a})\right\}\mathrm{d}x\end{aligned}$$

由式(5.1.16)和式(5.1.18)可得

$$\mathrm{j}\boldsymbol{v}^{\mathrm{T}}\boldsymbol{x}-\frac{1}{2}(\boldsymbol{x}-\boldsymbol{a})^{\mathrm{T}}\boldsymbol{C}^{-1}(\boldsymbol{x}-\boldsymbol{a})=\mathrm{j}\boldsymbol{v}^{\mathrm{T}}\boldsymbol{a}+\mathrm{j}\boldsymbol{v}^{\mathrm{T}}\boldsymbol{L}\boldsymbol{y}-\frac{1}{2}\boldsymbol{y}^{\mathrm{T}}\boldsymbol{y}$$

令 $\boldsymbol{s}=\boldsymbol{L}^{\mathrm{T}}\boldsymbol{v}$,则 $\boldsymbol{s}^{\mathrm{T}}=\boldsymbol{v}^{\mathrm{T}}\boldsymbol{L}$,且 $\boldsymbol{s}^{\mathrm{T}}=[s_1,s_2,\cdots,s_n]$,故

$$\begin{aligned}\mathrm{j}\boldsymbol{v}^{\mathrm{T}}\boldsymbol{x}-\frac{1}{2}(\boldsymbol{x}-\boldsymbol{a})^{\mathrm{T}}\boldsymbol{C}^{-1}(\boldsymbol{x}-\boldsymbol{a})&=\mathrm{j}\boldsymbol{v}^{\mathrm{T}}\boldsymbol{a}+\mathrm{j}\boldsymbol{s}^{\mathrm{T}}\boldsymbol{y}-\frac{1}{2}\boldsymbol{y}^{\mathrm{T}}\boldsymbol{y}\\&=\mathrm{j}\boldsymbol{a}^{\mathrm{T}}\boldsymbol{v}+\sum_{k=1}^{n}\left(\mathrm{j}s_ky_k-\frac{1}{2}y_k^2\right)\\&=\mathrm{j}\boldsymbol{a}^{\mathrm{T}}\boldsymbol{v}-\frac{1}{2}\sum_{k=1}^{n}(y_k-\mathrm{j}s_k)^2-\frac{1}{2}\sum_{k=1}^{n}s_k^2\end{aligned}$$

式中

$$\frac{1}{2}\sum_{k=1}^{n}s_k^2=\frac{1}{2}\boldsymbol{s}^{\mathrm{T}}\boldsymbol{s}=\frac{1}{2}\boldsymbol{v}^{\mathrm{T}}\boldsymbol{L}\boldsymbol{L}^{\mathrm{T}}\boldsymbol{v}=\frac{1}{2}\boldsymbol{v}^{\mathrm{T}}\boldsymbol{C}\boldsymbol{v}$$

于是可得

$$\mathrm{j}\boldsymbol{v}^{\mathrm{T}}\boldsymbol{x}-\frac{1}{2}(\boldsymbol{x}-\boldsymbol{a})^{\mathrm{T}}\boldsymbol{C}^{-1}(\boldsymbol{x}-\boldsymbol{a})=\mathrm{j}\boldsymbol{a}^{\mathrm{T}}\boldsymbol{v}-\frac{1}{2}\sum_{k=1}^{n}(y_k-\mathrm{j}s_k)^2-\frac{1}{2}\boldsymbol{v}^{\mathrm{T}}\boldsymbol{C}\boldsymbol{v}$$

最后得

$$\begin{aligned}\phi_{\boldsymbol{X}}(\boldsymbol{v})&=\frac{\mathrm{e}^{\mathrm{j}\boldsymbol{a}^{\mathrm{T}}\boldsymbol{v}-\frac{1}{2}\boldsymbol{v}^{\mathrm{T}}\boldsymbol{C}\boldsymbol{v}}}{(2\pi)^{n/2}\,|\boldsymbol{C}|^{1/2}}\int_{-\infty}^{\infty}\cdots\int_{-\infty}^{\infty}\exp\left\{-\frac{1}{2}\sum_{k=1}^{n}(y_k-\mathrm{j}s_k)^2\right\}|\boldsymbol{C}|^{1/2}\mathrm{d}y_1\mathrm{d}y_2\cdots\mathrm{d}y_n\\&=\exp\left\{\mathrm{j}\boldsymbol{a}^{\mathrm{T}}\boldsymbol{v}-\frac{1}{2}\boldsymbol{v}^{\mathrm{T}}\boldsymbol{C}\boldsymbol{v}\right\}\left[\frac{1}{2\pi}\int_{-\infty}^{\infty}\mathrm{e}^{-u^2/2}\mathrm{d}u\right]^n\\&=\exp\left\{\mathrm{j}\boldsymbol{a}^{\mathrm{T}}\boldsymbol{v}-\frac{1}{2}\boldsymbol{v}^{\mathrm{T}}\boldsymbol{C}\boldsymbol{v}\right\}\end{aligned}$$

证毕。

5.1.4 多维高斯随机矢量的边沿分布

下面讨论多维高斯随机矢量的部分分量的分布。设 $\boldsymbol{X}=[X_1,X_2,\cdots,X_n]^{\mathrm{T}}$ 为 n 维高斯分布的随机矢量 $N(\boldsymbol{a},\boldsymbol{C})$,则 $\boldsymbol{X}$ 的任何一个子矢量 $[X_{k1},X_{k2},\cdots,X_{km}]^{\mathrm{T}}(m\leqslant n)$ 也服从高斯分布。

由于 n 维矢量 $\boldsymbol{X}$ 的特征函数为

$$\phi_{\boldsymbol{X}}(\boldsymbol{v})=\exp\left\{\mathrm{j}\boldsymbol{a}^{\mathrm{T}}\boldsymbol{v}-\frac{1}{2}\boldsymbol{v}^{\mathrm{T}}\boldsymbol{C}\boldsymbol{v}\right\}$$

在此特征函数中除 $v_{k1},v_{k2},\cdots,v_{km}$ 之外,令其他所有的 v 均有零,根据多维特征函数的性质,可得子矢量 $(X_{k1},X_{k2},\cdots,X_{km})$ 的特征函数为

$$\phi(v_{k1},v_{k2},\cdots,v_{km})=\exp\left\{\mathrm{j}\boldsymbol{a}_k^{\mathrm{T}}\boldsymbol{v}_k-\frac{1}{2}\boldsymbol{v}_k^{\mathrm{T}}\boldsymbol{C}_k\boldsymbol{v}_k\right\}\tag{5.1.22}$$

式中 $\boldsymbol{v}_k=[v_{k1},v_{k2},\cdots,v_{km}]^{\mathrm{T}}$, $\boldsymbol{a}_k=[a_{k1},a_{k2},\cdots,a_{km}]^{\mathrm{T}}$

而 $\boldsymbol{C}_k$ 为保留 $\boldsymbol{C}$ 中的第 $k_1,k_2,\cdots,k_m$ 行和列所得的 $m\times n$ 矩阵。

式(5.1.22)表明,多维高斯分布的边沿分布仍是高斯的,其分布记为 $N(\boldsymbol{a}_k,\boldsymbol{C}_k)$,有

$$\begin{aligned}p_{\boldsymbol{X}}(x_{k1},x_{k2},\cdots,x_{km})&=\frac{1}{(2\pi)^m}\int_{R^m}\mathrm{e}^{-\mathrm{j}\boldsymbol{v}_k^{\mathrm{T}}\boldsymbol{x}_k}\phi(\boldsymbol{v}_k)\mathrm{d}\boldsymbol{v}_k\\&=\frac{1}{(2\pi)^{m/2}\,|\boldsymbol{C}_k|^{1/2}}\exp\left\{-\frac{1}{2}(\boldsymbol{x}_k-\boldsymbol{a}_k)^{\mathrm{T}}\boldsymbol{C}_k^{-1}(\boldsymbol{x}_k-\boldsymbol{a}_k)\right\}\end{aligned}\tag{5.1.23}$$

式中,$\boldsymbol{x}_k=[x_{k1},x_{k2},\cdots,x_{km}]^{\mathrm{T}}$。

5.1.5 多维高斯分布随机矢量的条件分布

考虑 $m+l$ 维高斯随机矢量

$$\boldsymbol{x}=\begin{bmatrix}\boldsymbol{X}_1\\ \boldsymbol{X}_2\end{bmatrix},\quad \boldsymbol{a}=\begin{bmatrix}\boldsymbol{a}_1\\ \boldsymbol{a}_2\end{bmatrix}=\begin{bmatrix}E[\boldsymbol{X}_1]\\ E[\boldsymbol{X}_2]\end{bmatrix},\quad \boldsymbol{P}=\begin{bmatrix}\boldsymbol{P}_{11} & \boldsymbol{P}_{12}\\ \boldsymbol{P}_{21} & \boldsymbol{P}_{22}\end{bmatrix}$$

其中 $\boldsymbol{X}_1$ 和 $\boldsymbol{X}_2$ 分别是由随机矢量 $\boldsymbol{X}$ 的前 m 个分量和后 l 个分量构成的 m 维和 l 维子随机矢量,并且有 $E[\boldsymbol{X}_1]=\boldsymbol{a}_1,E[\boldsymbol{X}_2]=\boldsymbol{a}_2,\boldsymbol{P}_{11}=D[\boldsymbol{X}_1],\boldsymbol{P}_{22}=D[\boldsymbol{X}_2],\boldsymbol{P}_{12}=\mathrm{cov}[\boldsymbol{X}_1,\boldsymbol{X}_2],\boldsymbol{P}_{21}=\mathrm{cov}[\boldsymbol{X}_2,\boldsymbol{X}_1]$。根据分块矩阵的行列式公式和分块矩阵求逆的公式,可得

$$\det\boldsymbol{P}=\det\begin{bmatrix}\boldsymbol{P}_{11} & \boldsymbol{P}_{12}\\ \boldsymbol{P}_{21} & \boldsymbol{P}_{22}\end{bmatrix}=\det\widetilde{\boldsymbol{P}}_{11}\cdot\det\boldsymbol{P}_{22}$$

$$\begin{aligned}\boldsymbol{P}^{-1}&=\begin{bmatrix}\boldsymbol{P}_{11} & \boldsymbol{P}_{12}\\ \boldsymbol{P}_{21} & \boldsymbol{P}_{22}\end{bmatrix}^{-1}=\begin{bmatrix}\widetilde{\boldsymbol{P}}_{11}^{-1} & -\widetilde{\boldsymbol{P}}_{11}^{-1}\boldsymbol{P}_{12}\boldsymbol{P}_{22}^{-1}\\ -\widetilde{\boldsymbol{P}}_{22}^{-1}\boldsymbol{P}_{12}\widetilde{\boldsymbol{P}}_{11}^{-1} & \boldsymbol{P}_{22}^{-1}+\boldsymbol{P}_{22}^{-1}\boldsymbol{P}_{12}^{\mathrm{T}}\widetilde{\boldsymbol{P}}_{11}^{-1}\boldsymbol{P}_{12}\boldsymbol{P}_{22}^{-1}\end{bmatrix}\\ &=\begin{bmatrix}\boldsymbol{I}_{m\times m}\\ -\boldsymbol{P}_{22}^{-1}\boldsymbol{P}_{12}^{\mathrm{T}}\end{bmatrix}\widetilde{\boldsymbol{P}}_{11}^{-1}[\boldsymbol{I}_{m\times m},-\boldsymbol{P}_{12}\boldsymbol{P}_{22}^{-1}]+\begin{bmatrix}0 & 0\\ 0 & \boldsymbol{P}_{22}^{-1}\end{bmatrix}\end{aligned}$$

式中,$\widetilde{\boldsymbol{P}}_{11}=\boldsymbol{P}_{11}-\boldsymbol{P}_{12}\boldsymbol{P}_{22}^{-1}\boldsymbol{P}_{21}$。

于是,随机矢量 $\boldsymbol{X}$ 的概率密度函数可表示为

$$\begin{aligned}p_{\boldsymbol{X}}(\boldsymbol{x})&=p_{\boldsymbol{X}_1\boldsymbol{X}_2}(\boldsymbol{x}_1,\boldsymbol{x}_2)\\ &=\frac{1}{(2\pi)^{\frac{m+l}{2}}(\det\boldsymbol{P})^{\frac{1}{2}}}\exp\left\{-\frac{1}{2}\begin{bmatrix}\boldsymbol{x}_1-\boldsymbol{a}\\ \boldsymbol{x}_2-\boldsymbol{a}_2\end{bmatrix}^{\mathrm{T}}\boldsymbol{P}^{-1}\begin{bmatrix}\boldsymbol{x}_1-\boldsymbol{a}_1\\ \boldsymbol{x}_2-\boldsymbol{a}_2\end{bmatrix}\right\}\\ &=\frac{1}{(2\pi)^{\frac{m}{2}}(\det\widetilde{\boldsymbol{P}}_{11})^{\frac{1}{2}}}\exp\left\{-\frac{1}{2}[\boldsymbol{x}_1-\boldsymbol{a}_1-\boldsymbol{P}_{12}\boldsymbol{P}_{22}^{-1}(\boldsymbol{x}_2-\boldsymbol{a}_2)]^{\mathrm{T}}\widetilde{\boldsymbol{P}}_{11}^{-1}[\boldsymbol{x}_1-\boldsymbol{a}_1-\boldsymbol{P}_{12}\boldsymbol{P}_{22}^{-1}(\boldsymbol{x}_2-\boldsymbol{a}_2)]\right\}\cdot\\ &\quad\ \frac{1}{(2\pi)^{\frac{l}{2}}(\det\boldsymbol{P}_{22})^{\frac{1}{2}}}\exp\left\{-\frac{1}{2}(\boldsymbol{x}_2-\boldsymbol{a}_2)^{\mathrm{T}}\boldsymbol{P}_{22}^{-1}(\boldsymbol{x}_2-\boldsymbol{a}_2)\right\}\end{aligned}\tag{5.1.24}$$

由此可以计算出 $\boldsymbol{X}_2$ 的概率密度函数为

$$\begin{aligned}p_{\boldsymbol{X}_2}(\boldsymbol{x}_2)&=\int_{-\infty}^{\infty}p_{\boldsymbol{X}_1\boldsymbol{X}_2}(\boldsymbol{x}_1,\boldsymbol{x}_2)\mathrm{d}\boldsymbol{x}_1\\ &=\frac{1}{(2\pi)^{\frac{l}{2}}(\det\boldsymbol{P}_{22})^{\frac{1}{2}}}\exp\left\{-\frac{1}{2}(\boldsymbol{x}_2-\boldsymbol{a}_2)^{\mathrm{T}}\boldsymbol{P}_{22}^{-1}(\boldsymbol{x}_2-\boldsymbol{a}_2)\right\}\end{aligned}\tag{5.1.25}$$

类似上述计算,又可求得随机矢量 $\boldsymbol{X}$ 的概率密度函数的另一种表达式为

$$\begin{aligned}p_{\boldsymbol{X}}(\boldsymbol{x})&=p_{\boldsymbol{X}_1\boldsymbol{X}_2}(x_1,x_2)\\ &=\frac{1}{(2\pi)^{\frac{l}{2}}(\det\widetilde{\boldsymbol{P}}_{22})^{\frac{1}{2}}}\exp\left\{-\frac{1}{2}[\boldsymbol{x}_2-\boldsymbol{a}_2-\boldsymbol{P}_{21}\boldsymbol{P}_{11}^{-1}(\boldsymbol{x}_1-\boldsymbol{a}_1)]^{\mathrm{T}}\widetilde{\boldsymbol{P}}_{22}^{-1}[\boldsymbol{x}_2-\boldsymbol{a}_2-\boldsymbol{P}_{21}\boldsymbol{P}_{11}^{-1}(\boldsymbol{x}_1-\boldsymbol{a}_1)]\right\}\cdot\\ &\quad\ \frac{1}{(2\pi)^{\frac{m}{2}}(\det\boldsymbol{P}_{11})^{\frac{1}{2}}}\exp\left\{-\frac{1}{2}(\boldsymbol{x}_1-\boldsymbol{a}_1)^{\mathrm{T}}\boldsymbol{P}_{11}^{-1}(\boldsymbol{x}_1-\boldsymbol{a}_1)\right\}\end{aligned}\tag{5.1.26}$$

式中

$$\widetilde{\boldsymbol{P}}_{22}=\boldsymbol{P}_{22}-\boldsymbol{P}_{21}\boldsymbol{P}_{11}^{-1}\boldsymbol{P}_{12}$$

由此也可以求得 $\boldsymbol{X}_1$ 的概率密度函数为

$$p_{X_1}(x_1)=\int_{-\infty}^{\infty}p_{X_1X_2}(x_1,x_2)\mathrm{d}x_2$$
$$=\frac{1}{(2\pi)^{\frac{m}{2}}(\det\boldsymbol{P}_{11})^{\frac{1}{2}}}\exp\left\{-\frac{1}{2}(x_1-a_1)^{\mathrm{T}}\boldsymbol{P}_{11}^{-1}(x_1-a_1)\right\}\tag{5.1.27}$$

于是,根据条件概率密度函数的公式,不难求得在给定 $X_2=x_2$ 的条件下,X_1 的条件概率密度函数为

$$p_{X_1|X_2}(x_1\mid x_2)=\frac{p_{X_1X_2}(x_1,x_2)}{p_{X_2}(x_2)}$$
$$=\frac{1}{(2\pi)^{\frac{m}{2}}(\det\widetilde{\boldsymbol{P}}_{11})^{\frac{1}{2}}}\exp\left\{-\frac{1}{2}[x_1-a_1-\boldsymbol{P}_{12}\boldsymbol{P}_{22}^{-1}(x_2-a_2)]^{\mathrm{T}}\cdot\right.$$
$$\left.\widetilde{\boldsymbol{P}}_{11}^{-1}[x_1-a_1-\boldsymbol{P}_{12}\boldsymbol{P}_{22}^{-1}(x_2-a_2)]\right\}\tag{5.1.28}$$

而在给定 $X_1=x_1$ 下,X_2 的条件概率密度函数为

$$p_{X_2|X_1}(x_2\mid x_1)=\frac{p_{X_1X_2}(x_1,x_2)}{p_{X_1}(x_1)}$$
$$=\frac{1}{(2\pi)^{\frac{l}{2}}(\det\widetilde{\boldsymbol{P}}_{22})^{\frac{1}{2}}}\exp\left\{-\frac{1}{2}[x_2-a_2-\boldsymbol{P}_{21}\boldsymbol{P}_{11}^{-1}(x_1-a_1)]^{\mathrm{T}}.\right.$$
$$\left.\widetilde{\boldsymbol{P}}_{22}^{-1}[x_2-a_2-\boldsymbol{P}_{21}\boldsymbol{P}_{11}^{-1}(x_1-a_1)]\right\}\tag{5.1.29}$$

由式(5.1.28)、式(5.1.29)可看出,高斯分布的随机矢量的一部分分量构成的矢量对另一部分分量构成的矢量的条件概率密度函数仍是高斯的。

由条件均值与条件方差的定义,以及高斯分布的性质,可以得到在给定 $X_2=x_2$ 的条件下,X_1 的条件均值矢量与条件方差矩阵分别为

$$E[X_1\mid x_2]=a_1+\boldsymbol{P}_{12}\boldsymbol{P}_{22}^{-1}(x_2-a_2)$$
$$=E[X_1]+\mathrm{cov}[X_1,X_2]\{D[X_2]\}^{-1}(x_2-E[X_2])\tag{5.1.30}$$
$$D[X_1\mid x_2]=\widetilde{\boldsymbol{P}}_{11}=\boldsymbol{P}_{11}-\boldsymbol{P}_{12}\boldsymbol{P}_{22}^{-1}\boldsymbol{P}_{21}$$
$$=D[X_1]-\mathrm{cov}[X_1,X_2]\{D[X_2]\}^{-1}\mathrm{cov}[X_2,X_1]\tag{5.1.31}$$

而在给定 $X_1=x_1$ 的条件下,X_2 的条件均值矢量与条件方差矩阵分别为

$$E[X_2\mid x_1]=a_2+\boldsymbol{P}_{21}\boldsymbol{P}_{11}^{-1}(x_1-a_1)$$
$$=E[X_2]+\mathrm{cov}[X_2,X_1]\{D[X_1]\}^{-1}(x_1-E[X_1])\tag{5.1.32}$$
$$D[X_2\mid x_1]=\widetilde{\boldsymbol{P}}_{22}=\boldsymbol{P}_{22}-\boldsymbol{P}_{21}\boldsymbol{P}_{11}^{-1}\boldsymbol{P}_{12}$$
$$=D[X_2]-\mathrm{cov}[X_2,X_1]\{D[X_1]\}^{-1}\mathrm{cov}[X_1,X_2]\tag{5.1.33}$$

5.1.6 统计独立性

n 维高斯分布随机矢量的统计独立性是一个极为重要的概念。下面讨论 n 维高斯分布随机矢量 $\boldsymbol{X}$ 的分量统计独立性和子矢量统计独立性的充要条件。

· n 维高斯分布的随机变量 $\boldsymbol{X}$ 中的分量 $X_1,X_2,\cdots,X_n$ 相互统计独立的充要条件是它们两两不相关。

证明: 先证必要性。若 $X_1,X_2,\cdots,X_n$ 为 n 个相互统计独立的高斯分布的随机变量,则其

联合概率密度函数为

$$p_n(x_1,x_2,\cdots,x_n) = p_1(x_1)p_2(x_2)\cdots p_n(x_n)$$

其相应的联合特征函数为

$$\begin{aligned}\phi_n(v_1,v_2,\cdots,v_n) &= \phi_1(v_1)\phi_2(v_2)\cdots\phi_n(v_n)\\ &= \exp\left\{\mathrm{j}a_1v_1-\frac{1}{2}\sigma_1^2v_1^2\right\}\exp\left\{\mathrm{j}a_2v_2-\frac{1}{2}\sigma_2^2v_2^2\right\}\cdots\exp\left\{\mathrm{j}a_nv_n-\frac{1}{2}\sigma_n^2v_n^2\right\}\\ &= \exp\left\{\mathrm{j}\sum_{k=1}^{n}a_kv_k-\frac{1}{2}\sum_{k=1}^{n}\sigma_k^2v_k^2\right\}\end{aligned} \tag{5.1.34}$$

对比式(5.1.34)和式(5.1.20)，若 $X_1,X_2,\cdots,X_n$ 为相互统计独立，可得协方差矩阵为

$$\boldsymbol{C}=\begin{bmatrix}\sigma_1^2 & & & & 0\\ & \sigma_2^2 & & & \\ & & \ddots & & \\ & & & \sigma_{n-1}^2 & \\ 0 & & & & \sigma_n^2\end{bmatrix}$$

于是，从 $\boldsymbol{C}$ 矩阵可看出，如果 $k\neq i$，则 $\boldsymbol{C}_{ki}=\boldsymbol{C}_{ik}=0$，即 $\boldsymbol{X}_i,\boldsymbol{X}_k$ 是不相关的。

现在证明充分性。若 n 维高斯分布的随机矢量 $\boldsymbol{X}$ 中的分量 $X_1,X_2,\cdots,X_n$ 两两不相关，则

$$C_{ki} = E\{(X_k-a_k)(X_i-a_i)\} = 0 \quad (k\neq i)$$

故其联合特征函数为

$$\begin{aligned}\phi_n(v_1,v_2,\cdots,v_k) &= \exp\left\{\mathrm{j}\boldsymbol{a}^{\mathrm{T}}\boldsymbol{v}-\frac{1}{2}\boldsymbol{v}^{\mathrm{T}}\boldsymbol{C}\boldsymbol{v}\right\} = \exp\left\{\mathrm{j}\sum_{k=1}^{n}a_kv_k-\frac{1}{2}\sum_{k=1}^{n}C_{kk}v_k^2\right\}\\ &= \prod_{k=1}^{n}\exp\left\{\mathrm{j}a_kv_k-\frac{1}{2}C_{kk}v_k^2\right\} = \prod_{k=1}^{n}\phi_k(v_k)\end{aligned} \tag{5.1.35}$$

式中
$$\phi_k(v_k) = \exp\left\{\mathrm{j}a_kv_k-\frac{1}{2}C_{kk}v_k^2\right\}$$

为第 k 个分量的特征函数。故由式(5.1.35)得 $X_1,X_2,\cdots,X_n$ 是相互统计独立的。

· 设 $\boldsymbol{X}$ 为高斯分布的随机矢量。若 $\boldsymbol{X}_1,\boldsymbol{X}_2$ 分别是 $\boldsymbol{X}$ 的两个子矢量，即 $\boldsymbol{X}=[\boldsymbol{X}_1,\boldsymbol{X}_2]^{\mathrm{T}}$，其协方差矩阵 $\boldsymbol{P}=\begin{bmatrix}\boldsymbol{P}_{11} & \boldsymbol{P}_{12}\\ \boldsymbol{P}_{21} & \boldsymbol{P}_{22}\end{bmatrix}$，其中 $\boldsymbol{P}_{11}=D[\boldsymbol{X}_1]$，$\boldsymbol{P}_{22}=D[\boldsymbol{X}_2]$，$\boldsymbol{P}_{12}=\mathrm{cov}[\boldsymbol{X}_1,\boldsymbol{X}_2]$，$\boldsymbol{P}_{21}=\mathrm{cov}[\boldsymbol{X}_2,\boldsymbol{X}_1]$，$\boldsymbol{P}_{12}=\boldsymbol{P}_{21}^{\mathrm{T}}$。则 $\boldsymbol{X}_1$ 和 $\boldsymbol{X}_2$ 相互统计独立的充要条件是 $\boldsymbol{P}_{12}=0$。

证明：先证必要性。若 $\boldsymbol{X}_1$ 和 $\boldsymbol{X}_2$ 相互统计独立，则 $\boldsymbol{X}_1$ 的任何一个分量与 $\boldsymbol{X}_2$ 的任何一个分量应统计独立，因此其协方差为 0，由它们构成的互协方差矩阵 $\boldsymbol{P}_{12}=\boldsymbol{P}_{21}=0$。

现在证充分性。由于 $\boldsymbol{X}_1$ 和 $\boldsymbol{X}_2$ 互不相关，$p_{ki}=p_{ik}$，故当 $\boldsymbol{P}_{12}=0$ 时，则 $\boldsymbol{P}_{21}=0$，此时协方差矩阵为

$$\boldsymbol{P}=\begin{bmatrix}\boldsymbol{P}_{11} & 0\\ 0 & \boldsymbol{P}_{22}\end{bmatrix}$$

令 $\boldsymbol{v}=[\boldsymbol{v}_1,\boldsymbol{v}_2]^{\mathrm{T}}$，显然，$\boldsymbol{v}_1$ 与 $\boldsymbol{X}_1$ 的维数相同，$\boldsymbol{v}_2$ 与 $\boldsymbol{X}_2$ 的维数相同。因此

$$\boldsymbol{v}^{\mathrm{T}}\boldsymbol{P}\boldsymbol{v} = [\boldsymbol{v}_1^{\mathrm{T}},\boldsymbol{v}_2^{\mathrm{T}}]\begin{bmatrix}\boldsymbol{P}_{11} & 0\\ 0 & \boldsymbol{P}_{22}\end{bmatrix}\begin{bmatrix}\boldsymbol{v}_1\\ \boldsymbol{v}_2\end{bmatrix} = \boldsymbol{v}_1^{\mathrm{T}}\boldsymbol{P}_{11}\boldsymbol{v}_1+\boldsymbol{v}_2^{\mathrm{T}}\boldsymbol{P}_{22}\boldsymbol{v}_2$$

令 $$\boldsymbol{a}=[\boldsymbol{a}_1,\boldsymbol{a}_2]^{\mathrm{T}}=[E(\boldsymbol{x}_1)\quad E(\boldsymbol{x}_2)]^{\mathrm{T}}$$

则 $$\boldsymbol{a}^{\mathrm{T}}\boldsymbol{v}=[\boldsymbol{a}_1^{\mathrm{T}},\boldsymbol{a}_2^{\mathrm{T}}]\begin{bmatrix}\boldsymbol{v}_1\\ \boldsymbol{v}_2\end{bmatrix}=\boldsymbol{a}_1^{\mathrm{T}}\boldsymbol{v}_1+\boldsymbol{a}_2^{\mathrm{T}}\boldsymbol{v}_2$$

于是有

$$\begin{aligned}\phi_n(v_1,v_2,\cdots,v_n)&=\exp\left\{\mathrm{j}\boldsymbol{a}^{\mathrm{T}}\boldsymbol{v}-\frac{1}{2}\boldsymbol{v}^{\mathrm{T}}\boldsymbol{P}\boldsymbol{v}\right\}\\&=\exp\left\{\mathrm{j}(\boldsymbol{a}_1^{\mathrm{T}}\boldsymbol{v}_1+\boldsymbol{a}_2^{\mathrm{T}}\boldsymbol{v}_2)-\frac{1}{2}(\boldsymbol{v}_1^{\mathrm{T}}\boldsymbol{P}_{11}\boldsymbol{v}_1+\boldsymbol{v}_2^{\mathrm{T}}\boldsymbol{P}_{22}\boldsymbol{v}_2)\right\}\\&=\exp\left\{\mathrm{j}\boldsymbol{a}_1^{\mathrm{T}}\boldsymbol{v}_1-\frac{1}{2}\boldsymbol{v}_1^{\mathrm{T}}\boldsymbol{P}_{11}\boldsymbol{v}_1\right\}\exp\left\{\mathrm{j}\boldsymbol{a}_2^{\mathrm{T}}\boldsymbol{v}_2-\frac{1}{2}\boldsymbol{v}_2^{\mathrm{T}}\boldsymbol{P}_{22}\boldsymbol{v}_2\right\}\\&=\phi_1(\boldsymbol{v}_1)\phi_2(\boldsymbol{v}_2)\end{aligned}\tag{5.1.36}$$

式中 $$\phi_1(\boldsymbol{v}_1)=\exp\left\{\mathrm{j}\boldsymbol{a}_1^{\mathrm{T}}\boldsymbol{v}_1-\frac{1}{2}\boldsymbol{v}_1^{\mathrm{T}}\boldsymbol{P}_{11}\boldsymbol{v}_1\right\}\tag{5.1.37}$$

为子矢量 $\boldsymbol{X}_1$ 的特征函数,而

$$\phi_2(\boldsymbol{v}_2)=\exp\left\{\mathrm{j}\boldsymbol{a}_2^{\mathrm{T}}\boldsymbol{v}_2-\frac{1}{2}\boldsymbol{v}_2^{\mathrm{T}}\boldsymbol{P}_{22}\boldsymbol{v}_2\right\}\tag{5.1.38}$$

为子矢量 $\boldsymbol{X}_2$ 的特征函数

由式(5.1.36)可看出,根据特征函数的性质,子矢量 $\boldsymbol{X}_1$ 与 $\boldsymbol{X}_2$ 是相互统计独立的。

5.1.7 线性变换

现在讨论多维高斯随机矢量的线性变换。为了推导方便,假定其均值矢量为零。设线性变换为

$$\begin{aligned}Y_1&=L_{11}X_1+L_{12}X_2+\cdots+L_{1n}X_n\\Y_2&=L_{21}X_1+L_{22}X_2+\cdots+L_{2n}X_n\\&\vdots\\Y_n&=L_{n11}X_1+L_{n2}X_2+\cdots+L_{nn}X_n\end{aligned}$$

式中,系数 L_{jk} 是任意实数。此线性变换的矩阵形式为

$$\boldsymbol{Y}=\boldsymbol{L}\boldsymbol{X}\tag{5.1.39}$$

式中,$\boldsymbol{Y}$ 为新的列矢量 $\boldsymbol{Y}=[Y_1,Y_2,\cdots,Y_n]^{\mathrm{T}}$,$\boldsymbol{L}$ 为线性变换矩阵,有

$$\boldsymbol{L}=\begin{bmatrix}L_{11}&L_{12}&\cdots&L_{1n}\\L_{21}&L_{22}&\cdots&L_{2n}\\\vdots&\vdots&\ddots&\vdots\\L_{n1}&L_{n2}&\cdots&L_{nn}\end{bmatrix}$$

假定已知 n 维高斯矢量 $\boldsymbol{X}$ 的概率密度,由式(5.1.13)有

$$p_{\boldsymbol{X}}(\boldsymbol{x})=\frac{1}{(2\pi)^{\frac{n}{2}}\mid\boldsymbol{C}\mid^{\frac{1}{2}}}\exp\left\{-\frac{1}{2}(\boldsymbol{x}-\boldsymbol{a})^{\mathrm{T}}\boldsymbol{C}^{-1}(\boldsymbol{x}-\boldsymbol{a})\right\}$$

用 $\boldsymbol{\Gamma}=\boldsymbol{L}^{-1}$ 表示 $\boldsymbol{L}$ 的逆矩阵,则有

$$\boldsymbol{X}=\boldsymbol{\Gamma}\boldsymbol{Y}\tag{5.1.40}$$

按照求随机矢量的函数的概率密度的方法,不难求得

$$p_{\boldsymbol{Y}}(\boldsymbol{y})=p(\boldsymbol{\Gamma}\boldsymbol{y})\mid\boldsymbol{J}\mid\tag{5.1.41}$$

式中,$\boldsymbol{J}$ 为变换的雅可比因子,其行列式为

$$|\boldsymbol{J}| = \left|\frac{\partial \boldsymbol{\Gamma y}}{\partial \boldsymbol{y}}\right| \tag{5.1.42}$$

不难证明$|\boldsymbol{J}|=|\boldsymbol{\Gamma}|=1/|\boldsymbol{L}|$。于是得到新的随机矢量$\boldsymbol{Y}$的概率密度为

$$p_Y(\boldsymbol{y}) = \frac{1}{(2\pi)^{\frac{n}{2}}(|\boldsymbol{L}|^2\ |\boldsymbol{C}|)^{\frac{1}{2}}}\exp\left\{-\frac{1}{2}(\boldsymbol{\Gamma y})^{\mathrm{T}}\boldsymbol{C}^{-1}(\boldsymbol{\Gamma y})\right\}$$

注意到
$$(\boldsymbol{\Gamma y})^{\mathrm{T}} = \boldsymbol{y}^{\mathrm{T}}\boldsymbol{\Gamma}^{\mathrm{T}},\boldsymbol{\Gamma}^{\mathrm{T}} = (\boldsymbol{L}^{-1})^{\mathrm{T}} = (\boldsymbol{L}^{\mathrm{T}})^{-1}$$

指数项为
$$\boldsymbol{y}^{\mathrm{T}}\boldsymbol{\Gamma}^{\mathrm{T}}\boldsymbol{C}^{-1}\boldsymbol{\Gamma y}$$

令
$$\boldsymbol{F}^{-1} = \boldsymbol{\Gamma}^{\mathrm{T}}\boldsymbol{C}^{-1}\boldsymbol{\Gamma} = (\boldsymbol{L}^{\mathrm{T}})^{-1}\boldsymbol{C}^{-1}\boldsymbol{L}^{-1} = (\boldsymbol{LCL}^{\mathrm{T}})^{-1}$$

则得到
$$\boldsymbol{F} = \boldsymbol{LCL}^{\mathrm{T}} \tag{5.1.43}$$

其行列式为
$$|\boldsymbol{F}|=|\boldsymbol{L}||\boldsymbol{C}||\boldsymbol{L}^{\mathrm{T}}|=|\boldsymbol{L}|^2\boldsymbol{C}$$

于是得到$\boldsymbol{Y}$的概率密度函数为

$$p_Y(\boldsymbol{y}) = \frac{1}{(2\pi)^{\frac{n}{2}}\ |\boldsymbol{F}|^{\frac{1}{2}}}\exp\left\{-\frac{1}{2}\boldsymbol{y}^{\mathrm{T}}\boldsymbol{F}^{-1}\boldsymbol{y}\right\} \tag{5.1.44}$$

可以看出,式(5.1.44)表示一个多维高斯随机矢量的概率密度函数。从而证明多维高斯矢量的线性变换产生出一个新的多维高斯矢量,其协方差矩阵由式(5.1.43)给出。

若$\boldsymbol{X}$的均值矢量$\boldsymbol{a}$不为零,则有$\boldsymbol{b}=\boldsymbol{La}$,于是可得

$$p_Y(\boldsymbol{y}) = \frac{1}{(2\pi)^{\frac{n}{2}}\ |\boldsymbol{F}|^{\frac{1}{2}}}\exp\left\{-\frac{1}{2}(\boldsymbol{y}-\boldsymbol{b})^{\mathrm{T}}\boldsymbol{F}^{-1}(\boldsymbol{y}-\boldsymbol{b})\right\} \tag{5.1.45}$$

式中
$$\boldsymbol{b} = [b_1,b_2,\cdots,b_n]^{\mathrm{T}} = [E(Y_1),E(Y_2),\cdots,E(Y_n)]^{\mathrm{T}} \tag{5.1.46}$$

为新随机矢量$\boldsymbol{y}$的均值矢量。

5.1.8 n 维高斯随机矢量的各阶矩

1. 一阶原点矩

$$E(\boldsymbol{X}_k) = \frac{1}{\mathrm{j}}\frac{\partial \phi_n(v_1,v_2,\cdots,v_n)}{\partial v_k}\bigg|_{v_1=v_2=\cdots=v_n=0} = \frac{1}{\mathrm{j}}\mathrm{j}a_k = a_k \tag{5.1.47}$$

一阶原点矩代表第k个分量的均值。

2. 二阶混合中心矩

因为
$$E(\boldsymbol{X}_k\boldsymbol{X}_i)=(\mathrm{j})^{-2}\frac{\partial^2\phi_n(v_1,v_2,\cdots,v_n)}{\partial v_k\partial v_i}\bigg|_{v_1=v_2=\cdots=v_n=0}=C_{ki}+a_ia_k$$

故
$$E\{(X_k-a_k)(X_i-a_i)\} = E\{X_kX_i\}-a_ka_i = C_{ki} \tag{5.1.48}$$

3. 高阶混合中心矩

设$(X_1,X_2,\cdots,X_n)$为零均值的高斯随机矢量,现在求其混合矩$E(X_1^{b_1}X_2^{b_2}\cdots X_n^{b_n})$。这里,$b_i$为正整数。令$B=\sum\limits_{i=1}^{n}b_i$,则

$$E(X_1^{b_1}X_2^{b_2}\cdots X_n^{b_n}) = (-\mathrm{j})^B\frac{\partial^B}{\partial v_1^{b_1}\partial v_2^{b_2}\cdots\partial v_n^{b_n}}\phi_n(v_1,v_2,\cdots,v_n)\bigg|_{v_1=v_2=\cdots=v_n=0} \tag{5.1.49}$$

考虑到零均值高斯矢量$\boldsymbol{X}$的特征函数为

$$\phi_X(\boldsymbol{v}) = \exp\left\{-\frac{1}{2}\boldsymbol{v}^{\mathrm{T}}\boldsymbol{Cv}\right\}$$

它也可以表示为
$$\phi_X(\boldsymbol{v}) = \exp\left\{-\frac{1}{2}\sum_{i=1}^{n}\sum_{k=1}^{n}v_kC_{ki}v_i\right\} \tag{5.1.50}$$

式中,C_{ki} 为协方差矩阵 $\boldsymbol{C}$ 的第(k,i)个元素,利用指数展开式

$$e^{-x}=1-x+\frac{x^2}{2!}-\cdots\approx\sum_{p=0}^{n}(-1)^p\frac{x^p}{p!}$$

这样,特征函数又可表示为

$$\phi_{\boldsymbol{X}}(\boldsymbol{v})=\sum_{p=0}^{n}\frac{(-1)^p}{2^p p!}\Big[\sum_{i=1}^{n}\sum_{k=1}^{n}v_kC_{ki}v_i\Big]^p \tag{5.1.51}$$

由式(5.1.51)可看出,$\phi_{\boldsymbol{X}}(\boldsymbol{v})$可以展开成一个级数,每一项由各个 v 的不同幂次的组合组成。如果某一项 v_i 的幂次小于 b_i,则式(5.1.49)的求导运算将使该项为零。类似地,如果 v_i 的指数大于 b_i,则在 $v_i=0$ 处求导数的运算也将使这项为零。因此,$\phi_{\boldsymbol{X}}(\boldsymbol{v})$中对混合矩有贡献的只是包含 $v_1^{b_1},v_2^{b_2},\cdots,v_n^{b_n}$ 的项。从式(5.1.51)可看出,只有当 $p=B/2$ 时才会出现这一项(甚至 $p=B/2$ 时也存在对矩没有贡献的项)。还可以看出,如果 B 是奇数,则混合矩为零,用 $p=B/2$ 的项可以把混合矩表示为

$$E(X_1^{b_1}X_2^{b_2}\cdots X_n^{b_n})=\frac{1}{2^{\frac{B}{2}}(B/2)!}\frac{\partial^B}{\partial v_1^{b_1}\partial v_2^{b_2}\cdots\partial v_n^{b_n}}\Big[\sum_{i=1}^{n}\sum_{k=1}^{n}v_kC_{ki}v_i\Big]^{\frac{B}{2}}\Big|_{v_1=v_2=\cdots=v_n=0} \tag{5.1.52}$$

实际中,应用较多的是 $n=4,b_i=1$ 的情况,即四维联合高斯随机矢量。于是可得

$$E(X_1X_2X_3X_4)=\frac{1}{8}\frac{\partial^4}{\partial v_1\partial v_2\partial v_3\partial v_4}\sum_{i=1}^{4}\sum_{k=1}^{4}\sum_{l=1}^{4}\sum_{j=1}^{4}v_iv_kv_lv_jC_{ki}C_{lj}\Big|_{v_i=v_k=v_l=v_j=0} \tag{5.1.53}$$

非零项只是 $i\neq k\neq l\neq j$ 的那些项,总共有 24 项,每一项的贡献为 $C_{ki}C_{lj}/8$。由于 $C_{ki}=C_{ik}$,可以证明

$$E(X_1X_2X_3X_4)=C_{12}C_{34}+C_{13}C_{24}+C_{14}C_{23} \tag{5.1.54}$$

或表示为

$$E(X_1X_2X_3X_4)=E(X_1X_2)E(X_3X_4)+E(X_1X_3)E(X_2X_4)+E(X_1X_4)E(X_2X_3) \tag{5.1.55}$$

例 5.1-1 定义 $\boldsymbol{Y}\triangleq\boldsymbol{AX}$,式中 $\boldsymbol{X}$ 是一个 k 维高斯随机矢量,$\boldsymbol{A}$ 是一个 $n\times k$ 矩阵。证明 $\boldsymbol{Y}$ 和 $\boldsymbol{X}$ 是联合高斯的随机矢量。

证明:首先构成一个新的随机矢量

$$\boldsymbol{Z}=\begin{bmatrix}\boldsymbol{X}\\ \vdots\\ \boldsymbol{Y}\end{bmatrix}=\begin{bmatrix}\boldsymbol{X}\\ \vdots\\ \boldsymbol{AX}\end{bmatrix}=\begin{bmatrix}\boldsymbol{I}\\ \vdots\\ \boldsymbol{A}\end{bmatrix}\boldsymbol{X}$$

定义

$$\boldsymbol{B}\triangleq\begin{bmatrix}\boldsymbol{I}\\ \vdots\\ \boldsymbol{A}\end{bmatrix}$$

是一个$(k+n)\times k$ 阶矩阵,因此上式可以写成 $\boldsymbol{Z}=\boldsymbol{BX}$,这样就表明 $\boldsymbol{Z}$ 是一个高斯矢量。按高斯矢量的性质,$\boldsymbol{Y}$ 和 $\boldsymbol{X}$ 是联合高斯的。

5.2 高斯随机过程

如果把变量 x_i 解释为在时刻 t_i 取得的随机过程的样本,那么就可以利用 5.1 节讨论过的多维高斯随机矢量来定义高斯随机过程。如果在所有的时刻 $t_i(1\leqslant i\leqslant n)$,以及对 n 的所有取

值，这些样本的联合概率密度函数都可以用多维高斯概率密度函数来表示，则此随机过程可定义为高斯的。

定义　如果随机过程$\{X(t), t\in T\}$的任意有限维分布都是高斯分布，则称它为高斯随机过程。

高斯过程是二阶矩过程的一个重要子类。

高斯过程 $X(t)$的 n 维联合概率密度函数为

$$p_n(x_1,x_2,\cdots,x_n;t_1,t_2,\cdots,t_n)$$
$$=\frac{1}{\sqrt{(2\pi)^n D}\sigma_1\sigma_2\cdots\sigma_n}\exp\left\{-\frac{1}{2D}\sum_{i=1}^{n}\sum_{k=1}^{n}D_{ik}\frac{(x_i-a_i)}{\sigma_i}\frac{(x_k-a_k)}{\sigma_k}\right\} \tag{5.2.1}$$

式中，$a_i=E[X(t_i)]$为随机变量 $X(t_i)$的均值，$\sigma_i^2=D[X(t_i)]$为随机变量 $X(t_i)$的方差，D 为由相关系数 r_{ik} 构成的行列式，即

$$D=\begin{vmatrix} r_{11} & r_{12} & \cdots & r_{1n} \\ r_{21} & r_{22} & \cdots & r_{2n} \\ \vdots & \vdots & \ddots & \vdots \\ r_{n1} & r_{n2} & \cdots & r_{nn} \end{vmatrix}$$

而相关系数
$$r_{ik}=\frac{E\{[X(t_i)-a_i][X(t_k)-a_k]\}}{\sigma_i\sigma_k}$$

且有 $r_{ii}=1, r_{ik}=r_{ki}$。而 D_{ik} 为行列式 D 中元素 r_{ik} 的代数余子式。此式表明，高斯随机过程的 n 维概率密度仅取决于其一、二阶矩。亦即仅由均值 a_i、方差 σ_i^2 及相关系数 r_{ik} 所决定。故此高斯过程为二阶矩过程。讨论高斯过程的问题只需运用相关理论就能解决。

对应的特征函数为

$$\phi_n(v_1,v_2,\cdots,v_n;t_1,t_2,\cdots,t_n)=\exp\left\{\mathrm{j}\sum_{i=1}^{n}a_iv_i-\frac{1}{2}\sum_{i=1}^{n}\sum_{k=1}^{n}C_X(t_i,t_k)v_iv_k\right\} \tag{5.2.2}$$

式中，互协方差
$$C_X(t_i,t_k)=\sigma_i\sigma_k r_{ik} \tag{5.2.3}$$

若$\{X(t), t\in T\}$为平稳随机过程，则有

$$P_n(x_1,x_2,\cdots,x_n;\tau_1,\tau_2,\cdots,\tau_{n-1})$$
$$=-\frac{1}{\sqrt{(2\pi)^n D\sigma^n}}\exp\left\{-\frac{1}{2D\sigma^2}\sum_{i=1}^{n}\sum_{k=1}^{n}D_{ik}(x_i-a_i)(x_k-a_k)\right\} \tag{5.2.4}$$

由式(5.2.4)看出，高斯随机过程的广义平稳和严格平稳是等价的。其相应的特征函数为

$$\phi_n(v_1,v_2,\cdots,v_n;\tau_1,\tau_2,\cdots,\tau_{n-1})=\exp\left\{\mathrm{j}a\sum_{i=1}^{n}v_i-\frac{1}{2}\sum_{i=1}^{n}\sum_{k=1}^{n}C_X(\tau_{k-i})v_iv_k\right\} \tag{5.2.5}$$

式中，互协方差
$$C_X(\tau_{k-i})=\sigma^2 r(\tau_{k-i}) \tag{5.2.6}$$

为了简化，高斯随机过程 $X(t)$的概率密度函数常用矩阵形式表示，故

$$p_X(\boldsymbol{x})=\frac{1}{(2\pi)^{\frac{n}{2}}\,|\boldsymbol{C}|^{\frac{1}{2}}}\exp\left\{-\frac{1}{2}(\boldsymbol{x}-\boldsymbol{a})^{\mathrm{T}}\boldsymbol{C}^{-1}(\boldsymbol{x}-\boldsymbol{a})\right\} \tag{5.2.7}$$

式中，$\boldsymbol{x}=[x(t_1),x(t_2),\cdots,x(t_n)]^{\mathrm{T}}$，$\boldsymbol{a}=[a(t_1),a(t_2),\cdots,a(t_n)]^{\mathrm{T}}$，$a(t_i)=E[X(t_i)]$，而

$$\boldsymbol{C}=\begin{bmatrix} C_{11} & C_{12} & \cdots & C_{1n} \\ C_{21} & C_{22} & \cdots & C_{2n} \\ \vdots & \vdots & \ddots & \vdots \\ C_{n1} & C_{n2} & \cdots & C_{nn} \end{bmatrix}$$

为自协方差矩阵,其元素为

$$C_{ik}=E\{[X(t_i)-a(t_i)][X(t_k)-a(t_k)]\}$$
$$=R_X(t_i,t_k)-a(t_i)a(t_k) \tag{5.2.8}$$

对应的特征函数为
$$\phi_X(\boldsymbol{v})=\exp\left\{\mathrm{j}\boldsymbol{a}^{\mathrm{T}}\boldsymbol{v}-\frac{1}{2}\boldsymbol{v}^{\mathrm{T}}\boldsymbol{C}\boldsymbol{v}\right\} \tag{5.2.9}$$

式中
$$\boldsymbol{v}=[v_1,v_2,\cdots,v_n]^{\mathrm{T}}$$

如果所给定的随机过程$\{Z(t),t\in T\}$是复高斯随机过程,则在n个抽样时刻得到的n个复随机变量为

$$Z(t_i)=X(t_i)+\mathrm{j}Y(t_i) \qquad t_i\in T,i=1,2,\cdots,n$$

式中,$X(t_i)$和$Y(t_i)$均为实随机变量,也就是说n个抽样组成了$2n$维实高斯分布随机矢量。故实随机过程导出的许多结论同样适合于复随机过程。

例 5.2-1 设$X(t)$是定义在$[a,b]$上的一个高斯随机过程,$g_1(t)$和$g_2(t)$是两个任意的非零实函数,令$Y_1=\int_a^b g_1(t)X(t)\mathrm{d}t,Y_2=\int_a^b g_2(t)X(t)\mathrm{d}t$。证明$Y_1$和$Y_2$是联合高斯的。

证明: 根据高斯过程的特性可知Y_1和Y_2都是高斯的。对于任意非零常数K_1和K_2,令

$$Z=K_1Y_1+K_2Y_2=K_1\int_a^b g_1(t)X(t)\mathrm{d}t+K_2\int_a^b g_2(t)X(t)\mathrm{d}t$$
$$=\int_a^b[K_1g_1(t)+K_2g_2(t)]X(t)\mathrm{d}t=\int_a^b g(t)X(t)\mathrm{d}t$$

式中,$g(t)=K_1g_1(t)+K_2g_2(t)$。于是可看出Z是高斯的。按定义可知Y_1和Y_2是联合高斯的。

例 5.2-2 试说明高斯随机过程在任意一组时间$t_1,t_2,\cdots,t_k$的集合所组成的样本都是联合高斯矢量。

解: 按定义可得
$$\boldsymbol{X}=[X(t_1),X(t_2),\cdots,X(t_k)]^{\mathrm{T}}$$
为一个k维矢量,如果$\boldsymbol{Z}=\boldsymbol{G}^{\mathrm{T}}\boldsymbol{X}$对任一$\boldsymbol{G}^{\mathrm{T}}$都是高斯的,则可得所求的结果。

任一$\boldsymbol{G}^{\mathrm{T}}$可被划分为
$$\boldsymbol{G}^{\mathrm{T}}=[\boldsymbol{G}_1^{\mathrm{T}}\vdots\boldsymbol{G}_2^{\mathrm{T}}\vdots\cdots\vdots\boldsymbol{G}_k^{\mathrm{T}}]$$
式中,$\boldsymbol{G}_i^{\mathrm{T}}$是$1\times N$维矢量。任一$\boldsymbol{G}_i^{\mathrm{T}}$又可被进一步划分为

$$\boldsymbol{G}_i^{\mathrm{T}}=[g_{i1},g_{i2},\cdots,g_{iN}] \qquad i=1,2,\cdots,k$$

故
$$Z=\sum_{i=1}^{k}\boldsymbol{G}_i^{\mathrm{T}}\boldsymbol{X}(t_i)=\sum_{i=1}^{n}\sum_{j=1}^{N}g_{ij}x_j(t_i)$$

现在必须把$\boldsymbol{Z}$写成$\boldsymbol{X}(t)$的函数,设

$$\boldsymbol{g}^{\mathrm{T}}(t)=[g_1(t),g_2(t),\cdots,g_N(t)]$$

式中
$$g_i(t)=\sum_{i=1}^{k}g_{ij}\delta(t-t_i)$$

则
$$\int_{T_1}^{T_2}\boldsymbol{g}^{\mathrm{T}}(t)\boldsymbol{X}(t)\mathrm{d}t=\int_{T_1}^{T_2}\sum_{j=1}^{N}g_i(t)X_j(t)\mathrm{d}t=\int_{T_1}^{T_2}\sum_{j=1}^{N}\sum_{i=1}^{k}g_{ij}\delta(t-t_i)X_j(t)\mathrm{d}t$$
$$=\sum_{j=1}^{N}\sum_{i=1}^{k}g_{ij}X_j(t_i)=\boldsymbol{Z}$$

这表明$\boldsymbol{Z}$是高斯的。由于在分析时对任何$\boldsymbol{G}^{\mathrm{T}}$都是适用的,所以样本是联合高斯的。

5.3　窄带平稳实高斯随机过程

5.3.1　一维分布

在第 4 章中讨论了窄带实平稳随机过程的分析方法，现在应用这些方法来分析窄带平稳实高斯随机过程。

由 4.5 节知，一个零均值的窄带头平稳随机过程可以表示为

$$X(t)=A(t)\cos[\omega_0(t)+\Phi(t)]=A(t)\cos\Phi(t)\cos\omega_0 t-A(t)\sin\Phi(t)\sin\omega_0 t$$
$$=X_c(t)\cos\omega_0 t-X_s(t)\sin\omega_0 t \tag{5.3.1}$$

式中

$$X_c(t)=A(t)\cos\Phi(t),\quad X_s(t)=A(t)\sin\Phi(t) \tag{5.3.2}$$

根据希尔伯特变换的性质，有

$$\hat{X}(t)=X_c(t)\sin\omega_0 t+X_s(t)\cos\omega_0 t \tag{5.3.3}$$

由式(5.3.1)和式(5.3.3)不难得到

$$X_c(t)=X(t)\cos\omega_0 t+\hat{X}(t)\sin\omega_0 t \tag{5.3.4}$$

和

$$X_s(t)=-X(t)\sin\omega_0 t+\hat{X}(t)\cos\omega_0 t \tag{5.3.5}$$

由式(5.3.4)和式(5.3.5)可看出，两正交分量 $X_c(t)$ 和 $X_s(t)$ 均是从高斯过程经线性运算后得到的，故 $X_c(t)$ 和 $X_s(t)$ 均是高斯过程，而且两者是联合高斯的。

由 4.5 节知，若 $X(t)$ 的自相关函数为 $R_X(\tau)$，方差为 $\sigma_X^2=R_X(0)$，则 $X_c(t)$ 和 $X_s(t)$ 的均值必为零，即

$$E[X_c(t)]=E[X_s(t)]=0$$

且方差为

$$\sigma_{X_c}^2=\sigma_{X_s}^2=R_{X_c}(0)=R_{X_s}(0)=\sigma_X^2$$

由于互相关函数 $R_{cs}(0)=E[X_c(t)X_s(t)]=0$，所以 $X_c(t)$ 和 $X_s(t)$ 是互不相关的，亦即统计独立。这样两正交分量 $X_c(t)$ 和 $X_s(t)$ 的联合概率密度函数为

$$p(x_c,x_s)=p(x_c)p(x_s)=\frac{1}{2\pi\sigma_X^2}\exp\left\{-\frac{x_c^2+x_s^2}{2\sigma_X^2}\right\} \tag{5.3.6}$$

值得指出的是，所讨论的统计特征是在同一时刻对 $X_c(t)$ 和 $X_s(t)$ 取值的，故隐去了对时间 t 的依赖。

由式(5.3.1)知　$A(t)=[X_c^2(t)+X_s^2(t)]^{1/2}$，　$\Phi(t)=\arctan\dfrac{X_s(t)}{X_c(t)}$

如果令 A 和 φ 分别为过程在时刻 t 的变量 $A(t)$ 和 $\Phi(t)$ 的取值，则有

$$A=(x_c^2+x_s^2)^{1/2},\quad A\geqslant 0;\quad \varphi=\arctan\frac{x_s}{x_c},\quad 0\leqslant\varphi\leqslant 2\pi$$

对应的反函数为　$x_c=h_1(A,\varphi)=A\cos\varphi$，　$x_s=h_2(A,\varphi)=A\sin\varphi$

雅可比变换式为

$$\boldsymbol{J}=\frac{\partial(x_c,x_s)}{\partial(A,\varphi)}=\begin{vmatrix}\dfrac{\partial x_c}{\partial A} & \dfrac{\partial x_c}{\partial\varphi}\\ \dfrac{\partial x_s}{\partial A} & \dfrac{\partial x_s}{\partial\varphi}\end{vmatrix}=\begin{vmatrix}\cos\varphi & -A\sin\varphi\\ \sin\varphi & A\cos\varphi\end{vmatrix}=A$$

根据 1.3 节可得二维随机变量的函数的联合分布为

$$p(A,\varphi)=p(x_c,x_s)\mid \boldsymbol{J}\mid = p[h_1(A,\varphi),h_2(A,\varphi)]\mid \boldsymbol{J}\mid$$

将 $\boldsymbol{J}$ 代入上式得

$$p(A,\varphi)=Ap(A\cos\varphi,A\sin\varphi)=\begin{cases}\dfrac{A}{2\pi\sigma_X^2}\exp\left\{-\dfrac{A^2}{2\sigma_X^2}\right\} & A\geqslant 0,0\leqslant\varphi\leqslant 2\pi\\ 0 & \text{其他}\end{cases}\tag{5.3.7}$$

因此可求得包络的一维概率密度函数为

$$p(A)=\int_0^{2\pi}p(A,\varphi)\mathrm{d}\varphi=\frac{A}{\sigma_X^2}\exp\left\{-\frac{A^2}{2\sigma_X^2}\right\}\qquad A\geqslant 0\tag{5.3.8}$$

同理可求得相位的一维概率密度函数为

$$p(\varphi)=\int_0^{\infty}p(A,\varphi)\mathrm{d}A=\frac{1}{2\pi}\quad 0\leqslant\varphi\leqslant 2\pi\tag{5.3.9}$$

上述表明,窄带高斯过程的包络服从瑞利分布,而其相位在$[0,2\pi]$内服从均匀分布。对比式(5.3.7)、式(5.3.8)及式(5.3.9)可知

$$p(A,\varphi)=p(A)p(\varphi)\tag{5.3.10}$$

所以在同一时刻 t,随机变量 $A(t)$和 $\Phi(t)$是相互统计独立的。

还可求出包络 $A(t)$的均值为

$$E[A(t)]=\int_0^{\infty}A\,\frac{A}{\sigma_X^2}\exp\left\{-\frac{A^2}{2\sigma_X^2}\right\}\mathrm{d}A=\left(\frac{\pi}{2}\right)^{1/2}\sigma_X$$

均方值为

$$E[A^2(t)]=\int_0^{\infty}A^2\,\frac{A}{\sigma_X^2}\exp\left\{-\frac{A^2}{2\sigma_X^2}\right\}\mathrm{d}A=2\sigma_X^2$$

方差为

$$\sigma_{A(t)}^2=D[A(t)]=\left(2-\frac{\pi}{2}\right)\sigma_X^2$$

5.3.2 二维分布

现在研究窄带实平稳随机过程 $X(t)$的包络 $A(t)$和相位 $\Phi(t)$在 t_1、t_2 两个时刻的联合分布。由式(5.3.1)知

$$X(t_1)=A(t_1)\cos[\omega_0t_1+\Phi(t_1)]=X_c(t_1)\cos\omega_0t_1-X_s(t_1)\sin\omega_0t_1\tag{5.3.11}$$

$$X(t_2)=A(t_2)\cos[\omega_0t_2+\Phi(t_2)]=X_c(t_2)\cos\omega_0t_2-X_s(t_2)\sin\omega_0t_2\tag{5.3.12}$$

由于 $X(t)$是高斯过程,而 $X_c(t_1)$、$X_c(t_2)$与 $X_s(t_1)$、$X_s(t_2)$均是从高斯过程经线性变换后得到的,故知 $X_c(t_1)$、$X_c(t_2)$、$X_s(t_1)$、$X_s(t_2)$是联合高斯分布的随机变量。于是,根据多维高斯分布的概率密度函数的表达式,有

$$p(x_{c1},x_{c2};x_{s1},x_{s2}=p_X(\boldsymbol{x})=\frac{1}{(2\pi)^{n/2}\mid\boldsymbol{C}\mid^{1/2}}\exp\left\{-\frac{1}{2}\boldsymbol{x}^{\mathrm{T}}\boldsymbol{C}^{-1}\boldsymbol{x}\right\}\tag{5.3.13}$$

式中,$n=4$。且

$$E(\boldsymbol{X})=[E[X_c(t_1)]\ \ E[x_c(t_2)]\ \ E[X_s(t_1)]\ \ E[X_s(t_2)]]^{\mathrm{T}}=0$$

这是因为 $X(t)$的均值 $E[X(t)]=0$,故 $X_c(t_1)$、$X_c(t_2)$、$X_s(t_1)$、$X_s(t_2)$的均值都为零。而 $\boldsymbol{x}=[x_{c1},x_{c2},x_{s1},x_{s2}]^{\mathrm{T}}$ 为随机矢量 $\boldsymbol{X}=[X_c(t_1),X_c(t_2),X_s(t_1),X_s(t_2)]^{\mathrm{T}}$ 的取值矢量。

对于同一时刻 t,由窄带过程 $X(t)$分成的两正交分量 $X_c(t)$和 $X_s(t)$是统计独立的。对于具有对称功率谱的平稳窄带过程 $X(t)$,有 $R_{X_c}(\tau)=R_{X_s}(\tau)$,$R_{cs}(\tau)=-R_{sc}(\tau)=0$,于是可得协方差矩阵为

$$\boldsymbol{C}=\begin{bmatrix}\sigma_X^2 & R_{X_c}(\tau) & 0 & 0\\ R_{X_c}(\tau) & \sigma_X^2 & 0 & 0\\ 0 & 0 & \sigma_X^2 & R_{X_s}(\tau)\\ 0 & 0 & R_{X_s}(\tau) & \sigma_X^2\end{bmatrix}=\begin{bmatrix}\sigma_X^2 & a(\tau) & 0 & 0\\ a(\tau) & \sigma_X^2 & 0 & 0\\ 0 & 0 & \sigma_X^2 & a(\tau)\\ 0 & 0 & a(\tau) & \sigma_X^2\end{bmatrix} \tag{5.3.14}$$

式中，σ_X^2 为窄带过程 $X(t)$的方差，$a(\tau)=R_{X_c}(\tau)=R_{X_s}(\tau)$，$\tau=t_1-t_2$。于是可得行列式为

$$|\boldsymbol{C}|=[\sigma_X^4-a^2(\tau)]^2 \tag{5.3.15}$$

逆阵为

$$\boldsymbol{C}^{-1}=\frac{1}{|\boldsymbol{C}|}\boldsymbol{C}^*=\frac{1}{|\boldsymbol{C}|}\begin{bmatrix}C_{11} & C_{21} & C_{31} & C_{41}\\ C_{12} & C_{22} & C_{32} & C_{42}\\ C_{13} & C_{23} & C_{33} & C_{43}\\ C_{14} & C_{24} & C_{34} & C_{44}\end{bmatrix} \tag{5.3.16}$$

式中，各种代数余子式为

$$C_{11}=C_{22}=C_{33}=C_{44}=\sigma_X^2\,|\boldsymbol{C}|^{1/2},\quad C_{12}=C_{21}=C_{34}=C_{43}=-a\,|\,\tau\,|\,|\boldsymbol{C}|^{1/2}$$

$$C_{13}=C_{31}=C_{24}=C_{42}=0,\qquad C_{14}=C_{41}=C_{32}=C_{23}=0$$

将式(5.3.15)代入式(5.3.13)可得

$$p(x_{c1},x_{c2};x_{s1},x_{s2})$$

$$=\frac{1}{4\pi^2\,|\boldsymbol{C}|^{1/2}}\exp\left\{-\frac{1}{2\,|\boldsymbol{C}|^{1/2}}[\sigma_X^2(x_{c1}^2+x_{c2}^2+x_{s1}^2+x_{s2}^2)-2a(\tau)(x_{c1}x_{c2}+x_{s1}x_{s2})]\right\} \tag{5.3.17}$$

根据式(5.3.11)和式(5.3.12)，知

$$X_c(t_1)=A(t_1)\cos[\Phi(t_1)],\qquad X_s(t_1)=A(t_1)\sin[\Phi(t_1)]$$

$$X_c(t_2)=A(t_2)\cos[\Phi(t_2)],\qquad X_s(t_2)=A(t_2)\sin[\Phi(t_2)]$$

如果令 A_1、φ_1 和 A_2、φ_2 分别为变量 $A(t_1)$、$\Phi(t_1)$和 $A(t_2)$、$\Phi(t_2)$在时刻 t_1 和 t_2 的取值，则有

$$A_1=(x_{c1}^2+x_{s1}^2)^{1/2},A_1\geqslant 0;\quad \varphi_1=\arctan\frac{x_{s1}}{x_{c1}},0\leqslant\varphi_1\leqslant 2\pi$$

$$A_2=(x_{c2}^2+x_{s2}^2)^{\frac{1}{2}},A_2\geqslant 0;\quad \varphi_2=\arctan\frac{x_{s2}}{x_{c2}},0\leqslant\varphi_2\leqslant 2\pi$$

其对应的反函数为

$$x_{c1}=h_{c1}(A_1,\varphi_1)=A_1\cos\varphi_1,\qquad x_{s1}=h_{s1}(A_1,\varphi_1)=A_1\sin\varphi_1$$

$$x_{c2}=h_{c2}(A_2,\varphi_2)=A_2\cos\varphi_2,\qquad x_{s2}=h_{s2}(A_2,\varphi_2)=A_2\sin\varphi_2 \tag{5.3.18}$$

由式(5.3.18)求得雅可比变换式为

$$\boldsymbol{J}=\frac{\partial(x_{c1},x_{s1};x_{c2},x_{s2})}{\partial(A_1,\varphi_1;A_2,\varphi_2)}=\begin{bmatrix}\cos\varphi_1 & A_1\sin\varphi_1 & 0 & 0\\ \sin\varphi_1 & A_1\cos\varphi_1 & 0 & 0\\ 0 & 0 & \cos\varphi_1 & A_2\sin\varphi_2\\ 0 & 0 & \sin\varphi_2 & A_2\cos\varphi_2\end{bmatrix}=A_1A_2$$

包络和相位的二维分布为

$$p(A_1,A_2;\varphi_1,\varphi_2)=p(x_{c1},x_{c2};x_{s1},x_{s2})\,|\,\boldsymbol{J}\,|$$

$$=p[h_{c1}(A_1,\varphi_1),h_{c2}(A_2,\varphi_2);h_{s1}(A_1,\varphi_1),h_{s2}(A_2,\varphi_2)]\,|\,\boldsymbol{J}\,|$$

将式(5.3.18)代入后，可得

$$p(A_1,A_2;\varphi_1,\varphi_2)=\begin{cases}\dfrac{A_1A_2}{4\pi^2\ |\boldsymbol{C}|^{1/2}}\exp\left\{-\dfrac{1}{2\ |\boldsymbol{C}|^{\frac{1}{2}}}[\sigma_X^2(A_1^2+A_2^2)-2a(\tau)A_1A_2\cos(\varphi_2-\varphi_1)]\right\}\\ \qquad\qquad A_1,A_2\geqslant 0,0\leqslant\varphi_1,\varphi_2\leqslant 2\pi\\ 0\qquad\qquad 其他\end{cases}\tag{5.3.19}$$

将式(5.3.19)对 φ_1,φ_2 积分,可以求得包络的二维分布为

$$\begin{aligned}p(A_1,A_2)&=\int_0^{2\pi}\int_0^{2\pi}p(A_1,A_2;\varphi_1,\varphi_2)\mathrm{d}\varphi_1\mathrm{d}\varphi_2\\&=\frac{A_1A_2}{4\pi^2\ |\boldsymbol{C}|^{\frac{1}{2}}}\exp\left\{-\frac{1}{2\ |\boldsymbol{C}|^{1/2}}[\sigma_X^2(A_1^2+A_2^2)]\right\}\times\\&\quad\int_0^{2\pi}\int_0^{2\pi}\exp\left\{\frac{A_1A_2}{|\boldsymbol{C}|^{\frac{1}{2}}}a(\tau)\cos(\varphi_2-\varphi_1)\right\}\mathrm{d}\varphi_1\mathrm{d}\varphi_2\end{aligned}$$

计算上式中的积分部分:令 $\varphi=\varphi_2-\varphi_1$,可以得到下式

$$\frac{1}{2\pi}\int_0^{2\pi}\mathrm{d}\varphi_1\ \frac{1}{2\pi}\int_0^{2\pi}\exp\left\{\frac{A_1A_2}{|\boldsymbol{C}|^{\frac{1}{2}}}a(\tau)\cos\varphi\right\}\mathrm{d}\varphi=\mathrm{I}_0\left[\frac{A_1A_2}{|\boldsymbol{C}|^{\frac{1}{2}}}a(\tau)\right]\tag{5.3.20}$$

式中
$$\mathrm{I}_0(x)=\frac{1}{2\pi}\int_0^{2\pi}\exp\{x\cos\varphi\}\mathrm{d}\varphi$$

$\mathrm{I}_0(x)$为第一类零阶修正贝塞尔函数。故得 $A(t_1)$和 $A(t_2)$的联合概率密度为

$$p(A_1,A_2)=\begin{cases}\dfrac{A_1A_2}{|\boldsymbol{C}|^{1/2}}\mathrm{I}_0\left[\dfrac{A_1A_2}{|\boldsymbol{C}|^{1/2}}a(\tau)\right]\exp\left\{-\dfrac{\sigma_X^2(A_1^2+A_2^2)}{2\ |\boldsymbol{C}|^{1/2}}\right\} & A_1,A_2\geqslant 0\\ 0, \quad 其他\end{cases}\tag{5.3.21}$$

对于两个随机变量 $X(t_1),X(t_2),\tau=t_1-t_2$,如果 $\tau\to\infty$,则 $X(t_1)$、$X(t_2)$成为两个相互统计独立的随机变量,$X_c(t_1)$和 $X_c(t_2)$、$X_s(t_1)$和 $X_s(t_2)$、$X_c(t_1)$和 $X_s(t_2)$、$X_s(t_1)$和 $X_c(t_2)$均分别相互统计独立。这样当 $\tau\to\infty$时,$R_{X_c}(\tau)|_{\tau\to\infty}=0$,$R_{cs}(\tau)|_{\tau\to\infty}=0$,故有

$$|\boldsymbol{C}|=\sigma_X^2,\qquad \mathrm{I}_0(0)=\frac{1}{2\pi}\int_0^{2\pi}\mathrm{d}\varphi=1$$

于是由式(5.3.21)可看出,当 $\tau\to\infty$时,有

$$p(A_1,A_2)=\frac{A_1}{\sigma_X^2}\exp\left\{-\frac{A_1^2}{2\sigma_X}\right\}\cdot\frac{A_2}{\sigma_X^2}\exp\left\{-\frac{A_2^2}{2\sigma_X^2}\right\}\tag{5.3.22}$$

式(5.3.22)表明,当 $\tau\to\infty$时,随机变量 $A(t_1)$和 $A(t_2)$的联合概率密度函数成为两个瑞利分布的概率密度函数的乘积。换言之,当 $\tau\to\infty$时,$A(t_1)$和 $A(t_2)$乃是两个相互统计独立的随机变量。

如果将式(5.3.19)对 A_1、A_2 积分,则可求得相位的二维概率密度函数为

$$\begin{aligned}p(\varphi_1,\varphi_2)&=\int_0^{\infty}\int_0^{\infty}p(A_1,A_2;\varphi_1,\varphi_2)\mathrm{d}A_1\mathrm{d}A_2\\&=\frac{1}{4\pi^2\ |\boldsymbol{C}|^{1/2}}\int_0^{\infty}\int_0^{\infty}A_1A_2\exp\left\{-\frac{1}{2\ |\boldsymbol{C}|^{1/2}}[\sigma_X^2(A_1^2+A_2^2)-\right.\\&\quad\left.2a(\tau)A_1A_2\cos(\varphi_2-\varphi_1)]\right\}\mathrm{d}A_1\mathrm{d}A_2\end{aligned}\tag{5.3.23}$$

应用积分公式 $\displaystyle\int_0^{\infty}\int_0^{\infty}z_1z_2\mathrm{e}^{-(z_1^2+z_2^2+2z_1z_2\cos\phi)}\mathrm{d}z_1z_2=\frac{1}{4}\csc^2\phi(1-\phi\mathrm{ctg}\phi),\quad 0\leqslant\phi\leqslant 2\pi$

做变量置换，令 $z_1=\dfrac{\sigma_X A_1}{\sqrt{2|\boldsymbol{C}|^{1/2}}}$，$z_2=\dfrac{\sigma_X A_2}{\sqrt{2|\boldsymbol{C}|^{1/2}}}$，又令

$$\cos\phi=-\frac{a(\tau)}{\sigma_X^2}\cos(\varphi_2-\varphi_1)=-r(\tau)\cos(\varphi_2-\varphi_1)$$

于是可得

$$p(\varphi_1,\varphi_2)=\frac{|\boldsymbol{C}|^{1/2}}{\pi^2\sigma_X^2}\int_0^\infty\int_0^\infty z_1 z_2 \mathrm{e}^{-(z_1^2+z_2^2+2z_1z_1\cos\phi)}\mathrm{d}z_1\mathrm{d}z_2$$

$$=\frac{|\boldsymbol{C}|^{1/2}}{4\pi^2\sigma_X^2}\csc^2\phi(1-\phi\mathrm{ctg}\phi)$$

又因为

$$\csc^2\phi=\frac{1}{1-\cos^2\phi},\qquad \mathrm{ctg}\phi=\frac{\cos\phi}{(1-\cos^2\phi)^{1/2}}$$

所以，相位的二维概率密度函数为

$$p(\varphi_1,\varphi_2)=\begin{cases}\dfrac{|\boldsymbol{C}|^{1/2}}{4\pi^2\sigma_X^2}\left[\dfrac{(1-\cos^2\phi)^{1/2}-\phi\cos\phi}{(1-\cos^2\phi)^{3/2}}\right] & 0\leqslant\varphi_1,\varphi_2\leqslant 2\pi\\ 0 & \text{其他}\end{cases}\tag{5.3.24}$$

式中

$$\phi=\arccos[-r(\tau)\cos(\varphi_2-\varphi_1)]$$

对比式(5.3.19)、式(5.3.21)和式(5.3.24)，可以看出

$$p(A_1,A_2;\varphi_1,\varphi_2)\neq p(A_1,A_2)p(\varphi_1,\varphi_2)\tag{5.3.25}$$

这表明，窄带实高斯过程的包络过程和相位过程不是统计独立的。

5.4　随机相位正弦波加窄带平稳高斯随机过程之和

设随机相位正弦波加窄带平稳高斯过程之和为

$$Y(t)=s(t)+N(t)\tag{5.4.1}$$

式中，$s(t)$为随机相位正弦波，有

$$s(t)=B\cos(\omega_0 t+\Theta)=B\cos\Theta\cos\omega_0 t-B\sin\Theta\sin\omega_0 t\tag{5.4.2}$$

式中，B 为已知振幅，ω_0 为已知角频率，随机相位 Θ 在$[0,2\pi]$内均匀分布。而式(5.4.1)中 $N(t)$为窄带噪声，是一个窄带平稳高斯随机过程，其均值为零，方差为 σ^2，其表达式可以写成

$$N(t)=A_n(t)\cos[\omega_0 t+\Phi_n(t)]=N_c(t)\cos\omega_0 t-N_s(t)\sin\omega_0 t\tag{5.4.3}$$

由式(5.4.2)和式(5.4.3)，又可将式(5.4.1)改写成

$$Y(t)=A_c(t)\cos\omega_0 t-A_s(t)\sin\omega_0 t=A(t)\cos[\omega_0 t+\Phi(t)]\tag{5.4.4}$$

式中

$$A_c(t)=B\cos\Theta+N_c(t),\quad A_s(t)=B\sin\Theta+N_s(t)\tag{5.4.5}$$

及

$$A(t)=[A_c^2(t)+A_s^2(t)]^{1/2}\tag{5.4.6}$$

$$\Phi(t)=\arctan\frac{A_s(t)}{A_c(t)}\tag{5.4.7}$$

在同时存在随机相位信号 $s(t)$和窄带高斯噪声 $N(t)$的情况下，对于任意给定的 θ 值和时刻 t，$A_c(t)$和 $A_s(t)$都是高斯随机变量并且相互统计独立，其均值和方差在 θ 值给定的条件下为

$$E[A_c(t)\mid\theta]=B\cos\theta,\quad E[A_s(t)\mid\theta]=B\sin\theta,\quad D[A_c(t)\mid\theta]=D[A_s(t)\mid\theta]=\sigma^2$$

令 A_c、A_s 分别为 $A_c(t)$、$A_s(t)$在时刻 t 的取值，则在给定信号相位 θ 的条件下，$A_c(t)$、$A_s(t)$的概率密度函数分别为

$$p(A_c \mid \theta) = \frac{1}{\sqrt{2\pi}\sigma}\exp\left\{-\frac{1}{2\sigma^2}(A_c - B\cos\theta)^2\right\}$$

和

$$p(A_s \mid \theta) = \frac{1}{\sqrt{2\pi}\sigma}\exp\left\{-\frac{1}{2\sigma^2}(A_s - B\sin\theta)^2\right\}$$

其联合概率密度函数为

$$p(A_c, A_s \mid \theta) = \frac{1}{2\pi\sigma^2}\exp\left\{-\frac{1}{2\sigma^2}[(A_c - B\cos\theta)^2 + (A_s - B\sin\theta)^2]\right\} \tag{5.4.8}$$

以上各式,都是认为在同一时刻对 $A(t)$、$A_c(t)$、$A_s(t)$、$\Phi(t)$ 取值,故隐去了对时刻 t 的依赖。若令 A、φ 分别表示 $A(t)$、$\Phi(t)$ 在时刻 t 的取值,则由式(5.4.6)和式(5.4.7)得到相应的反函数为

$$A_c = A\cos\varphi, \qquad A_s = A\sin\varphi \tag{5.4.9}$$

由式(5.4.9)可得雅可比变换式为

$$\boldsymbol{J} = \begin{vmatrix} \dfrac{\partial A_c}{\partial A} & \dfrac{\partial A_c}{\partial \varphi} \\ \dfrac{\partial A_s}{\partial A} & \dfrac{\partial A_s}{\partial \varphi} \end{vmatrix} = A$$

于是,得到 $A(t)$、$\Phi(t)$ 的联合概率密度函数为

$$p(A, \varphi \mid \theta) = \mid \boldsymbol{J} \mid p(A_c, A_s \mid \theta)$$

经过运算,得到在时刻 t 的包络和相位的联合概率密度函数为

$$p(A, \varphi \mid \theta) = \frac{A}{2\pi\sigma^2}\exp\left\{-\frac{1}{2\sigma^2}[A^2 + B^2 - 2AB\cos(\varphi - \theta)]\right\}, \quad A \geqslant 0, 0 \leqslant \varphi, \theta \leqslant 2\pi \tag{5.4.10}$$

5.4.1 包络的概率密度函数

由包络和相位的联合概率密度函数可以求得包络的概率密度函数。

$$\begin{aligned} p(A \mid \theta) &= \int_0^{2\pi} p(A, \varphi \mid \theta)\mathrm{d}\varphi \\ &= \frac{A}{\sigma^2}\exp\left\{-\frac{A_2 + B^2}{2\sigma^2}\right\}\frac{1}{2\pi}\int_0^{2\pi}\exp\left\{\frac{AB\cos(\varphi - \theta)}{\sigma^2}\right\}\mathrm{d}\varphi \\ &= \frac{A}{\sigma^2}\exp\left\{-\frac{A^2 + B^2}{2\sigma^2}\right\}\mathrm{I}_0\left(\frac{AB}{\sigma^2}\right) \qquad A \geqslant 0 \end{aligned} \tag{5.4.11}$$

由于式(5.4.11)中等号右边不包含 θ,故可将其改写成

$$p(A) = \frac{A}{\sigma^2}\exp\left\{-\frac{A^2 + B^2}{2\sigma^2}\right\}\mathrm{I}_0\left(\frac{AB}{\sigma^2}\right) \qquad A \geqslant 0 \tag{5.4.12}$$

式中,$\mathrm{I}_0\left(\frac{AB}{\sigma^2}\right)$ 为零阶修正贝塞尔函数,$\frac{AB}{\sigma^2}$ 为贝塞尔函数的宗数。此式表明,信号 $s(t)$ 的相位分布对信号加噪声的合成包络分布无影响。此外,若无信号,则因 $B=0$,$\mathrm{I}_0(0)=1$,式(5.4.12)将演变成式(1.3.18)所表示的瑞利分布。因此常将式(5.4.12)称为广义瑞利分布,又称莱斯(Rice)分布。

为了方便,定义归一化变量 $v=A/\sigma$,并设 $b=B/\sigma$。这样,莱斯分布密度函数可以表示为

$$p(v) = v\exp\left\{-\frac{1}{2}(v^2 + b^2)\right\}\mathrm{I}_0(bv) \qquad v \geqslant 0 \tag{5.4.13}$$

归一化的莱斯分布如图 5.1 所示，其中$\frac{b^2}{2}=\frac{B^2}{2\sigma^2}$表示输入功率的信噪比。从图中可看出，若无信号，则因为 $b=0$，$\mathrm{I}_0(bv)=1$，$p(v)$恰好呈瑞利分布。随着信噪比 $b^2/2$ 的增大，$p(v)$曲线的峰值点将向右移动，且曲线形状趋于高斯分布。

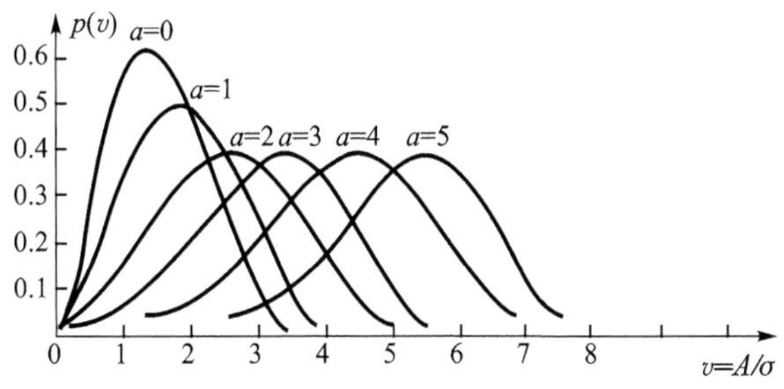

图 5.1　莱斯分布

下面讨论莱斯分布的渐近特性。

修正零阶贝塞尔函数 $\mathrm{I}_0(x)$可以展开成无穷级数之和

$$\mathrm{I}_0(x)=\sum_{n=0}^{\infty}\frac{x^{2n}}{2^{2n}(n!)^2} \tag{5.4.14}$$

当 $x\ll 1$ 时，有

$$\mathrm{I}_0(x)=1+\frac{x^2}{2^2}+\cdots\approx \mathrm{e}^{x^2/4}$$

当 $x\gg 1$ 时，有

$$\mathrm{I}_0(x)=\frac{\mathrm{e}^x}{\sqrt{2\pi x}}\left[1+\frac{1}{1!\ (8x)}+\cdots\right]=\frac{\mathrm{e}^x}{\sqrt{2\pi x}} \tag{5.4.15}$$

现在引用式(5.4.14)和式(5.4.15)的结果，分别讨论在大、小信噪比($b^2/2$)情况下，包络 $A(t)$的极限公布。

· 小信噪比($bv\ll 1$)时，得

$$p(v)\approx v\exp\left\{-\frac{v^2}{2}\right\}\qquad v\geqslant 0 \tag{5.4.16}$$

此式表明，在小信噪比情况下，包络 $A(t)$的概率密度函数趋于瑞利分布。

· 大信噪比($bv\gg 1$)时，得

$$\begin{aligned}p(v)&\approx v\exp\left\{-\frac{1}{2}(b^2+v^2)\right\}\frac{1}{\sqrt{2\pi vb}}\exp\{bv\}\\&\approx\frac{1}{\sqrt{2\pi}}\exp\left\{-\frac{1}{2}(v-b)^2\right\}\end{aligned} \tag{5.4.17}$$

在大信噪比情况下，可以近似认为 $A\approx B$，$v=b$。于是，从式(5.4.17)可看出，包络 $A(t)$的概率密度函数趋于高斯分布。且包络 $A(t)$的均值 $E[A(t)]=B$，方差 $D[A(t)]=\sigma^2$。

5.4.2　相位的概率密度函数

依照求包络的概率密度函数的方法，可以求得相位的概率密度函数。将联合概率密度函数的表达式，即式(5.4.10)对所有可能的 A 值积分，便可求得相位 $\Phi(t)$的条件概率密度函数为

$$p(\varphi \mid \theta)=\int_0^\infty p(A,\varphi \mid \theta)\mathrm{d}A$$
$$=\int_0^\infty \frac{A}{2\pi\sigma^2}\exp\left\{-\frac{1}{2\sigma^2}[A^2+B^2-2AB\cos(\varphi-\theta)]\right\}\mathrm{d}A$$

经过简单代数运算后,得

$$p(\varphi \mid \theta)=\exp\left\{-\frac{1}{2\sigma^2}B^2\sin^2(\varphi-\theta)\right\}\int_0^\infty \frac{A}{2\pi\sigma^2}\exp\left\{-\frac{1}{2\sigma^2}[A-B\cos(\varphi-\theta)]^2\right\}\mathrm{d}A \tag{5.4.18}$$

做变量置换,令 $z=\frac{1}{\sigma}[A-B\cos(\varphi-\theta)]$,则上式中的积分项可改写成

$$\int_{-\eta}^\infty \frac{\sigma z+B\cos(\varphi-\theta)}{2\pi\sigma}\mathrm{e}^{-\frac{z}{2}}\mathrm{d}z$$
$$=\frac{1}{2\pi}\int_{-\eta}^\infty z\mathrm{e}^{-\frac{z^2}{2}}\mathrm{d}z+\frac{B\cos(\varphi-\theta)}{2\pi\sigma}\int_{-\eta}^\infty \mathrm{e}^{-\frac{z^2}{2}}\mathrm{d}z$$
$$=\frac{1}{2\pi}\exp\left\{-\frac{1}{2\sigma^2}[B^2\cos^2(\varphi-\theta)]\right\}+\frac{B\cos(\varphi-\theta)}{\sqrt{2\pi}\sigma}\left[\frac{1}{2}+\frac{1}{2\pi}\int_0^\eta \mathrm{e}^{-\frac{z^2}{2}}\mathrm{d}z\right]$$
$$=\frac{1}{2\pi}\exp\left\{-\frac{1}{2\sigma^2}[B^2\cos^2(\varphi-\theta)]\right\}+\frac{B\cos(\varphi-\theta)}{\sqrt{2\pi}\sigma}\left\{\frac{1}{2}+\Psi\left[\frac{1}{\sigma}B\cos(\varphi-\theta)\right]\right\}$$

式中,积分域 $\eta=\frac{1}{\sigma}[B\cos(\varphi-\theta)]$;且利用了拉普拉斯函数 $\Psi(x)=\frac{1}{\sqrt{2\pi}}\int_0^x \mathrm{e}^{-\frac{z^2}{2}}\mathrm{d}z$。将积分结果代入式(5.4.18),得

$$p(\varphi \mid \theta)=\frac{1}{2\pi}\exp\left\{-\frac{B^2}{2\sigma^2}\right\}+\frac{B\cos(\varphi-\theta)}{\sqrt{2\pi}\sigma}\exp\left\{-\frac{1}{2\sigma^2}B^2\sin^2(\varphi-\theta)\right\}\left\{\frac{1}{2}+\Psi\left[\frac{1}{\sigma}B\cos(\varphi-\theta)\right]\right\} \tag{5.4.19}$$

定义误差函数为
$$\mathrm{erf}(x)=\frac{2}{\sqrt{\pi}}\int_0^x \mathrm{e}^{-z^2}\mathrm{d}z$$

而且误差函数与拉普拉斯函数存在下述关系

$$\Psi(x)=\frac{1}{2}\mathrm{erf}\left(\frac{x}{\sqrt{2}}\right) \tag{5.4.20}$$

如果令功率信噪比 $E^2=\frac{b^2}{2}=\frac{B^2}{2\sigma^2}$,则式(5.4.19)可以改写成

$$p(\varphi \mid \theta)=\frac{1}{2\pi}\mathrm{e}^{-E^2}+\frac{E\cos(\varphi-\theta)}{2\sqrt{\pi}}\exp\{-E^2\sin^2(\varphi-\theta)\}\{1+\mathrm{erf}[E\cos(\varphi-\theta)]\} \tag{5.4.21}$$

当信噪比很小,亦即 E 趋于零时,则有

$$p(\varphi \mid \theta)=\frac{1}{2\pi} \tag{5.4.22}$$

因此,当信噪比很小时,在 θ 给定的条件下的相位 $\Phi(t)$ 服从均匀分布。

当信噪比很大时,亦即 $E\gg 1$ 时,由于误差函数在 $x\gg 1$ 时存在下述渐近特性

$$\mathrm{erf}(x)=1-\frac{1}{\sqrt{\pi}x}\mathrm{e}^{-x^2}\left[1-\frac{1}{2x^2}+\frac{1\times 3}{2^2x^4}-\frac{1\times 3\times 5}{2^3x^8}+\cdots\right]\approx 1-\frac{1}{\sqrt{\pi}x}\mathrm{e}^{-x^2}$$

故式(5.4.21)可以写成

$$p(\varphi \mid \theta) \approx \frac{E\cos(\varphi-\theta)}{\sqrt{\pi}}\exp\{-E^2\sin^2(\varphi-\theta)\} \tag{5.4.23}$$

此式表明，$p(\varphi|\theta)$为$(\varphi-\theta)$的偶函数。当 $\varphi=\theta$ 时，则 $p(\varphi|\theta)=E/\sqrt{\pi}$取最大值。随着 φ 偏离 θ，亦即随着$(\varphi-\theta)$的加大，$p(\varphi|\theta)$很快衰减，如图 5.2 所示。这也说明，在大信噪比的情况下，合成过程的相位的概率密度主要集中在相位信号 θ 的附近。这一结论在实际应用中是很重要的。

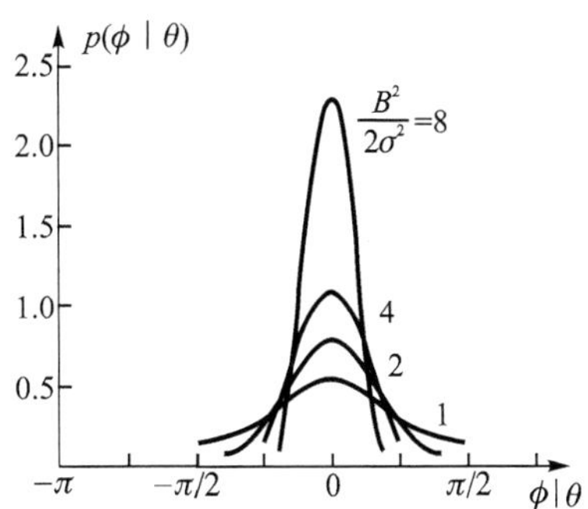

图 5.2　合成过程的相位分布密度

5.5　高斯随机过程通过非线性系统

在 3.6 节中简要讨论了随机过程的非线性变换。本节重点讨论高斯随机过程通过非线性系统后，输出过程包络的概率密度。在电子技术中，常见的非线性器件有检波器、限幅器。对于小信号检波经常应用于平方律检波器。平方律检波器的输出过程的包络是输入过程包络的平方。因此，本节重点讨论包络平方的概率分布。

5.5.1　窄带高斯过程包络平方的概率分布

由式(5.3.8)可知，零均值窄带高斯过程包络 $A(t)$ 的一维概率密度函数为

$$p(A) = \frac{A}{\sigma^2}\exp\left\{-\frac{A^2}{2\sigma^2}\right\} \qquad A \geqslant 0$$

如图 5.3 所示，平方律检波特性为

$$y = x^2 \tag{5.5.1}$$

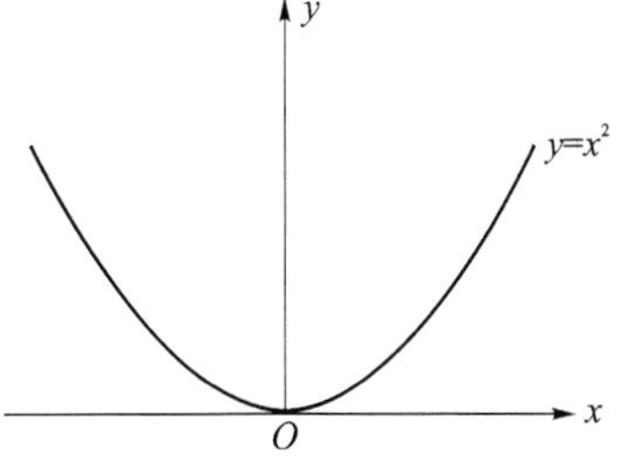

图 5.3　平方律特性

如果过程 $A(t)$作为平方律检波器的输入，而过程 $Y(t)$ 作为输出，并令 A、y 分别表示过程 $A(t)$、$Y(t)$在时刻 t 的取值，则有 $y=A^2, A, y \geqslant 0$。其相应的反函数为

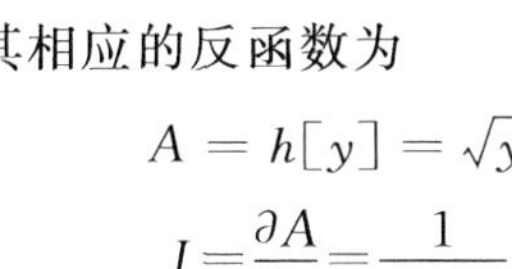

$$A = h[y] = \sqrt{y}$$

雅可比变换式为

$$J = \frac{\partial A}{\partial y} = \frac{1}{2\sqrt{y}}$$

又由式(3.7.4)得

$$p(y)=\frac{\sqrt{y}}{\sigma^2}\exp\left\{-\frac{y}{2\sigma^2}\right\}\frac{1}{2\sqrt{y}}$$

$$=\frac{1}{2\sigma^2}\exp\left\{-\frac{y}{2\sigma^2}\right\} \qquad y\geqslant 0 \tag{5.5.2}$$

式(5.5.2)表明,窄带实平稳高斯随机过程的包络的平方的概率密度函数是指数分布。

在 $\sigma^2=1$ 的特殊情况下,包络平方的概率密度函数为

$$p(y)=\frac{1}{2}\exp\left\{-\frac{y}{2}\right\} \qquad y\geqslant 0 \tag{5.5.3}$$

相应的特征函数为

$$\phi(v)=\frac{1}{1-2\mathrm{j}v} \tag{5.5.4}$$

不难求得均值 $E(Y)=2$,方差 $D(Y)=4$。

5.5.2 窄带高斯过程加正弦信号的包络平方的概率分布

按 5.4 节的分析,合成过程的表达式为

$$Y(t)=s(t)+N(t)=A(t)\cos[\omega_0 t+\Phi(t)]$$

式中,$s(t)$为随机相位正弦波,$N(t)$为窄带平稳高斯随机过程,实际问题中往往为窄带高斯噪声。合成过程的包络 $A(t)$的概率密度函数服从莱斯分布,即

$$p(A)=\frac{A}{\sigma^2}\exp\left\{-\frac{A^2+B^2}{2\sigma^2}\right\}\mathrm{I}_0\left(\frac{AB}{\sigma}\right) \qquad A\geqslant 0$$

仍设平方律检波特性为 $y=x^2$,如果过程 $A(t)$作为平方律检波器的输入,且令 A、y 分别表示过程 $A(t)$、$Y(t)$在时刻 t 的取值,仿照 5.5.1 节的方法,可得包络平方 $Y(t)$的概率密度函数为

$$p(y)=\frac{1}{2\sigma^2}\exp\left\{-\frac{y+B^2}{2\sigma^2}\right\}\mathrm{I}_0\left(\frac{\sqrt{y}B}{\sigma^2}\right) \qquad y\geqslant 0 \tag{5.5.5}$$

对应的特征函数为

$$\phi(v)=\exp\left\{-\frac{B^2}{\sigma^2}\right\}\left(\frac{1}{1-\mathrm{j}2v\sigma^2}\right)\exp\left\{\frac{B^2/\sigma^2}{1-\mathrm{j}2v\sigma^2}\right\} \tag{5.5.6}$$

5.6 χ^2 分布及非中心 χ^2 分布

在信号检测中,为了改善检测性能,在进行检测之前,常先将平方律检波器输出的许多统计独立的抽样值相加,然后与门限值比较,进行统计判决。

当平方律检波器的输入为窄带高斯噪声时,其输出的统计独立的抽样值之和是按 χ^2 分布的;当输入为正弦随机相位信号与窄带高斯噪声之和时,则其输出的统计独立的抽样值之和是按非中心 χ^2 分布的。

5.6.1 χ^2 分布

设有 n 个统计独立的高斯随机变量 $X_1,X_2,\cdots,X_n$,它们都具有零均值和单位方差。于是,可将这些随机变量的平方和表示为

$$S=\sum_{i=1}^{n}X_i^2 \tag{5.6.1}$$

并将其称为具有 n 个自由度的 χ^2 变量，其概率分布称为 χ^2 分布。

其中，随机变量 X_i 为高斯分布，即

$$p(x_i) = \frac{1}{2\pi}\exp\left\{-\frac{x_i^2}{2}\right\}$$

由此可得，$Y = X_i^2$ 的分布为

$$p(y) = |J_1| p(x_{i1}) + |J_2| p(x_{i2})$$

其中，变量关系是双值的，如图 5.3 所示。故有 $x_{i1} = \sqrt{y}$，$x_{i2} = -\sqrt{y}$，$J_1 = \frac{\mathrm{d}x_{i1}}{\mathrm{d}y}$，$J_2 = \frac{\mathrm{d}x_{i2}}{\mathrm{d}y}$。于是可得

$$p(y) = \frac{1}{\sqrt{2\pi}\ y}\exp\left\{-\frac{y^2}{2}\right\} \qquad y \geqslant 0 \tag{5.6.2}$$

对应的特征函数为　$\phi_Y(v) = \int_0^\infty \mathrm{e}^{\mathrm{j}vy} p(y)\mathrm{d}y = \frac{1}{(1-2\mathrm{j}v)^{1/2}}$

由于高斯变量 $X_1, X_2, \cdots, X_n$ 是统计独立的，故 χ^2 的特征函数为

$$\phi_s(v) = \frac{1}{(1-2\mathrm{j}v)^{n/2}} \tag{5.6.3}$$

对上式进行傅里叶反变换，可得 χ^2 分布的概率密度函数为

$$p_s(s) = \frac{1}{2^{\frac{n}{2}}\Gamma\left(\frac{n}{2}\right)} s^{\frac{n}{2}-1}\mathrm{e}^{-\frac{s}{2}} \qquad s \geqslant 0 \tag{5.6.4}$$

式中，伽玛函数　$\Gamma(a) = \int_0^\infty t^{a-1}\mathrm{e}^{-t}\mathrm{d}t$

式(5.6.4)为具有 n 个自由度的 χ^2 分布的概率密度函数的表达式。图 5.4 示出了几种不同自由度的 χ^2 分布的概率密度函数曲线。

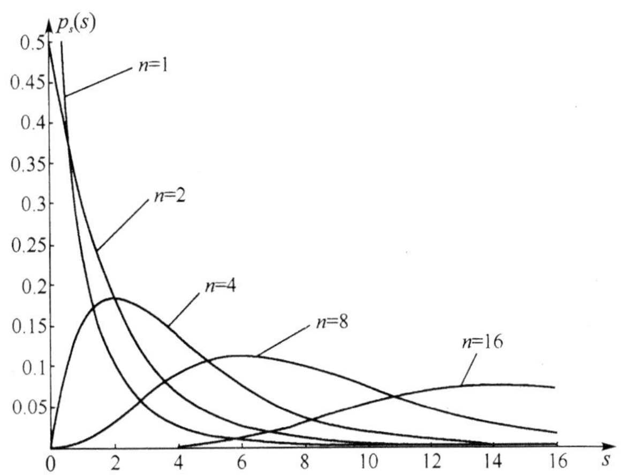

图 5.4　χ^2 分布的概率密度函数曲线

关于 χ^2 分布可进一步得出如下推论。

① 如果统计独立的各高斯随机变量 X_i 的均值为零，方差为 σ^2，通过变量置换，令 $S_1 = \sigma^2 S$，可得新变量 S_1 的概率密度函数为

$$p_{S_1}(s_1)=\frac{1}{2^{\frac{n}{2}}\sigma^2\Gamma\left(\frac{n}{2}\right)}s_1^{\frac{n}{2}-1}\mathrm{e}^{-\frac{s_1}{2\sigma^2}}\qquad s_1\geqslant 0 \tag{5.6.5}$$

② 两个统计独立的 χ^2 变量之和仍为 χ^2 变量。如果这两个随机变量分别具有 n 和 m 个自由度,则其和将具有 $n+m$ 个自由度。

③ 利用特征函数与矩的关系,可以求得 χ^2 分布的随机变量的均值为 $E[\chi^2]=n$,方差为 $D[\chi^2]=2n$。

5.6.2 非中心 χ^2 分布

设有 n 个统计独立的高斯随机变量 $X_1,X_2,\cdots,X_n$,其均值皆为零,方差均为 σ^2,则称

$$S=\frac{1}{\sigma^2}\sum_{i=1}^{n}(X_i+B_i)^2 \tag{5.6.6}$$

为具有 n 个自由度的非中心 χ^2 变量,其中 B_i 为非随机变量。

为表达方便,现设 $X_{Bi}=X_i+B_i$,于是 X_{Bi} 的概率密度函数为

$$p(x_{Bi})=\frac{1}{(2\pi\sigma^2)^{1/2}}\exp\left\{-\frac{1}{2\sigma^2}(x_{Bi}-B_i)^2\right\} \tag{5.6.7}$$

令 $Y_i=X_{Bi}^2$,仿照前面的推导,可以求得

$$\begin{aligned}p(y_i)&=|J_1|\,p(x_{Bi_1})+|J_2|\,p(x_{Bi_2})\\&=\frac{1}{2(2\pi\sigma^2y_i)^{1/2}}\left\{\exp\left[-\frac{1}{2\sigma^2}(y_i^{\frac{1}{2}}-B_i)^2\right]+\exp\left[-\frac{1}{2\sigma^2}(-y_i^{\frac{1}{2}}-B_i)^2\right]\right\}\end{aligned}$$

将式中指数项的平方项展开,并利用欧拉公式 $\mathrm{e}^z+\mathrm{e}^{-z}=2\mathrm{ch}z$,可得

$$p(y_i)=\frac{1}{(2\pi\sigma^2y_i)^{1/2}}\exp\left\{-\frac{y_i+B_i^2}{2\sigma^2}\right\}\cosh\left(\frac{B_iy_i^{\frac{1}{2}}}{\sigma^2}\right) \tag{5.6.8}$$

与式(5.6.8)对应的特征函数为

$$\phi_{Y_i(v)}=\frac{1}{(1-2\mathrm{j}\sigma^2v)^{1/2}}\exp\left\{-\frac{B_i^2}{2\sigma^2}\right\}\exp\left\{\frac{B_i^2/2\sigma^2}{1-2\mathrm{j}\sigma^2v}\right\} \tag{5.6.9}$$

设 $Q=\sum\limits_{i=1}^{n}Y_i$,则 Q 的特征函数为

$$\phi_Q(v)=\prod_{i=1}^{n}\phi_{Y_i}(v)=\frac{1}{(1-2\mathrm{j}\sigma^2v)^{n/2}}\exp\left\{-\frac{\sum\limits_{i=1}^{n}B_i^2}{2\sigma^2}\right\}\exp\left\{\frac{\sum\limits_{i=1}^{n}B_i^2/2\sigma^2}{1-2\mathrm{j}\sigma^2v}\right\} \tag{5.6.10}$$

对式(5.6.10)进行傅里叶反变换,可得

$$p(q)=\frac{1}{2\sigma^2}\left(\frac{q}{\lambda'}\right)^{\frac{n-2}{4}}\exp\left\{-\frac{1}{2\sigma^2}(\lambda'+q)\right\}\mathrm{I}_{\frac{n}{2}-1}\left[\frac{(q\lambda')^{\frac{1}{2}}}{\sigma^2}\right],\qquad q\geqslant 0 \tag{5.6.11}$$

式中,$\lambda'=\sum\limits_{i=1}^{n}B_i^2$ 称为非中心参量,$\mathrm{I}_{\frac{n}{2}-1}(x)$ 为第一类 $\left(\frac{n}{2}-1\right)$ 阶修正贝塞尔函数。采用归一化变量 $S=Q/\sigma^2$,即为式(5.6.6)所示的情况。这样不难求得变量 S 的概率密度函数为

$$p_S(s)=\frac{1}{2}\left(\frac{s}{\lambda}\right)^{\frac{n-2}{4}}\exp\left\{-\frac{\lambda+s}{2}\right\}\mathrm{I}_{\frac{n}{2}-1}(\sqrt{s\lambda}) \tag{5.6.12}$$

式中,$\lambda=\frac{1}{\sigma^2}\sum\limits_{i=1}^{n}B_i^2$,是积累后的功率信噪比,称为非中心参量。而式(5.6.12)则称为具有 n

个自由度的非中心 χ^2 分布。

现在讨论 $B_1=B_2=\cdots=B_n=B$ 的特殊情况。此时 $\lambda'=\sum_{i=1}^{n}B_i^2=nB^2$，故变量 Q 的特征函数为

$$\phi_Q(v)=\frac{1}{(1-2\mathrm{j}\sigma^2 v)^{n/2}}\exp\left\{-\frac{nB^2}{2\sigma^2}\right\}\exp\left\{\frac{nB^2/2\sigma^2}{1-2\mathrm{j}\sigma^2 v}\right\} \tag{5.6.13}$$

对应的概率密度函数由式(5.6.11)给出。所不同的是，在这里 $\lambda'=bB^2$。

非中心 χ^2 分布的概率密度函数曲线如图 5.5 所示。从图中可看出，若输入信噪比 λ/n 增大，则曲线峰值点向右移动。此外，若输入信噪比不变，而积累次数 n 增大，则峰值点同样也向右移动。这两种结果，使变量 S 超过门限值的概率增大，故都能改善检测性能。

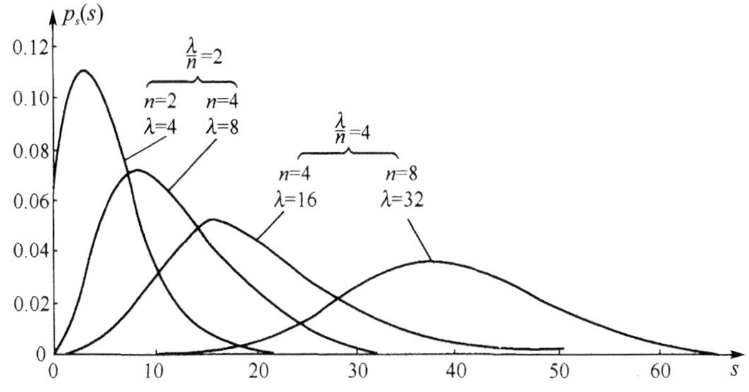

图 5.5　非中心 χ^2 分布的概率密度函数曲线

关于非中心 χ^2 分布可进一步得出如下推论。

① 两个统计独立的非中心 χ^2 变量之和仍为非中心 χ^2 变量，其自由度和非中心参量分别为 $n+m$ 和 $\lambda_1+\lambda_2$。

② 非中心 χ^2 变量的均值 $E[S]=\lambda+n$，方差 $D[S]=4\lambda+2n$。

例 5.6-1　设某包络检测系统如图 5.6 所示。图中平方律检波器的输入为

$$Y(t)=B\cos(\omega_0 t+\theta)+N(t)$$

式中，$N(t)$表示窄带高斯噪声，其均值为零，方差为 σ^2，且有

$$N(t)=N_c(t)\cos\omega_0 t-N_s(t)\sin\omega_0 t$$

经检波并做归一化处理后，独立地抽样 m 次。试问相加后其输出为何种分布？

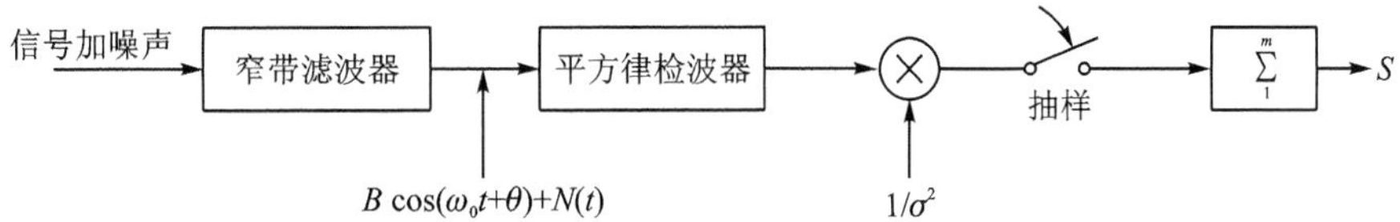

图 5.6　包络检测系统

解： 平方律检波器的输出是输入过程包络的平方，即

$$A^2(t)=[B\cos\theta+N_c(t)]^2+[B\sin\theta+N_s(t)]^2$$

独立地抽样 m 次，得到 m 个随机变量，但每个抽样值又可以分为两个正交分量，故相加器的输出为

$$S=\frac{1}{\sigma^2}\sum_{i=1}^{m}[B\cos\theta+N_c(t_i)]^2+\frac{1}{\sigma^2}\sum_{i=1}^{m}[B\sin\theta+N_s(t_i)]^2$$

由此可见,第一个和式是具有 m 个自由度的非中心 χ^2 变量,其非中心参量为

$$\lambda_1=\sum_{i=1}^{m}\left(\frac{B\cos\theta}{\sigma}\right)^2=\frac{mB^2\cos^2\theta}{\sigma^2}$$

第二个和式也是具有 m 个自由度的非中心 χ^2 变量,其非中心参量为

$$\lambda_2=\sum_{i=1}^{m}\left(\frac{B\sin\theta}{\sigma}\right)^2=\frac{mB^2\sin^2\theta}{\sigma^2}$$

因此,变量 S 是具有 $2m$ 个自由度的非中心 χ^2 变量,其非中心参量为

$$\lambda=\lambda_1+\lambda_2=\frac{mB^2}{\sigma^2}$$

于是可得 S 的分布密度函数为

$$p_S(s)=\frac{1}{2}\left(\frac{s}{\lambda}\right)^{\frac{m-1}{2}}\exp\left\{-\frac{\lambda+s}{2}\right\}\mathrm{I}_{m-1}(\sqrt{s\lambda}),\qquad s\geqslant 0$$

非中心参量与自由度之比为$\frac{\lambda}{n}=\frac{\lambda}{2m}=\frac{B^2}{2\sigma^2}$,它正好是平方律检波器输入端的功率信噪比。

变量 S 的均值和方差分别为

$$E[S]=2m\left(1+\frac{B^2}{2\sigma^2}\right),\qquad D[S]=4m\left(1+\frac{B^2}{\sigma^2}\right)$$

5.7 维纳过程

5.7.1 概　述

维纳过程又称为布朗运动过程或维纳-列维过程。维纳过程可以作为质点的布朗运动,以及电路中理论噪声的一个很好的数学模型,并且在通信和控制理论中经常用到这类过程。

布朗运动的研究标志着随机微分方程研究的开始,在这方面的研究中所发展的数学理论,代表着随机过程理论主要发展方向之一。

先介绍维纳过程的概念。从对称的伯努利随机游动出发,取其极限可以获得维纳过程。

设质点在一直线上每隔一时间 T 作一次随机游动 X_j,X_j 可以取值$+a$ 和$-a$,且概率 $P(X_j=+a)=\frac{1}{2}$,$P(x_j=-a)=\frac{1}{2}$,$j=1,2,3,\cdots$。经过 n 次游动,质点位于 $Y_n=\sum_{j=1}^{n}X_i$,于是 $E[Y_n]=0$,$E[Y_n^2]=\frac{a^2t}{T}$,$t=nT$。

现在设$\frac{a^2}{T}=\beta$,定义

$$W(t)=\lim_{\substack{T\to 0\\ n\to\infty}}Y_n\left(\frac{a^2}{T}=\beta\right) \tag{5.7.1}$$

则 $W(t)$为一高斯分布的随机变量。且 $E[W(t)]=0$,$E[W^2(t)]=D[W(t)]=\beta t$,因此可得

$$p_{W(t)}(x)=\frac{1}{\sqrt{2\pi}\,\beta t}\exp\left\{-\frac{x^2}{2\beta t}\right\} \tag{5.7.2}$$

这样，称 $W(t)$ 为维纳过程。不难看出，维纳过程的方差随时间线性增长。

维纳过程也是一个独立增量过程。取 $t_1<t_2$，并设 $t_1=n_1T$，$t_2=n_2T$，$n_1<n_2$，则有

$$Y_{n_1}=\sum_{j=1}^{n_1}X_j$$

$$Y_{n_2}=\sum_{j=1}^{n_2}X_j$$

和

$$Y_{n_2}-Y_{n_1}=\sum_{j=n_j+1}^{n_2}X_j$$

可以看出，Y_{n_1} 和 $(Y_{n_2}-Y_{n_1})$ 是相互统计独立的，故它们的极限 $W(t_1)$ 和 $[W(t_2)-W(t_1)]$ 也是相互统计独立的。由此得

$$\lim\sum_{j=n_1+1}^{n_2}X_j=\lim\left(\sum_{j=1}^{n_2}X_j-\sum_{j=1}^{n_1}X_i\right)$$

$$=W(t_2)-W(t_1) \tag{5.7.3}$$

于是有

$$E[W(t_2)-W(t_1)]=0$$

$$D[W(t_2)-W(t_1)]=\beta(t_2-t_1)\qquad t_1<t_2$$

由于 $[W(t_2)-W(t_1)]$ 是高斯分布的，故其分布密度为

$$p_{W(t_2)-W(t_1)}(x)=\frac{1}{\sqrt{2\pi}\sqrt{\beta(t_2-t_1)}}\cdot\exp\left\{-\frac{1}{2}\frac{x^2}{\beta(t_2-t_1)}\right\} \tag{5.7.4}$$

如果取 $t_n>t_{n-1}>\cdots>t_2>t_1$，则 $[W(t_n)-W(t_{n-1})]$，$[W(t_{n-1})-W(t_{n-2})]$，…，$[W(t_2)-W(t_1)]$，$W(t_1)$ 是相互统计独立的，且均为高斯分布的随机变量。因此，$W(t_1)$，$W(t_2)$，…，$W(t_n)$ 的联合分布也是高斯的，故此维纳过程是高斯过程。

又因为过程 $W(t_k+h)-W(t_{k-1}+h)$ 和过程 $W(t_k)-W(t_{k-1})$ 具有相同的概率函数，所以维纳过程具有平稳增量。

5.7.2　维纳过程的定义

设随机过程 $\{W_0(t),t\in[0,\infty)\}$ 满足下列条件：

1. $W_0(t)$ 是一独立增量过程，且对任意的 $t_1,t_2\in[0,\infty)$，$t_1<t_2$，及 $h>0$，增量 $W_0(t_2+h)-W_0(t_1+h)$ 具有相同的分布密度；

2. 对任意的 $t\in[0,\infty)$，增量 $W_0(t_2)-W_0(t_1)$ 具有高斯分布密度

$$p_{W_0(t_2)-W_0(t_1)}(x)$$

$$=\frac{1}{\sqrt{2\pi}\sqrt{t_2-t_1}}$$

$$\cdot\exp\left\{-\frac{1}{2}\frac{x^2}{t_2-t_1}\right\}\qquad -\infty<x<\infty \tag{5.7.5}$$

3. $P[W_0(0)=0]=1$

则称 $W_0(t)$ 为规范化维纳过程。

由条件 2 知　$E[W_0(t)]=0\qquad t\in[0,\infty)$

从定义得出，当 $t_2\geqslant t_1$ 时有

$$\begin{aligned}&E[W_0(t_2)W_0(t_1)]\\&=E\{[W_0(t_2)-W_0(t_1)+W_0(t_1)[W_0(t_1)]\}\\&=E\{[W_0(t_1)]^2\}=t_1\end{aligned}$$

同理,当 $t_1 \geqslant t_2$ 时,有

$$E\{W_0(t_1)W_0(t_2)\}=t_2$$

故
$$E\{W_0(t_2)W_0(t_1)\}=R_{W_0}(t_2,t_1)=\min(t_2,t_1) \tag{5.7.6}$$

如果存在 $W(t)=mt+\sigma W_0(t)$,则有

$$E[W(t)]=mt \tag{5.7.7}$$

和
$$\begin{aligned}D[W(t)]&=E\{[W(t)-mt]^2\}\\&=\sigma^2D[W_0(t)]=\sigma^2E\{[W_0(t)]^2\}\\&=\sigma^2t\end{aligned} \tag{5.7.8}$$

式(5.7.8)中 m 称为偏移系数,σ^2 称为过程的强度,均为常数。此时,$W(t)$的一维分布密度为

$$p_{W(t)}(x)=\frac{1}{\sqrt{2\pi t}\,\sigma}\exp\left\{-\frac{1}{2}\frac{(x-mt)^2}{\sigma^2t}\right\} \tag{5.7.9}$$

此式表明,过程 $W(t)$的均值 $E\{W(t)\}=mt$,方差 $D[W_0(t)]=t$,方差 $D[W(t)]=\sigma^2t$ 均为时间 t 的函数,因经过程 $W_0(t)$和 $W(t)$为非平稳过程。过程 $W_0(t)$的样本函数如图 5.7 所示。

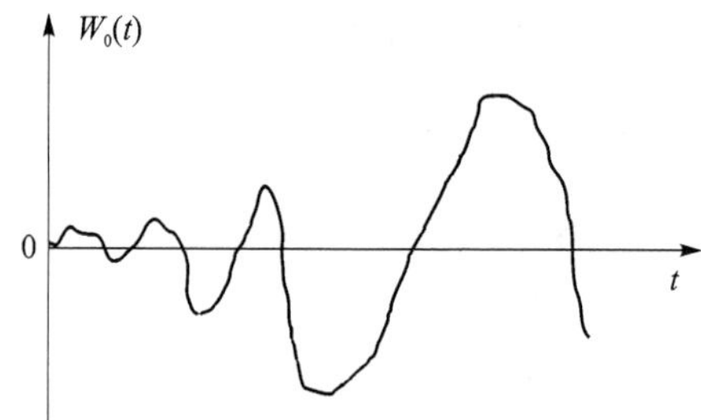

图 5.7 维纳过程的样本函数

对于维纳过程,可以得出下述结论:

1. 维纳过程是一独立增量过程,而且是齐次增量过程;
2. 增量的分布服从高斯分布;
3. 维纳过程是非平稳的高斯过程。

5.7.3 维纳过程的性质

由于相关函数 $R_{W_0(t)}(t_2,t_1)=\min(t_2,t_1)$,当 $t_2=t_1=t$ 时,则 $R_{W_0(t)}(t,t)=t$,它是 t 的连续函数,故维纳过程 $W_0(t)$是均方连续的随机过程,从而它也是均方可积的。但是,由于

$$R_{W_0(t)}(t_2,t_1)=\begin{cases}t_1 & t_1<t_2\\ t_2 & t_1>t_2\end{cases}$$

故
$$\frac{\partial}{\partial t_1}R_{W_0(t)}(t_2,t_1)=U(t_2-t_1)$$

其中
$$U(t_2-t_1)\rightarrow\begin{cases}1 & t_2>t_1\\ 0 & t_2<t_1\end{cases}$$

函数$\frac{\partial}{\partial t_1}R_{W_0(t)}(t_2,t_1)$与 t_2 的关系示于图 5.8，其中 t_1 为参变量，因此，有

$$\frac{\partial^2}{\partial t_2\partial t_1}R_{W_0(t)}(t_2,t_1)=\frac{\partial}{\partial t_2}U(t_2-t_1) \tag{5.7.10}$$

式(5.7.10)表明，相关函数 $R_{W_0(t)}(t_2,t_1)$不存在二阶偏导数，因此，$W_0(t)$不存在均方导数。

不过，可以在形式上定义均方导数。引入广义函数 $\delta(t)$，可以得到

$$\frac{\partial^2}{\partial t_2\partial t_1}R_{W_0(t)}(t_2,t_1)=\delta(t_2-t_1)$$

形式上，可将上式看作维纳过程的导数过程 $W'_0(t)$的相关函数，即

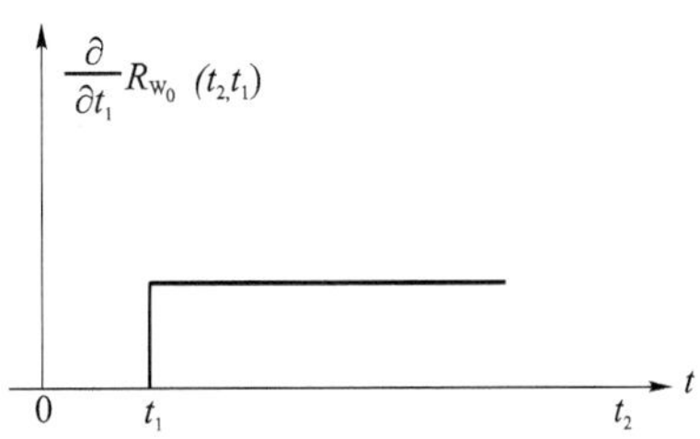

图 5.8　$\frac{\partial}{\partial t_1}R_{W_0(t)}(t_2,t_1)$与 t_2 的关系

$$\begin{aligned}R_{W'_0(t)}(t_2,t_1)&=E[W'_0(t_2)W'_0(t_1)]\\&=\frac{\partial^2}{\partial t_2\partial t_1}R_{W_0(t)}(t_2,t_1)=\delta(t_2-t_1)\end{aligned} \tag{5.7.11}$$

由式(5.7.11)看出，当 $t_2\neq t_1$ 时，$W'_0(t_1)$和 $W'_0(t_2)$的相关函数为零，其均值也为零，故 $W'_0(t_1)$和 $W'_0(t_2)$是不相关的。两均值为零，相关函数为 $\delta(\tau)$函数的过程为白噪声。又由于 $W_0(t)$为高斯过程，所以其形式导数 $W'_0(t)$称为高斯白噪声。

5.7.4　维纳过程的形成

零均值，平稳高斯白噪声过程 $X(t)$通过理想积分器可以生成维纳过程 $W(t)$。

定义　维纳过程 $W(t)$定义为零均值平稳高斯白噪声 $X(t)$的积分

$$W(t)=\int_0^t X(\lambda)\mathrm{d}\lambda \qquad W(0)=0$$

其中，白噪声 $X(t)$的均值和方差分别为

$$E[X(t)]=0$$
$$R_X(\tau)=\sigma^2\delta(\tau)$$

由于积分是一种线性运算，故维纳过程 $W(t)$仍是一高斯过程，且容易证明，对 $t_1,t_2>0$，有

1. $E[W(t)]=E\left\{\int_0^t X(\lambda)\mathrm{d}\lambda\right\}=\int_0^t E[X(\lambda)]\mathrm{d}\lambda=0$

2. $W(0)=\int_0^0 X(\lambda)\mathrm{d}\lambda=0$

3. $\mathrm{cov}[W(t_1),W(t_2)]$

$$=E\left\{\int_0^{t_1}X(\lambda_1)\mathrm{d}\lambda_1\int_0^{t_2}X(\lambda_2)\mathrm{d}\lambda_2\right\}=\sigma^2\min(t_1,t_2)$$

另外，注意到增量$[W(t_2)-W(t_1)]$，$t_2>t_1$，可由下式给出

$$\begin{aligned}W(t_2)-W(t_1)&=\int_0^{t_2}X(\lambda)\mathrm{d}\lambda-\int_0^{t_1}X(\lambda)\mathrm{d}\lambda\\&=\int_{t_1}^{t_2}X(\lambda)\mathrm{d}\lambda\end{aligned}$$

并具有零均值与方差

$$D[W(t_2)-W(t_1)] = E\left\{\int_{t_1}^{t_2}\int_{t_1}^{t_2} X(\lambda_1)X(\lambda_2)\mathrm{d}\lambda_1\mathrm{d}\lambda_2\right\}$$
$$= \sigma^2 |t_2 - t_1|$$

当 $\sigma^2=1$ 时,高斯白噪声 $X(t)$的积分为一规范化维纳过程 $W_0(t)$。此时,有

$$\frac{\mathrm{d}}{\mathrm{d}t}W_0(t) = W_0'(t)$$

$$\int_0^t W_0'(t)\mathrm{d}t = W_0(t)$$

式中 $W_0'(t)$为高斯白噪声。

习题五

5.1 已知随机变量 X 和 Y 是联合高斯的,它们的联合概率密度函数为

$$p(x,y) = \frac{1}{2\pi\sigma_1\sigma_2\sqrt{1-r^2}}\exp\left\{-\frac{1}{2(1-r^2)}\left(\frac{x^2}{\sigma_1^2}-\frac{2rxy}{\sigma_1\sigma_2}+\frac{y^2}{\sigma_2^2}\right)\right\}$$

求 X 和 Y 取不同符号的概率。

5.2 已知随机变量 X 和 Y 是联合高斯的,它们的联合概率密度函数与习题 5.1 相同。证明:

(1) $E(XY)=r\sigma_1\sigma_2$

(2) $E(X^2Y^2)=(2r^2+1)\sigma_1^2\sigma_2^2=E(X^2)E(Y^2)+2[E(XY)]^2$

(3) $E(|XY|)=\dfrac{2\sigma_1\sigma_2}{\pi}(\cos\alpha+\alpha\sin\alpha)$

其中 $\alpha=\arcsin r, -\dfrac{\pi}{2}<\alpha<\dfrac{\pi}{2}$。

5.3 高斯随机矢量的另一种定义方法如下:设随机矢量 $\boldsymbol{X}=[X_1 \quad X_2 \quad \cdots \quad X_N]^{\mathrm{T}}$ 的所有分量都是高斯的,定义随机变量 $Y=\boldsymbol{G}^{\mathrm{T}}\boldsymbol{X}=\sum_{n=1}^{N} g_n X_n$,若对于任意使 $E(Y^2)<\infty$的非零常矢量 $\boldsymbol{G}=[g_1 \quad g_2 \quad \cdots \quad g_N]^{\mathrm{T}}$,$Y$ 均为高斯的,则称 $X_1,X_2,\cdots,X_N$ 为联合高斯的,同时称 $\boldsymbol{X}$ 为高斯随机矢量。

证明:本题中的定义同本章正文中的定义是等价的。即证明:若

$$E(\boldsymbol{X}) = \boldsymbol{m}, \quad \mathrm{cov}(\boldsymbol{X}) = E[(\boldsymbol{X}-\boldsymbol{m})(\boldsymbol{X}-\boldsymbol{m})^{\mathrm{T}}] = \boldsymbol{\Lambda}$$

则当 $\boldsymbol{\Lambda}$ 为正定时,$\boldsymbol{X}$ 的概率密度函数为

$$p_{\boldsymbol{X}}(x) = \frac{1}{(2\pi)^{\frac{N}{2}}|\boldsymbol{\Lambda}|^{\frac{1}{2}}}\exp\left\{-\frac{1}{2}(\boldsymbol{X}-\boldsymbol{m})^{\mathrm{T}}\boldsymbol{\Lambda}^{-1}(\boldsymbol{X}-\boldsymbol{m})\right\}$$

5.4 将习题 5.3 的定义方法推广到随机过程,可得高斯过程的另一种定义方法:设 $X(t)$为定义在(a,b)上的随机过程,定义随机变量 $Y=\int_a^b g(t)X(t)\mathrm{d}t$,若对任意使 $E(Y^2)<\infty$的非零实函数 $g(t)$,Y 均为高斯的,则称 $X(t)$为高斯随机过程。

证明:本题中的定义同本章正文中的定义是等价的。即证明:若 $X(t)$为如上定义的高斯过程,则对应于(a,b)内的任意一组时刻 $t_1,t_2,\cdots,t_n$,随机变量 $X(t_1),X(t_2),\cdots,X(t_n)$都是联合高斯的。

5.5　设随机过程 $X(t)=U\cos\omega t+V\sin\omega t$，其中 ω 为常数，U 和 V 是两个相互独立的高斯随机变量。已知 $E(U)=E(V)=0$，$E(U^2)=E(V^2)=\sigma^2$，求 $X(t)$ 的一维和二维概率密度函数。

5.6　设 $X(t)$ 为平稳高斯过程，并且是均方可微的，其自相关函数为 $R_X(\tau)$。求随机过程 $Y(t)=\dfrac{X(t+\varepsilon)-X(t)}{\varepsilon}$ 的一维概率密度函数 $p_Y(y)$；并证明当 $\varepsilon\to 0$ 时，$p_Y(y)$ 趋于均值为零、方差为 $-R_X''(0)$ 的高斯分布。

5.7　设 $X(t)$ 为平稳高斯过程，其均值为零，自相关函数 $R(\tau)=\mathrm{e}^{-|\tau|}$，求随机变量 $Y=\int_0^1 X(t)\mathrm{d}t$ 的概率密度函数 $p_Y(y)$。

5.8　设 $Z(t)=X\cos 2\pi t+Y\sin 2\pi t$，其中 X 和 Y 是统计独立的零均值高斯随机变量，其方差为 σ^2。

(1) 求 $p_Z(z)$；

(2) 求 $R=\sqrt{X^2+Y^2}$ 的概率密度函数 $p_R(r)$；

(3) 若在 $t=0,\dfrac{1}{4}$ 和 $\dfrac{1}{2}$ 时取样，写出样本的联合概率密度函数。

5.9　设 $X(t)$ 为零均值高斯过程，其功率谱密度 $S_X(f)$ 如图题 5.9 所示，若每隔 $\dfrac{1}{2W}$ 秒对 $X(t)$ 取样一次，得到样本集合 $X(0),X\left(\dfrac{1}{2W}\right),\cdots$，求前 N 个样本的联合概率密度函数。

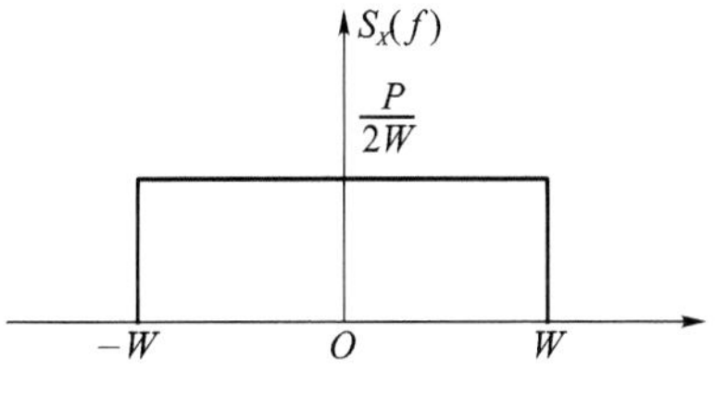

图　题 5.9

5.10　二极管的电压 $X(t)$ 是平稳高斯过程，其均值为零，自相关函数 $R_X(\tau)=c\,\mathrm{e}^{-a|\tau|}$。求产生的电流 $Y(t)=I\mathrm{e}^{aX(t)}$ 的均值、方差和功率谱密度。

5.11　随机过程 $X(t)$ 是高斯的，具有自相关函数 $R_X(\tau)$。试证(遍历性)：若 $\lim\limits_{T\to\infty}\dfrac{1}{T}\int_0^T R^2(\tau)\mathrm{d}\tau=0$，则 $E[X^2(t)]=\lim\limits_{T\to\infty}\dfrac{1}{2T}\int_{-T}^{T}X^2(t)\mathrm{d}t$。

5.12　一个线性系统的单位冲激响应函数 $h(t)=\mathrm{e}^{-\beta t}U(t)$，$\beta>0$。输入 $X(t)$ 是一个零均值的平稳高斯过程，其自相关函数 $R_X(\tau)=\sigma_X^2\mathrm{e}^{-a|\tau|}$，$\alpha>0$，$\alpha\neq\beta$。设输出过程为 $Y(t)$。求：

(1) $Y(0)\geqslant r$ 的概率。

(2) 观测到 $X(-T)=0$，$Y(0)>r$ 的概率。其中 $T>0$。

(3) 观测到 $X(T)=0$，$Y(0)>r$ 的概率。其中 $T>0$。

5.13　已知输入 $X(t)$ 为高斯过程，证明 $X(t)$ 通过线性系统的输出 $Y(t)$ 是高斯过程。

5.14*　在图题 5.14 所示的接收机中，$s(t)$ 是一个确定性的信号，且具有能量 $E_s=\int_0^T s^2(t)\mathrm{d}t$；噪声 $n(t)$ 是均值为零、协方差函数 $K_n(\tau)=\sigma^2\mathrm{e}^{-a|\tau|}$ 的高斯随机过程的一个样本函数。

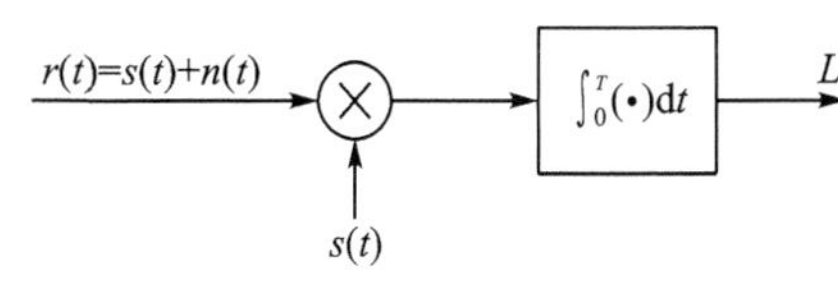

图　题 5.14

(1) 求 $p_L(x)$ 的表达式；

(2) 如果 $$s(t)=\begin{cases}\sin^2\left(\dfrac{2\pi nt}{T}\right), & 0\leqslant t\leqslant T\\ 0, & \text{其他}\end{cases}$$

计算 $p_L(x)$的参量 L。

5.15　对于均值为 0,方差为 σ^2 的窄带高斯过程

$$Y(t)=A_c(t)\cos\omega_0 t-A_s(t)\sin\omega_0 t$$

求证:包络 $A(t)=\sqrt{A_c^2(t)+A_s^2(t)}$在任意时刻所给出的随机变量 A_t,其数学期望和方差分别为

$$E(A_t)=\sqrt{\frac{\pi}{2}}\sigma,\qquad D(A_t)=\left(2-\frac{\pi}{2}\right)\sigma^2$$

5.16　设 $X(t)$是均值为零的平稳高斯过程,用 $Y(t)=X^2(t)$定义一个新的随机过程。

求证:$R_Y(\tau)=R_X^2(0)+2R_X^2(\tau)$。

5.17*　已知信号与窄带高斯噪声之和为

$$X(t)=\alpha\cos(\omega_0 t+\Theta)+N(t)$$

其中 Θ 为在$[0,2\pi]$内均匀分布的随机变量;$N(t)$为窄带平稳高斯过程,其均值为 0,方差为 σ^2,且可表示为

$$N(t)=N_c(t)\cos\omega_0 t-N_s(t)\sin\omega_0 t$$

求证:$X(t)$的包络的平方的自相关函数为

$$R_X(\tau)=\alpha^4+4\alpha^2\sigma^2+4\sigma^4+4[\alpha^2R_{N_c}(\tau)+R_{N_c}^2(\tau)R_{N_cN_s}^2(\tau)]$$

5.18*　证明:若 $X(t)$是零均值的平稳高斯过程,则 $X(t)$与 $X'(t)$是相互统计独立的。

5.19*　设随机变量 X 和 Y 相互独立,并且都服从 χ^2 分布,自由度分别取 m 及 n。

证明:随机变量 $Z=X+Y$ 也服从 χ^2 分布,并且自由度为 $m+n$。

5.20*　求 χ^2 分布的随机变量的均值和方差。

5.21*　求非中心 χ^2 分布的随机变量的均值和方差。

第 6 章　泊松随机过程

泊松随机过程是一类直观意义很强，而且极为重要的过程。其应用范围很广，遍及各个领域。在公用事业、生物学、物理学、通信工程等许多方面的问题都可用泊松过程进行物理模拟。

考虑一个来到某“服务点”要求服务的“顾客流”，顾客至服务点的到达过程即可认为是泊松过程。此处“服务点”和“顾客流”都是抽象的，可以有不同的含义。例如某电路交换台的电话呼唤，交换台就是服务点，所有的呼唤依先后次序构成一个顾客流；又如售票处或超级市场的顾客流，电子技术中的散弹效应，数字通信中已编码信号的误码个数，盖革计数器前射性粒子流等，都可以构成一个顾客流。

论述泊松随机过程的方法有多种模型，为了方便，暂不研究一般的顾客流，仅研究一种最简单的顾客流，因为它将产生我们所要研究的泊松过程。

6.1　泊松计数过程

下面从观察到的物理现象来建立泊松随机过程的数学模型。首先引入计数过程的概念。

6.1.1　计数过程

在时间$[0,\infty)$内到达服务点的顾客数可以用计数函数 $N(t)$描述。典型的计数函数 $N(t)$如图 6.1 所示。从图中容易看出，在有限区间上泊松过程的样本函数是连续的，除在有限个点上以外还是处处可微的。每个样本函数的形状都是阶梯函数，各阶步的长度为 1，阶梯出现在随机时刻上。于是，所有可能的计数函数的集合，可用非负的、整数值的连续参数随机过程表示。

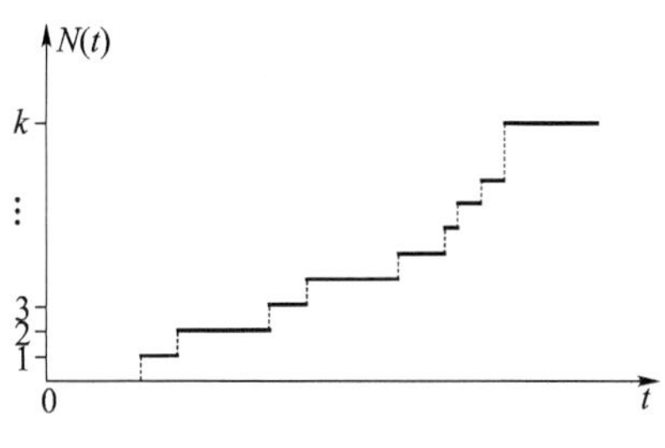

图 6.1　典型计数函数

定义　在时间$[0,\infty)$内出现事件 A 的总数所组成的过程$\{N(t),t\geqslant 0\}$称为计数过程。从上述定义出发，任何一个计数过程$\{N(t),t\geqslant 0\}$应该满足下列条件：

① $N(t)$是一个非负整数；

② $N(0)\triangleq 0$；

③ 如果有两个时刻点 s,t，且 $s<t$，则 $N(s)\leqslant N(t)$；

④ 对于 $s<t$，$N(t)-N(s)$代表在时间间隔$[s,t]$内出现事件 A 的次数。

在计数随机过程中，设有两个不相重叠的时间间隔$[s,t]$和$[(s+\Delta t),(t+\Delta t)]$，$t\geqslant s\geqslant 0$，$\Delta t\geqslant 0$，在$[s,t]$内出现事件 A 的次数为$[N(t)-N(s)]$，在$[(s+\Delta t),(t+\Delta t)]$内出现事件 A 的次数为$[N(t+\Delta t)-N(s+\Delta t)]$，若$[N(t)-N(s)]$与$[N(t+\Delta t)-N(s+\Delta t)]$相互统计独立，则称$\{N(t),t\geqslant 0\}$为独立增量计数过程。

在计数随机过程中，如果在$[t,t+\Delta t]$内出现的事件 A 的次数$[N(t+\Delta t)-N(t)]$仅与时间差 Δt 有关，而与起始时刻 t 无关，则称该随机过程为平稳增量计数过程。

6.1.2 泊松计数过程

泊松过程是一类极重要的计数过程。现在,从观察一种最简单的物理现象来建立泊松计数过程的数学模型。

定义 设有一随机计数过程$\{N(t),t\in[0,\infty)\}$,其状态仅取非负整数值,并满足下列条件:

① 零初始值性:$P\{N(0)=0\}=1$;

② 平稳增量:对任意的$t\geqslant s\geqslant 0,\Delta t>0$,增量$[N(t+\Delta t)-N(s+\Delta t)]$与$[N(t)-N(s)]$有相同的分布函数,亦即$P\{N(t)-N(s)=k\}=P\{N(t+\Delta t)-N(s+\Delta t)=k\},k\geqslant 0$;

③ 独立增量:对任何正整数n、任何非负实数$0\leqslant t_0\leqslant t_1\leqslant\cdots\leqslant t_n$,有$N(t_1)-N(t_0)$,$N(t_2)-N(t_1),\cdots,N(t_n)-N(t_{n-1})$相互统计独立;

④ 单跳跃性: $\lim\limits_{\Delta t\to 0}\sum\limits_{k=2}^{\infty}\dfrac{P\{N(t+\Delta t)-N(t)=k\}}{\Delta t}=0,\quad t\geqslant 0$;

⑤ 随机性:令$P\{N(t+\Delta t)-N(t)=k\}=p,0<p<1$,且

$$\sum_{k=0}^{\infty}P\{N(t+\Delta t)-N(t)=k\}=1\qquad t,\Delta t\geqslant 0$$

则称计数过程为泊松计数过程。

下面引入构成泊松过程的定理。

定理 若随机过程$\{N(t),t\geqslant 0\}$为泊松过程,则在时间间隔$[t_0,t_0+t]$内事件A出现k次的概率为

$$P\{N(t_0+t)-N(t_0)=k\}=\frac{(\lambda t)^k}{k!}\mathrm{e}^{-\lambda t}\qquad k=0,1,2,\cdots\tag{6.1.1}$$

式中,$t_0,t\geqslant 0,\lambda>0$为泊松过程$\{N(t),t\geqslant 0\}$的强度。此式也表明,对固定的$t$,泊松随机过程$N(t)$服从参数为$\lambda t$的泊松分布。

证明: 设$N(t)$的平稳增量$N(t_0,t_0+t)=N(t_0+t)-N(t_0),t_0,t\geqslant 0$且取整数值,它是区间$[t_0,t_0+t]$中某些特殊事件出现的数目,例如,它是某电话交换台在区间$[t_0,t_0+t]$中用户呼唤的次数。

假设

$$\begin{aligned}p_k(t_0,t_0+t)&=P\{N(t_0+t)-N(t_0)=k\}\\&=P\{N(t_0,t_0+t)=k\}\qquad k=0,1,2,\cdots\end{aligned}\tag{6.1.2}$$

式(6.1.2)表示事件$N(t_0,t_0+t)=k$的概率。为证明方便,不失一般性地令$t_0=0$,则有

$$p_k(t)=P\{N(t)=k\}\tag{6.1.3}$$

根据泊松计数过程成立的条件,又可进一步做如下假定。

① 对于任意时刻$0\leqslant t_1<t_2<\cdots<t_n,N(t_{i-1},t_i)=N(t_i)-N(t_{i-1}),i=1,2,\cdots,n$,是相互统计独立的。

② 对充分小的Δt,有

$$p_1(t,t+\Delta t)=P\{N(t,t+\Delta t)=1\}=\lambda\Delta t+0(\Delta t)\tag{6.1.4}$$

式中,$0(\Delta t)$是Δt的函数,它比Δt更快地趋于零,亦即$\lim\limits_{\Delta t\to 0}(0(\Delta t)/\Delta t)=0$;参数$\lambda$称为过程的强度,为简单起见,这里设$\lambda$为常数。

③ 对充分小的Δt,有

$$\sum_{j=2}^{\infty} p_j(t,t+\Delta t) = \sum_{j=2}^{\infty} P\{N(t,t+\Delta t) = j\} = 0(\Delta t) \tag{6.1.5}$$

此式表示在区间$[t,t+\Delta t)$中出现两个或两个以上事件的概率是高阶无穷小。

由以上三个假定条件得到在区间$[t,t+\Delta t)$中零事件的概率是

$$\begin{aligned} p_0(t,t+\Delta t) &= 1 - \sum_{j=1}^{\infty} p_j(t,t+\Delta t) \\ &= 1 - p_1(t,t+\Delta t) - \sum_{j=2}^{\infty} p_j(t,t+\Delta t) \\ &= 1 - [\lambda\Delta t + 0(\Delta t)] - 0(\Delta t) = 1 - \lambda\Delta t + 0(\Delta t) \end{aligned} \tag{6.1.6}$$

(1) 先求在区间$[0,t)$内未出现任何事件的概率 $p_0(t)$。

为此，将区间$[0,t+\Delta t)$分成两个不相重叠的区间：一个长度为 t，另一个长度为 Δt，亦即$[0,t)$和$[t,t+\Delta t)$，如图 6.2 所示。

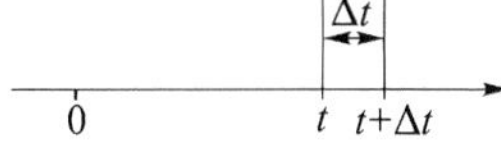

图 6.2　$[0,t+\Delta t)$的划分

在区间$[0,t+\Delta t)$内不出现任何事件等价于下列两个不相容事件之积，即在$[0,t)$内不出现任何事件与在$[t,t+\Delta t)$内不出现任何事件之积。故有

$$\begin{aligned} p_0(t+\Delta t) &= P\{[N(0,t) = 0][N(t,t+\Delta t) = 0]\} \\ &= P\{N(t) = 0\}P\{N(t,t+\Delta t) = 0\} \\ &= p_0(t)p_0(t,t+\Delta t) = p_0(t)[1-\lambda t + 0(\Delta t)] \qquad t \geqslant 0 \end{aligned} \tag{6.1.7}$$

用 Δt 除式(6.1.7)等号两边，再令 $\Delta t \to 0$，得 $p_0(t)$所满足的微分方程为

$$\frac{\mathrm{d}p_0(t)}{\mathrm{d}t} = -\lambda p_0(t) \tag{6.1.8}$$

式(6.1.8)是一阶齐次线性微分方程，其解为

$$p_0(t) = c_0 \mathrm{e}^{-\lambda t} \qquad t \geqslant 0 \tag{6.1.9}$$

假设　　$p_0(t) = P\{N(t)=0\} = P\{N(t)-N(0)=0\}$

所以积分常数为　　$c_0 = p_0(0) = P\{N(0)=0\} = 1$

这是因为根据假设，$N(0)$的唯一可能取值为零，故 $p_0(0)$必须为 1，于是 c_0 也必须为 1。于是

$$p_0(t) = \mathrm{e}^{-\lambda t} \tag{6.1.10}$$

(2) 然后求在区间$[0,t+\Delta t)$内出现 k 个事件的概率 $p_k(t)$。

在区间$[0,t+\Delta t)$内出现 k 个事件可以等价于下列几个互不相容事件之和。

① 在$[0,t)$内出现事件 $k-2$ 次或 $k-2$ 次以下，在$[t,t+\Delta t)$内出现事件 2 次或 2 次以上；

② 在$[0,t)$内出现事件 $k-1$ 次，在$[t,t+\Delta t)$内出现事件 1 次；

③ 在$[0,t)$内出现事件 k 次，在$[t,t+\Delta t)$内出现事件零次。

于是可得 $p_k(t+\Delta t) = \sum\limits_{j\leqslant k-2} p_j(t)\cdot 0(\Delta t) + p_{k-1}(t)[\lambda\Delta t + 0(\Delta t)] + p_k(t)[1-\lambda\Delta t - 0(\Delta t)]$

进一步有 $\dfrac{p_k(t+\Delta t) - p_k(t)}{\Delta t} = \sum\limits_{j\leqslant k-2} p_j(t)\dfrac{0(\Delta t)}{\Delta t} + p_{k-1}(t)\left[\lambda + \dfrac{0(\Delta t)}{\Delta t}\right] - p_k(t)\left[\lambda + \dfrac{0(\Delta t)}{\Delta t}\right]$

即
$$\frac{\mathrm{d}p_k(t)}{\mathrm{d}t} = \lambda[p_{k-1}(t) - p_k(t)] \qquad k=1,2,3,\cdots \tag{6.1.11}$$

式(6.1.17)代表了一系列递推微分方程。

令 $k=1$ 时　　$\dfrac{\mathrm{d}p_1(t)}{\mathrm{d}t} + \lambda p_1(t) = \lambda p_0(t) = \lambda \mathrm{e}^{-\lambda t}$

其解为 $$p_1(t)=e^{-\lambda t}[\lambda t+c_1]$$

积分常数为 $$c_1=p_1(0)=P\{N(0)=1\}=0$$

故 $$p_1(t)=\lambda t e^{-\lambda t} \tag{6.1.12}$$

令 $k=2$ 时 $$\frac{dp_2(t)}{dt}+\lambda p_2(t)=\lambda^2 t e^{-\lambda t}$$

其解为 $$p_2(t)=e^{-\lambda t}\left(\int\lambda^2 t e^{-\lambda t}dt+c_2\right)=e^{-\lambda t}\left[\frac{(\lambda t)^2}{2}+c_2\right]$$

积分常数为 $$c_2=p_2(0)=P\{N(0)=2\}=0$$

故 $$p_2(t)=\frac{(\lambda t)^2}{2}e^{-\lambda t} \tag{6.1.13}$$

逐次迭代式(6.1.11),并利用数学归纳法,可得

$$p_k(t)=\frac{(\lambda t)^k}{k!}e^{-\lambda t} \qquad k=0,1,2,\cdots$$

根据该过程是平稳增量的假设,则

$$P\{[N(t_0+t)-N(t_0)]=k\}=\frac{(\lambda t)^k}{k!}e^{-\lambda t} \qquad k=0,1,2,\cdots$$

证毕。

下面求增量 $N(t_0+t,t_0)=N(t_0+t)-N(t_0)$,$t_0,t>0$ 的数字特征。

· 均值

$$E[N(t_0+t,t_0)]=\sum_{k=0}^{\infty}kp_k(t_0+t,t_0)=\sum_{k=0}^{\infty}k\frac{(\lambda t)^k}{k!}e^{-\lambda t}$$

$$=\lambda t\sum_{k=1}^{\infty}\frac{(\lambda t)^{k-1}}{(k-1)!}e^{-\lambda t}=\lambda t e^{\lambda t}e^{-\lambda t}=\lambda t \tag{6.1.14}$$

· 均方值

$$\begin{aligned}E[N^2(t_0+t,t_0)]&=E\{N(t_0+t,t_0)[N(t_0+t,t_0)-1]+N(t_0+t,t_0)\}\\&=E\{N(t_0+t,t_0)[N(t_0+t,t_0)-1]\}+E[N(t_0+t,t_0)]\\&=\sum_{k=0}^{\infty}k(k-1)\frac{(\lambda t)^k}{k!}e^{-\lambda t}+\lambda t\\&=(\lambda t)^2+\lambda t\end{aligned} \tag{6.1.15}$$

· 方差

$$D[N(t_0+t,t_0)]=E[N^2(t_0+t,t_0)]-\{E[N(t_0+t,t_0)]\}^2=\lambda t \tag{6.1.16}$$

可见,泊松计数过程的方差随时间线性增长。

· 相关函数 $R_N(t_1,t_2)$

当 $t_2>t_1$ 时,有

$$\begin{aligned}R_N(t_1,t_2)&=E[N(t_1)N(t_2)]\\&=E\{[N(t_2)-N(t_1)+N(t_1)]N(t_1)\}\\&=E\{[N(t_2)-N(t_1)]N(t_1)\}+E\{N^2(t_1)\}\\&=E\{[N(t_2)-N(t_1)][N(t_1)-N(0)]\}+D[N(t_1)]+\{E[N(t_1)]\}^2\\&=\lambda(t_2-t_1)\lambda t_1+\lambda t_1+(\lambda t_1)^2\\&=\lambda t_1(1+\lambda t_2)\end{aligned} \tag{6.1.17}$$

当 $t_1>t_2$ 时，同理可得

$$R_N(t_1,t_2)=\lambda t_2(1+\lambda t_1) \tag{6.1.18}$$

综合以上两种情况，可得

$$R_N(t_1,t_2)=\lambda^2 t_1 t_2+\lambda\min(t_1,t_2) \tag{6.1.19}$$

显然，当 $t_1=t_2$ 时，则式(6.1.17)和式(6.1.18)一致，并有

$$R_N(t,t)=\lambda t(1+\lambda t) \tag{6.1.20}$$

根据过程$\{N(t),t\geqslant 0\}$是平稳增量的特点，又由式(6.1.14)，可以得出

$$\lambda=\frac{E[N(t)]}{t} \tag{6.1.21}$$

因此，过程强度 λ 代表单位时间内事件 A 出现的平均次数。于是，常称 λ 为泊松计数过程的速率。

例 6.1-1　设粒子按平均速率 4 个/分钟的泊松过程到达某计数器，$N(t)$表示在$[0,t)$内到达计数器的粒子个数，试求：

(1) $N(t)$的均值、方差、自相关函数及自协方差函数；

(2) 在第 3 分钟到第 5 分钟之间到达计数器的粒子个数的概率分布。

解：依题意$\{N(t),t\geqslant 0\}$为一泊松过程，固定 t，$N(t)$服从参数为 λt 的泊松分布，且已知平均每分钟到达 4 个粒子，即强度 $\lambda=4$。故 $N(t)\sim\pi(4t)$。所以

$$m_N(t)=4t=D_N(t)$$

$$R_N(t_1,t_2)=4\min(t_1,t_2)+16t_1t_2$$

$$C_N(t_1,t_2)=4\min(t_1,t_2)\qquad t_1,t_2\in T$$

第 3 分钟到第 5 分钟之间到达计数器的粒子个数的分布规律为

$$P[N(3,5)=k]=P[N(5)-N(3)=k]=P[N(5-3)=k]=P[N(2)=k]$$

$$=\frac{(4\times 2)^k e^{-4\times 2}}{k!}=\frac{8^k e^{-8}}{k!}\qquad k=0,1,2,\cdots$$

例 6.1-2　设到达某车站的顾客数为一泊松过程，平均每 10 分钟到达 5 位顾客。试求在 20 分钟内至少有 10 位顾客到达车站的概率。

解：设 $N(t)$表示在$[0,t)$内到达车站的人数，则$\{N(t),t\geqslant 0\}$为泊松过程。由题设可知，强度 $\lambda=5/10=0.5$，因此固定 t 时，$N(t)\sim\pi(0.5t)$，即

$$P[N(t)=k]=\frac{(0,5t)^k e^{-0.5t}}{k!}\qquad k=0,1,2,\cdots$$

则　　P(20 分钟内至少有 10 位顾客到达) $=P[N(20)\geqslant 10]$

$$=\sum_{k=10}^{\infty}\frac{(0.5\times 20)^k e^{-0.5\times 20}}{k!}=\sum_{k=10}^{\infty}\frac{10^k e^{-10}}{k!}$$

$$=1-\sum_{k=0}^{9}\frac{10^k e^{-10}}{k!}=1-0.45795=0.54205$$

6.1.3　泊松脉冲列的统计特性

对泊松随机过程$\{N(t),t\geqslant 0\}$进行微分，得到泊松脉冲列

$$X(t)=\frac{d}{dt}N(t)=\sum_i\delta(t-t_i) \tag{6.1.22}$$

根据求随机过程均方微分后的数学期望和相关函数的方法，不难得到泊松脉冲列的均值和相关函数。

$$E[X(t)] = \frac{\mathrm{d}}{\mathrm{d}t}E[N(t)] = \lambda \tag{6.1.23}$$

$$R_X(t_1,t_2) = \frac{\partial^2}{\partial t_1 \partial t_2}R_N(t_1,t_2)$$

将式(6.1.19)代入可得

$$R_X(t_1,t_2) = \lambda^2 \qquad t_1 \neq t_2 \tag{6.1.24}$$

由于随机序列 $X(t)$是 δ 序列，当 $t_1=t_2$ 时，相关函数 $R_X(t_1,t_2)$应包含 δ 函数项。为此，需从均方微分的导出公式推起。

$$R_X(t_1,t_2) = E\left[\lim_{\Delta t\to 0}\frac{N(t_1+\Delta t)-N(t_1)}{\Delta t}\,\frac{N(t_2+\Delta t)-N(t_2)}{\Delta t}\right] \tag{6.1.25}$$

这里会出现两种情况：

① $|t_2-t_1|>\Delta t$，则推导结果与式(6.1.24)相同。

② $|t_2-t_1|<\Delta t$，在此种情况下有 $t_2<t_1+\Delta t$，将式(6.1.25)展开并取数学期望后，可得

$$E[N(t_1+\Delta t)N(t_2+\Delta t)] = \lambda(t_1+\Delta t)+\lambda^2(t_1+\Delta t)(t_2+\Delta t)$$

$$E[N(t_1+\Delta t)N(t_2)] = \lambda t_2+\lambda^2(t_1+\Delta t)t_2$$

$$E[N(t_1)N(t_2+\Delta t)] = \lambda t_1+\lambda^2(t_2+\Delta t)t_1$$

$$E[N(t_1)N(t_2)] = \lambda t_1+\lambda^2 t_1 t_2$$

整理得

$$R_X(t_1,t_2) = \lim_{\Delta t\to 0}\left[\lambda^2+\frac{\lambda}{\Delta t}-\frac{\lambda|t_2-t_1|}{(\Delta t)^2}\right]$$

$$= \lim_{\Delta t\to 0}\left[\lambda^2+\frac{\lambda}{\Delta t}\left(1-\frac{|t_2-t_1|}{\Delta t}\right)\right] \tag{6.1.26}$$

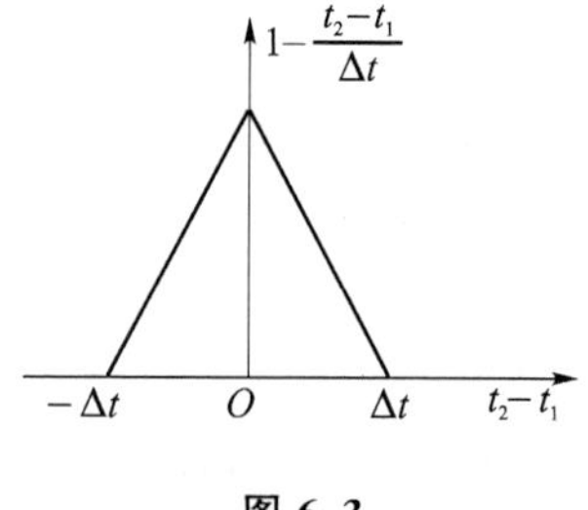

图 6.3

式中，$\left(1-\frac{|t_2-t_1|}{\Delta t}\right)$与$(t_2-t_1)$的关系曲线如图 6.3 所示。

考虑到$|t_2-t_1|<\Delta t$，因此式(6.1.26)可以改写成

$$R_X(t_1,t_2) = \lambda^2+\lambda\delta(t_1-t_2) \tag{6.1.27}$$

6.2 到达时间

在许多应用中，有必要研究给定的事件发生数(如 k 个)所需要的时间长度，以及计算在给定的时间区间中所发生的事件数。假定在零时刻开始观测，并计算在观测区间始点以后的事件发生数，那么称观测区间中出现第 k 个事件的发生时刻 t_k 为第 k 个事件的到达时间。

显然，到达时间是随机发生的。现在设 T_k 表示第 k 个事件的到达时间这样一个随机变量。由于在这里讨论的是连续参数计数过程，因此得出的到达时间是连续随机变量。

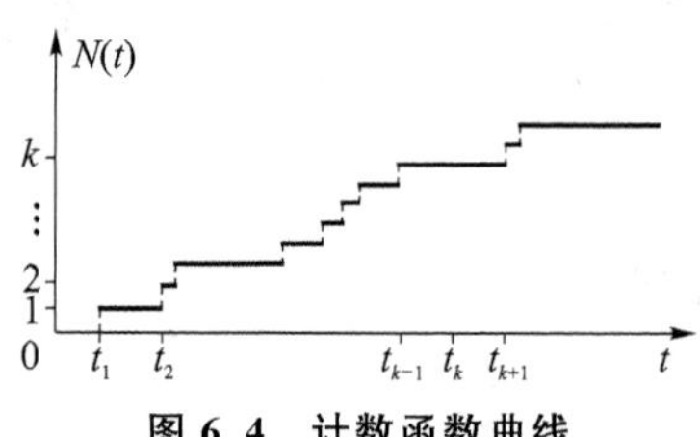

图 6.4 计数函数曲线

假定计数函数 $N(t)$的典型曲线如图 6.4 所示。从图中看出，在计数函数的值和相应的到达时间序列之间存在一个明显的关系。因此，现在可以确定第 k 个到达时间 T_k 的概率分布函数和计数随机过程$N(t)$

的概率分布函数之间的关系。

按定义有
$$F_{T_k}(t)=P(T_k\leqslant t) \tag{6.2.1}$$

注意到事件 $T_k\leqslant t$ 和 $N(t)>k-1$ 是等价的。因为它们具有相等的概率，也就是说，当且仅当一个事件发生时，另一个事件才有可能发生。于是有
$$P(T_k\leqslant t)=P[N(t)>k-1]=1-P[N(t)\leqslant k-1]$$
用相应的概率分布函数表示，则有
$$F_{T_k}(t)=1-F_{N(t)}(k-1)\qquad k=1,2,3,\cdots \tag{6.2.2}$$

对于计数随机变量 $N(t)$ 的概率分布函数，可以得到
$$F_{N(t)}(j)=1-F_{T_{j+1}}(t)\qquad j=0,1,2,\cdots \tag{6.2.3}$$
因此，如果给定计数随机变量 $N(t)$ 的概率分布函数，就能计算出到达时间 T_k 的概率分布函数；反之亦然。应当指出，只要 $N(0)=0$，这些结果就对任意计数随机过程 $\{N(t),t\geqslant 0\}$ 都成立。

现在将上述结果应用于泊松计数过程。对于泊松计数过程，有
$$P[N(t)=j]=\frac{e^{-\lambda t}(\lambda t)^j}{j!}$$
对于 $k\geqslant 1$，可得
$$F_{N(t)}(k-1)=\sum_{j=0}^{k-1}P[N(t)=j]=\sum_{j=0}^{k-1}\frac{e^{-\lambda t}(\lambda t)^j}{j!} \tag{6.2.4}$$
由式(6.2.2)可得
$$F_{T_k}(t)=\begin{cases}1-e^{-\lambda t}\sum\limits_{j=0}^{k-1}\dfrac{(\lambda t)^j}{j!}, & t\geqslant 0\\ 0, & t<0\end{cases},\quad k\geqslant 1 \tag{6.2.5}$$
此式是泊松计数过程第 k 个到达时间 T_k 的概率分布函数。

下面求第 k 个到达时间 T_k 的概率密度函数。有
$$\begin{aligned}f_{T_k}(t)&=-\frac{d}{dt}\left[e^{-\lambda t}\sum_{j=0}^{k-1}\frac{(\lambda t)^j}{j!}\right]\\&=-\frac{d}{dt}\left\{e^{-\lambda t}\left[1+\lambda t+\frac{(\lambda t)^2}{2!}+\cdots+\frac{(\lambda t)^{k-1}}{(k-1)!}\right]\right\}\\&=-\lambda e^{-\lambda t}\left[1+\lambda t+\cdots+\frac{(\lambda t)^{k-2}}{(k-2)!}-1-\lambda t-\cdots-\frac{(\lambda t)^{k-2}}{(k-2)!}-\frac{(\lambda t)^{k-1}}{(k-1)!}\right]\\&=\lambda e^{-\lambda t}\frac{(\lambda t)^{k-1}}{(k-1)!}\end{aligned}$$
这样，泊松计数过程第 k 个到达时间 T_k 的概率密度函数的表达式为
$$f_{T_k}(t)=\begin{cases}\lambda e^{-\lambda t}\dfrac{(\lambda t)^{k-1}}{(k-1)!} & t\geqslant 0\\ 0 & \text{其他}\end{cases} \tag{6.2.6}$$
这个概率密度通常称为伽玛分布(具有参数 k 和 λ)。

可以求得，泊松计数过程第 k 个到达时间 T_k 的均值为
$$\begin{aligned}E[T_k]&=\int_{-\infty}^{\infty}tf_{T_k}(t)dt=\int_0^{\infty}t\frac{\lambda e^{-\lambda t}(\lambda t)^{k-1}}{(k-1)!}dt\\&=\frac{\lambda^k}{(k-1)!}\int_0^{\infty}t^k e^{-\lambda t}dt=\frac{\lambda^k}{(k-1)!}\frac{k!}{\lambda^{k+1}}=\frac{k}{\lambda}\end{aligned} \tag{6.2.7}$$
上述结果表明，泊松计数过程第 k 个到达时间 T_k 的均值正好是该过程速率 λ 的倒数的 k 倍。

方差为 $$D[T_k]=E[T_k^2]-\{E[T_k]\}^2$$

式中,均方值 $$E[T_k^2]=\int_0^{\infty}t^2\frac{\lambda e^{-\lambda t}(\lambda t)^{k-1}}{(k-1)!}dt=\frac{\lambda^k}{(k-1)!}\int_0^t t^{k+1}e^{-\lambda t}dt$$
$$=\frac{\lambda^k}{(k-1)!}\frac{(k+1)!}{\lambda^{k+2}}=\frac{(k+1)k}{\lambda^2}$$

于是可得 $$D[T_k]=\frac{k^2+k}{\lambda^2}-\frac{k^2}{\lambda^2}=\frac{k}{\lambda^2}\tag{6.2.8}$$

即第 k 个到达时间 T_k 的方差是泊松计数过程速率 λ 的平方的倒数的 k 倍。

例 6.2-1 乘客按速率为 λ_A 的泊松过程登上飞机 A(从 $t=0$ 开始),当飞机 A 上有 N_A 个乘客时就起飞;与此事件独立的另一事件为乘客们以速率为 λ_B 的泊松过程登上飞机 B(从 $t=0$ 开始),当飞机 B 上有 N_B 个乘客时就起飞。

(1) 写出飞机 A 在飞机 B 之后离开的概率表达式;

(2) 对于 $N_A=N_B$ 和 $\lambda_A=\lambda_B$ 的情况下,计算(1)的概率表达式。

解:(1) 令 T_A 表示乘坐飞机 A 的第 N_A 个乘客的到达时间,T_B 表示乘坐飞机 B 的第 N_B 个乘客的到达时间,按题意,其概率为 $P[T_A>T_B]$。对于简单的泊松计数过程 $X(t)$,到达时间的概率密度函数为

$$f_{T_k}(t)=\begin{cases}\lambda e^{-\lambda t}\dfrac{(\lambda t)^{k-1}}{(k-1)!} & t\geqslant 0\\ 0 & t<0\end{cases}$$

因此有 $$f_{T_A}(t)=\begin{cases}\lambda_A e^{-\lambda_A t}\dfrac{(\lambda_A t)^{N_A-1}}{(N_A-1)!} & t\geqslant 0\\ 0 & t<0\end{cases}\tag{6.2.9}$$

$$f_{T_B}(t)=\begin{cases}\lambda_B e^{-\lambda_B t}\dfrac{(\lambda_B t)^{N_B-1}}{(N_B-1)!} & t\geqslant 0\\ 0 & t<0\end{cases}\tag{6.2.10}$$

由于 T_A 和 T_B 是统计独立的,故

$$P[T_A>T_B]=\int_0^{\infty}f_{T_B}(t_B)dt_B\int_{t_B}^{\infty}f_{T_A}(t_A)dt_A\tag{6.2.11}$$

将式(6.2.9)、式(6.2.10)代入式(6.2.11),即可求得所需结果。

(2) 积分域如图 6.5 所示。如果 $f_{T_A}(t)=f_{T_B}(t)$,则被积函数关于 45°线对称,并且可得

$$P[T_A>T_B]=1/2$$

例 6.2-2 分析机器零件和设备寿命:考虑由 k 个零件组成的设备,它遭受强度为 λ 的泊松型突然冲击,这时零件也按上述过程相继损坏。如果 T_k 表示 k 个零件都损坏时设备的寿命,则 T_k 服从参数为 k 和 λ 的伽玛分布。基于这样的理由,人们常常把伽玛分布当做受故障影响的系统的寿命模型。于是,假如人们正在研究城市供水系统中使用的水管的寿命,更确切地说,设 T 是一个水管的管脚锈坏之前使用年数,又设市政资料表明 T 的平均值是 36 年,方差是 18 年。假设 T 服从参数为 k 和 λ 的伽玛分布,则 k 和 λ 的估计

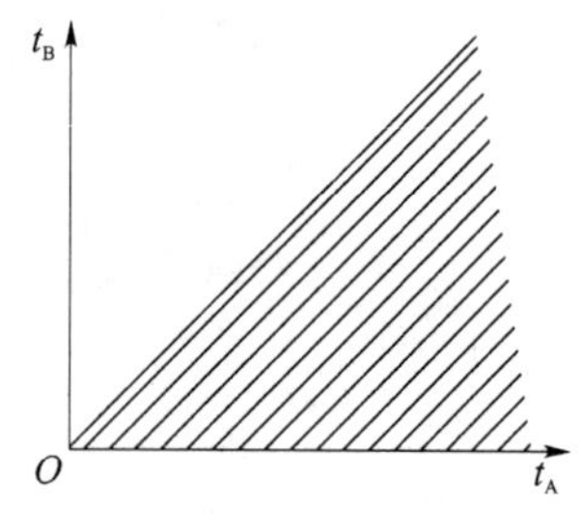

图 6.5 积分域

值满足

$$E(T)=k/\lambda=36,\quad D(T)=k/\lambda^2=18^2$$

因此有
$$\lambda=E(T)/D(T)=1/9,\quad k=E^2(T)/D(T)=4$$

6.3　到达时间间隔

现在研究泊松计数过程中逐次到达的时间间隔的统计性质。称这些时间间隔的长度 Z_k 为到达时间间隔。显然

$$Z_1=T_1$$

$$Z_k=T_k-T_{k-1}\qquad k=2,3,4,\cdots \tag{6.3.1}$$

一个典型的到达时间序列如图 6.6 所示。从图中看出，到达时间间隔是一个离散时间参数、连续随机变量的随机过程$\{Z_k, k=1,2,3,\cdots\}$。

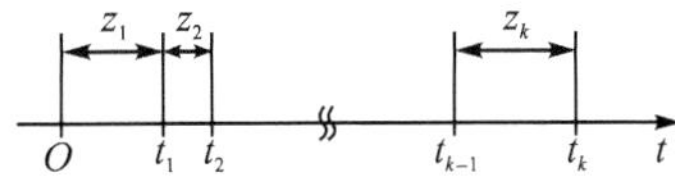

图 6.6　到达时间序列和到达时间间隔

下面根据计数随机变量 $N(t)$ 的概率分布函数来推求第 k 个到达时间间隔 Z_k 的概率分布函数。

首先确定
$$P(Z_k>z)=1-P(Z_k\leqslant z)=1-F_{Z_k}(z) \tag{6.3.2}$$

从到达时间间隔的定义可以得出事件$[Z_k>z]$和$[(T_k-T_{k-1})>z]$是等价的，即

$$[Z_k>z]=[(T_k-t_{k-1})>z]=[T_k>T_{k-1}+z] \tag{6.3.3}$$

现在假定 T_{k-1} 的观测值是 t_{k-1}。于是，当且仅当计数过程 $N(t)$ 在时间间隔$[t_{k-1},t_{k-1}+z]$计数不变时，事件$[T_k>T_{k-1}+z\mid T_{k-1}=t_{k-1}]$发生，即

$$[T_k>T_{k-1}+z\mid T_{k-1}=t_{k-1}]=[N(t_{k-1}+z)-N(t_{k-1})=0]$$

因为等价事件具有相等的概率，所以得

$$P\{Z_k>z\mid T_{k-1}=t_{k-1}\}=P\{N(t_{k-1}+z)-N(t_{k-1})=0\}$$

于是可得
$$F_{Z_k}[z\mid T_{k-1}=t_{k-1}]=1-P[N(t_{k-1}+z)-N(t_{k-1})=0] \tag{6.3.4}$$

如果计数过程具有平稳增量，那么式(6.3.4)右边的概率仅仅是 z 的函数。根据假定，对于基本计数过程，$N(0)=0$，则有

$$P\{N(t_{k-1}+z)-N(t_{k-1})=0\}=P\{N(z)=0\}$$

在这种情况下，式(6.3.4)左边的条件分布函数与 k 无关，因此得

$$F_{Z_k(z)}=1-P[N(z)=0]\qquad k=1,2,3,\cdots \tag{6.3.5}$$

式(6.3.5)表明，如果基本计数过程具有平稳增量，那么各次事件间的到达时间间隔将都具有相同的概率分布函数。

对于泊松计数过程$\{N(t),t\geqslant 0\}$，由于

$$F_{Z_k}=1-P\{N(z)=0\}$$

而
$$P[N(z)=0]=\frac{\mathrm{e}^{-\lambda z}(\lambda z)^0}{0!}=\mathrm{e}^{-\lambda z}\qquad z\geqslant 0$$

故
$$F_{Z_k(z)}=\begin{cases}1-\mathrm{e}^{-\lambda z}, & z\geqslant 0\\ 0, & \text{其他}\end{cases},\quad k=1,2,3,\cdots \tag{6.3.6}$$

对式(6.3.6)微分，可得概率密度函数

$$f_{Z_k}(z)=\frac{\mathrm{d}}{\mathrm{d}z}F_{Z_k}(z)=\begin{cases}\lambda\mathrm{e}^{-\lambda z}, & z\geqslant 0\\ 0, & \text{其他}\end{cases},\quad k=1,2,3,\cdots \tag{6.3.7}$$

式(6.3.7)表明,泊松计数过程相邻两次事件间的到达时间间隔的概率密度函数服从负指数分布。其均值为

$$E[Z_k]=\int_0^{\infty} z\lambda \mathrm{e}^{-\lambda z}\,\mathrm{d}z=1/\lambda$$

例 6.3-1 研究某机械装置,设它在$[0,t)$内发生的"震动"次数 $N(t)$是强度为 5 次/小时的泊松过程,并且当第 100 次"震动"发生时,此机械装置发生故障。试求:

(1) 该装置寿命的概率密度函数;

(2) 该装置的平均寿命;

(3) 两次"震动"时间间隔的概率密度函数;

(4) 相邻两次"震动"的平均时间间隔。

解:(1) 依题意,该装置的寿命为 τ_{100},即第 100 次"震动"的到达时间,它服从参数为 100,$\lambda=5$ 的埃尔朗分布,即寿命 τ_{100} 的概率密度函数为

$$f_{\tau_{100}}=\begin{cases}\dfrac{5(5t)^{99}\mathrm{e}^{-5t}}{99!} & t>0\\ 0 & t\leqslant 0\end{cases}$$

(2) $E[\tau_{100}]=100/5=20$,即其平均寿命为 20 小时。

(3) 相邻两次"震动"的时间间隔 $T_n=\tau_n-\tau_{n-1}$,$n=1,2,\cdots$服从参数 $\lambda=5$ 的指数分布,其概率密度函数为

$$f_{T_n}(t)=\begin{cases}5\mathrm{e}^{-5t} & t\geqslant 0\\ 0 & t<0\end{cases}$$

(4) $E[T_n]=\int_0^{\infty} t5\mathrm{e}^{-5t}\,\mathrm{d}t=0.2$,即相邻两次"震动"的平均时间间隔为 0.2 小时。

6.4 到达时间的条件分布

设有泊松过程$\{N(t),t\geqslant 0\}$,已知在$[0,t)$内有一个事件 A 出现,求这一事件到达时间的分布。

令 T_1 为在$[0,t)$区间第一个事件 A 的到达时间,显然 T_1 是一个随机变量。根据上述假定,可以写出

$$\begin{aligned}P\{T_1<s\mid N(t)=1\}&=\frac{P\{T_1<s,N(t)=1\}}{P\{N(t)=1\}}\\&=\frac{P\{\text{在}[0,s)\text{ 内出现事件 A 一次,在}[s,t)\text{ 内不出现事件 A}\}}{P\{N(t)=1\}}\\&=\frac{P\{\text{在}[0,s)\text{ 内出现事件 A 一次}\}P\{\text{在}[s,t)\text{ 内不出现事件 A}\}}{P\{N(t)=1\}}\\&=\frac{\lambda s\mathrm{e}^{-\lambda s}\mathrm{e}^{-\lambda(t-s)}}{\lambda t\mathrm{e}^{-\lambda t}}=\frac{s}{t}\end{aligned}$$

对应的分布函数为

$$F_{[T_1\mid N(t)=1]}(s)=\frac{s}{t} \tag{6.4.1}$$

其概率密度函数为

$$f_{[T_1\mid N(t)=1]}(s)=\frac{\mathrm{d}}{\mathrm{d}s}F_{[T_1\mid N(t)=1]}(s)=\frac{1}{t} \tag{6.4.2}$$

式(6.4.2)表明,如果已知在$[0,t)$内出现事件 A 一次,则该事件 A 的出现时间在$[0,t)$内服从均匀分布。

上述结论可以推广到多个事件。

如果一个泊松过程$\{N(t),t\geqslant 0\}$,已知在$[0,t)$内出现k个事件 A$(k\geqslant 1)$,则k个事件 A 的到达时间$\{s_1,s_2,\cdots,s_k\}$是由一组n维独立、同分布的随机变量所组成的顺序统计量。且每一个随机变量均匀分布于$[0,t)$内。

证明: 假定在$[0,t)$内恰好有k个事件 A 发生,即泊松随机变量$N_t=k$,现在讨论这些事件发生的时刻的条件概率。为此,用$t_0,t_1,\cdots,t_M$将$[0,t)$划分成相邻的M个子时间间隔,并令$t_0=0,t_M=t$,按定义$\tau_m=t_m-t_{m-1},m=1,2,\cdots,M$,这种划分如图 6.7 所示。

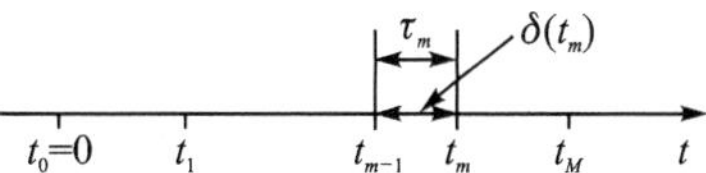

图 6.7　时间间隔的划分

由上述定义不难得出

$$t=\sum_{m=1}^{M}\tau_m \tag{6.4.3}$$

必须强调指出,在事件 A 发生的时间t_k和划分时刻t_m之间不存在任何先验关系,令

$$\delta(\tau_m)=(t_{m-1},t_m) \tag{6.4.4}$$

在$\delta(\tau_m)$中发生的事件数用k_m表示,于是有

$$k=\sum_{m=1}^{M}k_m \tag{6.4.5}$$

假设在整个区间$[0,t)$内发生k个事件 A,则在长度为$\tau_m,m=1,2,\cdots,M$的子时间间隔$\delta(\tau_m)$内发生k_m个事件 A 的条件概率为

$$\begin{aligned}&P\{N_{\tau_1}=k_1,N_{\tau_2}=k_2,\cdots,N_{\tau_M}=k_M\mid N_t=k\}\\&=\frac{P\{N_{\tau_1}=k_1,N_{\tau_2}=k_2,\cdots,N_{\tau_M}=k_M,N_t=k\}}{P\{N_t=k\}}\\&=\frac{P\{N_{\tau_1}=k_1,N_{\tau_2}=k_2,\cdots,N_{\tau_M}=k_M\}}{P\{N_t=k\}}\end{aligned} \tag{6.4.6}$$

因为泊松计数过程具有平稳独立增量,故

$$P\{N_{\tau_1}=k_1,N_{\tau_2}=k_2,\cdots,N_{\tau_M}=k_M\}=\prod_{m=1}^{M}P\{N_{\tau_m}=k_m\} \tag{6.4.7}$$

此外,由于在任一区间内发生的事件数均服从泊松概率分布,于是得

$$P\{N_{\tau_m}=k_m\}=\frac{\mathrm{e}^{-\lambda\tau_m}(\lambda\tau_m)^{k_m}}{k_m!}\qquad m=1,2,\cdots,M \tag{6.4.8}$$

和

$$P\{N_t=k\}=\frac{\mathrm{e}^{-\lambda t}(\lambda t)^k}{k!} \tag{6.4.9}$$

将式(6.4.7)、式(6.4.8)和式(6.4.9)代入式(6.4.6),得

$$\begin{aligned}&P\{N_{\tau_1}=k_1,N_{\tau_2}=k_2,\cdots,N_{\tau_M}=k_M\mid N_t=k\}\\&=\prod_{m=1}^{M}\frac{\mathrm{e}^{-\lambda\tau_m}(\lambda\tau_m)^{k_m}}{k_m!}\Bigg/\frac{\mathrm{e}^{-\lambda t}(\lambda t)^k}{k!}\\&=\frac{\mathrm{e}^{-\lambda(\tau_1+\tau_2+\cdots+\tau_M)}}{\mathrm{e}^{-\lambda t}}\frac{\lambda^{(k_1+k_2+\cdots+k_M)}}{\lambda^k}\prod_{m=1}^{M}\frac{\tau_m^{k_m}}{k_m!}\Bigg/\frac{t^k}{k!}\end{aligned}$$

$$= \frac{k!}{t^k} \prod_{m=1}^{M} \frac{\tau_m^{k_m}}{k_m!} \tag{6.4.10}$$

假定将划分做得足够细,使 $M>k$,且在任一单个子间隔中发生的事件不多于一个,那么在这种情况下,k 个子间隔中均各有一个事件发生。于是,在这 k 个间隔中,有

$$\tau_m^{k_m} = \tau_m^1 = \tau_m, \quad k_m! = 1! = 1$$

而在剩余的 $M-k$ 个子间隔中的每一个均不发生事件 A,在这 $M-k$ 个间隔中,有

$$\tau_m^{k_m} = \tau_m^0 = 1, \quad k_m! = 0! = 1$$

这时,式(6.4.10)意味着包含 k 项乘积,它对应着 k 个子间隔,而每个子间隔仅有一个事件发生。为了方便,下面变换 k 个子间隔的表达符号,使子间隔 $\delta(\tau_j)$包含第 j 个发生的事件。按照定义,第 j 个事件发生的时间就是到达时间 t_j。于是,式(6.4.10)的条件概率恰好是以假设 $N_t=k$ 为条件的事件$[t_j \in \delta(\tau_j), j=1,2,\cdots,k]$发生的联合概率,即

$$P\{t_1 \in \delta(\tau_1), t_2 \in \delta(\tau_2), \cdots, t_k \in \delta(\tau_k) \mid N_t = k\} = \frac{k!}{t^k} \prod_{j=1}^{k} \tau_j \tag{6.4.11}$$

按定义,式中的到达时间 t_j 的排序是 $0<t_1<t_2<\cdots<t_k \leqslant t$。

假定在给定的时间间隔$[0,t)$内发生 k 个事件,设想对引起某些特殊事件的客体,用 $1,2,\cdots,k$ 进行编号,例如排队的人流或发射的电子流;然后用 u_i 表示客体 i 引起的事件时间。注意到,由于没有先验证据能够说明客体数 i 将按序引起第 i 个事件发生,所以,相应地也无法证明,客体数 i 的事件时间 u_i 将和第 i 个发生的事件的到达时间 t_j 是相同的。即到达时间 t_j 按定义排序,事件时间 u_i 则没有必要这样排序。这种情况如图 6.8 所示。如果用 U_i 表示随机变量,其取值为实际事件时间 u_i 的分布值,则称到达时间随机变量 T_j 是事件时间随机变量 U_i 的顺序统计量。

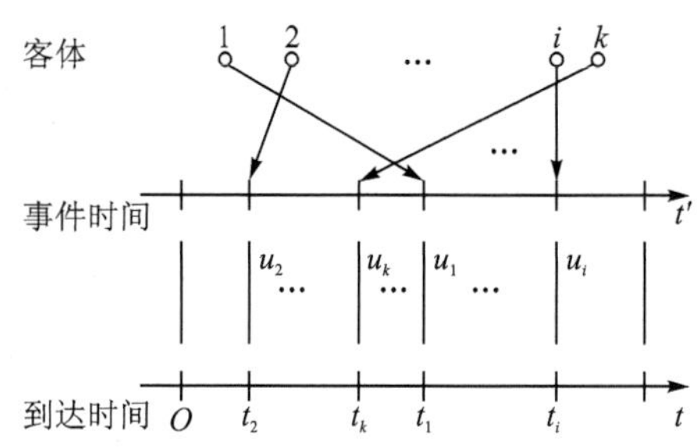

图 6.8 事件时间和到达时间的关系

现在假定事件时间 U_i 是相互统计独立的随机变量,且在$[0,t)$内服从均匀分布。更确切地说,若给定 $N_t=k$,则 U_i 是相互独立的,且有

$$f_{U_i}(u_i \mid N_t = k) = \begin{cases} 1/t & 0 < u_i < t \\ 0 & \text{其他} \end{cases} \quad i = 1,2,\cdots,k \tag{6.4.12}$$

因为根据假定,U_i 是统计独立的,故 k 个事件时间 U_i 的条件概率密度为

$$f_{u_1,u_2,\cdots,u_k}(u_1,u_2,\cdots,u_k \mid N_t = k) = \begin{cases} 1/t^k & 0 < u_i < t \\ 0 & \text{其他} \end{cases} \quad i = 1,2,\cdots,k \tag{6.4.13}$$

对于给定的到达时间集$\{t_j, j=1,2,\cdots,k\}$,$t_j \in [0,t)$,k 个 t_j 中的任何一个均可能是客体 1 的事件时间 u_1,剩余的 $k-1$ 个 t_j 中的任何一个均可能是客体 2 的事件时间 u_2。于是,可以看出,有 $k!$ 个不同的事件时间集$\{u_i, i=1,2,\cdots,k\}$。因此,得到有序的事件时间(即到达时间)的条件概率密度函数为

$$f_{T_1,T_2,\cdots,T_k}(t_1,t_2,\cdots,t_k \mid N_i = k) = \begin{cases} \dfrac{k!}{t^k} & 0 < t_j \leqslant t \\ 0 & \text{其他} \end{cases} \quad j = 1,2,\cdots,k \tag{6.4.14}$$

现在，再回到 k 个子间隔 $\delta(\tau_j)$ 来讨论式(6.4.14)。参看式(6.4.11)，不难看出，到达时间 T_1 落入宽度为 τ_1 的子区间 $\delta(\tau_1)$，T_2 落入宽度为 τ_2 的子区间 $\delta(\tau_2)$ 等的概率，是由式(6.4.14)在 k 个给定的子区间上积分得到的，即

$$
\begin{aligned}
&P[T_1 \in \delta(\tau_1), T_2 \in \delta(\tau_2), \cdots, T_k \in \delta(\tau_k) \mid N_t = k] \\
&= \int_{\delta(\tau_k)} \cdots \int_{\delta(\tau_2)} \int_{\delta(\tau_1)} \frac{k!}{t^k} \mathrm{d}t_1 \mathrm{d}t_2 \cdots \mathrm{d}t_k \\
&= \frac{k!}{t^k} \prod_{j=1}^{k} \tau_j
\end{aligned} \tag{6.4.15}
$$

显然，式(6.4.15)和式(6.4.11)是一致的。于是可以断言：已知在时间间隔 $[0,t)$ 内发生 k 个事件，则事件时间 $U_1, U_2, \cdots, U_k$ 是相互统计独立的，且其中的每一个都是在给定区间中服从均匀分布的随机变量。

本节的结论提供了检验一个观测到的事件集合是否为泊松型的一种方法。假设人们在长为 T 的时间内对过程进行观测，这期间有 k 个事件发生。又设人们用某种随机的方式给这 k 个事件做标记(即以任意不以事件发生次序为依据的方式给事件编号)。对于，$i=1,2,\cdots,k$，以 U_i 表示编号为 i 的事件的发生时间(从观测起点开始算)，如果事件是按泊松过程发生的，则随机变量 $U_1, U_2, \cdots, U_k$ 是独立地在区间 $[0,T)$ 上均匀分布的。因此，检验时间是否为泊松型的一种方法是，检验观测值 $U_1, U_2, \cdots, U_k$ 是否独立并在区间 $[0,T)$ 上均匀分布。为了检验后者，人们可以利用科尔莫戈罗夫-斯米尔诺夫检验或克拉美-冯米瑟斯检验，同时也可以利用如下事实：根据中心极限定理，对适当大的 k 值，可以把 k 个在区间 $[0,T)$ 上均匀分布的独立随机变量之和 $S_k = \sum_{i=1}^{k} U_i$ 看做是正态分布的随机变量，其均值和方差分别是

$$
E(S_k) = kE(U_1) = kT/2
$$

$$
D(S_k) = kD(U_1) = kT^2/12
$$

于是，如果在 $T=10$ min 内对事件序列进行观测，其中有 $k=12$ 个事件发生，则事件发生的时间之和 S_{12}(渐近地)服从均值为 60、方差为 100 的正态分布。因此，若 S_{12} 满足不等式

$$
60 - 1.96 \times 10 \leqslant S_{12} \leqslant 60 + 1.96 \times 10
$$

则接受观测到的事件是泊松型的这一统计假设。称这个检验的显著性水平是 95%。也就是说，若事件实际上是泊松型的话，则人们接受它是泊松型这一假设的概率是 95%。

6.5　更新计数过程

在前面讨论泊松计数过程的统计特性的，总是先假定计数过程增量的概率性质，然后推导到达时间和到达时间间隔的性质。但是，在许多实际问题中，更多的情况则是先分配到达时间的概率，然后再确定相应的泊松计数过程的性质。

例如，考虑一个设备更新问题。假定在某一起始时刻(如 $t=0$)安装了某种装备，它一直被使用到失效，并被另一个同类设备所替换。且假定任一设备的寿命不受任何其他设备的影响。于是这类模型就是一个随机过程，而且其到达时间间隔是随机出现的。如果进一步假定，一台设备的寿命及其被另一台替换是相互独立的，且都为具有相同分布的随机变量，则称此相应的计数过程为更新计数过程。现在讨论这类过程的基本概率性质。

假定$\{N(t),t\geqslant 0\}$是一个更新计数过程,其到达时间间隔(或更新间距)Z_k相互独立,且都为具有相同概率分布函数F_Z的随机变量

$$F_{Z_k}(t)=F_Z(t) \qquad k=1,2,3,\cdots \tag{6.5.1}$$

显然,从下述步骤可以看出,F_Z足以能够确定更新计数随机变量的概率分布函数$F_{N(t)}(i)$。

① 由到达时间T_i的概率分布函数可以计算出计数随机变量N_t的概率分布函数

$$F_{N(t)}(i)=1-F_{T_{i+1}}(t) \tag{6.5.2}$$

② 根据到达时间T_i和到达时间间隔Z_k的定义,可得

$$T_i=\sum_{k=1}^{i}Z_k \tag{6.5.3}$$

由于Z_k是相互独立的,且都为具有相同概率函数的随机变量,于是根据到达时间间隔的特征函数可以求出第i个到达时间的特征函数

$$\phi_{T_i}(v)=\phi_Z^i(v) \tag{6.5.4}$$

③ 应用给定的概率分布函数F_Z计算出到达时间间隔的特征函数$\phi_Z(v)$,然后将$\phi_Z(v)$代入到式(6.5.4),可以求得$\phi_{T_i}(v)$。

④ 对$\phi_{T_i}(v)$求傅里叶逆变换,可得概率密度函数$f_{T_i}(t)$,于是可进一步求得分布函数$F_{T_i}(t)$。

⑤ 最后,将$F_{T_i}(t)$代入式(6.5.2)可得要求的更新计数随机变量的概率分布函数$F_{N(t)}(i)$。

下面考虑一个具体问题。即假定更新计数过程的到达时间间隔(即更新间距)具有负指数分布

$$F_Z(t)=\begin{cases}1-\mathrm{e}^{-\lambda t} & t\geqslant 0\\ 0 & t<0\end{cases} \tag{6.5.5}$$

现在要求更新计数随机变量的概率分布函数$F_{N(t)}(i)$。

按特征函数的定义,有

$$\phi_T(v)=E[\mathrm{e}^{\mathrm{j}vt}]=\int_{-\infty}^{\infty}\mathrm{e}^{\mathrm{j}vt}f_T(t)\mathrm{d}t \tag{6.5.6}$$

先确定式(6.5.6)中更新计数过程的概率密度函数

$$f_T(t)=\frac{\mathrm{d}}{\mathrm{d}t}F_T(t)=\begin{cases}\lambda\mathrm{e}^{-\lambda t} & t\geqslant 0\\ 0 & t<0\end{cases}$$

代入式(6.5.6),可得

$$\begin{aligned}\phi_T(v)&=\int_0^{\infty}\mathrm{e}^{\mathrm{j}vt}\lambda\mathrm{e}^{-\lambda t}\mathrm{d}t=\int_0^{\infty}\lambda\mathrm{e}^{-\lambda t(1-\mathrm{j}v/\lambda)}\mathrm{d}t\\&=\frac{\lambda}{\lambda(1-\mathrm{j}v/\lambda)}\mathrm{e}^{-\lambda t\left(1-\frac{\mathrm{j}v}{\lambda}\right)}\bigg|_{t=0}^{\infty}=\frac{1}{1-\mathrm{j}v/\lambda}\end{aligned}$$

由于过程的第i次到达时间是i个独立的第一次到达时间之和,故有

$$\phi_{T_i}(v)=[\phi_T(v)]^i=\frac{1}{(1-\mathrm{j}v/\lambda)^i}$$

由式(6.2.5)可知,泊松计数过程第i个到达时间T_i的概率密度函数为

$$F_{T_i}(t)=\begin{cases}1-\mathrm{e}^{-\lambda t}\sum\limits_{k=0}^{i-1}\dfrac{(\lambda t)^k}{k!} & t\geqslant 0\\ 0 & t<0\end{cases}$$

于是，应用式(6.5.2)可得

$$F_{N(t)}(i)=1-F_{T_{i+1}}(t)=1-1+\mathrm{e}^{-\lambda t}\sum_{k=0}^{i}\frac{(\lambda t)^k}{k!}$$

$$=\mathrm{e}^{-\lambda t}\sum_{k=0}^{i}\frac{(\lambda t)^k}{k!}\qquad i=0,1,2,\cdots \tag{6.5.7}$$

可见，$N(t)$服从泊松概率分布。

按定义，更新计数过程的均值为

$$m(t)=E[N(t)]=\sum_{i=0}^{\infty}iP\{N(t)=i\}\qquad t\geqslant 0 \tag{6.5.8}$$

又由于　$P\{N(t)=i\}=F_{N(t)}(i)-F_{N(t)}(i+1)=F_{T_i}(t)-F_{T_{i+1}}(t)$

因此式(6.5.8)可改写成

$$m(t)=\sum_{i=0}^{\infty}i[F_{T_i}(t)-F_{T_{i+1}}(t)]$$

$$=0\times[F_{T_0}(t)-F_{T_1}(t)]+1\times[F_{T_1}(t)-F_{T_2}(t)]+2\times[F_{T_2}(t)-F_{T_3}(t)]+\cdots$$

于是可得

$$m(t)=\sum_{i=1}^{\infty}F_{T_i}(t) \tag{6.5.9}$$

对式(6.5.9)求导，如果各阶导数存在，可得更新强度

$$\lambda(t)=\frac{\mathrm{d}}{\mathrm{d}t}m(t)=\sum_{i=1}^{\infty}f_{T_i}(t)\qquad t\geqslant 0 \tag{6.5.10}$$

例 6.5-1　损坏与更换。考虑某台设备，它一直工作到损坏为止，这时用一个同类型的新设备来替换(或更新)。假定这种设备在损坏前的使用时间是一个已知概率分布的随机变量T，相继投入使用的设备的寿命$T_1,T_2,\cdots$为相互独立且具有相同分布的随机变量序列。如果$N(t)$表示在时间$(0,t]$内替换(或更新)的设备的个数，那么$\{N(t),t\geqslant 0\}$是一个更新计数过程。

例 6.5-2　呼唤流。设想一个不断收到买主订货单的中心邮购商行，或者一个不断接到呼叫的电话交换台。订货单或呼叫在时间$\tau_1,\tau_2,\cdots$到达，其中$0<\tau_1<\tau_2<\cdots$。通常可以假定到达的时间间隔$T_1=\tau_1,T_2=\tau_2-\tau_1,\cdots,T_n=\tau_n-\tau_{n-1}$是独立同分布的随机变量。令$N(t)$表示在区间$(0,\tau)$内收到的订货单(或呼叫)的个数，则$\{N(t),t\geqslant 0\}$是一个更新计数过程。

例 6.5-3　核粒子计数器——按比例计数电路。更新计数过程在核粒子计数器的理论中起着重要的作用。提出更新计数过程的一种方式是作为按比例计数电路输出的模型。

放射物的计数装置常常只有有限的分辨能力，这就是说，在一个脉冲已经到达但尚未计数时，其他脉冲过早地到达了，从而无法被计数。大部分检测装置都有一个称作分辨事件的特征函数，在一个脉冲到达之后的不短于分辨时间的一段时间内，计数器对后继到达的脉冲是无反应的。减少由正的分辨时间所带来的损失的一种办法是引入一种电路，它对一定数量的(比如k个)输入事件仅做一次计数。具有这种功能的装置称作按比例k计数的电路。设$T_1,T_2,\cdots$表示连接了按比例k计数电路的计数器相继计数的时间间距，可以证明，如果脉冲的到达是强度为λ的泊松型事件，那么$T_1,T_2,\cdots$是独立的随机变量列，它们都服从以k和λ为参数的伽玛分布。

6.6 复合泊松过程

定义 设$\{N(t),t\geqslant 0\}$是一个强度为λ的泊松过程,$\{Y_n,n=1,2,\cdots\}$是一组相互独立的、具有相同分布的随机变量,且$\{N(t)\}$与$\{Y_n\}$亦相互统计独立,令

$$X(t)=\sum_{n=1}^{N(t)}Y_n \qquad t\geqslant 0 \tag{6.6.1}$$

则称$\{X(t),t\geqslant 0\}$为复合泊松过程。

从式(6.6.1)可看出,如果$Y_n=1$,则$X(t)=N(t)$,$X(t)$就是通常所说的泊松过程。

例 6.6-1 某计算机相继出现两次故障的间隔时间为相互独立且服从相同指数分布的随机变量。每出现一次故障都需要支付一定的维修费用来修复它。设发生在不同时刻的故障的维修费相互独立,为同分布的,且维修费和故障时间也是相互独立的。因此,若令$X(t)$为$[0,t)$内的总费用,则$\{X(t),t\geqslant 0\}$是一个复合泊松过程。有

$$X(t)=\sum_{n=1}^{N(t)}Y_n$$

式中,Y_n代表第n次的维修费,$N(t)$代表在$[0,t)$内的故障次数。

例 6.6-2 到达机场的飞机架数是一个泊松过程,而每架飞机的乘客数是一个随机变量。若每架飞机的乘客数服从相同分布,且彼此统计独立,各架飞机的乘客数和飞机架数$N(t)$也是统计独立的,则到达机场的总人数是一个复合泊松过程$\{X(t),t\geqslant 0\}$,且

$$X(t)=\sum_{n=1}^{N(t)}Y_n$$

式中,Y_n代表第n架飞机的乘客数,$N(t)$代表区间$[0,t)$内到达机场的飞机架数。

根据复合泊松过程的定义,每个随机变量Y_n有相同的概率密度,即$f_{Y_n}(y)=f_Y(y)$。如果Y是离散随机变量,则称$X(t)$为广义泊松过程;如果Y是连续随机变量,则称$X(t)$为复合泊松过程。

若已知$N(t)=k$,则$X(t)$是k个随机变量之和,则可以很容易地求得其特征函数为

$$\phi_X(v,t)=\sum_{k=0}^{\infty}E[\mathrm{e}^{\mathrm{j}vX(t)}\mid N(t)=k]P[N(t)=k] \tag{6.6.2}$$

式中

$$E[\mathrm{e}^{\mathrm{j}vX(t)}\mid N(t)=k]=E[\mathrm{e}^{\mathrm{j}v\sum_{n=1}^{k}Y_n}]=\prod_{n=1}^{k}E[\mathrm{e}^{\mathrm{j}vY_n}]=[\phi_Y(v)]^k \tag{6.6.3}$$

由于Y_n是统计独立的同分布的随机变量,将式(6.6.3)代入式(6.6.2)后,可得

$$\begin{aligned}\phi_X(v,t)&=\sum_{k=0}^{\infty}[\phi_Y(v)]^k\frac{(\lambda t)^k}{k!}\mathrm{e}^{-\lambda t}=\mathrm{e}^{-\lambda t}\sum_{k=0}^{\infty}\frac{[\lambda t\phi_Y(v)]^k}{k!}\\&=\mathrm{e}^{-\lambda t}\mathrm{e}^{\lambda t\phi_Y(v)}=\mathrm{e}^{\lambda t[\phi_Y(v)-1]}\end{aligned} \tag{6.6.4}$$

对特征函数求导,不难求得$X(t)$的各阶矩。于是有

$$E[X(t)]=(-\mathrm{j})\frac{\mathrm{d}}{\mathrm{d}v}\phi_X(v,t)\bigg|_{v=0}=(-\mathrm{j})\left\{\lambda t\frac{\mathrm{d}\phi_Y(v)}{\mathrm{d}v}\mathrm{e}^{\lambda t[\phi_Y(v)-1]}\right\}\bigg|_{v=0}$$

又由于

$$(-\mathrm{j})\frac{\mathrm{d}\phi_Y(v)}{\mathrm{d}v}\bigg|_{v=0}=E[Y],\quad \phi_Y(0)=1 \tag{6.6.5}$$

故

$$E[X(t)]=\lambda tE[Y]$$

同理可得
$$E[X^2(t)]=-\frac{d^2}{dv^2}\{\phi_X(v,t)\}\bigg|_{v=0}$$
$$=-\left\{\left[\lambda t\frac{d\phi_Y(v)}{dv}\right]^2 e^{\lambda t[\phi_Y(v)-1]}+\lambda t\frac{d^2\phi_Y(v)}{dv^2}e^{\lambda t[\phi_Y(v)-1]}\right\}\bigg|_{v=0}$$
$$=(\lambda t)^2[E(Y)]^2+\lambda tE[Y^2]$$

于是可得
$$D[X(t)]=E[X^2(t)]-(E[X(t)])^2=\lambda tE[Y^2] \tag{6.6.6}$$

例 6.6-3　一个出版商用邮寄订阅来销售杂志，她的顾客响应符合一天平均速率为 6 的泊松过程。顾客分别以 1/2、1/3 和 1/6 的概率订阅 1 年、2 年和 3 年的杂志，其选择是相互独立的。对于每次订阅，在安排了订阅后，订阅 1 年时，出版商得 1 元手续费。令 $X(t)$表示出版商在$[0,t)$内从销售订阅得到的总手续费。求数学期望 $E[E(t)]$和方差 $D[X(t)]$。

解：这是一个速率为 6 个事件/天的广义泊松过程，并且
$$P\{Y=k\}=\begin{cases}1/2 & k=1\\1/3 & k=2\\1/6 & k=3\end{cases}$$

则
$$E[Y]=1\times\frac{1}{2}+2\times\frac{1}{3}+3\times\frac{1}{6}=\frac{5}{3}$$
$$E[Y^2]=1\times\frac{1}{2}+2^2\times\frac{1}{3}+3^2\times\frac{1}{6}=\frac{10}{3}$$

由式(6.6.5)可得　　$E[X(t)]=\lambda tE[Y]=10t$

由式(6.6.6)可得　　$D[X(t)]=\lambda tE[Y^2]=20t$

例 6.6-4　考虑一个特定的保险公司的全部赔偿。设投保人的死亡对应于具有比率 λ 的泊松分布，对于第 n 个死亡的投保人用随机变量 Y_n 描述，投保人的价值 Y_n 是统计独立和同分布的。令 $X(t)$表示在期间$[0,t)$内，保险公司必须付出的全部赔偿。并设
$$f_{Y_n}(y)=\begin{cases}ae^{-ay} & y\geqslant 0\\0 & y<0\end{cases}$$

求 $E[X(t)]$和 $D[X(t)]$。

解：由于 Y_n 是服从指数分布的随机变量，故 $E[Y_n]=1/a$，$E[Y_n^2]=2/a^2$。于是 $X(t)$的数学期望 $E[X(t)]=\lambda t/a$，方差 $D[X(t)]=2\lambda t/a^2$。

例 6.6-5　河床上的石头受水流冲击而流动。假设河床上的一块石头在时刻 $\tau_1<\tau_2<\cdots$ 受到水流的冲击而发生移动，这种移动是具有强度 λ 的泊松型事件，石头在 τ_n 时刻发生位移是一个随机变量 Y_n。设 $X(t)$是石头在时刻 t 受水流冲击而移动的总距离。而可以把 $X(t)$表示为式(6.6.1)的形式，从而可得$\{X(t),t\geqslant 0\}$是一个复合泊松过程。

6.7　非齐次泊松过程

前面讨论的均是平稳独立增量的泊松过程。本节将研究一类较为普遍的非齐次(非平稳)泊松过程。根据本章前几节阐述的方法和结果，可以很容易地推广到非齐次泊松过程，即参数 λ 是时间的函数的泊松过程。

定义　若计数过程$\{N(t),t\geqslant 0\}$满足下列假设

① 零初值性：$N(0)=0$；

② $\{N(t),t\geqslant 0\}$是一个独立增量过程；

③ 单跳跃性：　　$P\{[N(t+\Delta t)-N(t)]=1\}=\lambda(t)\Delta t+0(\Delta t)$

且
$$\lim_{\Delta t\to 0}\sum_{k=2}^{\infty}\frac{P\{[N(t+\Delta t)-N(t)]=k\}}{\Delta t}=0\qquad t\geqslant 0$$

④ 随机性：　　$P\{[N(t+\Delta t)-N(t)]=0\}=p\qquad 0<p<1$

且
$$\sum_{k=0}^{\infty}P\{[N(t+\Delta t)-N(t)]=k\}=1$$

则称$\{N(t),t\geqslant 0\}$是非齐次泊松过程。

应该注意，上述定义中，平稳增量性不一定成立。如果跳跃强度 $\lambda(t)=\lambda$(常数)，则非平稳泊松过程将转化为通常的平稳泊松过程。

定理　若$\{N(t),t\geqslant 0\}$是非齐次泊松过程，则在时间间隔$[t_0,t_0+t]$内事件 A 出现 k 次的概率为

$$\begin{aligned}&P\{[N(t_0+t)-N(t_0)]=k\}\\&=\frac{1}{k!}\left[\int_{t_0}^{t_0+t}\lambda(s)\mathrm{d}s\right]^k\exp\left\{-\int_{t_0}^{t_0+t}\lambda(s)\mathrm{d}s\right\},\quad k\geqslant 0\\&=\frac{[m(t_0+t)-m(t_0)]^k}{k!}\exp\{-[m(t_0+t)-m(t_0)]\}\end{aligned}\tag{6.7.1}$$

式中
$$m(t)=\int_0^t\lambda(s)\mathrm{d}s\tag{6.7.2}$$

式(6.7.2)表明，概率 $P\{[N(t_0+t)-N(t_0)]=k\}$不仅是时间 t 的函数，而且也是起始点 t_0 的函数。

证明：设
$$p_k(t_0,t_0+t)=P\{N(t_0+t)-N(t_0)=k\}\tag{6.7.3}$$

类似于参数 λ 为常数的情况，将区间$[t_0,t_0+t+\Delta t)$划分为两个互不重叠的子区间$[t_0,t_0+t)$和$[t_0+t,t_0+t+\Delta t)$。于是有

$$\begin{aligned}&p_0[t_0,t_0+t+\Delta t]=P\{N(t_0+t+\Delta t)-N(t_0)=0\}\\&=P\{\text{在}[t_0,t_0+t)\text{内无事件发生，在}[t_0+t,t_0+t+\Delta t)\text{内无事件发生}\}\\&=P\{\text{在}[t_0,t_0+t)\text{内无事件发生}\}P\{\text{在}[t_0+t,t_0+t+\Delta t)\text{内无事件发生}\}\\&=p_0(t_0,t_0+t)[1-\lambda(t_0+t)\Delta t+0(\Delta t)]\end{aligned}$$

移项并经整理后有

$$\frac{p_0(t_0,t_0+t+\Delta t)-p_0(t_0,t_0+1)}{\Delta t}=-\lambda(t_0+t)p_0(t_0,t_0+t)+\frac{0(\Delta t)}{\Delta t}$$

令 $\Delta t\to 0$，并利用起始条件 $p_0(t_0,t_0)=1$，则得

$$\frac{\mathrm{d}p_0(t_0,t_0+t)}{\mathrm{d}t}=-\lambda(t_0+t)p_0(t_0,t_0+t)$$

由于
$$\ln p_0(t_0,t_0+t)=-\int_0^t\lambda(t_0+u)\mathrm{d}u=-\int_{t_0}^{t_0+t}\lambda(s)\mathrm{d}s$$

故
$$p_0(t_0,t_0+t)=\exp\left\{-\int_0^{t_0+t}\lambda(s)\mathrm{d}s\right\}\tag{6.7.4}$$

同理可得

$$\begin{aligned}&p_k(t_0,t_0+t+\Delta t)=P\{N(t_0+t+\Delta t)-N(t_0)=k\}\\&=P\{\text{在}[t_0,t_0+t)\text{内发生 }k\text{ 次事件，在}[t_0+t,t_0+t+\Delta t)\text{内不发生事件}\}+\end{aligned}$$

$P\{$在$[t_0, t_0+t)$ 内发生 $k-1$ 次事件,在$[t_0+t, t_0+t+\Delta t)$ 内发生 1 次事件$\}+$

$P\{$在$[t_0, t_0+t)$ 内发生 $k-2$ 及少于 $k-2$ 次事件,在$[t_0+t, t_0+t+\Delta t)$ 内至少发生 2 次事件$\}$

$= p_k(t_0, t_0+t)[1-\lambda(t_0+t)\Delta t+0(\Delta t)]+p_{k-1}(t_0, t_0+t)[\lambda(t_0+t)\Delta t+0(\Delta t)]+$

$\sum\limits_{j\leqslant k-2} p_k(t_0, t_0+t)0(\Delta t)$

移项并经整理后,有

$$\frac{p_k(t_0, t_0+t+\Delta t)-p_k(t_0, t_0+t)}{\Delta t}$$

$$=-\lambda(t_0+t)p_k(t_0, t_0+t)+\lambda(t_0+t)p_{k-1}(t_0, t_0+t)+\frac{0(\Delta t)}{\Delta t}$$

令 $\Delta t\to 0$,则有 $\frac{\mathrm{d}p_k(t_0, t_0+t)}{\mathrm{d}t}=-\lambda(t_0+t)p_k(t_0, t_0+t)+\lambda(t_0+t)p_{k-1}(t_0, t_0+t)$

令 $k=1$,有

$$\frac{\mathrm{d}p_1(t_0, t_0+t)}{\mathrm{d}t}+\lambda(t_0+t)p_1(t_0, t_0+t)$$

$$=\lambda(t_0+t)p_0(t_0, t_0+t)=\lambda(t_0+t)\exp\left\{-\int_{t_0}^{t_0+t}\lambda(s)\mathrm{d}s\right\}$$

整理后,可以改写成

$$\frac{\mathrm{d}}{\mathrm{d}t}\left\{\exp\left\{\int_0^t\lambda(t_0+u)\mathrm{d}u\right\}p_1(t_0, t_0+t)\right\}$$

$$=\lambda(t_0+t)\exp\left\{\int_0^t\lambda(t_0+u)\mathrm{d}u\right\}\exp\left\{-\int_{t_0}^{t_0+t}\lambda(s)\mathrm{d}s\right\}$$

$$=\lambda(t_0+t)\tag{6.7.5}$$

求解式(6.7.5),并利用起始条件 $p_1(t_0, t_0)=0$,可得

$$\exp\left\{\int_0^t\lambda(t_0+u)\mathrm{d}u\right\}p_1(t_0, t_0+1)=\int_0^t\lambda(t_0+u)\mathrm{d}u=\int_{t_0}^{t_0+t}\lambda(s)\mathrm{d}s$$

即

$$p_1(t_0, t_0+t)=\int_{t_0}^{t_0+t}\lambda(s)\mathrm{d}s\exp\left\{-\int_{t_0}^{t_0+t}\lambda(s)\mathrm{d}s\right\}\tag{6.7.6}$$

经过逐次迭代,并利用数学归纳法,最后可得

$$p_k(t_0, t_0+t)=\frac{[m(t_0+t)-m(t_0)]^k}{k!}\exp\{-[m(t_0+t)-m(t_0)]\}\tag{6.7.7}$$

证毕。

例 6.7-1　考虑一个非齐次泊松过程$\{N(t), t\geqslant 0\}$,其中

$$\lambda(t)=\frac{1}{2}(1+\cos\omega t)\qquad t\geqslant 0$$

求 $E[N(t)]$和 $D[N(t)]$。

解: 这是时变泊松过程的简单应用。已知

$$\phi_{N(t)}(v)=\exp\{-m(t)(1-\mathrm{e}^{\mathrm{j}v}\}$$

其中

$$m(t)\triangleq\int_0^t\lambda(u)\mathrm{d}u$$

故

$$E[N(t)]=(-\mathrm{j})\frac{\mathrm{d}\phi_{N(t)}(v)}{\mathrm{d}v}\bigg|_{v=0}$$

$$=(-\mathrm{j})[\mathrm{j}m(t)\mathrm{e}^{\mathrm{j}v}\phi_{N(t)}(v)]\big|_{v=0}=m(t)$$

均方值为
$$E[N^2(t)]=-\left.\frac{\mathrm{d}^2\phi_{N(t)}(v)}{\mathrm{d}v^2}\right|_{v=0}$$
$$=-[\mathrm{j}m(t)\mathrm{j}m(t)\mathrm{e}^{\mathrm{j}v}\phi_{N(t)}(v)-m(t)\mathrm{e}^{\mathrm{j}v}\phi_{N(t)}(v)]\mid_{v=0}$$
$$=m^2(t)+m(t)$$

于是可得
$$\mathrm{var}[N(t)]=E[N^2(t)]-\{E[N(t)]\}^2=m(t)$$

其中
$$m(t)=\int_0^t\frac{1}{2}(1+\cos\omega u)\mathrm{d}u=\frac{1}{2}\left[t+\frac{\sin\omega t}{\omega}\right]\qquad\omega\neq 0$$

习题六

6.1　设 $X(t)$是一个参数为 λ 的泊松过程。

(1) 证明：$X(t)$的一阶特征函数 $\phi(v)=E\{\mathrm{e}^{\mathrm{j}vX(t)}\}=\mathrm{e}^{\lambda t(\mathrm{e}^{\mathrm{j}v}-1)}$。

(2) 若 $t_2>t_1$,m 和 n 是两个整数,证明：

$$P\{X(t_1)=m,X(t_2)=m+n\}=\mathrm{e}^{-\lambda t_2}\lambda^{m+n}\frac{(t_2-t_1)^n{t_1}^m}{m!n!}$$

6.2　设$\{X(t),t\geqslant 0\}$为一个独立增量过程,且 $X(0)=0$。若用 $F(t)$表示 $X(t)$的方差函数：

$$F(t)=E\{\{X(t)-E[X(t)]\}^2\}$$

(1) 证明：$X(t)$的协方差函数 $C(t,s)$满足

$$C(t,s)=E\{\{X(t)-E[X(t)]\}\{X(s)-E[X(s)]\}\}=F[\min(s,t)]$$

(2) 对泊松过程和维纳过程分别求出相应的 $F(t)$和 $C(t,s)$。

6.3　设 $X_1(t)$和 $X_2(t)$是两个参数为 λ_1 和 λ_2 的统计独立泊松过程。

(1) 证明：$X(t)=X_1(t)+X_2(t)$是参数为 $\lambda_1+\lambda_2$ 的泊松计数过程；

(2) 证明：$X(t)=X_1(t)-X_2(t)$不是泊松计数过程。

6.4　设 $X(t)$和 $Y(t)$($0\leqslant t<\infty$)为分别具有比率 λ_X 和 λ_Y 的独立泊松计数过程。

证明：过程 $X(t)$的任意两个相邻事件之间的时间间隔内,过程 $Y(t)$恰好有 k 个事件发生的概率为

$$P=\frac{\lambda_X}{\lambda_X+\lambda_Y}\left(\frac{\lambda_Y}{\lambda_X+\lambda_Y}\right)^k\qquad k=0,1,2,\cdots$$

6.5　设相互独立且同分布的随机变量 $X_1,X_2,\cdots,X_n$ 的分布函数为

$$P\{X_i\leqslant x\}=1-\mathrm{e}^{-\lambda x}\qquad x\geqslant 0,i=1,2,\cdots,n$$

又 $Y_n=X_1+X_2+\cdots+X_n$,Y_n 的概率密度函数为 $f(y)$。求证：

$$f(y)=\mathrm{e}^{-\lambda y}\frac{\lambda^n y^{n-1}}{(n-1)!}\qquad y>0$$

6.6　计数过程$\{N(t),0\leqslant t<\infty\}$是一个泊松计数过程。

(1) 证明：泊松计数过程时间间隔的均值 $E[Z_k]=1/\lambda$,$k=1,2,\cdots$,λ 为泊松计数过程的参数；

(2) 证明：泊松计数过程第 k 个到达时间的均值 $E[T_k]=kE[Z_k]$。

6.7　负指数分布是唯一的无记忆分布。称取非负实值的随机变量 T 是无记忆的,如果对任意正数 x 和 y 有 $P(T\geqslant x+y\mid T\geqslant x)=P(T\geqslant y)$。

试证：取非负实值的随机变量 T 是无记忆的充分必要条件是，T 服从负指数分布，即

$$P(T \geqslant x) = \begin{cases} e^{-\mu x} & x \geqslant 0 \\ 0 & x < 0 \end{cases}$$

6.8　定义复合泊松过程 $\{Y_t = \sum_{n=1}^{X_t} Z_n, t \geqslant 0\}$，假定 $\lambda=5$。

(1) 若 Z_n 服从分布　$f(x)=\begin{cases} \dfrac{1}{1000} & 1000 \leqslant x \leqslant 2000 \\ 0 & \text{其他} \end{cases}$

试求 $E[Y_t]$，$D[Y_t]$，以及 Y_t 的特征函数。

(2) 若 Z_n 服从分布　$p(Z_n < x)=\begin{cases} 1-e^{-\mu x} & x \geqslant 0 \\ 0 & x<0 \end{cases}$

试再求 $E[Y_t]$、$D[Y_t]$，以及 Y_t 的特征函数。

6.9　设 $X(t)$是一个泊松过程，按以下方式构造一个新的随机过程 $Y(t)$：

$$Y(0) = 0, \quad Y(t) = \sum_{n=1}^{X(t)} Z_n$$

其中 Z_n 为独立同分布的一组随机变量，且与 $X(t)$相互独立，已知 Z_n 的特征函数为 $\phi_Z(v)$。

(1) 求 $Y(t)$的一阶特征函数 $\phi_Y(v)$；

(2) 求 $E[Y(t)]$、$E[Y^2(t)]$和 $D[Y(t)]$。

6.10　设$\{X(t), 0 \leqslant t < \infty\}$是强度为 λ 的泊松过程，令 $M_T = \dfrac{1}{T}\int_0^T X(t)\mathrm{d}t$。试求 $E[M_T]$和 $D[M_T]$。

6.11　假定一给定的更新计数过程的不同到达时刻是指数分布的，即

$$F_Z(t) = \begin{cases} 1 - e^{-\lambda t} & t \geqslant 0 \\ 0 & t < 0 \end{cases}$$

(1) 确定对应的特征函数 $\phi_Z(v)$；

(2) 确定这一过程的第 j 次到达时间的特征函数 $\phi_{T_j}(v)$；

(3) 确定第 j 次到达时间所对应的概率分布函数；

(4) 证明：这个过程的更新计数随机变量 $N(t)$的概率分布函数为

$$F_{N(t)}(k) = \sum_{j=0}^{k} \frac{e^{-\lambda t}(\lambda t)^j}{j!} \qquad k = 0,1,2,\cdots$$

即证明 $N(t)$具有泊松概率分布。

6.12　到达某交换台(具有无数的通道)的呼叫电话符合参数为 λ 的泊松过程，每次通话服从均值为 $1/\mu$ 的指数分布。令 $X(t)$是 t 时刻通话的数目。

(1) 求 $E[X(t)]$和$\lim\limits_{t\to\infty} X[E(t)]$；

(2) 求 $D[X(t)]$和$\lim\limits_{t\to\infty} D[X(t)]$；

(3) 在过程中没有呼叫的概率是多少?

6.13　设到达图书馆的读者组成一个泊松流，平均每 30 min 有 10 位读者到达。假定每位读者借书的概率为 1/3，且与其他读者是否借书相互独立。若令$\{Y(t), t \geqslant 0\}$表示借书读者流，试求：

(1) 在$[0,t)$内到达图书馆的读者数$N(t),t\geqslant 0$的概率分布;

(2) 平均到达图书馆的读者人数;

(3) 借书读者数$Y(t)$的概率分布。

6.14 设顾客到达某商店是泊松型事件,其密度是每小时30人。求下列事件的概率。

(1) 两位顾客相继到达时间间隔长于2 min;

(2) 两位顾客相继到达时间间隔短于4 min;

(3) 两位顾客相继到达时间间隔在1～3 min之间。

6.15 设某医院收到的急诊病人数组成泊松流,平均每小时接到两个急诊病人。试求:

(1) 上午10:00～12:00没有急诊病人到来的概率;

(2) 下午2:00以后第二位病人到达时间的分布。

6.16 有红、绿、蓝三种颜色的汽车,分别以强度$\lambda_1,\lambda_2,\lambda_3$的泊松流到达某哨卡,设它们是相互独立的,把汽车流合并成单个输出过程(假设汽车没有长度,没有延时)。试求:

(1) 两辆汽车之间的时间间隔的概率密度函数;

(2) 在t_0时刻观察到一辆红色汽车,分别求下一辆汽车将是红色的、蓝色的或非红色的概率;

(3) 在t_0时刻观察到一辆红色汽车,下三辆汽车是红色的,然后又是一辆非红色汽车将到达的概率。

6.17 在某个α射线计数试验中,假定发射源的强度是常数。连续进行100 h的观测,共得到18000条α射线。每条α射线到达的时间被记录在磁带上,从而在相继的每一个1 min区间中被记录的α射线数目是确定的。

(1) 对于$k=0,1,2,3,4$,求恰好含有k个α射线的1 min区间的期望值。这时假定放射源按泊松过程发射α射线,其强度等于每分钟观测到的α射线数的平均值。

(2) 对于$k=0,1,2,3,4$,求试验中观测到的在$10k\sim10(k+1)s$之间的粒子个数的期望值。

6.18 在音乐会开始之前,指挥听到来自听众的泊松型噪声(例如咳嗽声),平均速率为每10 s一次。求在节目开始前指挥等待时间的特征函数、均值和方差,如果:

(1) 他等到听到至少20 s安静后的一次噪声;

(2) 他等到听到听众席中已有持续20 s的安静;

(3) 他等到在听到一次噪声后20 s已经过去(假设他没听到噪声则不开始演奏)。

6.19 考虑一台不会瘫痪型计数器,它的相继封闭期$Y_1,Y_2,\cdots$是独立随机变量列,且和某个具有有限二阶矩的随机变量Y有相同的分布。假定粒子的到达是强度为λ的泊松型事件。试以Y的特征函数、均值和方差表示出随机变量$\{T'_n,n\geqslant 2\}$的特征函数、均值和方差,其中$T'_n=\tau'_n-\tau'_{n-1}$是相继两次记载粒子的时间间隔。

6.20 本章例6.6-3修改如下:假设发行商是心不在焉的,她没有把杂志发送到所有的订户,而实际上只发送给了2/3的订户(这些订户是随机选择的),同时她从这些订户中得到手续费。在这些假设下,求$X(t)$的均值、方差和特征函数。

6.21 设$\{N(t),t\geqslant 0\}$为非齐次泊松过程,其强度$\lambda(t)=\dfrac{1}{1+t^2},t\geqslant 0$。试求:

(1) $N(1)$的概率分布;

(2) $N(2,4)=N(4)-N(2)$的概率分布；

(3) $N(t)$的均值函数和方差函数。

6.22　设$\{n(t),t\geqslant 0\}$为非齐次泊松过程，强度$\lambda(t)=\frac{1}{2}(1-\cos\omega t),t\geqslant 0$。试求：

(1) $N(t)$的概率分布；

(2) $N(t)$的均值函数和方差函数；

(3) 在时刻$t=2$，时间间隔$\Delta t=1$时，增量$N(t,t+\Delta t)$的概率分布。

6.23* 设某仪器受到震动而引起损伤，若震动按强度为λ的泊松过程$\{N(t),t\geqslant 0\}$发生，第k次震动引起的损伤为D_k，$D_1,D_2,\cdots$是相互独立的同分布的随机变量列，且和$\{N(t),t\geqslant 0\}$相互独立。假设仪器受到震动引起的损伤按时间以指数律减小，即如果震动的初始损伤为D，则震动之后经过时间t减小为$De^{-\alpha t}$，$\alpha>0$。假设损伤是可叠加的，即在时刻t的损伤可表示为

$$D(t)=\sum_{k=1}^{N(t)}D_k e^{-\alpha(t-\tau_k)}$$

其中τ_k为机器受到第k次震动的时刻。试求$E[D(t)]$。

6.24* 设$\{X(t),0\leqslant t<\infty\}$，有$X(t)=\sum_{j=1}^{N_t}h(t-u_j)$式中，在时刻$u_j$发生的事件，在时刻$t$的输出为$h(t-u_j)$。式中在间隔$[0,t]$内发生的事件数由泊松计数随机变量$N_t$描述，随机变量$U_j$是在间隔$[0,t]$中所发生事件的无序到达时刻。这种过程称滤波泊松过程。求特征函数$\phi_{X_t}(v)$。

6.25* 考虑上题所定义的滤波泊松过程

$$X(t)=\sum_{j=1}^{N_t}h(t-U_j;Y_j)$$

考虑特殊情况

$$h(\tau;Y_j)=\begin{cases}1 & 0<\tau<Y_j\\ 0 & 其他\end{cases}$$

其中Y_j是统计独立的同分布的非负随机变量。设

$$\phi_{X_t}(v)=\exp\left\{\lambda\int_0^t E_Y\left[e^{jvh(\tau;Y)}-1\right]d\tau\right\}$$

(1) 证明：$X(t)$是泊松随机变量，其平均值$E[X(t)]=\lambda\int_0^t[1-F_Y(s)]ds$。

(2) 证明：$\lim\limits_{t\to\infty}E[X(t)]=\lambda E[Y]$。

第 7 章　马尔可夫链

在随机过程理论中，马尔可夫过程是一类占有重要地位、具有普遍意义的随机过程。它广泛应用于近代物理学、生物学(生灭过程)、公用事业和工程技术等各个领域。

马尔可夫过程$\{X(t),t\in T\}$可能取的值称为状态，其取值的全体构成马尔可夫过程的状态空间。状态空间 S 可以是连续的，也可以是离散的。马尔可夫过程的时间参数 t 可以是连续的，也可以是离散的。通常将状态和时间都是离散的马尔可夫过程称为马尔可夫链，而时间参数连续的则称为马尔可夫过程。本章讨论马尔可夫链，下一章将介绍马尔可夫过程。

7.1　马尔可夫链的定义

7.1.1　马尔可夫链

定义　设$\{X_n,n\in N^+\}$为一随机序列，时间参数集 $N^+=\{0,1,2,\cdots\}$，其状态空间 $S=\{a_1,a_2,\cdots,a_N\}$，若对所有的 $n\in N^+$，有

$$P\{X_n=a_{i_n}\mid X_{n-1}=a_{i_{n-1}},X_{n-2}=a_{i_{n-2}},\cdots,X_1=a_{i_1}\}=P\{X_n=a_{i_n}\mid X_{n-1}=a_{i_{n-1}}\} \tag{7.1.1}$$

则称$\{X_n,n\in N^+\}$为马尔可夫链。

式(7.1.1)的直观意义是：假设系统在现在时刻 $n-1$ 处于状态 $a_{i_{n-1}}$，那么将来时刻 n 系统所处的状态a_{i_n}与过去时刻$n-2,n-3,\cdots,1$ 的状态 $a_{i_{n-2}},\cdots,a_{i_1}$ 无关，仅与现在时刻 $n-1$ 的状态 $a_{i_{n-1}}$ 有关。简言之，已知系统的现在，那么系统的将来与过去无关。这种特性称为马尔可夫特性。马尔可夫特性广泛存在于我们的日常生活中，举例说明如下。

例 7.1-1　家族消失问题。

历史上有很多曾经显赫一时的家族已经消失了，那么对于一个群体而言，最终灭绝的概率有多大？这个概率与什么因素有关？这些都是研究人类繁衍进程的学者想要知道的。马尔可夫链是研究这类群体灭绝问题的重要工具。设 X_n 为某群体第 n 代的个体数量，$n\geqslant 0$。显然，当 X_n 已知时，X_{n+1}与 $X_{n-1},X_{n-2},\cdots,X_0$ 无关，所以$\{X_n,n\geqslant 0\}$满足马尔可夫特性，构成马尔可夫链，也称为离散分支过程。这样就可以应用后面将要学到的马尔可夫链的性质来研究关于群体灭绝的实际问题。高尔顿(Galton)和瓦特森(Watson)都研究过这个问题，而斯狄芬森(Steffensen)则给出了这个问题的完整解。

在处理实际问题时，常常需要知道系统状态的转化情况，因此引入转移概率

$$p_{ij}(m,n)=P\{X_n=a_j\mid X_m=a_i\}=P\{X_n=j\mid X_m=i\}\qquad i,j\in S \tag{7.1.2}$$

式(7.1.2)中转移概率 $p_{ij}(m,n)$表示：已知在时刻 m 系统处于状态 a_i，或者说 X_m 取值 a_i 的条件下，经$(n-m)$步后转移到状态 a_j 的概率。也可以把 $p_{ij}(m,n)$理解为：已知在时刻 m 系统处于状态 i 的条件下，在时刻 n 系统处于状态 j 的条件概率。故转移概率实际上是一个条件概率。转移概率具有下述性质：

- $$p_{ij}(m,n) \geqslant 0 \qquad i,j \in S$$
- $$\sum_{j \in S} p_{ij}(m,n) = 1 \quad i \in S$$

由于转移概率是一个条件概率，因此第一个性质是显然的。对于第二个性质，有

$$\sum_{j \in S} p_{ij}(m,n) = \sum_{j \in S} P\{X_n = j \mid X_m = i\} = P\{S \mid X_m = i\} = 1$$

我们特别关心 $n-m=1$，即 $p_{ij}(m,m+1)$ 的情况。把 $p_{ij}(m,m+1)$ 记为 $p_{ij}(m)$，$m \geqslant 0$，并称为基本转移概率，亦称为一步转移概率。

$$p_{ij}(m) = P\{X_{m+1} = j \mid X_m = i\} \quad i,j \in S \tag{7.1.3}$$

括号中的 m 表示转移概率与时刻 m 有关。显然，基本转移概率具有以下性质：

- $$p_{ij}(m) \geqslant 0 \qquad i,j \in S$$
- $$\sum_{j \in S} p_{ij}(m) = 1 \quad i \in S$$

类似地，定义 k 步转移概率为

$$p_{ij}^{(k)}(m) = P\{X_{m+k} = j \mid X_m = i\} \quad i,j \in S \tag{7.1.4}$$

它表示在时刻 m 时，X_m 的状态为 i 的条件下，经过 k 步转移到达状态 j 的概率。显然有：

- $$p_{ij}^{(k)}(m) \geqslant 0 \qquad i,j \in S$$
- $$\sum_{j \in S} p_{ij}^{(k)}(m) = 1 \quad i \in S$$

当 $k=1$ 时，它恰好是一步转移概率，即 $p_{ij}^{(1)}(m) = p_{ij}(m)$。

通常还规定

$$p_{ij}^{(0)}(m) = \delta_{ij} = \begin{cases} 1 & i = j \\ 0 & i \neq j \end{cases} \tag{7.1.5}$$

由于系统在任意时刻可处于状态空间 $S=\{0,\pm 1,\pm 2,\cdots\}$ 中的任意一个状态，因此，状态转移时，转移概率是一个矩阵

$$\boldsymbol{P} = \{p_{ij}^{(k)}(m), i,j \in S\} \tag{7.1.6}$$

称为 k 步转移矩阵。由于所有具有以上两个性质的矩阵都是随机矩阵，故式(7.1.6)也是一个随机矩阵。它决定了系统 $X_1, X_2, \cdots$ 所取状态转移过程的概率法则。$p_{ij}^{(k)}(m)$ 对应于矩阵 $\boldsymbol{P}$ 中的第 i 行第 j 列的元素。由于一般情况下，状态空间 $S=\{0,\pm 1,\pm 2,\cdots\}$ 是一可数无穷集合，所以转移矩阵 $\boldsymbol{P}$ 是一无穷行无穷列的随机矩阵。

7.1.2　齐次马尔可夫链

定义　如果在马尔可夫链中

$$p_{ij}(m) = P\{X_{m+1} = j \mid X_m = i\} = p_{ij} \quad i,j \in S \tag{7.1.7}$$

即从状态 i 转移到状态 j 的概率与时刻 m 无关，则称这类马尔可夫链为时齐马尔可夫链，或齐次马尔可夫链。有时也称它是具有平稳转移概率的马尔可夫链。

对于齐次马尔可夫链，一步转移概率 p_{ij} 具有下述性质：

- $$p_{ij} \geqslant 0 \qquad i,j \in S$$
- $$\sum_{j \in S} p_{ij} = 1 \quad i \in S$$

由一步转移概率 p_{ij} 可以写出其转移矩阵为

$$P = \{p_{ij}, i,j \in S\} = \begin{bmatrix} p_{11} & p_{12} & \cdots & p_{1M} \\ p_{21} & p_{22} & \cdots & p_{2M} \\ \vdots & \vdots & \ddots & \vdots \\ p_{N1} & p_{N2} & \cdots & p_{NM} \end{bmatrix} \tag{7.1.8}$$

显然矩阵 $\boldsymbol{P}$ 中的每一个元素都是非负的,并且每行之和均为 1。

如果马尔可夫链中状态空间 $S=\{0,1,2,\cdots,n\}$ 是有限的,则称为有限状态的马尔可夫链。

如果状态空间 $S=\{0,\pm1,\pm2,\cdots\}$ 是无穷集合,则称它为可数无穷状态的马尔可夫链。

例 7.1-2 马尔可夫链已广泛应用于通信系统建模中。

图 7.1 所示为一个恒参的二元通信信道。输入和输出符号集分别为 X_n 和 X_{n+1},其状态空间 $S=\{0,1\}$。假设信道以一定的错误传输概率将输入符号传送到输出端。这就是一个有限状态的马尔可夫链。令 $\alpha<1/2$ 和 $\beta<1/2$ 表示两种错误传输概率。在恒参信道中,错误传输概率为常数,即

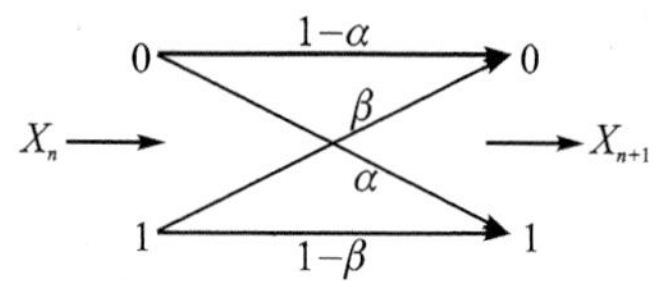

图 7.1 二元通信信道

$$P\{X_{n+1} = 1 \mid x_n = 0\} = p_{01} = \alpha$$

$$P\{X_{n+1} = 0 \mid x_n = 1\} = p_{10} = \beta$$

因此与之对应的马尔可夫链是齐次的马尔可夫链。在这种情况下,转移矩阵为

$$\boldsymbol{P} = \begin{bmatrix} p_{00} & p_{01} \\ p_{10} & p_{11} \end{bmatrix} = \begin{bmatrix} 1-\alpha & \alpha \\ \beta & 1-\beta \end{bmatrix}$$

如果是二元对称信道,则两种错误概率相等,即 $\alpha=\beta=p$。

7.2 切普曼-科尔莫戈罗夫方程

对于马尔可夫链,其 k 步转移概率满足如下的切普曼-科尔莫戈罗夫方程

$$p_{ij}^{(m+r)}(n) = \sum_{k\in S} p_{ik}^{(m)}(n) p_{kj}^{(r)}(n+m) \quad i,j \in S \tag{7.2.1}$$

式(7.2.1)表明若过程开始位于状态 i,经过 $(m+r)$ 步后转移到状态 j,必须先经过 m 步从状态 i 转移到中间状态 k,再从中间状态 k 经余下的 r 步转移到状态 j。

证明: 应用全概率公式可以证明式(7.2.1)成立。即

$$\begin{aligned} p_{ij}^{(m+r)}(n) &= P\{X_{n+m+r} = j \mid X_n = i\} = \frac{P\{X_{n+m+r} = j, X_n = i\}}{P\{X_n = i\}} \\ &= \sum_{k\in S} \frac{P\{X_{n+m+r} = j, X_{n+m} = k, X_n = i\}}{P\{X_{n+m} = k, X_n = i\}} \frac{P\{X_{n+m} = k, X_n = i\}}{P\{X_n = i\}} \\ &= \sum_{k\in S} P\{X_{n+m+r} = j \mid X_{n+m} = k, X_n = i\} P\{X_{n+m} = k \mid X_n = i\} \end{aligned} \tag{7.2.2}$$

根据马尔可夫链的特性及其转移概率的定义,式(7.2.2)中第一个因子为

$$P\{X_{n+m+r} = j \mid X_{n+m} = k, X_n = i\} = P\{X_{n+m+r} = j \mid X_{n+m} = k\} = p_{kj}^{(r)}(n+m)$$

而第二个因子为 $$P\{X_{n+m}=k \mid X_n=i\} = p_{ik}^{(m)}(n)$$

将上述结果代入到式(7.2.2)后,式(7.2.1)得证。

式(7.2.1)的物理意义可借助于图 7.2 加以说明。若已知由状态 $X_n=i$ 转移到 $X_{n+m}=k$ 的概率为 $p_{ik}^{(m)}(n)$,由状态 $X_{n+m}=k$ 转移到 $X_{n+m+r}=j$ 的概率为 $p_{kj}^{(r)}(n+m)$,则由状态 $X_n=i$

转移到 $X_{n+m}=k$，再由 $X_{n+m}=k$ 转移到 $X_{n+m+r}=j$ 的概率为

$$P\{X_{n+m+r}=j, X_{n+m}=k \mid X_n=i\} = p_{ik}^{(m)}(n)p_{kj}^{(r)}(n+m) \quad (7.2.3)$$

于是由 $X_n=i$ 转移到 $X_{n+m+r=j}$ 的概率为式(7.2.3)当 $k\in S$ 时的总和，即考虑到 X_{n+m} 取所有可能值的情况。

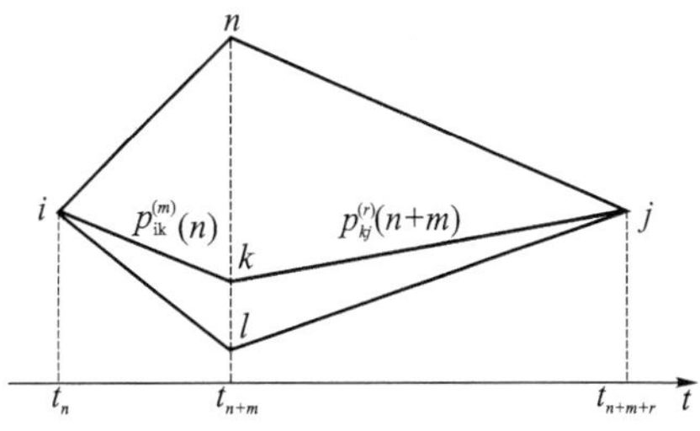

图 7.2　切普曼-科尔莫戈罗夫方程示意图

对于齐次马尔可夫链，切普曼-科尔莫戈罗夫方程可以写成下列形式

$$p_{ij}^{(m+r)} = \sum_{k\in S} p_{ik}^{(m)} p_{kj}^{(r)} \qquad i,j\in S \tag{7.2.4}$$

利用式(7.2.4)就可以用一步转移概率表达多步转移概率。事实上

$$p_{ij}^{(2)} = \sum_{k\in S} p_{ik} p_{kj} \qquad i,j\in S$$

一般有

$$p_{ij}^{(m+1)} = \sum_{k\in S} p_{ik}^{(m)} p_{kj} = \sum_{k\in S} p_{ik} p_{kj}^{(m)} \qquad i,j\in S \tag{7.2.5}$$

值得指出的是，一步转移概率 p_{ij} 不包含初始分布，亦即第 0 次随机试验中 $X_0=i$ 的概率不能由转移概率 p_{ij} 表达。因此还需要引入初始分布。令

$$q_i = P\{X_0=i\} \qquad i\in S \tag{7.2.6}$$

称 $\{q_i, i\in S\}$ 为初始分布。显然初始分布具有下述性质：① $q_i\geqslant 0, i\in S$；② $\sum_{i\in S} q_i=1$。这样，一个马尔可夫链的联合概率密度就可以由 $\{q_i, i\in S\}$ 和 $\{p_{ij,i,j\in S}\}$ 完全决定。

通常采用矩阵形式表示转移概率，设 $\boldsymbol{P}(m)$ 表示 m 步转移概率矩阵，其元素为 $p_{ij}^{(m)}$，有

$$\boldsymbol{P}^{(m)} = \{p_{ij}^{(m)}, i,j\in S\} \tag{7.2.7}$$

根据式(7.2.4)可得

$$\boldsymbol{P}^{(m+r)} = \boldsymbol{P}^{(m)}\boldsymbol{P}^{(r)} \tag{7.2.8}$$

同样，式(7.2.8)称为切普曼-科尔莫戈罗夫方程。由式(7.2.8)得

$$\boldsymbol{P}^{(2)} = \boldsymbol{P}^{(1)}\boldsymbol{P}^{(1)} = \boldsymbol{P}\boldsymbol{P} = \boldsymbol{P}^2$$

式中，$\boldsymbol{P}$ 是一步转移概率矩阵 $\boldsymbol{P}^{(1)}$。类似地有

$$\boldsymbol{P}^{(m)} = \boldsymbol{P}^{(m-1)}\boldsymbol{P}^{(1)} = \boldsymbol{P}^{(m-2)}\boldsymbol{P}^{(1)}\boldsymbol{P}^{(1)} = \boldsymbol{P}^m \tag{7.2.9}$$

这种递推关系表明，对于齐次马尔可夫链，知道了一步转移概率就完全确定了 m 步转移概率。

根据有限矩阵中矩阵乘法理论，将式(7.2.9)展开，可得

$$\boldsymbol{P}^{(m)} = \boldsymbol{P}^m = \left\{\sum_{k\in S} p_{ik}^{(m-1)} p_{kj} \qquad i,j\in S\right\} \tag{7.2.10}$$

当 $m=2$ 时，有

$$\boldsymbol{P}^{(2)} = \boldsymbol{P}^2 = \{\sum_{k\in S} p_{ik} p_{kj} \qquad i,j\in S\} \tag{7.2.11}$$

对于马尔可夫链，如果知道了它的初始分布及其转移概率，则它的有限维分布就完全确定了。为此，引入下述定理。

定理　设 $\{X_n, n\in N^+\}$ 为马尔可夫链。其状态空间为 S，且 $0\leqslant n_1<n_2<\cdots<n_k$，则 X_n 的 k 维概率分布为

$$P\{X_{n_1}=i_1, X_{n_2}=i_2, \cdots, X_{n_k}=i_k\}$$
$$= \sum_{j\in S} P\{X_0=j, X_{n_1}=i_1, X_{n_2}=i_2, \cdots, X_{n_k}=i_k\}$$

$$= \sum_{j\in S} P\{X_{n_k} = i_k \mid X_{n_{k-1}} = i_{k-1}\} P\{X_0 = j, X_{n_1} = i_1, X_{n_2} = i_2, \cdots, X_{n_{k-1}} = i_{k-1}\} \tag{7.2.12}$$

按式(7.1.3)的定义,又可把式(7.2.12)写成

$$\begin{aligned}
&P\{X_{n_1} = i_1, X_{n_2} = i_2, \cdots, X_{n_k} = i_k\} \\
&= \sum_{j\in S} p_{i_{k-1}i_k}^{(n_k-n_{k-1})} P\{X_0 = j, X_{n_1} = i_1, X_{n_2} = i_2, \cdots, X_{n_{k-1}} = i_{k-1}\} \\
&= \sum_{j\in S} p_{i_{k-1}i_k}^{(n_k-n_{k-1})} p_{i_{k-2}i_{k-1}}^{(n_{k-1}-n_{k-2})} P\{X_0 = j, X_{n_1} = i_1, X_{n_2} = i_2, \cdots, X_{n_{k-2}} = i_{k-2}\} \\
&= \cdots\cdots \\
&= \sum_{j\in S} p_{i_{k-1}i_k}^{(n_k-n_{k-1})} p_{i_{k-2}i_{k-1}}^{(n_{k-1}-n_{k-2})} \cdots p_{i_1i_2}^{(n_2-n_1)} P\{X_{n_1} = i_1, X_0 = j\} \\
&= \sum_{j\in S} p_{i_{k-1}i_k}^{(n_k-n_{k-1})} p_{i_{k-2}i_{k-1}}^{(n_{k-1}-n_{k-2})} \cdots p_{i_1i_2}^{(n_2-n_1)} p_{ji_1}^{(n_1)} P\{X_0 = j\}
\end{aligned} \tag{7.2.13}$$

式中各转移概率 $p_{ji_1}^{(n_1)}, p_{i_1i_2}^{(n_2-n_1)}, \cdots, p_{i_{k-1}i_k}^{(n_k-n_{k-1})}$ 均可利用切普曼-科尔莫戈罗夫方程求得。如果已知初始分布 $P\{X_0=j\}$,那么利用初始分布和一步转移概率,就可以完全确定马尔可夫链的统计规律,即$\{X_n, n\in N^+\}$的联合概率分布。

例 7.2-1 假设伯努利试验中,每次试验有两种状态,即 $A_1=a_1, A_2=a_2$。由于试验是独立的,且 $P(a_1)=p, P(a_2)=q=1-p$,因此在第 k 次试验出现 A_i(用 $X_k=i$ 表示),第 $k+1$ 次试验出现 A_j 的条件概率与 k 无关且等于 $P(A_j)$。这说明伯努利试验构成一个齐次马尔可夫链,并且有 $p_{11}=p_{21}=p, p_{12}=p_{22}=q$。转移概率矩阵为

$$\boldsymbol{P}^{(1)} = \begin{bmatrix} p_{11} & p_{12} \\ p_{21} & p_{22} \end{bmatrix} = \begin{bmatrix} p & q \\ p & q \end{bmatrix}$$

并可算出

$$\boldsymbol{P}^{(2)} = \begin{bmatrix} p & q \\ p & q \end{bmatrix} = \boldsymbol{P}^{(1)}$$

更一般地有

$$\boldsymbol{P}^{(n)} = \begin{bmatrix} p & q \\ p & q \end{bmatrix} = \boldsymbol{P}^{(1)} \quad n \geqslant 2$$

例 7.2-2 设$\{X_n, n\in N^+\}$为一个马尔可夫链,其状态空间 $S=\{a,b,c\}$,转移矩阵为

$$\boldsymbol{P} = \begin{bmatrix} 1/2 & 1/4 & 1/4 \\ 2/3 & 0 & 1/3 \\ 3/5 & 2/5 & 0 \end{bmatrix}$$

求:(1) $P\{X_1=b, X_2=c, X_3=a, X_4=c, X_5=a, X_6=c, X_7=b \mid X_0=c\}$;

(2) $P\{X_{n+2}=c \mid X_n=b\}$。

解:(1) 根据马尔可夫特性和齐次性,可得

$$\begin{aligned}
&P\{X_1 = b, X_2 = c, X_3 = a, X_4 = c, X_5 = a, X_6 = c, X_7 = b \mid X_0 = c\} \\
&= P\{X_1 = b \mid X_0 = c\} P\{X_2 = c \mid X_1 = b\} P\{X_3 = a \mid X_2 = c\} P\{X_4 = c \mid X_3 = a\} \cdot \\
&\quad P\{X_5 = a \mid X_4 = c\} P\{X_6 = c \mid X_5 = a\} P\{X_7 = b \mid X_6 = c\} \\
&= \frac{2}{5} \times \frac{1}{3} \times \frac{3}{5} \times \frac{1}{4} \times \frac{3}{5} \times \frac{1}{4} \times \frac{2}{5} \\
&= \frac{3}{2500}
\end{aligned}$$

(2) 二步转移概率矩阵为

$$\boldsymbol{P}^{(2)}=\boldsymbol{PP}=\begin{bmatrix}17/30 & 9/40 & 5/24\\ 8/15 & 3/10 & 1/6\\ 17/30 & 3/20 & 17/60\end{bmatrix}$$

故有　　$$P\{X_{n+2}=c\mid X_n=b\}=P_{2,3}^{(2)}=1/6$$

例 7.2-3　设$\{X_n,n\in N^+\}$，$N^+=\{0,1,2,\cdots\}$是数轴上整数点上的随机徘徊过程，即

$$X_n=X_0+Y_1+\cdots+Y_n\qquad n\geqslant 1$$

式中，$X_0,Y_1,Y_2,\cdots$相互独立，且$Y_1,Y_2,\cdots$具有公共概率分布$P\{Y_n=k\}=p_k,k=0,\pm1,\pm2,\cdots$，且$\sum\limits_{k=-\infty}^{\infty}p_k=1$。则$\{X_n,n\in N^+\}$是一个齐次可数状态的马尔可夫链，其状态空间$S=\{0,\pm1,\pm2,\cdots\}$，时间参数集$N^+=\{0,1,2,\cdots\}$，一步转移概率为

$$\begin{aligned}p_{ij}(n)&=P\{X_n=i_n\mid X_{n-1}=i_{n-1}\}\\&=P\{Y_n=i_n-i_{n-1}\}=p_{i_n-i_{n-1}}\qquad n\geqslant1,i,j\in S\end{aligned}\tag{7.2.14}$$

解：事实上，根据$\{X_0,Y_1,Y_2,\cdots\}$相互独立及概率的性质，可得

$$\begin{aligned}&P\{X_n=i_n\mid X_{n-1}=i_{n-1},\cdots,X_0=i_0\}\\&=\frac{P\{X_n=i_n,X_{n-1}=i_{n-1},\cdots,X_0=i_0\}}{P\{X_{n-1}=i_{n-1},\cdots,X_0=i_0\}}\\&=\frac{P\{Y_n=i_n-i_{n-1},Y_{n-1}=i_{n-1}-i_{n-2},\cdots,Y_1=i_1-i_0,X_0=i_0\}}{P\{Y_{n-1}=i_{n-1}-i_{n-2},\cdots,Y_1=i_1-i_0,X_0=i_0\}}\\&=P\{Y_n=i_n-i_{n-1}\}\\&=P\{X_n=i_n\mid X_{n-1}=i_{n-1}\}\end{aligned}\tag{7.2.15}$$

由式(7.2.15)可看出，$\{X_n,n\in N^+\}$是一个可数状态的马尔可夫链，而且它还是时齐的，因为转移概率$P\{Y_n=i_n-i_{n-1}\}=P_{i_n-i_{n-1}}$。

例 7.2-4　无限制的随机游走。

考虑一个质点在直线上做随机游走，如果在某一时刻质点位于i，则下一步质点将以概率$p(0<p<1)$向前游动一步到达$i+1$处，或以概率$q=1-p$向后游动一步到达$i-1$处。我们规定：该质点只能“向前”或“向后”游动一步，并且经过一个单位时间，它必须“向前”或“向后”做游动。如果以X_n表示n时刻质点的位置，则$\{X_n,n=0,1,2,\cdots\}$是一个随机过程。而且当$X_n=i$时，$X_{n+1},X_{n+2},\cdots$在时刻n之后的质点所处的状态仅与$X_n=i$有关，而与质点在时刻n之前是如何到达状态i的无关。故它是一个齐次马尔可夫链，其状态空间$S=\{0,\pm1,\pm2,\cdots\}$。一步转移概率为

$$p_{ij}=\begin{cases}p & j=i+1\\ q & j=i-1\qquad i\in S\\ 0 & \text{其他}\end{cases}$$

其转移概率矩阵为　　$$\boldsymbol{P}=\begin{bmatrix}\cdots&\cdots&\cdots&\cdots&\cdots&\cdots&\cdots\\ \cdots&q&0&p&0&0&\cdots\\ \cdots&0&q&0&p&0&\cdots\\ \cdots&0&0&q&0&p&\cdots\\ \vdots&\vdots&\vdots&\vdots&\vdots&\vdots&\ddots\end{bmatrix}$$

下面求 n 步转移概率 $p_{ij}^{(n)}$。按题意,每次转移只有两种可能:向前游动的概率为 p,向后游动的概率为 q,而 n 次转移的结果是从 i 到 j。例如,在 n 次转移中恰好向前游动 m_1 次,向后移动 m_2 次,则

$$\begin{cases} m_1 + m_2 = n \\ m_1 \times 1 + m_2 \times (-1) = j - i \end{cases}$$

联立求解方程组得 $$m_1 = \frac{n+j-i}{2} \quad m_2 = \frac{n-j+i}{2}$$

这样,根据概率法则,容易求得

$$p_{ij}^{(n)} = \begin{cases} \begin{pmatrix} n \\ \dfrac{n+j-i}{2} \end{pmatrix} p^{\frac{n+j-i}{2}} p^{\frac{n-j+i}{2}}, & n+j-i \text{ 为偶数} \\ 0, & n+j-i \text{ 为奇数} \end{cases}$$

$$p_{ij}^{(n)} = \begin{cases} \begin{pmatrix} n \\ \dfrac{n}{2} \end{pmatrix} p^{\frac{n}{2}} p^{\frac{n}{2}}, & n \text{ 为偶数} \\ 0, & n \text{ 为奇数} \end{cases}$$

利用斯特林公式 $$n! \approx n^n \mathrm{e}^{-n} \sqrt{2\pi n}$$

于是可得 $$p_{ij}^{(2n)} = \binom{2n}{n} p^n q^n = \frac{(2n)!}{n!\ n!} p^n q^n \approx \frac{(2n)^{2n} \mathrm{e}^{-2n} \sqrt{4\pi n}}{n^n \mathrm{e}^{-n} \sqrt{2\pi n}\ n^n \mathrm{e}^{-n} \sqrt{2\pi n}} p^n q^n = \frac{(4pq)^n}{\sqrt{\pi n}}$$

例 7.2-5 带有两个吸收壁的随机游动。

设有一个质点在直线上做随机游动。随机游动的状态空间为 $S=\{0,1,2\cdots,c\}$,状态 0 和状态 c 为吸收态,即质点到达这两个状态后,则以概率 1 停留在原处。显然过程 $\{X_n, n=0,1,2,\cdots\}$ 是一个齐次马尔可夫链,其一步转移概率为

$$\begin{aligned}
&p_{i,i+1} = p && 1 \leqslant i \leqslant c-1 \\
&p_{i,i-1} = q = 1-p && 1 \leqslant i \leqslant c-1 \\
&p_{ij} = 0 && j \neq i+1, i-1,\ j \in S,\ 1 \leqslant i \leqslant c-1 \\
&p_{00} = 1 && \\
&p_{cc} = 1 &&
\end{aligned}$$

由于吸收状态 0 和 c 为状态空间的两个端点,故称这种过程为带有吸收壁的随机游动。不难看出,状态 i 为马尔可夫链的吸收状态的充要条件是 $p_{ii}=1$。其一步转移概率矩阵为

$$\boldsymbol{P} = \begin{bmatrix} 1 & 0 & 0 & 0 & 0 & \cdots & 0 & 0 & 0 & 0 \\ q & 0 & p & 0 & 0 & \cdots & 0 & 0 & 0 & 0 \\ 0 & q & 0 & p & 0 & \cdots & 0 & 0 & 0 & 0 \\ \vdots & \vdots & \vdots & \vdots & \vdots & \ddots & \vdots & \vdots & \vdots & \vdots \\ 0 & 0 & 0 & 0 & 0 & \cdots & 0 & q & 0 & p \\ 0 & 0 & 0 & 0 & 0 & \cdots & 0 & 0 & 0 & 1 \end{bmatrix}$$

它是一个 $(c+1)\times(c+1)$ 的矩阵。

吸收壁的一个实例是著名的赌徒输光问题。设赌徒甲有 a 元,赌徒乙有 b 元,两个进行赌博,每赌一局输者给赢者 1 元,没有和局,直到两人中有一人输光为止。设在每一局中,甲赢的

概率为 p，乙赢的概率为 $q=1-p$。这个问题就是一个带有两个吸收壁的随机游动，从甲的角度看，他初始时刻处于 a，每次移动一格，向右移（即赢 1 元）的概率为 p，向左移的概率为 q。如果一旦到达 0（即甲全输光），或到达 $a+b$（即乙全输光），这个游戏就停止。其一步转移概率矩阵是一个 $(a+b+1)\times(a+b+1)$ 的矩阵。

例 7.2-6　带有两个反射壁的随机游动。

考虑一个质点在直线段上做随机游动。直线段上的两个终端为反射壁。此随机游动所取的状态空间为 $S=\{0,1,2,\cdots,c\}$，其中状态 0 和状态 c 为反射态。一旦质点进入状态 0，则下一步它必将以概率 1 向前游动一步。对状态 c 也有这种情况，只是向后游动一步。其余各点移动的概率规则和例 7.2-4 相同。

假定以 X_n 表示质点在时刻 n 位于状态 i，$i=0,1,2,\cdots,c$。不难看出，任意两种状态间的转移概率 $p_{ij}(k,m)$ 与 k,m 无关，仅与 $(k-m)$ 有关。因此 $\{X_n,n=0,1,2,\cdots\}$ 是一齐次马尔可夫链，其一步转移概率为

$$
\begin{aligned}
&p_{i,i+1}=p && 1\leqslant i\leqslant c-1\\
&p_{i,i-1}=q=1-p && 1\leqslant i\leqslant c-1\\
&p_{0,1}=1 &&\\
&p_{c,c-1}=1 &&\\
&p_{i,j}=0 && j\neq i+1,i-1,j\in S,1\leqslant i\leqslant c-1
\end{aligned}
$$

而它的一步转移概率矩阵为

$$
\boldsymbol{P}=\begin{bmatrix}
0 & 1 & 0 & 0 & 0 & \cdots & 0 & 0 & 0 & 0\\
q & 0 & p & 0 & 0 & \cdots & 0 & 0 & 0 & 0\\
0 & q & 0 & p & 0 & \cdots & 0 & 0 & 0 & 0\\
\vdots & \vdots & \vdots & \vdots & \vdots & \ddots & \vdots & \vdots & \vdots & \vdots\\
0 & 0 & 0 & 0 & 0 & \cdots & 0 & q & 0 & p\\
0 & 0 & 0 & 0 & 0 & \cdots & 0 & 0 & 1 & 0
\end{bmatrix}
$$

对于 $c=4$，带有两个反射壁的一维随机游动如图 7.3 所示。

在赌徒问题中，如果改变游戏规则，每当一个赌徒输光自己的赌本，他的对手要返还一部分赌金给他，这样整个游戏就可以永久地进行下去。那么利用相同的分析方法，整个过程就可以用带有两个反射壁的随机游动来描述。

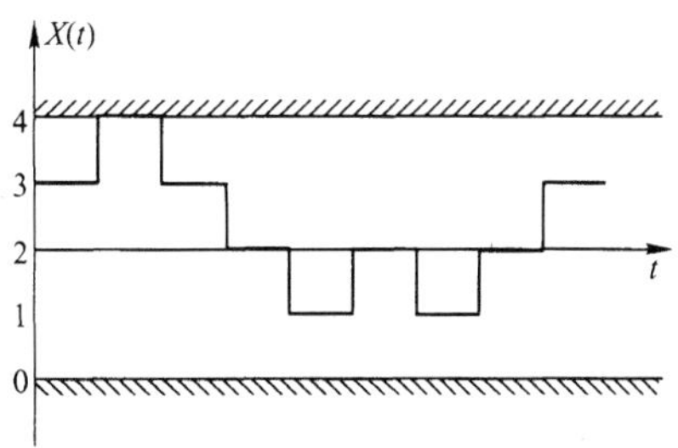

图 7.3　质点的一维随机游动

例 7.2-7　艾伦费斯特模型。

艾伦费斯特模型可以用一个坛子的模型来说明。设一个坛中装有 c 个球，它们或是红色的，或是黑色的。随机地从坛子中取出一个球，并换以另一颜色的球放回坛中。经过 n 次摸换，研究中的黑球数。

若坛子中原有的黑球数为 i，并把 i 视为坛子的状态。则经过一次摸换，坛子中的黑球数可能是 $i-1$ 个，也可能是 $i+1$ 个。于是，摸到黑球并换以红球，状态从 i 转入 $i-1$ 的转移概率为 $p_{i,i-1}=i/c$；而摸到红球，换以黑球，状态从 i 转入 $i+1$ 的转移概率为 $p_{i,i+1}=(c-i)/c$。

这个模型的状态空间为 $S=\{0,1,2,\cdots,c\}$，它是一个齐次马尔可夫链。

艾伦费斯特利用这一模型研究了气体分子的运动。此时,它比上述的坛子模型略为复杂一些。

7.3 马尔可夫链的状态分类

本节仅讨论时齐可数状态的马尔可夫链$\{X_n, n=0,1,2,\cdots\}$。其状态空间为$S=\{0,1,2,\cdots\}$,一步转移概率为p_{ij},n步转移概率为$p_{ij}^{(n)}$。

7.3.1 状态可达与相通

定义 如果对状态i和j存在某一个$n\geqslant 1$,使$p_{ij}^{(n)}>0$,即从状态i出发,经n步转移以正的概率到达状态j,则称自状态i可达状态j,并记为$i\rightarrow j$。

反之,如自状态i不可达状态j,此时,对一切$n\geqslant 1$,$p_{ij}^{(n)}=0$,则称状态i与状态j不可达。

定义 对于状态i和j,如果自状态i可达状态j,即$i\rightarrow j$,且自状态j也可达状态i,即$j\rightarrow i$,则称状态i和状态j相通,并记为$i\leftrightarrow j$。

定理 如果自状态i可达状态k,自状态k可达状态j,则自状态i可达状态j。即状态可达具有传递性。

证明: 如果$i\rightarrow k, k\rightarrow j$,则根据定义存在$r\geqslant 1$和$n\geqslant 1$,使$p_{ik}^{(r)}>0$和$p_{kj}^{(n)}>0$。

根据切普曼-科尔莫戈罗夫方程,有

$$p_{ij}^{(r+n)}=\sum_{l\in S}p_{il}^{(r)}p_{lj}^{(n)}\geqslant p_{ik}^{(r)}p_{kj}^{(n)}>0 \qquad k\in S \tag{7.3.1}$$

式中因为所有的$p_{ik}^{(r)}$和$p_{kj}^{(n)}$都是非负的,于是按定义可得$i\rightarrow j$。

定理 如果状态i和状态k相通,状态j和状态k相通,即$i\leftrightarrow k$和$k\leftrightarrow j$,则状态i和状态j相通,即$i\leftrightarrow j$。

此定理表明,状态相通具有传递性。其证明方法同前。

根据上述定理不难得出,在随机游动中所有状态只要不带有吸收状态,它与自己相邻的非吸收状态就总是相通的。这样,在不带吸收壁的随机游动中,所有的状态都是相通的。而在带有吸收壁的随机游动中,除吸收状态外,其他状态都是相通的。显然,吸收状态不与别的任何状态相通,而且也不能自吸收状态到达任何别的状态。但在带有吸收壁的随机游动中,从任何非吸收状态都可到达吸收状态。

7.3.2 首次进入时间和状态分类

对于任何两个状态i和j,在事件$\{X_0=i\}$上引入随机变量

$$T_{ij}(\omega)\triangleq\min\{n: X_0(\omega)=i, X_n(\omega)=j, n\geqslant 1\} \tag{7.3.2}$$

T_{ij}表示从状态i出发,首次进入状态j的时间,或者说是使$X_n=j$的最小值n;ω表示某一个样本。对于某一个样本ω,$X_n(\omega)$可能永远不会为j,即$\omega\in\{X_0(\omega)=i, X_n(\omega)\neq j, n\geqslant 1\}$。那么在式(7.3.2)中就不会存在一个$n$,并且$T_{ij}$对该$\omega$没有真正的意义。在这种情况下,形式地规定$T_{ij}(\omega)=+\infty$,这时“永不出现”可以理解为“终身等待”。按照这种规定,$T_{ij}(\omega)$是一个可以取值为$+\infty$的随机变量。我们把集合$\{1,2,\cdots,\infty\}$记为$\{N_\infty\}$,于是T_{ij}取值于$\{N_\infty\}$。

下面讨论T_{ij}的概率分布。

定义　对于 $n\in N_\infty$，有

$$f_{ij}^{(n)} \triangleq P\{T_{ij}=n \mid X_0=i\}\geqslant 0 \tag{7.3.3}$$

它表示系统自状态 i 出发，经 n 步转移，首次到达状态 j 的概率。显然

$$\begin{aligned} f_{ij}^{(n)} &= P\{X_n=j,X_m\neq j,m=1,2,\cdots,n-1 \mid X_0=i\} \\ &= \sum_{i_1\neq j}\cdots\sum_{i_{n-1}\neq j} p_{ii_1}p_{i_1i_2}\cdots p_{i_{n-1}j} \qquad n\geqslant 1 \end{aligned} \tag{7.3.4}$$

式(7.3.4)表示一个从状态 i 开始，到达状态 j 的马尔可夫链的概率关系。于是容易得到

$$f_{ij}^{(1)}=p_{ij}=P\{X_1=j \mid X_0=i\}$$

$$f_{ij}^{(\infty)}=P\{X_m\neq j,\text{对一切 } m\geqslant 1 \mid X_0=i\}$$

定义　对于 $n\in N_\infty$，有

$$f_{ij}\triangleq \sum_{1\leqslant n<\infty} f_{ij}^{(n)}=\sum_{1\leqslant n<\infty} P\{T_{ij}=n \mid X_0=i\}=P\{T_{ij}<\infty\} \tag{7.3.5}$$

它表示系统自状态 i 出发，迟早要到达状态 j 的概率。需要强调的是，式(7.3.5)中求和时上标不包含∞，从而得到

$$f_{ij}^{(\infty)}=P\{T_{ij}=\infty\}=1-f_{ij} \tag{7.3.6}$$

显然有 $0\leqslant f_{ij}^{(n)}\leqslant f_{ij}\leqslant 1$。

定理 1　对任意的 $i,j\in S$ 及 $1\leqslant n<\infty$，有

$$p_{ij}^{(n)}=\sum_{v=1}^{n} f_{ij}^{(v)}p_{jj}^{(n-v)} \tag{7.3.7}$$

证明：

$$\begin{aligned} p_{ij}^{(n)} &\overset{①}{=} P\{X_n=j \mid X_0=i\} \\ &\overset{②}{=} P\{T_{ij}\leqslant n,X_n=j \mid X_0=i\} \\ &\overset{③}{=} \sum_{v=1}^{n} P\{T_{ij}=v,X_n=j \mid X_0=i\} \\ &\overset{④}{=} \sum_{v=1}^{n} P\{T_{ij}=v \mid X_0=i\}P\{X_n=j \mid X_0=i,T_{ij}=v\} \\ &\overset{⑤}{=} \sum_{v=1}^{n} P\{T_{ij}=v \mid X_0=i\}P\{X_n=j \mid X_0=i,X_1\neq j,\cdots,X_{v-1}\neq j,X_v=j\} \\ &\overset{⑥}{=} \sum_{v=1}^{n} P\{T_{ij}=v \mid X_0=i\}P\{X_n=j \mid X_v=j\} \\ &\overset{⑦}{=} \sum_{v=1}^{n} f_{ij}^{(v)}p_{jj}^{(n-v)} \end{aligned}$$

对上述证明过程做如下解释。

第①步是按 $p_{ij}^{(n)}$ 的定义；

第②步是因为$\{X_0=i,X_n=j\}\subset\{T_{ij}\leqslant n,X_n=j\}$，故$\{X_n=j|X_0=i\}$意味着$\{T_{ij}\leqslant n,X_n=j\}$；

第③步是因为对 $1\leqslant v\leqslant n$，事件$\{T_{ij}\leqslant n\}$可按照首次进入状态 j 的时刻不同，分解为互不相交事件之和；

第④步是根据条件概率的定义；

第⑤步是用了 T_{ij} 的定义；

第⑥步是由于 X_n 的马尔可夫性，因为$\{X_0=i,X_1\neq j,\cdots,X_{v-1}\neq j\}$是一个在 v 以前发生

的事件,在 $X_v=j$ 的条件下,它与 $X_n=j$ 独立;

第⑦步是应用了 $f_{ij}^{(v)}$ 的定义和 X_n 的时齐性。

这一定理给出了 $f_{ij}^{(n)}$ 和 $p_{ij}^{(n)}$ 相联系的关键公式。$f_{ij}^{(n)}$ 表示从状态 i 出发经 n 步首先进入状态 j 的概率;$p_{ij}^{(n)}$ 表示从状态 i 出发经 n 步转移处于状态 j 的概率。

定理 2 $f_{ij}>0$ 的充要条件是 $i\to j$。

证明: 先证充分性。若 $i\to j$,根据状态可达的定义,则有某一个 $n\geqslant 1$,使 $p_{ij}^{(n)}>0$。由式(7.3.7)知

$$p_{ij}^{(n)}=\sum_{v=1}^{n}f_{ij}^{(v)}p_{jj}^{(n-v)}>0$$

从而可知 $f_{ij}^{(1)},f_{ij}^{(2)},f_{ij}^{(3)},\cdots,f_{ij}^{(n)}$ 中至少有一个是大于零的,于是可得 $f_{ij}=\sum\limits_{v=1}^{\infty}f_{ij}^{(v)}>0$。

再证必要性。若 $f_{ij}>0$,则因 $f_{ij}=\sum\limits_{n=1}^{\infty}f_{ij}^{(n)}$,故至少有一个 $n\geqslant 1$,使 $f_{ij}^{(n)}>0$。另外由式(7.3.7)得

$$p_{ij}^{(n)}=\sum_{v=1}^{n}f_{ij}^{(v)}p_{jj}^{(n-v)}\geqslant f_{ij}^{(n)}p_{jj}^{(0)}=f_{ij}^{(n)}>0$$

于是有 $i\to j$。

推论 状态 i 和 j 相通的充要条件是 $f_{ij}>0$ 和 $f_{ji}>0$。

从上述分析可得,在 $j=i$ 时,T_{ii} 便是从状态 i 出发,首次返回状态 i 所需的时间。而 f_{ii} 则是从状态 i 出发,在有限步内迟早要返回状态 i 的概率。显然它是 0 与 1 之间的一个数。

根据 f_{ii} 取值的情况,可把状态分成如下两类:

① 如果 $f_{ii}=1$,则称状态 i 是常返的;

② 如果 $f_{ii}<1$,则称状态 i 是非常返的,有时称为滑过的。

如果状态 i 为常返的,则从状态 i 出发,经过有限步的转移迟早要返回状态 i,意即 $f_{ii}=1$。这样,过程从状态 i 出发、返回,然后再出发,再返回,如此无限地进行下去,则进入状态 i 的次数将无限地增加。

如果状态 i 为非常返的,则从状态 i 出发,经过有限步转移,返回状态 i 的概率 $f_{ii}<1$,而永不进入状态 i 的概率为 $1-f_{ii}$。

现在引入如下定理,来说明上述定理的合理性。

定理 3 如果状态 j 是常返的,则以概率 1 系统无穷次返回状态 j;如果状态 j 是非常返的,则以概率 1 系统只有有限次返回状态 j。亦即系统无穷次返回状态 j 的概率为零。

证明: 令 $Q_{ij}(m)$ 表示自状态 i 出发,系统至少进入状态 j 有 m 次的概率;Q_{ij} 表示自状态 i 出发,系统无穷多次进入状态 j 的概率。于是有

$$\lim_{m\to\infty}Q_{ij}(m)=Q_{ij}\tag{7.3.8}$$

不难理解 $Q_{ij}=f_{ij}$。利用式(7.3.7)及过程的马尔可夫特性,有

$$Q_{ij}(m+1)=\sum_{n=1}^{\infty}f_{ij}^{(n)}Q_{jj}(m)=f_{ij}Q_{jj}(m)$$

反复利用式(7.3.7),可得

$$Q_{ij}(m+1)=f_{ij}Q_{jj}(m)=f_{ij}f_{jj}Q_{jj}(m-1)=\cdots=f_{ij}(f_{jj})^m\tag{7.3.9}$$

于是有 $$Q_{ij} = \lim_{m\to\infty} Q_{ij}(m) = \begin{cases} 1 & \text{当 } f_{jj}=1 \text{ 时，即 } j \text{ 为常返态} \\ 0 & \text{当 } f_{jj}<1 \text{ 时，即 } j \text{ 为非常返态} \end{cases} \tag{7.3.10}$$

推论 $$Q_{ij} = \begin{cases} f_{ij} & j \text{ 为常返态} \\ 0 & j \text{ 为非常返态} \end{cases}$$

定理 4 状态 j 为常返的充要条件是

$$\sum_{n=1}^{\infty} p_{jj}^{(n)} = \infty \tag{7.3.11}$$

如果状态 j 为非常返的，则

$$\sum_{n=0}^{\infty} p_{jj}^{(n)} = \frac{1}{1-f_{jj}} < \infty \tag{7.3.12}$$

证明：

● 先证明式(7.3.11)成立。

① 充分性。由式(7.3.7)，特别地取 $i=j$，则有

$$p_{jj}^{(n)} = \sum_{v=1}^{n} f_{jj}^{(v)} p_{jj}^{(n-v)}$$

两边对 N 相加，得 $$\sum_{n=1}^{N} p_{jj}^{(n)} = \sum_{n=1}^{N}\sum_{v=1}^{n} f_{jj}^{(v)} p_{jj}^{(n-v)} = \sum_{v=1}^{N}\sum_{n=v}^{N} f_{jj}^{(v)} p_{jj}^{(n-v)}$$
$$= \sum_{v=1}^{N} f_{jj}^{(v)} \sum_{m=0}^{N-v} p_{jj}^{(m)} \tag{7.3.13}$$

进一步可得 $$\sum_{n=1}^{N} p_{jj}^{(n)} \leqslant \sum_{v=1}^{N} f_{jj}^{(v)} \sum_{m=0}^{N} p_{jj}^{(m)}$$

于是有 $$\frac{\sum_{n=1}^{N} p_{jj}^{(n)}}{\sum_{m=0}^{N} p_{jj}^{(m)}} = \frac{\sum_{n=1}^{N} p_{jj}^{(n)}}{1+\sum_{m=1}^{N} p_{jj}^{(m)}} \leqslant \sum_{v=1}^{N} f_{jj}^{(v)}$$

令 $N\to\infty$，得 $$\lim_{N\to\infty} \frac{\sum_{n=1}^{N} p_{jj}^{(n)}}{1+\sum_{n=1}^{N} p_{jj}^{(n)}} \leqslant f_{jj} \leqslant 1$$

如果 $\sum_{n=1}^{\infty} p_{jj}^{(n)} = \infty$，则不难看出上式左边为 1，于是 $f_{jj}=1$，即表明 j 是常返的。

② 必要性。在式(7.3.13)中，如取 $N'<N$，则有

$$\sum_{n=1}^{N} p_{jj}^{(n)} \geqslant \sum_{v=1}^{N'} f_{jj}^{(v)} \sum_{m=0}^{N-v} p_{jj}^{(m)} \geqslant \sum_{v=1}^{N'} f_{jj}^{(v)} \sum_{m=0}^{N-N'} p_{jj}^{(m)}$$

式中右边的不等式是根据 $1\leqslant v\leqslant N'$ 得到的。由此得

$$\frac{\sum_{n=1}^{N} p_{jj}^{(n)}}{\sum_{m=0}^{N-N'} p_{jj}^{(m)}} \geqslant \sum_{v=1}^{N'} f_{jj}^{(v)}$$

如果设 $\sum_{n=1}^{\infty} p_{jj}^{(n)} < \infty$，则在上式中令 $N\to\infty$，可得

$$1 > \frac{\sum_{n=1}^{\infty} p_{jj}^{(n)}}{1+\sum_{n=1}^{\infty} p_{jj}^{(n)}} \geqslant \sum_{v=1}^{N'} f_{jj}^{(v)}$$

再令 $N' \to \infty$,有

$$1 > \frac{\sum_{n=1}^{\infty} p_{jj}^{(n)}}{1+\sum_{n=1}^{\infty} p_{jj}^{(n)}} \geqslant f_{jj} \tag{7.3.14}$$

式(7.3.14)表明,在假设 $\sum_{n=1}^{\infty} p_{jj}^{(n)} < \infty$ 下,状态是非常返的,这与必要性证明应得的结果相矛盾。所以 $\sum_{n=1}^{\infty} p_{jj}^{(n)}$ 不能小于∞,应该是 $\sum_{n=1}^{\infty} p_{jj}^{(n)} = \infty$。

● 下面证明式(7.3.12)成立。

先引入与序列$\{p_{ij}^{(n)}, n>0\}$相应的母函数

$$p_{ij}(s) = \sum_{n=0}^{N} p_{ij}^{(n)} s^n = \delta_{ij} + \sum_{n=1}^{\infty} p_{ij}^{(n)} s^n \tag{7.3.15}$$

式中,$\delta_{ij} = p_{ij}^{(0)}$。同时又引入与序列$\{f_{ij}^{(n)}, n\geqslant 1\}$相应的母函数

$$F_{ij}(s) = \sum_{n=1}^{\infty} f_{ij}^{(n)} s^n \tag{7.3.16}$$

以上两个级数当$|s|<1$时都是绝对收敛的。

利用式(7.3.7)有

$$p_{ij}^{(n)} = \sum_{v=1}^{n} f_{ij}^{(v)} p_{jj}^{(n-v)}$$

于是有

$$\begin{aligned} P_{ij}(s) &= \delta_{ij} + \sum_{n=1}^{\infty}\Big(\sum_{v=1}^{n} f_{ij}^{(v)} p_{jj}^{(n-v)}\Big)s^n = \delta_{ij} + \sum_{n=1}^{\infty}\sum_{v=1}^{n}(f_{ij}^{(v)} s^v)(p_{jj}^{(n-v)} s^{n-v}) \\ &= \delta_{ij} + \sum_{v=1}^{\infty} f_{ij}^{(v)} s^v \sum_{n=v}^{\infty}(p_{jj}^{(n-v)} s^{n-v}) = \delta_{ij} + \sum_{v=1}^{\infty} f_{ij}^{(v)} s^v \sum_{m=v}^{\infty}(p_{jj}^{(m)} s^m) \\ &= \delta_{ij} + F_{ij}^{(s)} P_{jj}^{(s)} \end{aligned} \tag{7.3.17}$$

因为两个级数对$|s|<1$都是绝对收敛的,所以上述推导中交换求和的顺序是允许的。

令 $j=i$,则

$$P_{jj}(s)=1+F_{jj}(s)P_{jj}(s)$$

整理得

$$P_{jj}(s) = \frac{1}{1-F_{jj}(s)} \tag{7.3.18}$$

若在式(7.3.18)中令 $s=1$,且注意到母函数

$$P_{jj}(1) = \sum_{n=0}^{\infty} p_{jj}^{(n)}, \quad F_{jj}(1) = \sum_{n=1}^{\infty} f_{jj}^{(n)} = f_{jj}$$

则得到

$$\sum_{n=0}^{\infty} p_{jj}^{(n)} = \frac{1}{1-f_{jj}} < \infty$$

严格地说,必须在式(7.3.18)中令 s 趋近于1,并应用微分几何中的阿贝尔定理来说明其结论的正确性。阿贝尔定理是:如果 $c_n \geqslant 0$,且幂级数 $C(s) = \sum_{n=0}^{\infty} c_n s^n$ 对 $|s|<1$ 收敛,则 $\lim_{s\to 1} C(s) = \sum_{n=0}^{\infty} C_n$ 为有限或无穷。证毕。

对于常返状态 j,进一步研究它的平均返回时间

$$m_j = \sum_{n=1}^{\infty} n f_{jj}^{(n)} \tag{7.3.19}$$

类似地，同样会有两种情况：

① $m_j < \infty$，则称 j 是正常返态；

② $m_j = \infty$（或 $\frac{1}{m_j} = 0$），则称 j 为零常返态。

如果状态 j 为正常返态，则有 $\sum_{n=1}^{\infty} p_{jj}^{(n)} = \infty$，且 $\lim_{n\to\infty} p_{jj}^{(n)} > 0$。

如果状态 j 为零常返态，则有 $\sum_{n=1}^{\infty} p_{jj}^{(n)} = \infty$，且 $\lim_{n\to\infty} p_{jj}^{(n)} = 0$。

定理 5 如果状态 i, j 是马尔可夫链两个相通的状态，则它们同为常返态，或同为非常返态。

证明： 先证同为常返态，即若状态 i 是常返的，则状态 j 也是常返的。

由于状态 i, j 是相通的，则必存在正整数 k 和 $l(k \geqslant 1, l \geqslant 1)$，使 $p_{ij}^{(k)} > 0, p_{ji}^{(l)} > 0$。因此对于任意正整数 r，由式(7.3.1)有

$$p_{jj}^{(k+r+l)} \geqslant p_{ji}^{(l)} p_{ii}^{(r)} p_{ij}^{(k)}$$

式中左边代表系统从状态 j 出发，经过 $(k+r+l)$ 步转移返回状态 j 的概率。

进一步有
$$\sum_{r=0}^{\infty} p_{jj}^{(k+r+l)} \geqslant \sum_{r=0}^{\infty} p_{ji}^{(l)} p_{ii}^{(r)} p_{ij}^{(k)} = p_{ji}^{(l)} p_{ij}^{(k)} \sum_{r=0}^{\infty} p_{ii}^{(r)}$$

因为 $p_{ji}^{(l)} > 0, p_{ij}^{(k)} > 0$，且 i 为常返态，即 $\sum_{r=0}^{\infty} p_{ii}^{(r)} = \infty$，故 $\sum_{r=0}^{\infty} p_{jj}^{(k+r+l)} = \infty$。这表明状态 j 也是常返的。

同理可以证明，如果状态 i 是非常返的，则状态 j 也是非常返的。

由于马尔可夫链中某一类的各状态是相通的，所以只要其中有一个状态是非常返的，则同类中各状态均为非常返态。可见常返态和非常返态均与一个类有关。故可以把常返态、非常返态称为类的特性。

定理 6 如果状态 j 是非常返的，则对每一个状态 i，$\sum_{n=0}^{\infty} p_{ij}^{(n)} < \infty$；且对每一个状态 i，$\lim_{n\to\infty} p_{ij}^{(n)} = 0$。

证明： 当 $i = j$ 时，这就是式(7.3.12)。当 $i \neq j$ 时，由式(7.3.17)，并令 $s = 1$，可得

$$P_{ij}(1) = F_{ij}(1) P_{jj}(1) \leqslant P_{jj} < \infty$$

即 $\sum_{n=0}^{\infty} p_{ij}^{(n)} < \infty$。此处应用了式(7.1.5)：$\delta_{ij} = 0, i \neq j$。

由于级数 $\sum_{n=0}^{\infty} p_{ij}^{(n)}$ 收敛，故对每一个 i，要求 $\lim_{n\to\infty} p_{ij}^{(n)} = 0$。

7.3.3 状态空间的分解

定义 由一些状态组成的集合 C，如果对任意的 $i \in C, j \notin C$，自然态 i 出发，不能到达状态 j，则称状态集合 C 为闭集。

事实上，如果状态空间有一个子集 C，C 是闭集，则对于任意状态 $i \in C, j \notin C$，有 $p_{ij} = 0$。

因此,可推出

$$p_{ij}^{(2)} = \sum_{k=0}^{\infty} p_{ik} p_{kj} = \sum_{k \in C} p_{ik} p_{kj} + \sum_{k \notin C} p_{ik} p_{kj} = 0 + 0 = 0 \tag{7.3.20}$$

应用归纳法,可以证明

$$p_{ij}^{(n)} = 0, \quad i \in C, j \notin C \tag{7.3.21}$$

即对于 $i \in C, j \notin C$,自状态 i 出发不能到达状态 j。

进一步可得,对一切 $n \geqslant 1, i \in C$,有 $\sum_{j \in C} p_{ij}^{(n)} = 1$。它表明闭集内的诸状态都是相通的。或者说,马尔可夫链一旦进入闭集 C 中某一状态,则以后马尔可夫链永远在 C 中的状态间转移,不会跑出 C 外。

若单个状态形成一个闭集,则称这个闭集为吸收状态。吸收状态的充要条件为 $p_{jj} = 1$。

显然,整个状态空间构成一个闭集,这是较大的闭集。另一方面,吸收状态也构成一个闭集,这是一个较小的闭集。

在一个闭集内,若不包含任何子闭集,则称该闭集为不可约的,这时所有状态之间都是相通的。

定理 1 在转移概率矩阵 $\boldsymbol{P}^{(n)}$ 中,仅保留同类中各状态间的转移概率,将其他所有行和列都删去,则剩下一个随机矩阵,其中基本关系仍满足

$$\sum_{k \in C} p_{ik} = 1, \quad i \in C; \quad p_{ij}^{(n+n)} = \sum_{r \in C} p_{ir}^{(n)} p_{rj}^{(n)}$$

这意味着有一定义在 C 上的马尔可夫子链,且这个子链可以不涉及所有其他状态而被独立地研究。

定理 2 所有常返状态构成一个闭集 C。

证明: 如果 i 是常返状态,且 $i \to j$,则 $j \to i$,即 i 与 j 相通。事实上,如果自 j 出发不能到达 i,则由于 $i \to j$,于是自 i 出发到达 j 后,不能再返回 i。这与 i 是常返状态($f_{ii} = 1$,即自 i 出发以概率 1 返回 i)的假定相矛盾。于是,反证上述结论为真。

如果 i 为常返状态,且 $i \to j$,则 j 必为常返状态,亦即自常返状态出发,只能到达常返状态,不能到达非常返状态。换句话说,常返状态的全体构成一个闭集 C。

可以推论出,不可约马尔可夫链,或者没有非常返状态,或者没有常返状态。

定理 3 在一个马尔可夫链中,所有常返状态可以分为若干个互不相交的闭集$\{C_n, n=1, 2, 3, \cdots\}$,且有:

① C_k 中的任二状态相通;

② C_k 中的任一状态和 C_m 中的任一状态,在 $k \neq m$ 时互不相通。

今后,称 $C_1, C_2, \cdots$ 为基本常返闭集。

基于上述定理,可将整个状态空间 S 分解为

$$S = N + \{C_n, n = 1, 2, 3, \cdots\} \tag{7.3.22}$$

其中,N 是由所有非常返状态组成的集合,$\{C_n\}$ 都是由常返状态组成的闭集,这些常返闭集内部是相通的,但两个常返闭集之间是互不相通的。

如果从某一非常返状态出发,系统可能一直在非常返状态集 N 中,也可能进入某个基本常返闭集;一旦进入到某个基本常返闭集后,就一直停留在这个基本常返闭集中。如果从某一常返状态出发,系统就一直停留在这个状态所在的基本常返闭集中。

由此可知,在只有常返状态的不可约马尔可夫链中,所有状态都是相通的。

例 7.3-1　设有四个状态(0,1,2,3)的马尔可夫链,其一步转移概率矩阵为

$$\boldsymbol{P}=\begin{bmatrix}1/2 & 1/2 & 0 & 0\\ 1/2 & 1/2 & 0 & 0\\ 1/4 & 1/4 & 1/4 & 1/4\\ 0 & 0 & 0 & 1\end{bmatrix}$$

试对其状态进行分类。

解: 在该马尔可夫链中,$p_{33}=1$,$p_{30}=p_{31}=p_{32}=0$,因此状态 3 是一个闭集,它是吸收态。显然由状态 3 不可能到达任何其他状态。

从状态 2 出发可以达到 0,1,3 三个状态。但是从 0,1,3 三个状态出发都不能到达状态 2。所以 0,1 两个状态和状态 2 也是不相通的。0,1 两个状态也构成一个闭集。而且

$$\begin{bmatrix}p_{00} & p_{01}\\ p_{10} & p_{11}\end{bmatrix}=\begin{bmatrix}1/2 & 1/2\\ 1/2 & 1/2\end{bmatrix}$$

构成一个随机矩阵。于是,该马尔可夫链有两个闭集{0,1}和{3}。

该过程的状态转移图如图 7.4 所示。图中节点处圆圈内的数字代表状态,状态 i 到状态 j 用箭弧连接,箭头上的数字代表转移概率。

例 7.3-2　设 X_n 为马尔可夫链,状态空间 $S=\{a,b,c,d,e\}$,其转移矩阵为

$$P=\begin{bmatrix}1/2 & 0 & 1/2 & 0 & 0\\ 0 & 1/4 & 0 & 3/4 & 0\\ 0 & 0 & 1/3 & 0 & 2/3\\ 1/4 & 1/2 & 0 & 1/4 & 0\\ 1/3 & 0 & 1/3 & 0 & 1/3\end{bmatrix}$$

求闭集。

解: 该过程的状态转移图如图 7.5 所示。节点表示状态,若 $p_{ij}>0$,则从状态 i 到状态 j 用箭弧相连。从图中可看出,集合$\{b,d\}$可达集合$\{a,c,e\}$,但反过来却是不可达的。于是,一旦该过程离开了状态集$\{b,d\}$,就不可能再回到状态 b 或状态 d。因此,有两个闭集,即$\{a,c,e\}$与$\{a,b,c,d,e\}$。由于有两个闭集,故该马尔可夫链是可约的。删去转移矩阵中第 2 行、第 2 列与第 4 行、第 4 列,可得

$$\boldsymbol{Q}=\begin{bmatrix}1/2 & 1/2 & 0\\ 0 & 1/3 & 2/3\\ 1/3 & 1/3 & 1/3\end{bmatrix}$$

这就是马尔可夫链 X_n 限定在不可约闭集$\{a,c,e\}$上的马尔可夫矩阵。

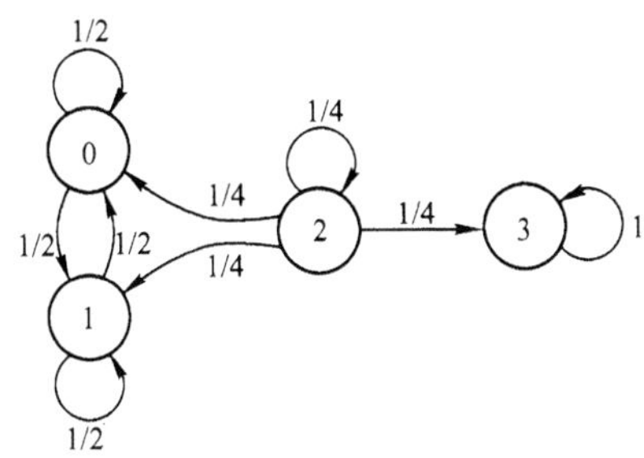

图 7.4　例 7.3-1 的图

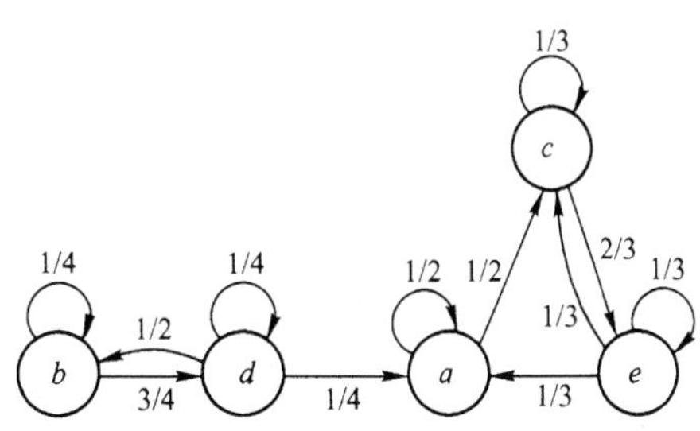

图 7.5　例 7.3-2 的图

例 7.3-3 考虑一个典型矩阵,它是一个具有9个状态 $S=\{1,2,3,4,5,6,7,8,9\}$ 的马尔可夫链的一步转移概率矩阵。

$$P=\begin{bmatrix} * & 0 & 0 & 0 & 0 & 0 & 0 & 0 & 0 \\ 0 & 0 & * & 0 & 0 & 0 & 0 & 0 & 0 \\ 0 & * & 0 & 0 & 0 & 0 & 0 & 0 & 0 \\ 0 & 0 & 0 & 0 & * & * & 0 & 0 & 0 \\ 0 & 0 & 0 & 0 & * & * & 0 & 0 & 0 \\ 0 & 0 & 0 & * & 0 & 0 & 0 & 0 & 0 \\ * & * & 0 & 0 & * & 0 & * & 0 & 0 \\ 0 & 0 & 0 & 0 & 0 & 0 & * & * & * \\ 0 & 0 & 0 & 0 & 0 & 0 & * & 0 & 0 \end{bmatrix}$$

式中,* 表示该处为某一正概率元素。试对其状态进行分类。

解: 在转移概率矩阵中,元素值为正代表该处状态可达。例如,上述矩阵中 p_{23} 为正,则代表由状态2可达状态3。因此,为了求出所有闭集,只要知道 p_{ij} 中哪些为0,哪些为正就够了,可以根据矩阵中正元素 * 来判别。

在矩阵中,$p_{11}=1$,这是因为在第1行中只在第1列处出现1个 *。所以状态1为吸收态,它本身构成一个闭集。

第2行和第3行中仅有 p_{23} 和 p_{32} 为正,则有 $p_{23}=p_{32}=1$,显然 $\{2,3\}$ 构成一个闭集。

此外,$\{4,5,6\}$ 也构成一个闭集。

7.3.4 周期状态和非周期状态

定义 称正整数集合 $\{n:n\geqslant 1, p_{ii}^{(n)}>0\}$ 的最大公约数

$$\text{G. C. D}\{n:n\geqslant 1, p_{ii}^{(n)}>0\} \tag{7.3.23}$$

为状态 i 的周期,记之为 d。或者说,状态 i 是具有周期 d 的周期性状态。特别地,当 $d=1$ 时,则称状态 i 是无周期的。当 $\{n:n\geqslant 1, p_{ii}^{(n)}>0\}$ 为空集时,不考虑 i 的周期。

例如,过程从状态 i 出发,若只有当 $n=2,4,6,\cdots$ 时,过程才有可能返回状态 i,那么取2,4,6,⋯的最大公约数 $d=2$,则 $d=2$ 是过程的周期。这时,我们说过程是周期性的,或说状态 i 是周期性状态。

若 i 是周期为 d 的周期性状态,则仅当 $n\in\{0,d,2d,3d,\cdots\}$ 时,才存在 $p_{ii}^{(n)}>0$,或者说,除 $n\in\{0,d,2d,3d,\cdots\}$ 以外,则均有 $p_{ii}^{(n)}=0$。

如果除了 $d=1$ 以外,各 n 值中没有其他公约数能使 $p_{ii}^{(n)}>0$,则称状态 i 是非周期的。

非周期的正常返态称为遍历状态。

例 7.3-4 设 X 为一马尔可夫链,其状态空间为 $S=\{1,2,3,4\}$,一步转移概率矩阵为

$$P=\begin{bmatrix} 0 & 0 & 1/2 & 1/2 \\ 0 & 0 & 1/2 & 1/2 \\ 1/2 & 1/2 & 0 & 0 \\ 1/2 & 1/2 & 0 & 0 \end{bmatrix}$$

试画出其状态转移图,并回答该过程是否具有周期性。

解: 根据转移概率矩阵,容易画出状态转移图如图7.6所示。

四个状态可以分成{1,2}和{3,4}两个子集。该过程有确定性的周期转移，即

$$\{1,2\}\to\{3,4\}\to\{1,2\}\to\{3,4\}\to\cdots$$

显然它的周期 $d=2$。

例 7.3-5　设 X 为一马尔可夫链，其状态空间为 $S=\{1,2,3,4,5,6,7,8\}$，一步转移概率矩阵为

$$P=\begin{bmatrix}0 & 1/4 & 1/2 & 1/4 & 0 & 0 & 0 & 0\\0 & 0 & 0 & 0 & 1/2 & 1/2 & 0 & 0\\0 & 0 & 0 & 0 & 1/3 & 2/3 & 0 & 0\\0 & 0 & 0 & 0 & 0 & 1 & 0 & 0\\0 & 0 & 0 & 0 & 0 & 0 & 1 & 0\\0 & 0 & 0 & 0 & 0 & 0 & 1/2 & 1/2\\1 & 0 & 0 & 0 & 0 & 0 & 0 & 0\\1 & 0 & 0 & 0 & 0 & 0 & 0 & 0\end{bmatrix}$$

试画出其状态转移图，并回答该过程是否具有周期性。

解： 状态转移图如图 7.7 所示。八个状态可以分成四个子集，即 $c_1=\{1\}$，$c_2=\{2,3,4\}$，$c_3=\{5,6\}$，$c_4=\{7,8\}$。c_1,c_2,c_3,c_4 是互不相交的子集。它们的并集是整个马尔可夫链的状态空间。该过程具有确定性的周期转移：$c_1\to c_2\to c_3\to c_4\to c_1$，故该马尔可夫链的周期 $d=4$。

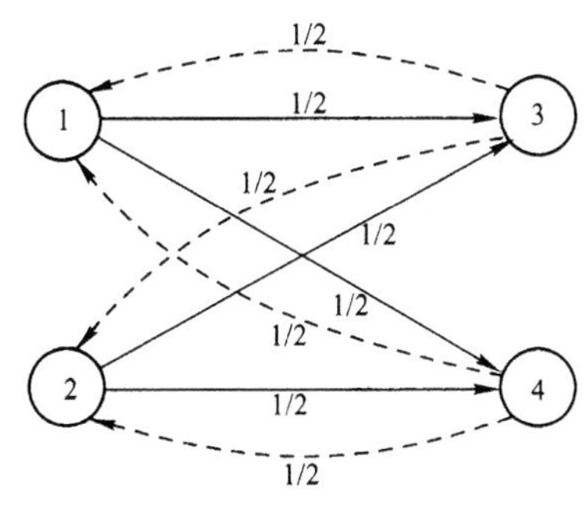

图 7.6　例 7.3-4 的图

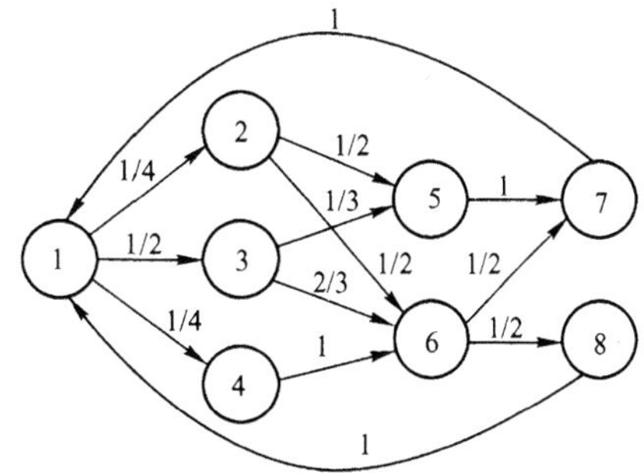

图 7.7　例 7.3-5 的图

7.4　遍历性与平稳分布

7.4.1　遍历性

定义　设 $\{X_n\}$ 为齐次马尔可夫链，若对一切状态 $i,j,i\in S,j\in S$，存在不依赖于 i 的常数 π_j，使得

$$\lim_{n\to\infty}p_{ij}^{(n)}=\pi_j \tag{7.4.1}$$

则称 $\{X_n\}$ 具有遍历性。式中，$p_{ij}^{(n)}$ 为该链的 n 步转移概率；π_j 为平稳时的状态概率。

式(7.4.1)的直观意义是，不论系统从哪个状态出发，当转移的步数 n 为充分大时，转移到

状态 j 的概率近似于某个常数 π_j。反过来说，如果 n 充分大时，就可以用 π_j 作为 $p_{ij}^{(n)}$ 的近似值。

定理 对于有限个(s 个)状态的齐次马尔可夫链$\{X_n\}$，若存在一个正整数 m，使对一切 i，$j\in S$，$S=\{0,1,2,\cdots,s\}$，有 $p_{ij}^{(m)}>0$，则

$$\lim_{n\to\infty} p_{ij}^{(n)} = \pi_j \tag{7.4.2}$$

而且此马尔可夫链是遍历的。

证明：若设

$a_j^{(n)}=\min\limits_j p_{ij}^{(n)}$[$\mathbf{P}^{(n)}$ 中(n 次转移)第 j 列中最小元素]

$A_j^{(n)}=\max\limits_j p_{ij}^{(n)}$[$\mathbf{P}^{(n)}$ 中(n 次转移)第 j 列中最大元素]

然后证明 $a_j^{(n)}$ 和 $A_j^{(n)}$ 都趋于同一极限

$$\lim_{n\to\infty} A_j^{(n)} = \lim_{n\to\infty} a_j^{(n)} = \pi_j;$$

于是本定理得证。

根据切普曼-科尔莫戈罗夫方程，可知

$$p_{ij}^{(n)} = \sum_{k\in S} p_{ik} p_{kj}^{(n-1)} \geqslant \sum_{k\in S} p_{ik} a_j^{(n-1)} = a_j^{(n-1)} \tag{7.4.3}$$

由于式(7.4.3)对所有的 i 都是正确的，包括第 j 列中 $p_{ij}^{(n)}$ 为最小的 i 在内，故

$$a_j^{(n)} \geqslant a_j^{(n-1)} \tag{7.4.4}$$

式(7.4.4)说明，每列的最小值随着 n 的增加而增加，故 $a_j^{(n)}$ 是一个非降序列。

同理可知

$$p_{ij}^{(n)} = \sum_{k\in S} p_{ik} p_{kj}^{(n-1)} \leqslant \sum_{k\in S} p_{ik} A_j^{(n-1)} = A_j^{(n-1)} \tag{7.4.5}$$

而且有

$$A_j^{(n)} \leqslant A_j^{(n-1)} \tag{7.4.6}$$

式(7.4.6)表明，每列的最大值随着 n 的增加而减小，故 $A_j^{(n)}$ 是一个非增序列。

由于 $a_j^{(n)}$ 和 $A_j^{(n)}$ 都是有界序列，故当 $n\to\infty$ 时，$a_j^{(n)}$ 和 $A_j^{(n)}$ 都将趋于它们的极限。现在需要证明，当 $n\to\infty$ 时，$a_j^{(n)}$ 和 $A_j^{(n)}$ 将趋于同一极限。

为此，设当 $i=i_0$ 时，经 n 步转移到达最小值 $a_j^{(n)}$，又设当 $i=i_1$ 时，经 $n-1$ 步转移达到最大值 $A_j^{(n-1)}$。则

$$\begin{aligned} a_j^{(n)} = p_{i_0 j}^{(n)} &= \sum_{k\in S} p_{i_0 k} p_{kj}^{(n-1)} \\ &= \varepsilon p_{i_1 j}^{(n-1)} + (p_{i_0 i_1} - \varepsilon) p_{i_1 i}^{(n-1)} + \sum_{k\neq i_1, k\in S} p_{i_0 k} p_{kj}^{(n-1)} \\ &\geqslant \varepsilon A_j^{(n-1)} + [p_{i_0 i_1} - \varepsilon + \sum_{k\neq i_1, k\in S} p_{i_0 k}] a_j^{(n-1)} \end{aligned}$$

即

$$a_j^{(n)} \geqslant \varepsilon A_j^{(n-1)} + (1-\varepsilon) a_j^{(n-1)} \tag{7.4.7}$$

式中，$\varepsilon>0$。

同理，设当 $i=i_0'$ 时，经 n 步转移到达最大值 $A_j^{(n)}$；当 $i=i_2$ 时，经 $n-1$ 步转移达到最小值 $a_j^{(n-1)}$。则

$$\begin{aligned} A_j^{(n)} = p_{i_0' j}^{(n)} &= \sum_{k\in S} p_{i_0' k} p_{kj}^{(n-1)} \\ &= \varepsilon p_{i_2 j}^{(n-1)} + (p_{i_0' i_2} - \varepsilon) p_{i_2 j}^{(n-1)} + \sum_{k\neq i_2, k\in S} p_{i_0' k} p_{kj}^{(n-1)} \end{aligned}$$

$$\leqslant a_j^{(n-1)} + [p_{i_0' i_2} - \varepsilon + \sum_{k \neq i_2, k \in S} p_{i_0' k}] A_j^{(n-1)}$$

$$= \varepsilon a_j^{(n-1)} + [1-\varepsilon] A_j^{(n-1)}$$

即

$$A_j^{(n)} \leqslant \varepsilon a_j^{(n-1)} + (1-\varepsilon) A_j^{(n-1)} \tag{7.4.8}$$

式中，$\varepsilon > 0$。

将式(7.4.8)减式(7.4.7)，得

$$A_j^{(n)} - a_j^{(n)} \leqslant (1-2\varepsilon)[A_j^{(n-1)} - a_j^{(n-1)}] \tag{7.4.9}$$

这是一个递推公式，故有

$$A_j^{(n)} - a_j^{(n)} \leqslant (1-2\varepsilon)^{n-1} \tag{7.4.10}$$

因此，当 $n \to \infty$ 时，可得

$$\lim_{n \to \infty} [A_j^{(n)} - a_j^{(n)}] = 0 \tag{7.4.11}$$

由于 $a_j^{(n)}, A_j^{(n)}$ 都是概率分布，即 $0 \leqslant a_j^{(n)} \leqslant A_j^{(n)} \leqslant 1$，所以 $A_j^{(n)} - a_j^{(n)} (n=1,2,\cdots)$ 是一个非增序列。每一个单调、有界序列都是收敛的，故 $\lim\limits_{n\to\infty} A_j^{(n)}$，$\lim\limits_{n\to\infty} a_j^{(n)}$，$\lim\limits_{n\to\infty}[A_j^{(n)} - a_j^{(n)}]$ 都存在。于是，由式(7.4.11)可知，$\lim\limits_{n\to\infty} A_j^{(n)} = \lim\limits_{n\to\infty} a_j^{(n)} = \pi_j$。由于对任意的 i 有 $a_j^{(n)} \leqslant p_{ij}^{(n)} \leqslant A_j^{(n)}$，所以 $\lim\limits_{n\to\infty} p_{ij}^{(n)} = \pi_j$。证毕。

值得指出的是，式(7.4.2)中 π_j 是如下方程组

$$\pi_j = \sum_i \pi_i p_{ij} \qquad j = 0,1,2,\cdots \tag{7.4.12}$$

在满足条件 $\pi_j > 0$ 和 $\sum\limits_{j=0}^{\infty} \pi_j = 1$，$j=0,1,2,\cdots$ 下的唯一解。

7.4.2　平稳分布

定义　设 $\{X_n, n=0,1,2,\cdots\}$ 为一齐次马尔可夫链，若概率分布 $\{p_j\}$ 满足方程

$$p_j = \sum_i p_i p_{ij} \qquad j = 0,1,2,\cdots \tag{7.4.13}$$

则称马尔可夫链 $\{X_n\}$ 是平稳的，称 $\{p_j\}$ 为 $\{X_n\}$ 的平稳分布。

显然，有

$$p_j \geqslant 0, \quad \sum_j p_j = 1, \quad j = 0,1,2,\cdots$$

从式(7.4.2)知，极限概率

$$\lim_{n\to\infty} p_{ij}^{(n)} = \lim_{n\to\infty} P\{X_n = j\} = \pi_j \tag{7.4.14}$$

它与起始状态无关，因此，经过长时间转移后($n \to \infty$)各状态的概率趋于稳定，则 $\pi_1, \pi_2, \cdots, \pi_j, \cdots$ 即为该链的平稳分布。此时，$p_j = \pi_j$。

对于平稳分布有

$$\begin{aligned} p_j &= \sum_i p_i p_{ij} = \sum_i \left(\sum_k p_k p_{ki}\right) p_{ij} \\ &= \sum_k p_k \left(\sum_i p_{ki} p_{ij}\right) = \sum_k p_k p_{kj}^{(2)} \end{aligned} \tag{7.4.15}$$

通过类推，一般地有

$$p_j = \sum_i p_i p_{ij}^{(n)} \tag{7.4.16}$$

而且，如果已知马尔可夫链的初始分布 $P\{X_0 = j\} = f_j$，恰好是平稳分布，则对一切 n，经各次转移(包括 $n=1,2,3,\cdots$)，X_n 的分布均为该链的平稳分布，而且正好是 f_j。

事实上有 $$P\{X_n=j\}=\sum_i P\{X_0=i\}P\{X_n=j\mid X_0=i\}$$
$$=\sum_i f_i p_{ij}^{(n)}=f_j \tag{7.4.17}$$
当 $n\to\infty$ 时,不仅马尔可夫链的一维分布趋于平稳分布,而且它的任意 k 维分布也趋于平稳分布。

设 $0<n_1<n_2<\cdots<n_k$,则

$$P\{X_{n_1}=j_1,X_{n_2}=j_2,\cdots,X_{n_k}=j_k\}$$
$$=P\{X_{n_k}=j_k\mid X_{n_{k-1}}=j_{k-1}\}\cdots P\{X_{n_2}=j_2\mid X_{n_1}=j_1\}P\{X_{n_1}=j_1\}$$
$$=P^{(m_{k-1})}(j_k\mid j_{k-1})P^{(m_{k-2})}(j_{k-1}\mid j_{k-2})\cdots P^{(m_1)}(j_2\mid j_1)P(X_{n_1}=j_1) \tag{7.4.18}$$

式中 $$m_{k-1}=n_k-n_{k-1},m_{k-2}=n_{k-1}-n_{k-2},\cdots,m_1=n_2-n_1$$
当 $n_1\to\infty$,且保持 $m_1,m_2,\cdots,m_{k-1}$ 为常数时,得
$$\lim_{n_1\to\infty}P\{X_{n_1}=j_1\}=p_{j_1} \tag{7.4.19}$$
于是得 $$\lim_{n_1\to\infty}P\{X_{n_1}=j_1,X_{n_2}=j_2,\cdots,X_{n_k}=j_k\}$$
$$=P^{(m_{k-1})}(j_k|j_{k-1})P^{(m_{k-2})}(j_{k-1}|j_{k-2})\cdots P^{(m_1)}(j_2|j_1)p_{j_1} \tag{7.4.20}$$
式(7.4.20)表明,当 $n_1\to\infty$ 时,在时间轴上平移该链的 k 维分布是不变的,即该过程是严平稳过程。

综上所述,若一个齐次马尔可夫链存在极限分布 $\Pi=\{\pi_j,j=1,2,3,\cdots\}$,则当 $n_1\to\infty$ 时,它的 k 维分布趋于式(7.4.20)。亦即可用极限分布和转移概率表示。这意味着该过程经过长时间转移后趋于严平稳过程。

7.5 马尔可夫序列

按照过程的时间参数和状态分类,对于时间参数离散的马尔可夫过程可以分为两类进行讨论。第一类是过程的时间参数和状态都是离散的,即前面几节讨论的马尔可夫链;第二类是过程的时间参数离散,而状态是连续的,称为马尔可夫序列。工程实际中常用到马尔可夫序列的概念,因此本节介绍马尔可夫序列的基本概念。

7.5.1 定 义

事实上,马尔可夫序列是一离散过程 $X_1,X_2,\cdots,X_n$。将随机过程 $\{X(t),t\in T\}$ 仅在整数时刻 $t_1,t_2,\cdots,t_n$ 取值,便可获得一个随机变量序列。

定义 一个随机变量序列 X_n,若对任意的 n,有
$$F(x_n\mid x_{n-1},x_{n-2},\cdots,x_1)=F(x_n\mid x_{n-1}) \tag{7.5.1}$$
则称此随机序列为马尔可夫序列。其中 $x_1,x_2,\cdots,x_n$ 分别为随机变量序列 $X_1,X_2,\cdots,X_n$ 的取值。称 $F(x_n|x_{n-1})$ 为转移概率分布函数。若随机变量序列是连续型的,且条件概率密度函数存在,则式(7.5.1)可以变成
$$f(x_n\mid x_{n-1},x_{n-2},\cdots,x_1)=f(x_n\mid x_{n-1}) \tag{7.5.2}$$
利用条件概率的性质,容易得到马尔可夫序列的联合概率密度函数
$$f(x_1,x_2,\cdots,x_n)=f(x_n\mid x_{n-1})f(x_{n-1}\mid x_{n-2})\cdots f(x_2\mid x_1)f(x_1) \tag{7.5.3}$$

从式(7.5.3)可知,马尔可夫序列的联合概率密度函数是由概率密度函数 $f(x_1)$ 和转移概率密度函数 $f(x_k|x_{k-1})$ 确定的。

马尔可夫序列的齐次性和平稳性:

(1) 如果马尔可夫序列的条件概率密度函数 $f(x_n|x_{n-1})$ 与 n 无关,则称此序列为齐次马尔可夫序列;

(2) 如果马尔可夫序列是齐次的,并且所有随机变量 X_n 具有同样的概率密度函数,则称此序列为平稳的。

推论

(1) 马尔可夫序列的子序列也是马尔可夫序列。即

若给定 m 个任意整数,$1 \leqslant k_1 < k_2 < \cdots < k_m < n$,根据式(7.5.2),有

$$f(x_{k_m} \mid x_{k_{m-1}}, \cdots, x_{k_1}) = f(x_{k_m} \mid x_{k_{m-1}}) \tag{7.5.4}$$

式(7.5.4)表明,马尔可夫序列的子序列也是马尔可夫序列。

(2) 马尔可夫序列的逆也是马尔可夫的。即对任意的 n 和 k,有

$$f(x_n \mid x_{n+1}, x_{n+2}, \cdots, x_{n+k}) = f(x_n \mid x_{n+1}) \tag{7.5.5}$$

证明:

$$\begin{aligned} f(x_n|x_{n+1}, x_{n+2}, \cdots, x_{n+k}) &= \frac{f(x_n, x_{n+1}, \cdots, x_{n+k})}{f(x_{n+1}, \cdots, x_{n+k})} \\ &= \frac{f(x_n)f(x_{n+1}|x_n)f(x_{n+2}|x_{n+1})\cdots f(x_{n+k}|x_{n+k-1})}{f(x_{n+1})f(x_{n+2}|x_{n+1})\cdots f(x_{n+k}|x_{n+k-1})} \\ &= \frac{f(x_n)f(x_{n+1}|x_n)}{f(x_{n+1})} \\ &= \frac{f(x_{n+1}, x_n)}{f(x_{n+1})} = f(x_n|x_{n+1}) \end{aligned}$$

(3) 由马尔可夫序列的定义可得

$$E\{X_n \mid X_{n-1}, \cdots, X_1\} = E\{X_n \mid X_{n-1}\} \tag{7.5.6}$$

(4) 在马尔可夫序列中,若已知现在,则过去和将来相互独立。即当 $n > r > s$ 时,有

$$f(x_n, x_s \mid x_r) = f(x_n \mid x_r) f(x_s \mid x_r) \tag{7.5.7}$$

证明: 由式(7.5.3)可得

$$f(x_n, x_s \mid x_r) = \frac{f(x_n, x_s, x_r)}{f(x_r)} = \frac{f(x_n \mid x_r) f(x_r \mid x_s) f(x_s)}{f(x_r)} = f(x_n \mid x_r) f(x_s \mid x_r)$$

式(7.5.7)可以推广到任意多个过去和将来时刻的随机变量。

(5) 马尔可夫序列的转移概率密度满足

$$f(x_n \mid x_s) = \int_{-\infty}^{\infty} f(x_n \mid x_r) f(x_r \mid x_s) \mathrm{d}x_r \tag{7.5.8}$$

其中,$n > r > s$,均为任意整数。

证明: 对任意三个随机变量 X_n, X_r, X_s,应有

$$f(x_n \mid x_s) = \int_{-\infty}^{\infty} f(x_n, x_r \mid x_s) \mathrm{d}x_r \tag{7.5.9}$$

但

$$\begin{aligned} f(x_n, x_r|x_s) &= \frac{f(x_n, x_r, x_s)}{f(x_s)} = \frac{f(x_n, x_r, x_s)}{f(x_r, x_s)} \frac{f(x_r, x_s)}{f(x_s)} \\ &= f(x_n|x_r, x_s) f(x_r|x_s) \end{aligned} \tag{7.5.10}$$

由马尔可夫特性

$$f(x_n|x_r, x_s) = f(x_n|x_r)$$

将式(7.5.10)代入式(7.5.10),可得

$$f(x_n, x_r \mid x_s) = f(x_n \mid x_r) f(x_r \mid x_s) \tag{7.5.11}$$

将式(7.5.11)代入式(7.5.9)后,得证。

例 7.5-1 设 $X_1, X_2, \cdots, X_n, \cdots$ 是独立随机变量序列,概率密度函数 $f_{X_n}(x) = f_n(x)$。现在令 $Y_1 = X_1, Y_2 = X_1 + X_2, \cdots, Y_n = X_1 + X_2 + \cdots + X_n, \cdots$。

求证:$Y_1, Y_2, \cdots, Y_n, \cdots$ 是马尔可夫序列。

证明: 由式(1.3.38)知 $f(y_1, y_2) = f_{Y_2}(y_2 | Y_1 = y_1) f_{Y_1}(y_1)$

而

$$f_{Y_1}(y_1) = f_{X_1}(y_1) = f_1(y_1)$$

$$\begin{aligned} f_{Y_2}(y_2 | Y_1 = y_1) &= f_{X_1 + X_2}(y_2 | Y_1 = y_1) \\ &= f_{X_2}(X_2 = y_2 - y_1 | X_1 = y_1) \\ &= f_{X_2}(y_2 - y_1) = f_2(y_2 - y_1) \end{aligned}$$

故

$$f(y_1, y_2) = f_1(y_1) f_2(y_2 - y_1)$$

推广到 n 个随机变量,有

$$f(y_1, y_2, \cdots, y_n) = f_1(y_1) f_2(y_2 - y_1) \cdots f_n(y_n - y_{n-1})$$

而

$$f(y_n \mid y_{n-1}, \cdots, y_1) = \frac{f(y_1, y_2, \cdots, y_n)}{f(y_1, y_2, \cdots, y_{n-1})} = f_n(y_n - y_{n-1})$$

由上式可知,$f(y_n | y_{n-1}, \cdots, y_1)$ 与 $y_{n-2}, \cdots, y_1$ 无关,因此序列 $\{Y_n\}$ 是一马尔可夫序列。

7.5.2 高斯-马尔可夫序列

如果一个 n 维矢量随机序列 $\{X(k), k=1,2,\cdots\}$,即是高斯序列,又是马尔可夫序列,则称它为高斯-马尔可夫序列。显然,高斯-马尔可夫序列的高斯特性决定了它的幅度概率分布,而马尔可夫特性则决定了序列在时间上的传播特性。

例如,在对运动目标(例如导弹、飞机等)轨迹的测量中,信号模型常采用下列一阶差分方程表示

$$X(n+1) = AX(n) + W(n) \tag{7.5.12}$$

式中,A 为常数。$W(t)$ 为一随机过程,常设其为均值是 $m_W(t)$,且方差是 $\sigma_W^2(t)$ 的噪声过程。式(7.5.12)是这类信号模型的最简单表示式。它相当于由白噪声随机序列 $W(n)$ 驱动的一个递推装置的结果,如图 7.8 所示。

由式(7.5.12)可以看出,若当 $t = t_n$ 时的状态 $X(n)$ 和 $W(n)$ 的概率密度已知,则在此条件下,信号在 t_{n+1} 时刻的概率密度就完全确定了,且与时刻 t_n 以前的状态无关。因此,式(7.5.12)表示的随机序列为一马尔可夫序列。

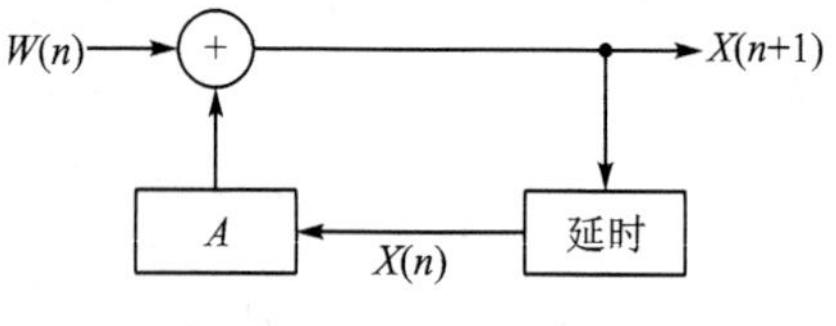

图 7.8 递推装置

图 7.8 表示的递推装置为一线性系统。如果输入序列为高斯型的,则该线性系统输出的马尔可夫序列 $X(n+1)$ 也必然为高斯型的。因此,这种序列称为高斯-马尔可夫序列,其状态转移概率 $f(x_{n+1} | x_n)$ 也是高斯型的。

为了确定高斯-马尔可夫序列的转移概率密度,只需知道在对 $X(n)$ 给定 x_n 的条件下,$X(n+1)$ 的条件均值和条件方差。由式(7.5.12)容易得出条件均值为

$$E[X(n+1) \mid x_n] = Ax_n + E[W(n)] = Ax_n + m_W(n) \tag{7.5.13}$$

式中，$m_W(n)=E[W(n)]$，为白噪声随机序列的均值。

条件方差为

$$\begin{aligned}\sigma_X^2[n+1|n]&=E\{\{X(n+1)-E[X(n+1)|x_n]\}^2\}\\&=E\{[W(n)-m_W(n)]^2\}=\sigma_W^2(n)\end{aligned}\tag{7.5.14}$$

此外，设 $X(n)$ 的均值为 $E[X(n)]=m_X(n)$，则由式(7.5.12)得 $X(n+1)$ 的均值为

$$m_X(n+1)=E[X(n+1)]=Am_X(n)+m_W(n)\tag{7.5.15}$$

方差为

$$\begin{aligned}\sigma_X^2(n+1)&=E\{[X(n+1)-m_X(n+1)]^2\}\\&=E\{[AX(n)-Am_X(n)+W(n)-m_W(n)]^2\}\\&=A^2\sigma_X^2(n)+\sigma_W^2(n)+2AE[\widetilde{X}(n)\widetilde{W}(n)]\end{aligned}\tag{7.5.16}$$

式中

$$\widetilde{X}(n)=X(n)-m_X(n),\quad \widetilde{W}(n)=W(n)-m_W(n)\tag{7.5.17}$$

现在分析式(7.5.16)中的数学期望值 $E[\widetilde{X}(n)\widetilde{W}(n)]$。考虑式(7.5.12)的递推关系，有

$$X(n)=AX(n-1)+W(n-1)$$

$$X(n-1)=AX(n-2)+W(n-2)$$

$$\vdots$$

于是可得

$$X(n)=A^nX(0)+\sum_{i=1}^{n}A^{i-1}W(n-i)\tag{7.5.18}$$

式中 $X(0)$ 为起始状态并与 $W(n)$ 不相关。由式(7.5.15)的递推关系有

$$\begin{aligned}m_X(n)&=Am_X(n-1)+m_W(n-1)=\cdots\\&=A^nm_X(0)+\sum_{i=1}^{n}A^{i-1}m_W(n-i)\end{aligned}\tag{7.5.19}$$

于是，由式(7.5.18)、式(7.5.19)，以及白噪声特征，可得

$$E[\widetilde{X}(n)\widetilde{W}(n)]=A^nE[\widetilde{X}(0)\widetilde{W}(n)]+\sum_{i=1}^{n}A^{i-1}E[\widetilde{W}(n-i)\widetilde{W}(n)]=0\tag{7.5.20}$$

将式(7.5.20)代入式(7.5.16)，得到

$$\sigma_X^2(n+1)=A^2\sigma_X^2(n)+\sigma_W^2(n)\tag{7.5.21}$$

当 $X(n)$ 和 $W(n)$ 趋于平稳时，则有

$$\sigma_X^2(n+1)=\sigma_X^2(n)=\sigma_X^2,\quad \sigma_W^2(n)=\sigma_W^2$$

将其带入式(7.5.21)，可得 $X(n)$ 的方差为

$$\sigma_X^2=\frac{\sigma_W^2}{1-A^2}\tag{7.5.22}$$

最后推求高斯-马尔可夫序列的协方差函数

$$C_X(n,s)=E\{[X(n)-m_X(n)][X(s)-m_X(s)]\},\quad n>s\tag{7.5.23}$$

由式(7.5.18)、式(7.5.19)可得

$$X(n)=A^{n-s}X(s)+\sum_{i=1}^{n-s}A^{i-1}W(n-i)$$

和

$$m_X(n)=A^{n-s}m_X(s)+\sum_{i=1}^{n-s}A^{i-1}m_W(n-i)$$

将结果代入式(7.5.23)，可得

$$C_X(n,s)=A^{n-s}\sigma_X^2(s)\tag{7.5.24}$$

如果 $X(n)$ 为平稳序列，则有

$$C_X(n-s) = A^{|n-s|}\sigma_X^2 \tag{7.5.25}$$

顺便指出,式(7.5.12)所表示的信号模型是最简单的形式,更一般的矢量表示形式为

$$\boldsymbol{X}(k+1) = \boldsymbol{A}(k)\boldsymbol{X}(k) + \boldsymbol{B}(k)\boldsymbol{W}(k) \tag{7.5.26}$$

式中,$\boldsymbol{A}(k)$是系数矩阵,$\boldsymbol{B}(k)$是输入矩阵。在矢量形式下,分析方法和上述标量形式的分析方法相同。

习题七

7.1　给定一个相互独立的随机变量序列 $X_1,X_2,\cdots,X_n$,记 $p_k(x_k)=p_{X_k}(x_k)$。构成一个新的随机变量序列 $Y_1=X_1,Y_2=X_1+X_2,\cdots,Y_n=X_1+X_2+\cdots X_n$。

证明:$\{Y_n\}$是马尔可夫的。

7.2　设 $\boldsymbol{P}^{(n)}$ 是某个马尔可夫链的 n 步转移矩阵($n\geqslant 1$),$\boldsymbol{P}^{(1)}=\boldsymbol{P}$ 是其(一步)转移矩阵。

证明:$\boldsymbol{P}^{(n)}=\boldsymbol{P}^{(n)},\boldsymbol{P}^{(n)}\boldsymbol{P}^{(m)}=\boldsymbol{P}^{(n+m)},n,m\geqslant 1$。

7.3　证明式(7.2.5)。

7.4　一个质点在圆周上做随机游动,圆周上共有 N 格,质点以概率 p 顺时针游动一格,以概率 $q=1-p$ 逆时针游动一格,求转移概率矩阵。

7.5　设某容器内的质点,每隔单位时间就发生一次变化:容器内某质点可逃离此容器,其概率为 q;也可留在其中,其概率为 $p=1-q$。容器外的质点也可进入其中,个数服从强度为 λ 的泊松公布:$\left\{e^{-\lambda}\dfrac{\lambda^k}{k!},k=0,1,2,\cdots\right\}$。假定各质点的出、入、留是相互独立的。令 X_n 表示时刻 n 此容器内质点的个数。

求证:$\{X_n,n=0,1,2,\cdots\}$是一个时齐的可数状态的马尔可夫链。

7.6　设

$$\boldsymbol{P}=\begin{bmatrix}1-a & a\\ b & 1-b\end{bmatrix}\qquad 0<a,b<1$$

求证:

$$\boldsymbol{P}^n=\frac{1}{a+b}\begin{bmatrix}b & a\\ b & a\end{bmatrix}+\frac{(1-a-b)^n}{a+b}\begin{bmatrix}a & -a\\ -b & b\end{bmatrix}$$

7.7　讨论有限马尔可夫链的状态的分类、周期及平稳分布,假设转移概率矩阵为:

(1) $\begin{bmatrix}0 & 1\\ 1 & 0\end{bmatrix}$　(2) $\begin{bmatrix}1 & 0\\ 1 & 0\end{bmatrix}$　(3) $\begin{bmatrix}1 & 0\\ 0 & 1\end{bmatrix}$

(4) $\begin{bmatrix}1/2 & 1/2\\ 0 & 1\end{bmatrix}$　(5) $\begin{bmatrix}1/2 & 1/2\\ 1 & 0\end{bmatrix}$　(6) $\begin{bmatrix}1/2 & 1/2 & 0 & 0\\ 1 & 0 & 0 & 0\\ 0 & 0 & 1/3 & 2/3\\ 0 & 0 & 0 & 1\end{bmatrix}$

7.8　考虑在直线上整数点的随机游动,对于一切整数 i,有 $p_{i,i+1}=p,p_{i,i-1}=q,0<p<1,p+q=1$。求 $p_{00}^{(n)}$。

7.9　一个航空订票系统有两台相同的计算机,每天至多使用其中一台机器。工作着的机器在一天内损坏的概率为 p。车间只有一个修理工,他一次只能修理一台计算机,且要花两天时间才能修复。当一台机器损坏后,当天即停止使用。如果另一台机器是好的,第二天就使用这台好的,而修理那台坏的(以一天作为一个时间单位)。系统的状态可以用数偶(x,y)表示,

其中 x 是一天结束时仍没有损坏的台数，而当损坏的计算机已被修理工修理了一天时，y 取值为 1，其他情况 y 取值为 0。

(1) 试说明这个系统可以用马尔可夫链描述；

(2) 写出转移概率矩阵；

(3) 求平稳分布。

7.10　马尔可夫链的转移概率矩阵为 $\begin{bmatrix} q & p & 0 \\ q & 0 & p \\ 0 & q & p \end{bmatrix}$，求平稳概率分布。

7.11 由马尔可夫序列的定义，证明：$E\{X_n | X_{n-1},\cdots,X_1\}=E\{X_n | X_{n-1}\}$。

7.12* 　已知一个独立的随机变量序列为 $X_1,X_2,\cdots,X_n,\cdots$。假设

$$f_{X_n}(x)=f_n(x);\quad Y_1=X_1,Y_2=X_1+X_2,\cdots,Y_n=X_1+X_2+\cdots+X_n$$

若 $E\{X_n\}=0$，X_n 与 Y_{n-1} 独立。

证明：$E\{Y_n | Y_{n-1},\cdots,Y_1\}=Y_{n-1}$。

第8章　马尔可夫过程

前面讨论马尔可夫链时，我们认为：若当前状态已知，则过程的将来与过去历史是条件独立的。并且还讨论了在 n 步内从一个状态转移到另一个状态的概率，从一个状态转移到另一个状态所需的步数，首次到达某状态的时间等问题。但在实际中，通常时间参数是连续变化的，所以前面介绍的马尔可夫链就失去了在转移时间内所含有的信息。因此，对于一个随机过程，不仅应该考虑状态的变化，还应考虑实际时间的变化。本章将讨论时间参数 t 连续变化的马尔可夫过程 $\{X(t),t\in T\}$。

本章先讨论马尔可夫过程的一般概念，然后主要讨论两类特殊的马尔可夫过程：一类是纯不连续的马尔可夫过程，此时系统处于某一状态中不变，直至某一瞬间状态发生跳跃而到达一个新的状态，此后一直停留于这个状态中，直到发生新的跳跃为止。另一类是连续的马尔可夫过程，习惯上又称为扩散过程，此时系统的状态随时间一直在做连续的变化。

8.1　马尔可夫过程的一般概念

8.1.1　概　述

定义　设 $\{X(t),t\in T\}$ 为一随机过程，且 $0\leqslant t_1<t_2<\cdots<t_n\in T$，若在 $t_1,t_2,\cdots,t_n$ 时刻过程 $X(t)$ 的取值分别为 $x_1,x_2,\cdots,x_n$，并且有

$$F(x_n,t_n \mid x_{n-1},t_{n-1};x_{n-2},t_{n-2};\cdots;x_1,t_1) = F(x_n,t_n \mid x_{n-1},t_{n-1}) \tag{8.1.1}$$

则称 $X(t)$ 为马尔可夫过程。其中时间参数集 $T=\{-\infty,+\infty\}$，状态空间 $S=\{-\infty,+\infty\}$。条件分布函数 $F\{x_n,t_n|x_{n-1},t_{n-1}\}$ 称为转移概率分布。

如果条件概率密度函数存在，则式(8.1.1)等价于

$$f\{x_n,t_n \mid x_{n-1},t_{n-1};x_{n-2},t_{n-2};\cdots;x_1,t_1\} = f\{x_n,t_n \mid x_{n-1},t_{n-1}\} \tag{8.1.2}$$

式(8.1.2)表明，若 $t_{n-2},t_{n-3},\cdots,t_1$ 表示过去时刻，则将来时刻 t_n 的 $X(t)$ 的统计特性仅取决于现在时刻 t_{n-1} 的状态，而与过去时刻的状态无关。这种特性称为马尔可夫特性，或无后效性。

对于马尔可夫过程 $\{X(t),t\in T\}$，最重要的概念是转移概率 $P\{s,x;t,A\}$，其中 $s,t\in T$，且 $s<t$，A 是状态空间 S 的子集，它表示在 $X(s)=x$ 的条件下，$X(t)\in A$ 的条件概率，即

$$P\{s,x;t,A\} = P\{X(t)\in A \mid X(s)=x\} \tag{8.1.3}$$

特别地，当 $A=(-\infty,y)$ 时，有

$$\begin{aligned} P\{s,x;t,(-\infty,y)\} &= P\{X(t)\in(-\infty,y) \mid X(s)=x\} \\ &= P\{X(t)<y \mid X(s)=x\} \end{aligned} \tag{8.1.4}$$

为了方便起见，常将 $P\{s,x;t,(-\infty,y)\}$ 简记为

$$F(s,x;t,y) = F(t,y \mid s,x) = P\{X(t)<y \mid X(s)=x\} \tag{8.1.5}$$

称之为转移概率分布。这和式(8.1.1)中的 $F\{x_n,t_n|x_{n-1},t_{n-1}\}$ 是一致的。

按定义，转移概率分布 $F(s,x;t,y)$ 关于 y 是一个分布函数，因而有：

① $F(s,x;t,y)\geqslant 0$；

② $F(s,x;t,\infty)=1, F(s,x;t,-\infty)=0$；

③ $F(s,x;t,y)$关于 y 是单调不减和左连续的函数。

如果 $F(s,x;t,y)$关于 y 的导数存在，则

$$f(s,x;t,y) = f(t,y \mid s,x) = \frac{\partial}{\partial y}F(s,x;t,y) \tag{8.1.6}$$

称之为马尔可夫过程的转移概率密度。

显然有

$$F(s,x;t,y) = \int_{-\infty}^{y} f(s,x;t,u)\mathrm{d}u \tag{8.1.7}$$

由概率性质有

$$\int_{-\infty}^{\infty} f(s,x;t,y)\mathrm{d}y = 1$$

$$F(s,x;s,y) = \eta(x,y) = \begin{cases} 1 & x < y \\ 0 & x \geqslant y \end{cases}$$

在一些重要的特殊场合，常常得到 $F(s,x;t,y)$只依赖于 $\tau=t-s$，而不依赖于 s,t 本身的情况，这时

$$F(s,x;t,y) = F(t-s;x,y) = F(\tau;x,y) \tag{8.1.8}$$

该式表示过程在 s 时刻处于 x，经过时间 τ 后转移到$(-\infty,y)$内的概率，且该概率与 s 无关。具有这种特性的马尔可夫过程称为齐次马尔可夫过程。这种过程具有平稳转移结构。

齐次马尔可夫过程的转移概率密度相应地可表示为 $f(\tau;x,y)$。下面我们仅讨论齐次马尔可夫过程。

8.1.2　马尔可夫过程的特性

马尔可夫过程有以下一些特性。

(1) 马尔可夫过程的联合概率密度完全由它的一阶和二阶分布函数描述。

首先从一般关系出发，推求联合概率密度

$$\begin{aligned} & f_n(x_1,t_1;x_2,t_2;\cdots;x_n,t_n) \\ &= f(x_n,t_n \mid x_{n-1},t_{n-1};x_{n-2},t_{n-2};\cdots;x_1,t_1) \times \\ &\quad f(x_{n-1},t_{n-1} \mid x_{n-2},t_{n-2};\cdots;x_1,t_1)\cdots f(x_2,t_2 \mid x_1,t_1)f(x_1,t_1) \end{aligned} \tag{8.1.9}$$

利用式(8.1.2)，对于 $n\geqslant 3$ 和 $0\leqslant t_1<t_2<\cdots,t_n$，得到

$$\begin{aligned} f_n(x_1,t_1;x_2,t_2;\cdots;x_n,t_n) &= f_1(x_1,t_1)\prod_{k=1}^{n-1} f(x_{k+1},t_{k+1} \mid x_k,t_k) \\ &= \frac{\prod_{k=1}^{n-1} f_2(x_k,t_k;x_{k+1},t_{k+1})}{\prod_{k=2}^{n-1} f_1(x_k,t_k)} \end{aligned} \tag{8.1.10}$$

式中分子为二阶概率密度的乘积，分母为一阶概率密度的乘积。这表明马尔可夫过程的所有统计信息完全包含在它的一阶和二阶概率密度中。式中，$f(x_{k+1},t_{k+1}\mid x_k,t_k)$称为转移概率密度函数。容易看出，若起始时刻的概率密度 $f_1(x_1,t_1)$和转移概率密度 $f(x_{k+1},t_{k+1}\mid x_k,t_k)$已知，则可求出过程 $X(t)$的联合概率密度，从而完全确定马尔可夫过程的统计特征。

(2) 马尔可夫过程的逆过程也满足马尔可夫特性。

设$\{X(t),t\in T\}$是马尔可夫过程，对一组 $0\leqslant t_1<t_2<\cdots<t_n$，有

$$f(x_1,t_1 \mid x_2,t_2;x_3,t_3;\cdots,x_n,t_n) = f(x_1,t_1 \mid x_2,t_2) \tag{8.1.11}$$

证明:因为
$$f_n(x_1,t_1;x_2,t_2;\cdots;x_n,t_n)$$
$$= f(x_1,t_1 \mid x_2,t_2;x_3,t_3;\cdots;x_n,t_n) f(x_2,t_2;x_3,t_3;\cdots;x_n,t_n)$$
利用马尔可夫特性,有

$$\begin{aligned}
f(x_1,t_1 \mid x_2,t_2;\cdots;x_n,t_n) &= \frac{f(x_1,t_1;x_2,t_2;\cdots;x_n,t_n)}{f(x_2,t_2;x_3,t_3;\cdots;x_n,t_n)} \\
&= \frac{f(x_1,t_1)\prod_{k=1}^{n-1} f(x_{k+1},t_{k+1} \mid x_k,t_k)}{f(x_2,t_2)\prod_{k=2}^{n-1} f(x_{k+1},t_{k+1} \mid x_k,t_k)} \\
&= \frac{f(x_1,t_1)f(x_2,t_2 \mid x_1,t_1)}{f(x_2,t_2)} \\
&= f(x_1,t_1 \mid x_2,t_2)
\end{aligned}$$

(3) 如果矢量随机过程$\{X(t),t\in T\}$是马尔可夫的,并且假定 T_1 是 T 的一个子集,则矢量随机过程$\{X(t),t\in T_1\}$也具有马尔可夫特性。

证明略。

8.1.3 切普曼-科尔莫戈罗夫方程

马尔可夫过程的转移概率密度满足下列关系式

$$f(x_n,t_n \mid x_s,t_s) = \int_{-\infty}^{\infty} f(x_n,t_n \mid x_r,t_r) f(x_r,t_r \mid x_s,t_s)\mathrm{d}x_r, t_n > t_r > t_s \tag{8.1.12}$$

此式称为切普曼-科尔莫戈罗夫方程。

证明:已知
$$\int_{-\infty}^{\infty} f_3(x_s,t_s;x_r,t_r;x_n,t_n)\mathrm{d}x_r = f_2(x_s,t_s;x_n,t_n), \quad t_n > t_r > t_s \tag{8.1.13}$$
根据式(8.1.10),式(8.1.13)等号左边可以写成

$$\int_{-\infty}^{\infty} f(x_n,t_n \mid x_r,t_r) f(x_r,t_r \mid x_s,t_s) f_1(x_s,t_s)\mathrm{d}x_r$$

而等号右边则为
$$f(x_n,t_n \mid x_s,t_s) f_1(x_s,t_s)$$
因此,可立即得到切普曼-科尔莫戈罗夫方程,即式(8.1.12)。

式(8.1.12)中的条件概率密度常称为转移概率密度。它表明从(x_s,t_s)到(x_n,t_n)的转移概率密度等于从(x_s,t_s)到(x_r,t_r),再从(x_r,t_r)到(x_n,t_n)的两个转移概率密度的乘积,再对 x_r 取积分的结果。

前面已经指出,若一个马尔可夫过程现在时刻的取值是已知的,则任何将来时刻取值的概率分布不依赖于到达现在值的方式。如果给予"现在值"一个更广泛的解释,那么就可构成更复杂的马尔可夫过程,即高阶马尔可夫过程。例如:

$$F(x_n,t_n \mid x_{n-1},t_{n-1};x_{n-2},t_{n-2};\cdots;x_1,t_1) = F(x_n,t_n \mid x_{n-1},t_{n-1};x_{n-2},t_{n-2})$$

称为二阶马尔可夫过程,亦称马尔可夫-2 过程。这一类马尔可夫过程是用它的头三阶分布函数完全确定的。用定义二阶马尔可夫过程的方式可以进一步定义其他的高阶马尔可夫过程,即马尔可夫-k 过程。

马尔可夫过程是一个极重要的、具有普遍意义的随机过程。在工程系统中许多物理现象常用马尔可夫过程模拟。

8.2　纯不连续过程

在时间连续变化的随机过程中，状态可能是离散的，也可能是连续的。将状态离散、时间连续的马尔可夫过程称为纯不连续的马尔可夫过程。对于这类过程，其直观描述是，在时刻 t，系统处于某一状态中不变。直至某一瞬间状态发生跳跃而到达一个新的状态，此后将一直停留在这个新的状态中并直到发生新的跳跃为止。

8.2.1　概　述

前面已经指出，在马尔可夫过程中最重要的概念是转移概率。同样，对于纯不连续过程，最重要的概念也是转移概率。设$\{X(t),t\in T\}$是一马尔可夫过程，则其转移概率分布为

$$F(s,x;t,y) = P\{X(t) < y \mid X(s) = x\} \qquad t \geqslant s \tag{8.2.1}$$

转移概率分布 $F(s,z;t,y)$具有下述性质：

① $$F(s,x;s,y) = \eta(x,y) = \begin{cases} 1 & x < y \\ 0 & x \geqslant y \end{cases}$$

② 满足连续性条件

$$\lim_{s\to t^{0^-}} F(s,x;t,y) = \lim_{t\to s^{0^-}} F(s,x;t,y) = \eta(x,y) \tag{8.2.2}$$

③ $F(s,x;t,y)$关于 x 是可测函数；关于 y 是分布函数，即它是 y 均单调非降函数，且

$$F(s,x;t,-\infty) = 0, \quad F(s,x;t,\infty) = 1$$

④ 满足切普曼-科尔莫戈罗夫方程

$$F(s,x;t,y) = \int_{-\infty}^{\infty} \mathrm{d}zF(s,x;u,z)F(u,z;t,y) \tag{8.2.3}$$

对于纯不连续马尔可夫过程，则要求 $F(s,x;t,y)$还应满足下述条件。

设过程 $X(t)=x$ 时，$X(t)$在$(t,t+\Delta t)$中将以概率 $1-q(t,x)\Delta t+0(\Delta t)$留在此状态中，并且只能以概率 $q(t,x)\Delta t+0(\Delta t)$发生跳跃，同时，假定在$(t,t+\Delta t)$内变化不止一次的概率是$0(\Delta t)$。如果发生跳跃，则 $X(t+\Delta t)$的分布将由 $Q(t,x;y)+0(1)$给出。因此，根据全概率公式，有

$$\begin{aligned} F(t,x;t+\Delta t,y) &= P\{X_{t+\Delta t} < y \mid X_t = x\} \\ &= [1-q(t,x)\Delta t]\eta(x,y) + q(t,x)\Delta t Q(t,x;y) + 0(\Delta t), \quad \Delta t \geqslant 0 \end{aligned} \tag{8.2.4}$$

式(8.2.4)表示在时刻 t 过程处于状态 x，而在时刻 $t+\Delta t$，过程处于$(-\infty,y)$中的概率。其中 $q(t,x)$常称为跳跃率函数或跳跃强度函数，它总是非负的。$Q(t,x;y)$是一条件分布函数，因此，关于 y，它是单调非降的，且有

$$Q(t,x;-\infty) = 0, \quad Q(t,x;+\infty) = 1$$

又因 $Q(t,x;y)$是近似描述 $X_t=x$ 在$(t,t+\Delta t)$内发生跳跃的条件下 $X(t,t+\Delta t)$的分布，所以必须有 $Q(t,x;y)$关于 y 在 $y=x$ 处连续。

在随时过程中，如泊松过程、纯生过程、纯灭过程等都是纯不连续过程的概括。纯不连续过程的样本函数如图 8.1 所示。

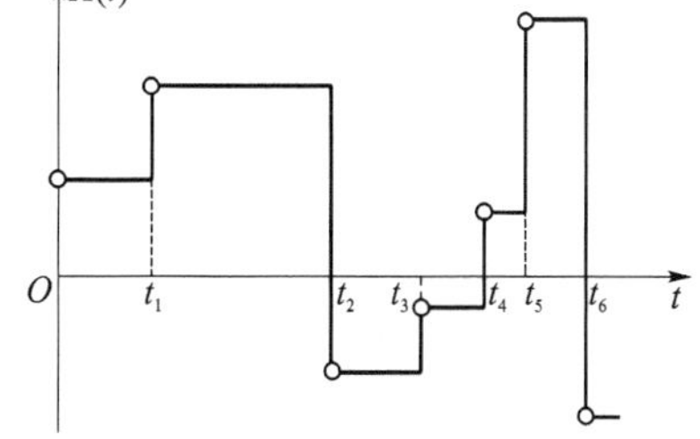

图 8.1　纯不连续过程

8.2.2 齐次的可数状态马尔可夫过程

齐次的可数状态马尔可夫过程,在随机过程理论中是最常见的过程。因此,对于这类过程的研究也比较深入和完整。

1. 转移概率

时间参数连续、可数状态的马尔可夫过程$\{X(t),t\in T\}$,其转移概率可以表示为

$$P\{X(t)=j \mid X(s)=i\} \qquad t\geqslant s,\quad i,j\in S \tag{8.2.5}$$

式中,状态空间$S=\{0,1,2,\cdots\}$,时间参数集$T=\{0,\infty\}$。这是一族条件概率。显然,它应满足

$$P\{X(t)=j \mid X(s)=i\}\geqslant 0$$

$$\sum_{j\in S}P\{X(t)=j \mid X(s)=i\}=1 \quad i\in S$$

而且其切普曼-科尔莫戈罗夫方程有下述形式

$$\begin{aligned}&P\{X(t)=j \mid X(s)=i\}\\ =&\sum_{k\in S}P\{X(r)=k \mid X(s)=i\}P\{X(t)=j \mid X(r)=k\},\quad i\in S\end{aligned} \tag{8.2.6}$$

如果式(8.2.5)仅为时间差$t-s$的函数,而与t,s本身的值无关,那么这类过程就称为齐次的可数状态马尔可夫过程。

定义 若 $P\{X(t+h)=j|X(s+h)=i\}=P\{X(t)=j|X(s)=i\}$

式中,$i,j\in S,0\leqslant s\leqslant t,h>0$,且$P\{X(s)=i\}P\{X(s+h)=i\}>0$,则称$\{X(t),t\in T\}$是时齐的,或齐次的马尔可夫过程。

本节主要研究齐次的、可数状态的马尔可夫过程。

定义 设$\{X(t),t\in T\}$是一个以$S=\{0,1,2,\cdots\}$为状态空间的马尔可夫过程,则称

$$p_{ij}(t)=P\{X(s+t)=j \mid X(s)=i\},\quad i,j\in S,\quad t\geqslant 0 \tag{8.2.7}$$

为$\{X(t),t\in T\}$的转移概率。它表示系统从状态i出发经时间t到达状态j的转移概率。显然它满足

$$p_{ij}(t)\geqslant 0 \quad i,j\in S,\quad t\geqslant 0 \tag{8.2.8}$$

$$\sum_{j\in S}p_{ij}(t)=1 \quad i\in S,\quad t\geqslant 0 \tag{8.2.9}$$

称矩阵

$$\boldsymbol{P}(t)=\{p_{ij}(t),\quad i,j\in S\} \tag{8.2.10}$$

为过程$\{X(t),t\in T\}$的转移概率矩阵,简称转移矩阵。

对任一齐次、可数状态的马尔可夫过程$\{X(t),t\in T\}$,其转移概率矩阵$\boldsymbol{P}(t)$总有

$$\boldsymbol{P}(s+t)=\boldsymbol{P}(s)\boldsymbol{P}(t) \qquad s,t\geqslant 0 \tag{8.2.11}$$

式(8.2.11)称为切普曼-科尔莫戈罗夫方程($C-K$方程)。

顺便指出,$\boldsymbol{P}(s)\boldsymbol{P}(t)$总是有意义的,因为它的第$i$行第$j$列的元素为$\sum\limits_{k\in S}p_{k}(s)p_{kj}(t)$,而此级数式是非负项级数,且每一项$p_{ij}(s)p_{kj}(t)\leqslant p_{ik}(s)$,所以此级数收敛。

有时,将切普曼-科尔莫戈罗夫方程等价地表示为

$$p_{ij}(s+t)=\sum_{k\in S}p_{ik}(s)p_{kj}(t) \tag{8.2.12}$$

定义 设$\{X(t),t\in T\}$是一马尔可夫过程,状态空间$S=\{0,1,2,\cdots\}$,时间参数集$T=\{0,$

$\infty\}$，如果转移概率矩阵 $\boldsymbol{P}(t)$ 满足下述条件

$$\lim_{t\to 0^+} p_{ij}(t) = p_{ij}(0) = \delta_{ij} = \begin{cases} 1 & i = j \\ 0 & i \neq j \end{cases} \tag{8.2.13}$$

则称 $\boldsymbol{P}(t)$ 为标准转移概率矩阵。

事实上，式(8.2.13)通常称为连续性条件。满足连续性条件的马尔可夫过程称为随机连续的马尔可夫过程。连续性条件表明，过程刚进入一个状态又立刻离开这个状态是不可能的。

有了式(8.2.8)、式(8.2.9)、式(8.2.12)及式(8.2.13)所给出的四个条件，便可证明当 i,j 固定时，$p_{ij}(t)$ 是关于 t 的一致连续函数并且具有可微性。

定理 1　设 $\boldsymbol{P}(t)=\{p_{ij}(t),i,j\in S\}$ 是标准转移概率矩阵，对于固定的 i,j，$p_{ij}(t)$ 是关于 t 的一致连续函数。

证明：设 $h>0$，由式(8.2.12)可得

$$\begin{aligned} P_{ij}(t+h) - p_{ij}(t) &= \sum_{k\in S} p_{ik}(h) p_{kj}(t) - p_{ji}(t) \\ &= p_{ii}(h) p_{ij}(t) - p_{ij}(t) + \sum_{\substack{k\neq i \\ k\in S}} p_{ik}(h) p_{kj}(t) \\ &= -[1 - p_{ii}(h)] p_{ij}(t) + \sum_{\substack{k\neq i \\ k\in S}} p_{ik}(h) p_{kj}(t) \end{aligned}$$

由此推出　$$p_{ij}(t+h) - p_{ij}(t) \geqslant -[1 - p_{ii}(h)] p_{ij}(t) \geqslant -[1 - p_{ii}(h)]$$

和　$$p_{ij}(t+h) - p_{ij}(t) \leqslant \sum_{\substack{k\neq i \\ k\in S}} p_{ik}(h) p_{kj}(t) \leqslant \sum_{\substack{k\neq i \\ k\in S}} p_{ik}(h) = 1 - p_{ii}(h)$$

因此　$$| p_{ij}(t+h) - p_{ij}(t) | \leqslant 1 - p_{ii}(h)$$

对 $h<0$，可得类似的不等式。故一般地有

$$| p_{ij}(t+h) - p_{ij}(t) | \leqslant \{1 - p_{ii}(|h|)\} \to 0 \quad h \to 0 \tag{8.2.14}$$

从而得证 $p_{ij}(t)$ 关于 t 是一致连续的。

下面进一步讨论 $p_{ij}(t)$ 的可微性。

定理 2　设 $\boldsymbol{P}(t)$ 是标准转移概率矩阵，则下列极限总是存在的：

①　$$\lim_{h\to 0^+} \frac{1 - p_{ii}(h)}{h} = q_i \quad 0 \leqslant q_i \leqslant \infty \tag{8.2.15}$$

且对一切 $t>0$，总有　$$\frac{1 - p_{ii}(t)}{t} \leqslant q_i \qquad i \in S \tag{8.2.16}$$

②　$$\lim_{t\to 0^+} \frac{p_{ij}(t)}{t} = q_{ij} < \infty \quad i \neq j, 0 \leqslant q_{ij} < \infty \tag{8.2.17}$$

若令 $q_{ii}=-q_i,i\in S$，则

$$q_{ij} = \lim_{t\to 0^+} \frac{p_{ij}(t) - p_{ij}(0)}{t} = p'_{ij}(0) \qquad i,j \in S$$

定义　设标准转移概率矩阵 $\boldsymbol{P}(t)$ 是可微的，如果

$$p'_{ij}(0) = \lim_{t\to 0^+} \frac{p_{ij}(t) - p_{ij}(0)}{t} = q_{ij} \quad i,j \in S \tag{8.2.18}$$

存在且有限，则称　$$\boldsymbol{Q} = \{q_{ij}, i,j \in S\} \tag{8.2.19}$$

为 $\boldsymbol{P}(t)$ 的密度矩阵。或者称 $\boldsymbol{Q}$ 为 $\boldsymbol{P}(t)$ 所对应的马尔可夫过程的密度矩阵。

由此可知，若标准转移概率矩阵 $\boldsymbol{P}(t)$ 是可微的，则其密度矩阵 $\boldsymbol{Q}$ 必须满足：

$$q_{ij} \geqslant 0 \qquad i \neq j, i, j \in S$$
$$q_{ii} \leqslant 0 \qquad i \in S$$
$$\sum_{j \neq 1} q_{ij} \leqslant - q_{ii} \qquad i \in S$$

对于有限个(n 个)状态的参数连续、状态离散的马尔可夫过程,其转移概率密度矩阵为

$$\boldsymbol{Q} = \begin{bmatrix} q_{00} & q_{01} & q_{02} & \cdots & q_{0n} \\ q_{10} & q_{11} & q_{12} & \cdots & q_{1n} \\ \vdots & \vdots & \vdots & \ddots & \vdots \\ q_{n0} & q_{n1} & q_{n2} & \cdots & q_{nn} \end{bmatrix} \tag{8.2.20}$$

式(8.2.20)所示矩阵,具有下述性质:

① 每一行的所有元素之和为零,即 $\sum_{j \in S} q_{ij} = 0, i \in S$;

② 对角线上各元素为负或为零,即 $q_{ii} \leqslant 0, i \in S$;

③ 当 $j \neq i$ 时,$q_{ij} \geqslant 0$。

定理3 设马尔可夫过程的状态空间是有限集合 $S=\{0,1,2,\cdots,n\}$,标准转移概率矩阵 $\boldsymbol{P}(t)=\{p_{ij}(t), i,j \in S\}$,则

$$p_{ij}'(0) = \lim_{t \to 0^+} \frac{p_{ij}(t) - p_{ij}(0)}{t} = q_{ij}, \qquad q_{ij} \text{ 为实数}, i,j \in S \tag{8.2.21}$$

$$\sum_{j \in S} q_{ij} = 0, \quad i \in S$$

证明:由上述定理2得

$$p_{ij}'(0) = q_{ij}, \quad 0 \leqslant q_{ij} < \infty, \quad 0 \leqslant - q_{ii} \leqslant \infty, \quad i,j \in S$$

因为 S 为有限集合,$\sum_{j \in S} p_{ij}(t) = 1, i \in S, t \geqslant 0$,所以

$$0 \leqslant - q_{ii} = \lim_{t \to 0^+} \frac{1 - p_{ii}(t)}{t} = \lim_{t \to 0^+} \frac{\sum_{i \neq j} p_{ij}(t)}{t} = \sum_{j \neq i} \lim_{t \to 0^+} \frac{p_{ij}(t)}{t}$$
$$= \sum_{j \neq i} q_{ij} < \infty \qquad i \in S$$

证毕。

2. 科尔莫戈罗夫-费勒前进和后退方程

定理 设状态空间 S 是有限集合,令 $S=\{0,1,2,\cdots,n\}$,$\boldsymbol{P}(t)=\{p_{ij}(t), i,j \in S\}$ 是标准转移概率矩阵,则

① $$\dot{p}_{ij}(t) = \frac{\mathrm{d}p_{ij}(t)}{\mathrm{d}t} = \sum_{k \in S} q_{ik} p_{kj}(t) \tag{8.2.22}$$

② $$\dot{p}_{ij}(t) = \frac{\mathrm{d}p_{ij}(t)}{\mathrm{d}t} = \sum_{k \in S} p_{ik}(t) q_{kj} \tag{8.2.23}$$

证明:先证式(8.2.22)成立。当 $t \geqslant 0$ 时,有

$$\lim_{s \to 0^+} \frac{p_{ij}(t) - p_{ij}(t-s)}{s} = \lim_{s \to 0^+} \sum_{k \in S} \left[\frac{p_{ik}(s) - \delta_{ik}}{s} p_{kj}(t-s) \right]$$
$$= \sum_{k \in S} \left[\lim_{s \to 0^+} \frac{p_{ik}(s) - \delta_{ik}}{s} p_{kj}(t-s) \right]$$
$$= \sum_{k \in S} q_{ik} p_{kj}(t) \qquad i,j \in S$$

$$\lim_{s\to 0^+}\frac{p_{ij}(s+t)-p_{ij}(t)}{s}=\lim_{s\to 0^+}\sum_{k\in S}\left[\frac{p_{ik}(s)-\delta_{ik}}{s}\right]p_{kj}(t)$$
$$=\sum_{k\in S}\left[\lim_{s\to 0^+}\frac{p_{ik}(s)-\delta_{ik}}{s}p_{kj}(t)\right]$$
$$=\sum_{k\in S}q_{ik}p_{kj}(t)\qquad i,j\in S$$

总之得
$$\dot{p}_{ij}(t)=\sum_{k\in S}q_{ik}p_{kj}(t)\qquad i,j\in S,t\geqslant 0$$

式(8.2.22)是一个方程组，解此方程组并利用起始条件：$p_{ii}(0)=1,p_{ij}(0)=0,j\neq i$，可以求得 $p_{ij}(t)$。通常称式(8.2.22)为科乐莫戈罗夫-费勒后退方程。

设列矩阵为

$$\boldsymbol{S}_j(t)=\begin{bmatrix}p_{0j}(t)\\p_{1j}(t)\\\vdots\\p_{nj}(t)\end{bmatrix}$$

则式(8.2.22)可改写为
$$\dot{\boldsymbol{S}}_j(t)=\boldsymbol{QS}_j(t)\tag{8.2.24}$$

由式(8.2.24)看出，当固定 j，研究 $p_{ij}(t)=0,1,2,\cdots$时，采用后退方程是比较方便的。

依照上述证明过程，同样可证明式(8.2.23)成立，即

$$\dot{p}_{ij}(t)=\sum_{k\in S}p_{ik}(t)q_{kj}\qquad i,j\in S,T\geqslant 0$$

式(8.2.23)是一个方程组，称为科尔莫戈罗夫-费勒前进方程。

下面介绍式(8.2.23)的另两种形式。

① 设行矩阵
$$\boldsymbol{\Gamma}_{(}t)=[p_{i0}(t)\quad p_{i1}(t)\quad\cdots\quad p_{in}(t)]\tag{8.2.25}$$

则式(8.2.23)可改写为矩阵形式

$$\dot{\boldsymbol{\Gamma}}_i(t)=\boldsymbol{\Gamma}_i(t)\boldsymbol{Q}\qquad i=0,1,\cdots,n\tag{8.2.26}$$

它的起始条件为
$$\boldsymbol{\Gamma}_i(0)=[0\quad 0\quad\cdots\quad \underset{\substack{\uparrow\\ \text{第}i+1\text{列元素}}}{1}\quad 0\quad\cdots\quad 0]$$

② 设矩阵
$$\boldsymbol{P}(t)=\begin{bmatrix}\Gamma_0(t)\\\Gamma_1(t)\\\vdots\\\Gamma_n(t)\end{bmatrix}=\begin{bmatrix}p_{00}(t)&p_{01}(t)&\cdots&p_{0n}(t)\\p_{10}(t)&p_{11}(t)&\cdots&p_{1n}(t)\\\vdots&\vdots&\ddots&\vdots\\p_{n0}(t)&p_{n1}(t)&\cdots&p_{nn}(t)\end{bmatrix}\tag{8.2.27}$$

于是式(8.2.23)又可写成
$$\dot{\boldsymbol{P}}(t)=\boldsymbol{P}(t)\boldsymbol{Q}\tag{8.2.28}$$

它的起始条件为
$$\boldsymbol{P}(0)=\boldsymbol{I}_{(n+1)\times(n+1)}$$

由此得出，式(8.2.23)、式(8.2.26)及式(8.2.28)均称为科乐莫戈罗夫-费勒前进方程。

顺便指出，当固定 i，研究 $p_{ij}(t),j=0,1,2,\cdots$时，采用前进方程是比较方便的。

例 8.2-1　设有一参数连续、状态离散的马尔可夫过程$\{X(t),t\geqslant 0\}$，其状态空间为 $S=\{0,1,2,\cdots,m\}$。当 $i\neq j,i,j=0,1,2,\cdots,m$ 时，$q_{ij}=1$。当 $i=0,1,2,\cdots,m$ 时，$q_{ii}=-(m-1)$。求 $p_{ij}(t)$。

解：由式(8.2.23)得
$$\dot{p}_{ij}(t)=-(m-1)p_{ij}(t)+\sum_{\substack{k\in S\\k\neq j}}p_{ik}(t)$$

由于
$$\sum_{k=1,2,\cdots,m} p_{ik}(t) = 1$$
可得
$$\sum_{\substack{k\in S\\ k\neq j}} p_{ik}(t) = 1 - p_{ij}(t)$$
故
$$\begin{aligned}\dot{p}_{ij}(t) &= -(m-1)p_{iq}(t) + [1 - p_{ij}(t)] \\ &= -mp_{ij}(t) + 1 \qquad i,j = 1,2,\cdots,m\end{aligned}$$
求解上述方程,可得
$$p_{ij}(t) = c\mathrm{e}^{-mt} + \frac{1}{m} \qquad i,j = 1,2,\cdots,m$$
利用初始条件:$p_{ii}(0)=1, p_{ij}(0)=0, i\neq j$,则当 $i=j$ 时,$c=1-\frac{1}{m}$,而 $i\neq j$ 时,$c=-\frac{1}{m}$,于是可得
$$p_{ii}(t) = \left(1-\frac{1}{m}\right)\mathrm{e}^{-mt} + \frac{1}{m} \qquad i = 1,2,\cdots,m$$
$$p_{ii}(t) = \frac{1}{m}(1-\mathrm{e}^{-mt}) \qquad i\neq j, \qquad i,j = 1,2,\cdots,m$$

例 8.2-2 一个服务机构,其顾客按比率为 λ 的泊松过程到达。此服务机构只有一个服务员,并且服务时间是一个平均值为 $1/\mu$ 的指数分布的随机变量。如果服务机构内没有顾客,则顾客一到立即得到服务,否则他就要排队等候。如果顾客到达时发现已经有两个人在等候,则他就离开不再返回。令 $X(t)$ 表示在 t 时刻系统内的顾客数(包括正在被服务的顾客和排队等候的顾客)。显然,该人数就是系统所处的状态,于是这个系统的状态空间为 $S=\{0,1,2,3\}$。假定 $X(0)=0$,即在 $t=0$ 时,系统处于零状态,服务人员空闲着。求在 t 时刻系统处于状态 j 的无条件概率 $p_j(t)$ 所满足的微分方程。其中 $p_j(t)$ 是 $X(t)=j$ 的无条件概率。

解:由于排队顾客最多为两人,则系统中顾客最多为三人,这样可得一个四状态的过程
$$X(t) = j \quad j = 0,1,2,3$$
若 $X(t)=0$,当有一个顾客到达服务机构时,则状态由 0 转到 1。因顾客流是一泊松过程,则在 $(t,t+\Delta t)$ 内有一个顾客到达的概率为 $\lambda\Delta t+0(\Delta t)$。这样,在 $(t,t+\Delta T)$ 内有两个或者两个以上的顾客到达的概率为 $0(\Delta t)$,即两个顾客不能同时到达,所以 $q_{02}=q_{03}=0$。

由于 Q 矩阵中每一行的所有元素之和为零,故 $q_{00}=-\lambda$。这样,Q 矩阵的第一行是$[-\lambda \quad \lambda \quad 0 \quad 0]$。

如果一个顾客来到服务机构中,令 $X(t)=1$ 表示在 t 时刻有一个顾客正在被服务,而对顾客的服务时间是负指数分布的随机变量。负指数分布有这样一个特点:在某时刻服务人员正在给某顾客服务,那么对该顾客继续服务的服务时间仍遵从同一负指数分布规律。

假定在 t 时刻以前对某一顾客的服务没有做完,在 $(t,t+\Delta t)$ 内对他的服务将完成的概率是
$$\frac{\int_t^{t+\Delta t}\mu\mathrm{e}^{-\mu x}\,\mathrm{d}x}{\int_t^{\infty}\mu\mathrm{e}^{-\mu x}\,\mathrm{d}x} = \frac{-\mathrm{e}^{-\mu(t+\Delta t)} + \mathrm{e}^{-\mu t}}{\mathrm{e}^{-\mu t}} = 1 - \mathrm{e}^{-\mu\Delta t} = \mu\Delta t + 0(\Delta t)$$
这样,如果 $X(t)=1$,则在 $(t,t+\Delta t)$ 内系统由 $X(t)=1$ 变换到 $X(t)=0$ 的概率是 $\mu\Delta t+0(\Delta t)$。因此,$q_{10}=\mu$。

另一种情况,在 Δt 内有一个顾客到达服务机构的概率为 $\lambda\Delta t+0(\Delta t)$,因此在 Δt 内系统

由 $X(t)=1$ 转入到 $X(t)=2$ 的概率为$[\lambda\Delta t+0(\Delta t)][1-\mu\Delta t-0(\Delta t)]=\lambda\Delta t+0(\Delta t)$。于是$q_{12}=\lambda$。

两个顾客不能同时到达,即 $q_{13}=0$。这样 Q 矩阵的第二行是$[\mu \quad -(\mu+\lambda) \quad \lambda \quad 0]$。

当 $X(t)=2$ 时,讨论方法是相同的。因此 Q 矩阵的第三行是$[0 \quad \mu \quad -(\mu+\lambda) \quad \lambda]$。

当 $X(t)=3$ 时,没有新的顾客能加入系统。当对一个顾客的服务完成时,仅有可能变换到 $X(t)=2$。这样 $q_{32}=\mu, q_{30}=q_{31}=0$。

于是得到完整的 $\boldsymbol{Q}$ 矩阵为

$$\boldsymbol{Q}=\begin{bmatrix} -\lambda & \lambda & 0 & 0 \\ \mu & -(\mu+\lambda) & \lambda & 0 \\ 0 & \mu & -(\mu+\lambda) & \lambda \\ 0 & 0 & \mu & -\mu \end{bmatrix}$$

为了求得系统方程,现在仅写出各列,于是有

$$\dot{p}_0(t)=\frac{\mathrm{d}p_0(t)}{\mathrm{d}t}=-\lambda p_0(t)+\mu p_1(t)$$

$$\dot{p}_1(t)=\frac{\mathrm{d}p_1(t)}{\mathrm{d}t}=\lambda p_0(t)-(\mu+\lambda)p_1(t)+\mu p_2(t)$$

$$\dot{p}_2(t)=\frac{\mathrm{d}p_2(t)}{\mathrm{d}t}=\lambda p_1(t)-(\mu+\lambda)p_2(t)+\mu p_3(t)$$

$$\dot{p}_3(t)=\frac{\mathrm{d}p_3(t)}{\mathrm{d}t}=\lambda p_2(t)-\mu p_3(t)$$

它的起始条件为

$$p_j(0)=\begin{cases}1 & j=0 \\ 0 & j=1,2,3\end{cases}$$

例 8.2-3　在一个具有 N 个位置的露天停车场,只要有空位,则进入停车场的车辆可由比率为 λ 的泊松过程表征。若场地停车已满,则车辆离开而不返回。已停车辆占用时间服从指数分布(均值 $1/\mu$),且是相互独立的。令 $X(t)$表示占用的位置数目,并假定 $X(0)=j$。求用 $p_j(t)$规定的微分方程。

解:这是一个具有

$$\lambda_j=\begin{cases}\lambda & j<N \\ 0 & j\geqslant N\end{cases}$$

和 $\mu_j=j\mu, j=0,1,2,\cdots,N$ 的生灭过程。其 $\boldsymbol{Q}$ 矩阵是

$$\boldsymbol{Q}=\begin{bmatrix} -\lambda & \lambda & 0 & 0 & \cdots & 0 & 0 & 0 \\ \mu & -(\mu+\lambda) & \lambda & 0 & \cdots & 0 & 0 & 0 \\ 0 & 2\mu & -(2\mu+\lambda) & \lambda & \cdots & 0 & 0 & 0 \\ 0 & 0 & 3\mu & -(3\mu+\lambda) & \cdots & 0 & 0 & 0 \\ 0 & 0 & 0 & 4\mu & \cdots & 0 & 0 & 0 \\ \vdots & \vdots & \vdots & \vdots & \vdots & \vdots & \vdots & \vdots \\ 0 & 0 & 0 & 0 & \cdots & -[(N-2)\mu+\lambda] & \lambda & 0 \\ 0 & 0 & 0 & 0 & \cdots & (N-1)\mu & -[(N-1)\mu+\lambda] & \lambda \\ 0 & 0 & 0 & 0 & \cdots & 0 & N_\mu & -N_\mu \end{bmatrix}$$

取出各列得到下列 $N+1$ 个微分方程

$$\dot{p}_0(t)=-\lambda p_0(t)+\mu p_1(t)$$

$$\dot{p}_1(t) = \lambda p_0(t) - (\mu + \lambda) p_1(t) + 2\mu p_2(t)$$

$$\vdots$$

$$\dot{p}_j(t) = \lambda p_{j-1}(t) - (j\mu + \lambda) p_j(t) + (j+1)\mu p_{j+1}(t) \quad j = 1,2,\cdots,N-1$$

$$\vdots$$

$$\dot{p}_N(t) = \lambda P_{N-1}(t) - N_\mu p_N(t)$$

例 8.2-4 考虑一个器件,它可能发生的故障有两类。在$(t,t,+\Delta t)$中,第一类故障的概率是$\lambda_1 \Delta t + 0(\Delta t)$,第二类故障的概率是$\lambda_2 \Delta t + 0(\Delta t)$。两类故障的机理是统计独立的。当机器出故障时,对于第一类故障,修理时间是均值为$1/\mu_1$的指数分布。对于第二类故障,修理时间则是均值为$1/\mu_2$的指数分布。假定$t=0$时,系统正在工作,求在时刻t系统仍在工作的转移概率。

解:状态转移图如图 8.2 所示。

现在定义:$X(t)=0$,系统正在工作;$X(t)=1$,正在修理第一类故障;$X(t)=2$,正在修理第二类故障。不难得到

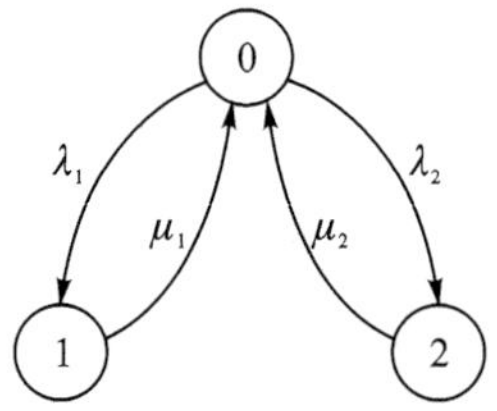

$$\boldsymbol{Q} = \begin{bmatrix} -(\lambda_1+\lambda_2) & \lambda_1 & \lambda_2 \\ \mu_1 & -\mu_1 & 0 \\ \mu_2 & 0 & -\mu_2 \end{bmatrix}$$

图 8.2 状态转移图

根据 $$\widetilde{\boldsymbol{P}}(s) = [s\boldsymbol{I} - \boldsymbol{Q}]^{-1} = \begin{bmatrix} s+\lambda_1+\lambda_2 & -\lambda_1 & -\lambda_2 \\ -\mu_1 & s+\mu_1 & 0 \\ -\mu_2 & 0 & s+\mu_2 \end{bmatrix}$$

由于只需要逆矩阵中左上角的元素,亦即

$$\widetilde{P}_{00}(s) = \frac{(s+\mu_1)(s+\mu_2)}{[s+(\lambda_1+\lambda_2)](s+\mu_1)(s+\mu_2) - \mu_1\lambda_1(s+\mu_2) - \mu_2\lambda_2(s+\mu_1)}$$

此式化简后为 $$\widetilde{P}_{00}(s) = \frac{(s+\mu_1)(s+\mu_2)}{s[s^2+(\mu_1+\mu_2+\lambda_1+\lambda_2)s+\mu_1\mu_2+\mu_2\lambda_1+\mu_1\lambda_2]} \tag{8.2.29}$$

对式(8.2.29)取其逆变换就可求得$p_{00}(t)$。

8.3 连续的马尔可夫过程

状态和时间参数都是连续变化的马尔可夫过程,通常称为连续马尔可夫过程。此时,系统的状态随时间持续做连续变化。由于历史上这类过程起源于对扩散现象的研究,所以又称为扩散过程。

8.3.1 定 义

假设随机过程$X(t)$,在时刻t位于x,即$X(t)=x$。现在考察时间间隔$[t,t+\Delta t]$中的状态变化$X(t+\Delta t)-X(t)$。由于要求状态变化是连续的,所以当Δt很小时,$X(t+\Delta t)-X(t)$也应当是很小的。它的数学表达式是:对于任意$\delta>0$,有

$$\lim_{\Delta t\to 0}\{|X(t+\Delta t)-X(t)|>\delta \mid X(t)=x\}=0 \tag{8.3.1}$$

这意味着在很小的时间间隔内,$X(t)$的状态变化较大的概率非常小。如果用转移概率分布

$F(s,x;t,y)$表示，则有

$$\lim_{\Delta t\to 0}\int_{|y-x|>\delta} \mathrm{d}F_Y(s,x;t+\Delta t,y)=0 \tag{8.3.2}$$

除此之外，还要求均值 $E[X(t+\Delta t)-X(t)]$和方差 $D[X(t+\Delta t)-X(t)]$均与 Δt 成正比，即

$$\lim_{\Delta t\to 0}\frac{1}{\Delta t}\int_{-\infty}^{\infty}(y-x)\mathrm{d}F_Y(t,x;t+\Delta t,y)=a(t,x) \tag{8.3.3}$$

$$\lim_{\Delta t\to 0}\frac{1}{\Delta t}\int_{-\infty}^{\infty}(y-x)^2\mathrm{d}F_Y(t,x;t+\Delta t,y)=b(t,x)>0 \tag{8.3.4}$$

需要特别指出的是，上述极限均假定对 x 是一致的。此时，数学上称满足式(8.3.2)、式(8.3.3)及式(8.3.4)的马尔可夫过程为扩散过程。上述定义中的 $a(t,x)$称为偏移系统，$b(t,x)$称为扩散系统。

8.3.2　连续高斯-马尔可夫过程

设有一个随机过程$\{X(t),t\in T\}$，既是高斯过程又是马尔可夫过程，则称它为高斯-马尔可夫过程。高斯特性决定了其幅度分布，马尔可夫特性决定了过程在时间上的传播。

若信号模型的时间参数是连续变化的，并具有下述形式：

$$\dot{X}(t)=\alpha X(t)+\beta W(t) \tag{8.3.5}$$

则它是连续高斯-马尔可夫的。

设 $W(t)$为白高斯过程，其均值和协方差分别为

$$\begin{aligned} m_W(t)&=E[W(t)]\\ C_W(t,s)&=E\{[W(t)-m_W(t)][W(s)-m_W(s)]\}\\ &=\sigma_W^2(t)\delta(t-s) \end{aligned} \tag{8.3.6}$$

对式(8.3.5)两边各乘以 $\mathrm{e}^{-\alpha t}$，于是有

$$\frac{\mathrm{d}}{\mathrm{d}t}[\mathrm{e}^{-\alpha t}X(t)]=\beta\mathrm{e}^{-\alpha t}W(t)$$

取任意两个时刻 t_n 和 t_{n-1}，并对上式进行 t_{n-1}到 t_n 的积分，则有

$$X(t_n)=\mathrm{e}^{\alpha(t_n-t_{n-1})}X(t_{n-1})+\beta\int_{t_{n-1}}^{t_n}\mathrm{e}^{\alpha(t_n-s)}W(s)\mathrm{d}s \tag{8.3.7}$$

式中，若 $t=\{t_0,t_1,\cdots,t_{n-1}\}$，$t_0<t_1<\cdots<t_{n-1}$，则由式(8.3.7)可看出，此时 $X(t_n)$的概率密度只与 t_{n-1}时刻的值有关，而与 t_{n-1}以前的值无关。因此，$X(t)$是一个马尔可夫过程。

此外，由于该过程是由白高斯过程 $W(t)$经线性变换得到的，所以它也是高斯过程。一般称为连续高斯-马尔可夫过程。这类过程只要知道它的初始概率密度和转移概率密度，其统计特性就可以完全确定。现在推导连续高斯-马尔可夫过程的均值和方差。

先求 $X(t)$的均值。对式(8.3.5)两边取数学期望，有

$$\dot{m}_X(t)=\alpha m_X(t)+\beta m_W(t) \tag{8.3.8}$$

式(8.3.8)为简单的常系数一阶微分方程。只要起始条件 $m_X(0)$已知，即可确定出 $m_X(t)$。

$X(t)$ 的方差为　　$D_X(t)=\sigma_X^2(t)=E\{[X(t)-m_X(t)]^2\}$　　(8.3.9)

对两边微分，得　　$\dot{D}_X(t)=2E\{[X(t)-m_X(t)][\dot{X}(t)-\dot{m}_X(t)]\}$

将式(8.3.5)和式(8.3.8)代入上式，得

$$\dot{D}_X(t) = 2E\{[X(t) - m_X(t)][\alpha X(t) - \alpha m_X(t) + \beta W(t) - \beta m_W(t)]\}$$
$$= 2\alpha D_X(t) + 2\beta E[\widetilde{X}(t)\widetilde{W}(t)] \tag{8.3.10}$$

式中 $$\widetilde{X}(t) = X(t) - m_X(t),\quad \widetilde{W}(t) = W(t) - m_W(t) \tag{8.3.11}$$

根据式(8.3.7)、式(8.3.11),得到

$$\widetilde{X}(t) = e^{\alpha(t-t_0)}\widetilde{X}(t_0) + \beta\int_{t_0}^{t} e^{\alpha(t-s)}W(s)\,ds \tag{8.3.12}$$

于是有 $$E[\widetilde{X}(t)\widetilde{W}(t)] = e^{\alpha(t-t_0)}E[\widetilde{X}(t_0)\widetilde{W}(t)] + \beta\int_{t_0}^{t} e^{\alpha(t-s)}E[\widetilde{W}(t)W(s)]\,ds \tag{8.3.13}$$

由于假定 $X(t_0)$与 $W(t)$不相关,故上式等号右边第一项为零。由式(8.3.6)可以得到上式等号右边第二项为

$$\int_{t_0}^{t} e^{\alpha(t-s)}\sigma_W^2(s)\delta(t-s)\,ds = \frac{1}{2}\sigma_W^2(t) \tag{8.3.14}$$

在计算上式积分时,假定 δ 函数是对称的,并应用了下述积分

$$\int_a^b g(s)\delta(t-s)\,ds = \begin{cases} 0 & t < a \text{ 或 } t > b \\ rg(a) & t = a \\ (1-r)g(b) & t = b \\ g(t) & a < t < b \end{cases} \tag{8.3.15}$$

当 δ 函数对称时,取 $r=1/2$。将式(8.3.14)的结果代入式(8.3.13),得

$$E[\widetilde{X}(t)\widetilde{W}(t)] = \frac{1}{2}\beta\sigma_W^2(t) \tag{8.3.16}$$

代入式(8.3.10),有

$$\dot{D}_X(t) = 2\alpha D_X(t) + \beta^2\sigma_W^2(t) \tag{8.3.17}$$

显然,当起始条件 $D_X(0)$已知时,即可求得 $D_X(t)$。

例 8.3-1 设随机过程$\{X(t), t\geqslant t_0\}$,由下述方程确定

$$\dot{X}(t) = \frac{1}{t+1}X(t)$$

其中,$X(t_0)$是均值为零、方差为 $\sigma_0^2>0$ 的高斯随机变量。试分析其特性。

解:首先由 $X(t)$所满足的方程,对于一切 $t\geqslant t_0$,可解得

$$X(t) = \frac{t_0+1}{t+1}X(t_0)$$

由于 $X(t_0)$是高斯分布的,根据高斯随机变量的特征,其线性变换也是高斯的,可知 $X(t)$在$t\geqslant t_0$ 时的任意 m 个时间点 $t_1, t_2, \cdots, t_m$ 上的连续概率密度 $f(x_1, t_1; x_2, t_2; \cdots; x_m, t_m)$也是高斯的。因此,$\{X(t), t\geqslant t_0\}$是一个高斯随机过程。

此外,对于 $t_2>t_1\geqslant t_0$,容易求得

$$X(t_2) = \frac{t_1+1}{t_2+1}X(t_1)$$

可见,过程$\{X(t), t\geqslant t_0\}$的将来时刻($t=t_2$)的统计特性完全由现在时刻($t=t_1$)的统计特性确定,而与过去时刻($t<t_0$)的状态无关,因此,它也是一个马尔可夫过程。

这样,过程$\{X(t), t\geqslant 0\}$是一个高斯-马尔可夫过程。其转移概率密度 $f\{x(t)\mid x(s), t>$

$s \geqslant t_0\}$是高斯分布的。它完全由下述条件均值和条件方差确定：

$$E\{E(t) \mid x(s)\} = \frac{s+1}{t+1}x(s)$$

$$E\{\{X(t) - E[X(t) \mid x(s)]\}^2 \mid x(s)\} = 0$$

因此，转移概率密度 $f\{x(t)|x(s)\}$为高斯分布 $N\left(\frac{s+1}{t+1}x(s), 0\right)$。这就是说，它是一个 δ 函数。这表明，$X(s)$的值对于一切 $t > s \geqslant t_0$ 能唯一确定 $X(t)$的值。不过由于$\{X(t), t \geqslant t_0\}$是高斯分布的，并且

$$E[X(t)] = E\left[\frac{X(t_0)}{t+1}\right] = 0$$

$$D[X(t)] = E\{\{X(t) - E[X(t)]\}^2\} = E\left\{\left[\frac{X(t_0)}{t+1}\right]^2\right\} = \frac{\sigma_0^2}{(t+1)^2}$$

因此，可得$\{X(t), t \geqslant t_0\}$的概率密度为

$$f(x,t) = \frac{(t+1)}{\sqrt{2\pi}\,\sigma_0}\exp\left\{-\frac{(t+1)^2}{2\sigma_0^2}x^2\right\}$$

例 8.3-2　设信号模型 $\dot{X}(t) = -\alpha X(t) + W(t)$，并有 $X(0) = 0, m_{X_0} = 0, \sigma_{X_0}^2 = 0, m_W = E[W(t)], \sigma_W^2 = D[E(t)]$。试求均值和方差。

解：由式(8.3.8)可得均值方程式为

$$\dot{m}_X(t) = -\alpha m_X(t) + m_W$$

已知 $m_{X_0} = 0$，容易求得该方程式的解为

$$m_X(t) = \frac{m_W}{\alpha}(1 - e^{\alpha t})$$

由式(8.3.17)可得方差方程式为

$$\dot{D}_X(t) = -2\alpha D_X(t) + \sigma_W^2$$

已知 $D_{X_0} = 0$，因此可求得该方程式的解为

$$D_X(t) = \frac{\sigma_W^2}{2\alpha}(1 - e^{-2\alpha t})$$

从此例可看出，一个线性时不变系统，尽管其输入为平稳过程，而其输出 $X(t)$却为非平稳过程，但逐渐趋于平稳。当 $t \to \infty$时，其均值趋近于 m_W/α，方差趋近于 $\sigma_W^2/2\alpha$。

由于输出过程 $X(t)$是由白高斯过程激励得到的，因此它是一个连续高斯-马尔可夫过程。

例 8.3-3　设标量随机过程$\{X_1(t), t \geqslant t_0\}$由方程 $\ddot{X}_1(t) = 0$ 确定，其中 $X_1(t_0)$和$\dot{X}_1(t_0)$具有联合高斯分布。试分析此过程的特点。

解：首先，由 $X_1(t)$所满足的微分方程可求得其解为

$$X_1(t) = \dot{X}_1(t_0)(t - t_0) + X_1(t_0)$$

由于 $\dot{X}_1(t_0)$和 $X_1(t_0)$是联合高斯分布的，因此和例 8.3-1 同样的理由，过程$\{X_1(t), t \geqslant t_0\}$是一个高斯随机过程。

其次，设 $t_3 > t_2 > t_1 \geqslant t_0$，则有

$$X_1(t_3) = X_1(t_0) + \dot{X}_1(t_0)(t_3 - t_0)$$

$$X_1(t_2) = X_1(t_0) + \dot{X}_1(t_0)(t_2 - t_0)$$

$$X_1(t_1) = X_1(t_0) + \dot{X}_1(t_0)(t_1 - t_0)$$

由此得

$$X_1(t_3) = X_1(t_2) + \dot{X}_1(t_0)(t_3 - t_2)$$

$$X_1(t_2) = X_1(t_1) + \dot{X}_1(t_0)(t_2 - t_1)$$

于是可得

$$X_1(t_3) = X_1(t_2) + \frac{t_3 - t_2}{t_2 - t_1}[X_1(t_2) - X_1(t_1)]$$

从此可看出,过程$\{X_1(t), t \geqslant t_0\}$的将来时刻($t=t_3$)的统计特性完全由现在时刻($t=t_2$)及前一时刻($t=t_1$)的统计特性确定,而与过去时刻($t<t_1$)的状态无关。因此,它是一个马尔可夫-2过程。实际上,由于描述过程$\{X_1(t), t \geqslant t_0\}$的微分方程是二阶的,因此必须有两个积分常数才能够确定其解,这就要求有上述两个时间点来确定过程的统计特性。

综上所述,过程$\{X_1(t), t \geqslant t_0\}$是一个高斯-马尔可夫-2过程。

但是,如果假设$\dot{X}_1(t) = X_2(t)$,且令

$$\boldsymbol{X}(t) = \begin{bmatrix} X_1(t) \\ X_2(t) \end{bmatrix} = \begin{bmatrix} X_1(t) \\ \dot{X}_1(t) \end{bmatrix}$$

则原微分方程可以写成

$$\dot{\boldsymbol{X}}(t) = \begin{bmatrix} 0 & 1 \\ 0 & 0 \end{bmatrix} \boldsymbol{X}(t)$$

并且可以求得

$$\boldsymbol{X}(t_1) = \begin{bmatrix} 1 & t_1 - t_0 \\ 0 & 1 \end{bmatrix} \boldsymbol{X}(t_0)$$

$$\boldsymbol{X}(t_2) = \begin{bmatrix} 1 & t_2 - t_0 \\ 0 & 1 \end{bmatrix} \boldsymbol{X}(t_0)$$

$$\boldsymbol{X}(t_2) = \begin{bmatrix} 1 & t_2 - t_1 \\ 0 & 1 \end{bmatrix} \boldsymbol{X}(t_1)$$

可见,这时二维矢量随机过程$\{\boldsymbol{X}(t), t \geqslant t_0\}$的将来时刻($t=t_2$)的统计特性完全由其现在时刻($t=t_1$)的统计特性确定,而与其以前时刻($t<t_1$)的状态无关,因此它是一个马尔可夫过程。由以上结果不难看出,过程$\{\boldsymbol{X}(t), t \geqslant t_0\}$是高斯分布的,因而它是一个高斯-马尔可夫过程。所以,一个高斯-马尔可夫-2过程,可以通过扩充状态变量的方法,将其化为一个高斯-马尔可夫过程。

习题八

8.1 证明对于一个马尔可夫过程,若现在时刻的值已知,则过去时刻的值同将来时刻的值统计独立。即证明对于马尔可夫过程 $X(t)$,若 $t_1<t_2<t_3$,则当 X_2 已知时,有

$$f_{X_1, X_3 | X_2}(x_1, x_3 \mid x_2) = f_{X_1 | X_2}(x_1 \mid x_2) f_{X_3 | X_2}(x_3 \mid x_2)$$

8.2 证明马尔可夫过程方程(Chapman-Kolmogolov 方程)。即证明对于 $t_1<t_2<t_3$,马尔可夫过程 $X(t)$的转移概率密度满足

$$f_{X_3|X_1}(x_3 \mid x_1) = \int_{-\infty}^{\infty} f_{X_3|X_2}(x_3 \mid x_2) f_{X_2|X_1}(x_2 \mid x_1)$$

8.3　给定一个随机过程 $X(t)$和两个时刻 $t_1<t_2$，若对于任意时刻 $t<t_1$，$X(t)$都与 $X(t_2)-X(t_1)$统计独立。证明 $X(t)$必为马尔可夫过程。

8.4　给定一个随机过程 $X(t)$，有 $X_i=X(t_i)$，$i=1,2,\cdots,n,\cdots$为独立随机变量序列，构造一个新的随机变量序列为

$$Y_1 = Y(t_1) = X_1, \quad Y_n + cY_{n-1} = X_n, \quad n \geqslant 2$$

其中，c 为常数。求证：$Y(t)$是马尔可夫过程。

8.5　对任一齐次的可数状态的马尔可夫过程$\{X(t), t\in T\}$的转移概率矩阵 $\boldsymbol{P}(t)$，证明

$$\boldsymbol{P}(s+t) = \boldsymbol{P}(s)\boldsymbol{P}(t) \quad s,t \geqslant 0$$

8.6　设 $X(t)$是离散马尔可夫过程，有

$$P\{X(t+\Delta t) = \alpha_i \mid X(t) = \alpha_i\} = 1 - q_i \Delta t$$

试证 $X(t)$在区间$(t,t+\tau)$内的值是常数 α_i 的概率等于 $e^{-q\tau}$。

8.7*　考虑具有 k 个通道的电话交换机，如果当所有 k 条线路都被占用时，一次呼叫来到就被丢失了，呼叫电话的规律服从比率为 λ 的泊松过程，呼话的长短是均值为 $1/\mu$ 的独立指数分布的随机变量。

(1) 写出前向科尔莫戈罗夫方程；

(2) 求平衡分布。

8.8*　用 $X(t)$表示在一个没有新生儿的社会里，时刻 t 的人口总数。这个过程也可以描述在一个系统中，在时刻 t 保持完好的组件数 $n(t)$。于是，$X(t)$是一个取整数值的下降函数。若在一个长为 Δt 的区间里，死亡者多于一个的概率是$(\Delta t)^2$ 阶的，那么

$$P\{X(t+\Delta t) = i \mid X(t) = i\} = 1 - q_i \Delta t$$

$$P\{X(t+\Delta t) = i-1 \mid X(t) = i\} = q_i \Delta t$$

假定 $X(0)=n$，$q_i=iq$，令

$$p_n(t) = P\{X(t) = n \mid X(0) = N\}$$

于是就有

$$\frac{\mathrm{d}p_N(t)}{\mathrm{d}t} = -N_q p_N(t) \frac{\mathrm{d}p_n(t)}{\mathrm{d}t}$$

$$= -nqp_n(t) + (n+1)qp_{n+1}(t) \quad n < N$$

初始条件是 $P_N(0)=1$，而对 $n<N$，$P_n(0)=0$。试求 $P_n(t)$，$E[X(t)]$和 σ_X^2。

习题提示与答案

习题一

1.2 $p^4+\frac{5}{2}p^3(1-p)$

1.3 $p_{2t}(n)=\frac{(2\lambda)^n}{n!}e^{-2\lambda}$

1.4 $\sum_{k=m}^{\infty}C_{k+n-1}^{k}p^n(1-p)^k$

1.5 (1)$p_D^2[1-(1-p_A)(1-p_B)(1-p_C)]$

(2)提示:设 E 和 C 分别表示系统和元件 C 能正常工作,则有:

$$\begin{aligned}P(E)&=P(E\mid C)P(C)+P(E\mid \overline{C})P(\overline{C})\\&=p_C(2p_A-p_A^2)(2p_B-p_B^2)+(1-p_C)(2p_Ap_B-p_A^2p_B^2)\end{aligned}$$

1.6 提示:分别证明 $F(x)$具有非降性、右连续性,并满足边值条件 $F(-\infty)=0$ 和$F(\infty)=1$。

1.7 (1)$A=2$

(2)$F_1(x)=\begin{cases}1-e^{-2x} & x\geqslant 0\\0 & x<0\end{cases}$　　$F_2(y)=\begin{cases}1-e^{-y} & y\geqslant 0\\0 & y<0\end{cases}$

(3)$P\{X+Y<2\}=(e^{-2}-1)^2$

1.8 $1-\left(1-\frac{1}{120}\right)^2$

1.11 $F_X\left(x|Y\leqslant\frac{1}{2}\right)=\begin{cases}x & 0\leqslant x<1\\0 & 其他\end{cases}$

1.12 提示:(1)根据 $\beta(t)$的定义可得 $\beta(t)dt=p(t|X\geqslant t)dt$,则有 $\beta(t)=\frac{F'(t)}{1-F(t)}$,求解此方程;

(4)利用(1)的结果。

1.13 $f(u,v)=\begin{cases}\lambda^2ue^{-\lambda v} & u\geqslant 0,0\leqslant v<1\\0 & 其他\end{cases}$

$f_{X+Y}(u)=\begin{cases}\lambda^2ue^{-\lambda u} & u\geqslant 0\\0 & 其他\end{cases}$

$f_{X|X+Y}(v)=\begin{cases}1 & 0\leqslant v<1\\0 & 其他\end{cases}$

可以看出 $X+Y$ 与 $X|X+Y$ 相互独立。

1.14 $f_{Y(1+X)}(z)=\begin{cases}\frac{4}{7}(1+z)\ln 2 & 0\leqslant z<1\\\frac{4}{7}(1+z)(\ln 2-\ln z) & 1\leqslant z<2\\0 & 其他\end{cases}$

1.15 $f_Y(y)=\begin{cases}\frac{1}{6}y^3e^{-y} & y\geqslant 0\\0 & y<0\end{cases}$ $f_z(z)=\begin{cases}\frac{1}{120}z^5e^{-z} & z\geqslant 0\\0 & z<0\end{cases}$

1.17 提示:考察集合 $A=\{X;X\leqslant x\}$和集合 $B=\{Y;Y\leqslant y\}$的相互关系。

1.18 (1)$f_Z(z)=\begin{cases}\frac{z}{\sigma^2}e^{-\frac{z^2}{2\sigma^2}} & z\geqslant 0\\ 0 & 其他\end{cases}$ (2)$f_W(\omega)=\frac{1}{\pi(1+\omega^2)}$

(3)$f_\Theta(\theta)=\begin{cases}\frac{1}{\pi} & -\frac{\pi}{2}\leqslant\theta\leqslant\frac{\pi}{2}\\ 0 & 其他\end{cases}$

1.19 $f_V(v)=\begin{cases}\sqrt{\frac{2}{\pi}}\frac{v^2}{\sigma^3}e^{-\frac{v^2}{2\sigma^2}} & v\geqslant 0\\ 0 & v<0\end{cases}$

1.20 提示:(1)$Z=\max(X_1,X_2,\cdots,X_n)$, $f_Z(z)=n[F_X(z)]^{n-1}f_X(z)$

(2)$Z=\min(X_1,X_2,\cdots,X_n)$, $f_Z(z)=n[1-F_{(}z)]^{n-1}f_X(z)$

1.21 $E(R)=\frac{2}{3}a,D(R)=\frac{1}{18}a^2$

1.24 $4\frac{1}{6}$

1.25 $\sum_{k=0}^{n-1}\frac{C_n^k}{C_{m+n}^k}$

1.28 $E(X)=np_1,E(Y)=np_2;D(X)=np_1(p_2+p_3),D(Y)=np_2(p_1+p_3)$;

$\text{cov}[X,Y]=-np_1p_2$

1.29 提示:(1)将$\int_{-\infty}^{\infty}e^{-ax^2}dx=\sqrt{\frac{a}{\pi}}$两边对$a$微分$k$次;

(2)应用(1)的结果,并注意$\Gamma(k+1)=\int_0^{\infty}x^ke^{-x}dx=k!$

$E(X^n)=\begin{cases}(n-1)!!\sigma^n=1\times3\times5\times\cdots\times(n-1)\times\sigma^n & n为偶数\\ 0 & n为奇数\end{cases}$

$E(|X|^n)=\begin{cases}(n-1)!!\sigma^n=1\times3\times5\times\cdots\times(n-1)\times\sigma^n & n为偶数\\ \sqrt{2/\pi}2^kk!\sigma^{2k+1} & n为奇数\end{cases}$

1.30 $E(X)=0$ $D(X)=\frac{1}{2a+3}$

1.31 提示:利用习题1.22的证明结果,有

$E(S)=E\{E[S\mid N]\}=\lambda\eta,E(S^2)=E\{E[S^2\mid N]\}$, $D(S)=\lambda(\sigma^2+\eta^2)$

1.33 $E[(X-T)|X\geqslant T]=T+\frac{1}{a}$

1.34 $E[Y|Z]=\frac{2}{n}$

1.35 (1)$\Gamma_{\max}=\left|\frac{\lambda+1}{\lambda-1}\right|$

(2)$\lambda\to0,\Gamma_{\max}\to1,Y_1$和$Y_2$线性相关;$\lambda\to1,\Gamma_{\max}\to0,Y_1$和$Y_2$恒不相关。

1.36 (2)$E(Y)=2$ $E(Y|X)=|X|+1$

1.37 (1)$\frac{1}{5\lambda}$ (2)$\frac{137}{60\lambda}$

1.38 $f_Y(y)=\begin{cases}\frac{1}{\pi\sqrt{1-y^2}} & |y|<1\\ 0 & 其他\end{cases}$

1.41 $\phi_Y(v)=(1-2jv)^{-n/2}$

1.44 $\phi(v)=\frac{1}{2}\left(\frac{b}{b-\mathrm{j}v}+\frac{a}{a+\mathrm{j}v}\right)$ $\quad f(x)=\begin{cases}\frac{a}{2}\mathrm{e}^{ax} & x<0\\ \frac{b}{2}\mathrm{e}^{-bx} & x\geqslant 0\end{cases}$

1.46 $\phi(v)=\exp\left\{\mathrm{j}\boldsymbol{v}^{\mathrm{T}}\boldsymbol{m}-\frac{1}{2}\boldsymbol{v}^{\mathrm{T}}\boldsymbol{C}_X\boldsymbol{v}\right\}$

1.47 提示:因 $\boldsymbol{B}$ 为正定矩阵,必有正交矩阵 $\boldsymbol{W}$ 将 $\boldsymbol{B}$ 化为对角矩阵。令 $\boldsymbol{X}=\boldsymbol{WY}$,可以证明 $Y\sim N(0,1)$。将 $\boldsymbol{X}=\boldsymbol{WY}$ 代入特征函数定义式中即可导出。

习题二

2.1 (1) $f_X(x;0)=\begin{cases}1 & 0\leqslant x\leqslant 1\\ 0 & \text{其他}\end{cases}$ $\quad f_X\left(x;\frac{\pi}{4\omega}\right)=\begin{cases}\sqrt{2} & 0\leqslant x\leqslant 1/\sqrt{2}\\ 0 & \text{其他}\end{cases}$

$f_X\left(x;\frac{3\pi}{4\omega}\right)=\begin{cases}\sqrt{2} & -1/\sqrt{2}\leqslant x\leqslant 0\\ 0 & \text{其他}\end{cases}$ $\quad f_X\left(x;\frac{\pi}{\omega}\right)=\begin{cases}1 & -1\leqslant x\leqslant 0\\ 0 & \text{其他}\end{cases}$

(2) $f_x\left(x;\frac{\pi}{2\omega}\right)=\delta(x)$

2.2 (1) $F_X\left(x;\frac{1}{2}\right)=\begin{cases}0 & x<0\\ 1/2 & 0\leqslant x<1\\ 1 & 1\leqslant x\end{cases}$ $\quad F_X(x;1)=\begin{cases}0 & x<-1\\ 1/2 & -1\leqslant x<2\\ 1 & 2\leqslant x\end{cases}$

(2) $F_X(x_1,x_2;1/2,1)=\begin{cases}0 & x_1<0,-\infty<x_2<\infty\\ 0 & 0\leqslant x_1,x_2<-1\\ 1/4 & 0\leqslant x_1<1,-1\leqslant x_2<2\\ 1/2 & 1\leqslant x_1,-1\leqslant x_2<2\\ 1/2 & 0\leqslant x_1<1,2\leqslant x_2\\ 1 & 1\leqslant x_1,2\leqslant x_2\end{cases}$

2.4 $f_X(x)=\begin{cases}1/A & 0\leqslant x\leqslant A\\ 0 & \text{其他}\end{cases}$

2.5 $f_Y(y)=\begin{cases}\frac{2}{\sqrt{2\pi}\alpha}\exp\left(-\frac{y^2}{2\alpha^2}\right) & y\geqslant 0\\ 0 & y<0\end{cases}$

2.6 (1) $f_X(x)=\begin{cases}\frac{2}{\pi A_0^2}\sqrt{A_0^2-x^2} & 0\leqslant x\leqslant A_0\\ 0 & \text{其他}\end{cases}$

(2) $X(t)$ 是一阶平稳过程。

2.7 提示:设 $Y(t_1)=\begin{cases}A & \text{如果脉冲长于或等于 } t_1\\ 0 & \text{如果脉冲短于 } t_1\end{cases}$

$$f_{Y_{t_1}}(y)=\frac{t_1}{T}\delta(y)+\left(1-\frac{t_1}{T}\right)\delta(y-A)\quad 0\leqslant t_1\leqslant T$$

2.8 $m_Y(t)=m_X(t)+\phi(t)$ $\quad D_Y(t_1,t_2)=D_X(t_1,t_2)$

2.10 (1) $P[Y_n=m]=C_n^{\frac{n-m}{2}}p^{\frac{n+m}{2}}q^{\frac{n-m}{2}}$ $\quad m=-n,-n+2,\cdots,n$

$E[Y_n]=n(p-q)$ $\quad D[Y_n]=n[1-(p-q)^2]$

(2) 非平稳,因为 Y_n 的均值随 n 呈线性增长。

2.12 (1) $m_X(t)=\frac{1}{3}(1+\sin t+\cos t)$

$$R_X(t_1,t_2)=\frac{1}{3}(1+\cos\tau)\quad \tau=t_1-t_2$$

(2) $X(t)$不是广义平稳的随机过程。

2.13 $R_X(t_1,t_2)=\sigma^2\cos\omega(t_1-t_2)$，$X(t)$是平稳的随机过程。

2.14 $E[X(t)]=a\sin\omega t e^{-1/2}$ $\quad D[X(t)]=\dfrac{a^2}{2}-a^2\sin^2\omega t e^{-1}$

2.16 $E[A_k]=0$， $k=1,2,\cdots,N$； $E[A_kA_m]=\sigma_m\delta_{km}$， $\delta_{km}=\begin{cases}1 & k=m\\ 0 & k\neq m\end{cases}$

2.19 (1) $R_Z(t_1,t_2)=R_X(t_1,t_2)\cos\omega t_1\cos\omega t_2+R_Y(t_1,t_2)\sin\omega t_1\sin\omega t_2-$

$R_{XY}(t_1,t_2)\cos\omega t_1\sin\omega t_2-R_{YX}(t_1,t_2)\sin\omega t_1\cos\omega t_2$

(2) $R_Z(t_1,t_2)=R_X(\tau)\cos\omega\tau$

2.20 (1) $R_{XY}(\tau)=aR_X(\tau+\tau_1)+R_{X_n}(\tau)$

(2) $R_{XY}(\tau)=aR_X(\tau+\tau_1)$

2.21 $\dfrac{1}{a},\dfrac{1}{2a}$

2.25 (1) $R_X(\tau)=\begin{cases}1-|\tau| & |\tau|\leqslant 1\\ 0 & |\tau|>1\end{cases}$ $\quad$ (2) $S_X(\omega)=\dfrac{\sin^2(\omega/2)}{(\omega/2)^2}$

2.26 (1) $R_X(\tau)=A^2e^{-2\lambda|\tau|}$ $\quad$ (2) $S_X(\omega)=\dfrac{4\lambda A^2}{\omega^2+4\lambda^2}$

2.27 (1) $S_Z(\omega)=\dfrac{1}{2\pi}S_X(\omega)*S_Y(\omega)$

(2) $S_Z(\omega)=\dfrac{1}{4}\left\{\dfrac{\sin\left(\dfrac{(\omega-\omega_0)}{2}\right)}{\left(\dfrac{(\omega-\omega_0)}{2}\right)^2}+\dfrac{\sin^2\left(\dfrac{\omega+\omega_0}{2}\right)}{\left(\dfrac{\omega+\omega_0}{2}\right)^2}\right\}$

2.28 $S_X(\omega)=\dfrac{\pi a^2}{2}[\delta(\omega-\omega_1)+\delta(\omega+\omega_1)]+\dfrac{2ab^2}{\omega^2+a^2}$

2.29 $R_X(\tau)=\dfrac{3}{16}e^{-|\tau|}+\dfrac{5}{48}e^{-3|\tau|}$ $\quad \sigma_X=\dfrac{\sqrt{42}}{12}$

$R_Y(\tau)=\dfrac{\sqrt{2}}{2}e^{-\sqrt{2}|\tau|}-\dfrac{1}{2}e^{|\tau|}$ $\quad \sigma_Y=\dfrac{1}{2}(\sqrt{2}-1)^{1/2}$

2.31 $S_{XY}(\omega)=2\pi m_Xm_Y\delta(\omega)$ $\quad S_{XZ}(\omega)=S_X(\omega)+2\pi m_Xm_Y\delta(\omega)$

2.33 $S_X(\omega)=\pi\sum\limits_{n=-\infty}^{\infty}\mathrm{Sa}^2\left(\dfrac{n\pi}{2}\right)\delta(\omega-n\omega_0)$

2.34 提示：利用自相关函数的性质$|R(0)|\geqslant|R(\tau)|$。

2.36 $S_X(\omega)=\dfrac{1}{2}\pi a_0^2\delta(\omega)+\sum\limits_{n=1}^{\infty}\dfrac{a_n^2+b_n^2}{2}\pi[\delta(\omega-n\omega_0)+\delta(\omega+n\omega_0)]$

2.37 (1) $S_X(\omega)=2\pi\sum\limits_{n=-\infty}^{\infty}|F_n|^2\delta(\omega-n\omega_0)$

$F_n=\dfrac{1}{T}\int_{-T/2}^{T/2}X(t)e^{-jn\omega_0t}dt=\dfrac{2a}{jn\pi}\sin^2\left(\dfrac{n\pi}{2}\right)$

(2) $S_Y(\omega)=2\pi a^2\delta(\omega)+S_X(\omega)$

习题三

3.3 $R_Y(\tau)=(1-2a^2\tau^2)2a^2\sigma_X^2a^2e^{-a^2\tau^2}$

3.4 $R_Y(\tau)=e^{-\tau^2}(3-4\tau^2)$

3.5 $E[Y(t)]=1$

$R_{XY}(t_1,t_2)=\begin{cases}2+\dfrac{2}{3}(e^{t_2-t_1}-e^{t_1-2t_2}) & t_1>t_2\\ 2+2(e^{t_1-t_2}-e^{t_1-2t_2}) & t_1<t_2\end{cases}$

$$R_Y(t_1,t_2)=\begin{cases}1+\dfrac{2}{3}(e^{t_2-t_1}-e^{-t_1-2t_2}+e^{-2(t_1+t_2)}-e^{t_2-2t_1}) & t_1>t_2\\ 1+\dfrac{2}{3}(e^{t_1-t_2}-e^{t_1-2t_2}+e^{-2(t_1+t_2)}-e^{-t_2-2t_1}) & t_1<t_2\end{cases}$$

3.6　(1) $S_E(\omega)=|H(j\omega)-1|^2S_X(\omega)$　　(2) $S_E(\omega)=\dfrac{4\sin^2(\omega/2)}{a^2+\omega^2}$　$a=\dfrac{1}{RC}$

3.7　(1)

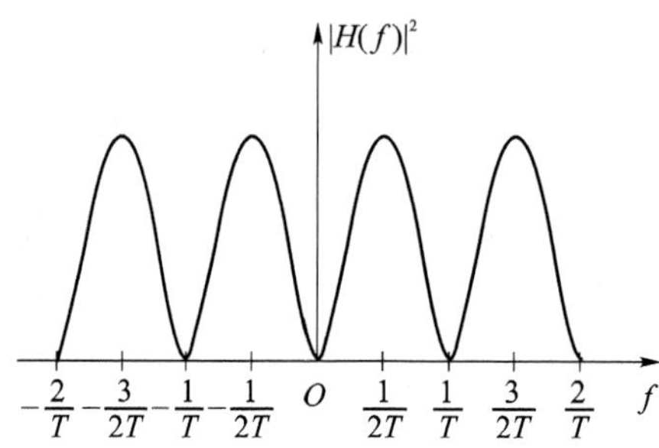

(2) 提示:当$|x|\ll1$时 $\sin x\approx x$。这一结果表明,对低频输入,梳状滤波器的作用相当于微分器。

3.8　$2N_0\Delta\omega$

3.9　(2) $S_Y(\omega)=\dfrac{\sin^2(\omega T/2)}{(\omega T/2)^2}S_X(\omega)$

3.12　(1) $h(t)=\dfrac{9}{4\sqrt{7}}[e^{-(22-8\sqrt{7})t}-e^{(-22+8\sqrt{7})t}]U(t)$　　(2) $\Psi_Y=\dfrac{9}{22}S_0$

3.14　$S_Y(\omega)=2\beta\alpha^2\sigma^2/(\omega^2+\alpha^2)(\omega^2+\beta^2)$

$R_Y(\tau)=\dfrac{\sigma^2\alpha}{\alpha^2-\beta^2}(\alpha e^{-\beta|\tau|}-\beta e^{-\alpha|\tau|})$

$\Psi_Y^2=\dfrac{\alpha^2\sigma}{\alpha+\beta}$　　$\alpha=\dfrac{1}{RC}$

3.15　$R_Y(\tau)=S_0\delta(\tau)-\dfrac{\alpha S_0}{2}e^{-\alpha|\tau|}$　　$\alpha=\dfrac{R}{L}$

3.16　$$R_Y(t_1,t_2)=\begin{cases}\dfrac{1}{a}e^{-\alpha t_1}\operatorname{ch}\alpha t_2 & 0\leqslant t_1\leqslant T,0\leqslant t_2\leqslant t_1\\ \dfrac{1}{a}e^{-\alpha t_2}\operatorname{ch}\alpha t_1 & 0\leqslant t_1\leqslant T,t_1\leqslant t_2\\ \dfrac{1}{a}e^{-\alpha T}\operatorname{ch}\alpha t_2 & t_1\leqslant T,0\leqslant t_2\leqslant T\\ \dfrac{1}{a}e^{-\alpha t_2}\operatorname{ch}\alpha T & t_1\leqslant T,t_2\geqslant T\end{cases}$$

3.17　$$R_{XY}(\tau)=\begin{cases}\left(1+\dfrac{\alpha+\beta}{\alpha+\beta}\right)e^{\alpha\tau} & \tau<0\\ e^{-\alpha\tau}+\dfrac{\alpha+\beta}{\alpha-\beta}(e^{-\beta\tau}-e^{-\alpha\tau})+\dfrac{\alpha+\beta}{\alpha+\beta}e^{-\beta\tau} & \tau\geqslant0\end{cases}$$

3.18　提示:将 $h(\tau+u)$ 展开为泰勒级数,取前三项代入互相关定理的公式中。

3.19　(1) $H(j\omega)=\dfrac{\sin\dfrac{\omega T}{2}}{\dfrac{\omega}{2}}e^{j\frac{\omega T}{2}}$

(2) $\psi^2=TS_0$

3.20　提示:先求出微分方程所对应的线性系统的传递函数,进而求得 $R_X(\tau)$,即可验证。

3.21　(1) $R_Y(\tau)=R_X(\tau)$,$R_{XY}(\tau)=R_X(\tau-a)$

(2) 以上两个结果是合理的,因为对于平稳过程,延时并不改变其相关特性。

3.23 提示:应用叠加原理将 $Y(t)$ 分解为 $n(t)$ 和 $X(t)$ 单独作用的响应之和。

3.24 (1) $H(\mathrm{j}\omega)=(2+\mathrm{j}\omega)/(3+4\mathrm{j}\omega-\omega^2)$

(2) 不唯一,另一个解为 $H(\mathrm{j}\omega)=(2-\mathrm{j}\omega)/(3+4\mathrm{j}\omega-\omega^2)$

3.25 (1) $S_{Y_1Y_2}(\omega)=S_X(\omega)H_1(\mathrm{j}\omega)H_2^*(\mathrm{j}\omega)$

(2) $h_1(t)*h_2(-t)=0$

3.26 (1) $H(\mathrm{j}\omega)=(\sqrt{8}+\mathrm{j}\omega)/(\sqrt{3}+\mathrm{j}\omega)$

(2) 不唯一,另一个解为 $H(\mathrm{j}\omega)=(\sqrt{8}-\mathrm{j}\omega)/(\sqrt{3}+\mathrm{j}\omega)$

3.27 $$\begin{bmatrix}\dot{X}(t)\\ \ddot{X}(t)\end{bmatrix}=\begin{bmatrix}0 & 1\\ -a^2 & -\sqrt{2}a\end{bmatrix}\begin{bmatrix}X(t)\\ \dot{X}(t)\end{bmatrix}+\begin{bmatrix}0\\ b\end{bmatrix}W(t)$$

$$Y(t)=\begin{bmatrix}1 & 0\end{bmatrix}\begin{bmatrix}X(t)\\ \dot{X}(t)\end{bmatrix}$$

3.28 $p_Y(y)=\dfrac{1}{\sqrt{2\pi}\sigma_Y}\exp\left(-\dfrac{y^2}{2\sigma_Y^2}\right)\quad \sigma_Y^2=\dfrac{N_0}{2\alpha}(1-\mathrm{e}^{-\alpha|\tau|})$

3.29 (1) $R_Y(\tau)=R_X^2(0)+2R_X^2(\tau)$

(2) $m_Y=R_X(0),\sigma_Y^2=2R_X^2(0)$

(3) $p_Y(y)=\dfrac{1}{\sqrt{2\pi R_X(0)y}}\exp\left\{-\dfrac{y}{2R_X(0)}\right\}U(y)$

3.30 (1) $R_Z(\tau)=\dfrac{2R_X(0)}{\pi}(\cos\alpha+\alpha\sin\alpha)$,其中 $\alpha=\arcsin[R_X(\tau)/R_X(0)]$, $-\dfrac{\pi}{2}<\alpha\leqslant\dfrac{\pi}{2}$

(2) $m_Z=\sqrt{\dfrac{2}{\pi}R_X(0)}\qquad \sigma_z^2=\left(1-\dfrac{2}{\pi}\right)R_X(0)$

(3) $p_Z(z)=\dfrac{2}{\sqrt{2\pi R_X(0)}}\exp\left\{-\dfrac{z^2}{2R_X(0)}\right\}U(z)$

3.31 (1) $R_W(\tau)=\dfrac{1}{4}[R_Z(\tau)+R_X(\tau)]$,其中 $R_Z(\tau)$ 见习题 3.30

(2) $m_W=\sqrt{R_X(0)/2\pi}$

(3) $p_W(w)=\dfrac{1}{2}\delta(w)+\dfrac{1}{\sqrt{2\pi R_X(0)}}\exp\left\{-\dfrac{w^2}{2R_X(0)}\right\}U(w)$

3.32 提示:$R_Y(\tau)=P\{X(t)X(t-\tau)>0\}-P\{X(t)X(t-\tau)<0\}$

$=P(XY>0)-P(XY<0)$

再利用习题 1.16 的证明结果。

3.33 $g(x)=(b-a)\mathrm{erfc}\left[\dfrac{x}{\sqrt{R_X(0)}}+a\right]$

3.34 $R_Y(\tau)=a^2\left[\dfrac{N_0}{4RC}\right]^2\left[1+2\exp\left(-\dfrac{2|\tau|}{RC}\right)\right]$

$S_Y(\omega)=\dfrac{a^2N_0\pi}{16R^2C}\delta(\omega)+\dfrac{a^2N_0^2}{2RC}\dfrac{1}{(RC/2)^2+1}$

3.36 (1) $E[X_n]=\dfrac{m_W}{1-a}\quad |a|<1$

(2) $\mathrm{cov}[X_n,X_{n+m}]=\dfrac{\sigma_W^2}{1-a^2}a^{|m|}\quad |a|>1$

(3) $R(m)=a^{|m|}$

习题四

4.3 (1) $\widetilde{S}_1(t)=\sin\omega_0 t-\mathrm{j}\cos\omega_0 t$

(2) $\widetilde{S}_2(t)=\cos\omega_0 t+\mathrm{j}\sin\omega_0 t$

4.4 $s_0(t)=-\cos\omega_0 t$

4.7 $E[Z^*(t)Z(t-\tau)]=\mathrm{e}^{-\mathrm{j}\omega_0\tau}$ $\quad E[Z(t)Z^*(t-\tau)]=\mathrm{e}^{\mathrm{j}\omega_0\tau}$

4.16 $R_n(\tau)=\dfrac{N_0\sin 2\pi B\tau}{\pi\tau}\cos 2\pi f_c\tau \qquad R_{n_c}(\tau)=R_{n_s}(\tau)=\dfrac{N_0\sin 2\pi B\tau}{\pi\tau}$

4.17 $$S_N(f)=\begin{cases}\dfrac{N_0/2}{1+4Q^2(f-f_c)^2/f_c^2} & f>0\\ \dfrac{N_0/2}{1+4Q^2(f+f_c)^2/f_c^2} & f<0\end{cases}$$

$S_{N_c}(f)=S_{N_s}(f)=N_0/[1+(2Qf/f_c)^2]$

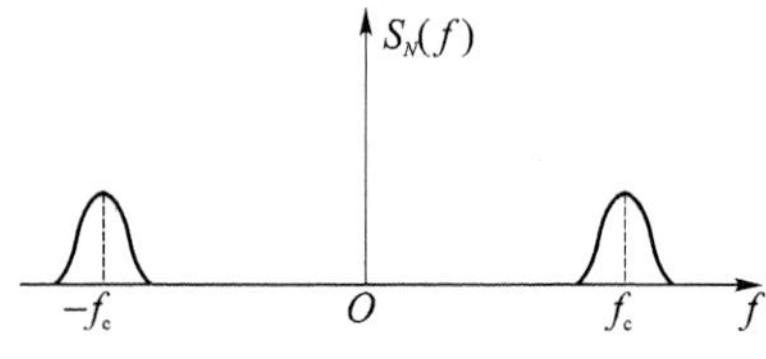

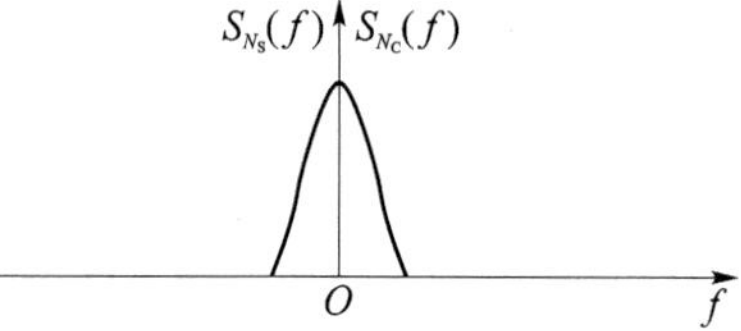

4.18 (1) $$S_Y(f)=\begin{cases}\dfrac{N_0}{2} & |f|\leqslant B\\ 0 & |f|>B\end{cases}$$

(2) $\sigma_Y^2=BN_0$

4.19 (1) $$S_{n_c}(f)=S_{n_s}(f)=\begin{cases}2-\dfrac{3}{2}|f| & |f|\leqslant 1\\ 1-\dfrac{1}{2}|f| & 1<|f|\leqslant 2\\ 0 & \text{其他}\end{cases}$$

(2) $$S_{n_cn_s}(f)=\begin{cases}-\mathrm{j}\left(1+\dfrac{1}{2}f\right) & 22\leqslant f<-1\\ \mathrm{j}\,\dfrac{1}{2}f & -1\leqslant f<1\\ \mathrm{j}\left(1-\dfrac{1}{2}f\right) & 1\leqslant f\leqslant 2\end{cases}$$

4.20 $$S_Y(f)=\begin{cases}\dfrac{A}{2B}[|f-f_c|+|f+f_c|] & |f\pm f_c|\leqslant B\\ 0 & \text{其他}\end{cases}$$

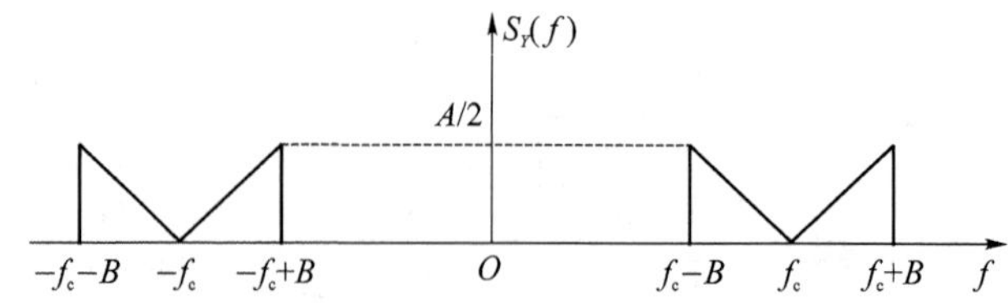

4.21 $$S_Y(\omega)=\begin{cases}S_X(\omega-\omega_0) & \omega\geqslant\omega_0\\ S_X(\omega+\omega_0) & \omega\geqslant-\omega_0\end{cases}$$

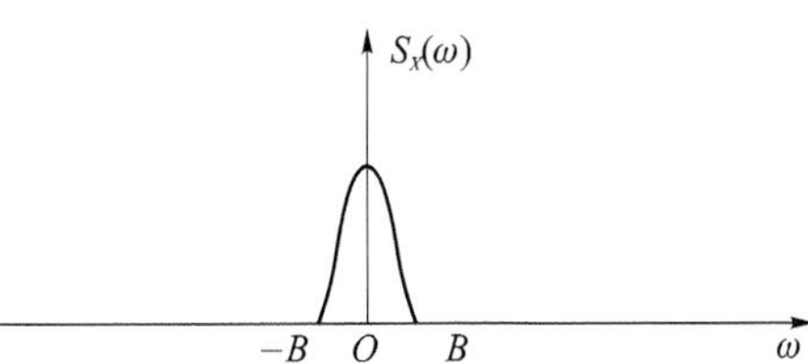

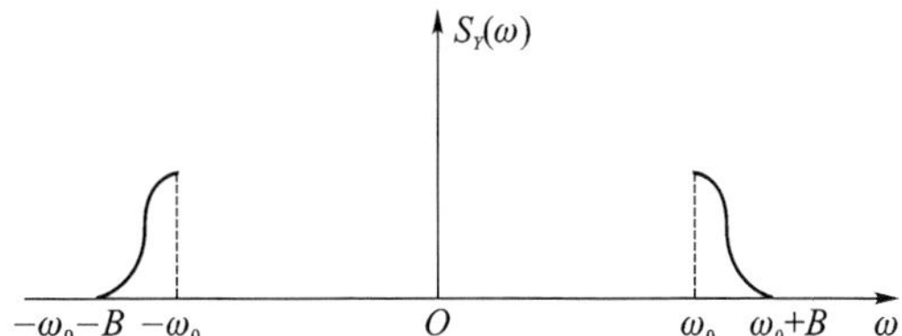

4.22 (1) $H_1^*(\mathrm{j}\omega)H_2(\mathrm{j}\omega)$ 为实对称函数

(2) $H_1^*(\mathrm{j}\omega)H_2(\mathrm{j}\omega)=0$

习题五

5.1 $P(XY<0)=\dfrac{1}{2}-\dfrac{\alpha}{\pi}$,其中 $\alpha=\sin^{-1}r,-\dfrac{\pi}{2}<\alpha<\dfrac{\pi}{2}$

5.2 提示:(1)先求出 $E[Y|X]$,然后用习题 1.22 的结果;

(2)先求出 $E[Y^2|X]$,然后用习题 1.22 和习题 1.29 的结果;

(3)应用普莱斯定理及习题 5.1 的结果。

5.3 提示:因 $\boldsymbol{C}$ 为正定矩阵,必有正定矩阵 $\boldsymbol{W}$ 将 $\boldsymbol{C}$ 化为对角矩阵。

令 $\boldsymbol{Y}=\boldsymbol{WX}$,可以证明 $\boldsymbol{Y}$ 是高斯矢量且其分量彼此统计独立。

先求出 $p_Y(y)$,再求 $p_X(x)$。

5.5 $p_X(x)=\dfrac{1}{\sqrt{2\pi}}\exp\left(-\dfrac{x^2}{2\sigma^2}\right)$

$$p(x_1,x_2;t_1,t_2)=\frac{1}{2\pi|\boldsymbol{C}|^{1/2}}\exp\left\{-\frac{1}{2}[x_1,x_2]\boldsymbol{C}^{-1}\begin{bmatrix}x_1\\x_2\end{bmatrix}\right\}$$

$$\boldsymbol{C}=\sigma^2\begin{bmatrix}1 & \cos\omega(t_1-t_2)\\ \cos\omega(t_1-t_2) & 1\end{bmatrix}$$

5.6 $p_Y(y)=\dfrac{1}{\sqrt{4\pi[R_X(0)-R_X(\varepsilon)]}}\exp\left\{-\dfrac{\varepsilon^2y^2}{4[R_X(0)-R_X(\varepsilon)]}\right\}$

证明时应用 $R'_X(0)=0$。

5.7 $p_Y(y)=\dfrac{1}{\sqrt{4\pi\mathrm{e}^{-1}}}\exp\left\{-\dfrac{y^2}{4\mathrm{e}^{-1}}\right\}$

5.8 (1) $p_z(z)=\dfrac{1}{\sqrt{2\pi}\sigma}\mathrm{e}^{-z^2/2\sigma^2}$

(2) $p_R(r)=\begin{cases}\dfrac{r}{\sigma^2}\mathrm{e}^{-\frac{r^2}{2\sigma^2}} & r\geqslant 0\\ 0 & r<0\end{cases}$

(3) $p(z_1,z_2,z_3)=\dfrac{1}{2\pi\sigma^2}\exp\left\{-\dfrac{z_1^2+z_2^2}{2\sigma^2}\right\}\delta(z_1+z_3)$

5.9 提示:高斯过程相互独立与互不相关是等价的。

$$p(x_0,x_1,x_2,\cdots,x_{N-1})=\frac{1}{(2\pi p)^{N/2}}\exp\left\{-\frac{1}{2p}\sum_{k=0}^{N}x_k^2\right\}$$

5.10 $E[Y(t)]=I\mathrm{e}^{\alpha a^2/2}$, $D[Y(t)]=I^2\mathrm{e}^{2\alpha a^2}$, $S_Y(\omega)=I^2\mathrm{e}^{\alpha a^2}\left[2\pi\delta(\omega)+\sum\limits_{k=1}^{\infty}\dfrac{c^ka^{2k}}{k!}\dfrac{2ak}{\omega^2+a^2k^2}\right]$

5.11 提示:$\lim\limits_{T\to\infty}\dfrac{1}{2T}\displaystyle\int_{-T}^{T}R_X(\tau)\mathrm{d}\tau=E[X^2(t)]$

并且若 $Y(t)=X^2(t)$,则 $R_Y(\tau)=R_X^2(0)+2R_X^2(\tau)$。

5.12 (1) $P\{Y(0)\geqslant r\}=\mathrm{erfc}\left(\dfrac{r}{\sigma_Y}\right)$, $\sigma_Y^2=\dfrac{\sigma_X^2}{\beta(a+\beta)}$

(2)$P\{Y(0)>r|X(-T)=0\}=\mathrm{erfc}\left(\frac{r}{\sigma_1}\right)$， $\sigma_1^2=\sigma_Y^2-\frac{R_{XY}^2(-T)}{\sigma_X^2}$

$R_{XY}(-T)=\frac{\sigma_X^2}{\alpha^2-\beta^2}[2\alpha e^{-\beta T}-(\alpha+\beta)e^{-\alpha T}]$

(3)$P\{Y(0)>r|X(T)=0\}=\mathrm{erfc}\left(\frac{r}{\sigma^2}\right)$， $\sigma_2^2=\sigma_Y^2\left[1-\frac{R_{XY}(T)}{\sigma_X\sigma_Y}\right]$， $R_{XY}(T)=\frac{\sigma_X^2}{\alpha+\beta}e^{-\alpha T}$

5.14 (1)$p_L(x)=\frac{1}{\sqrt{2\pi}\sigma_N}\exp\left\{-\frac{(x-E_X)^2}{2\sigma_N^2}\right\}$， $\sigma_N^2=\int_0^T\int_0^T s(t)s(u)\sigma^2 e^{-a|t-u|}\,\mathrm{d}t\mathrm{d}u$

(2)$\sigma_N^2=2\sigma^2\left[\frac{T}{4a}+\frac{e^{-aT-1}}{4a^2}+\frac{aT}{4(a^2+4\omega^2)}+\frac{e^{-aT-1}}{2(a^2+4\omega^2)}\right]$

5.20 $E[\chi^2]=n$ $D[\chi^2]=2n$

5.21 $E[\chi^2]=\lambda+n$ $D[\chi^2]=\lambda+2n$

习题六

6.2 (2)泊松过程 $F(t)=\lambda t$， $C(t,s)=\lambda\min(t,s)$

维纳过程 $F(t)=\sigma_X^2 t$， $C(t,s)=\sigma_X^2\min(t,s)$

6.8 (1)$E[Y_t]=7500t$， $D[Y_t]=\frac{7}{3}\times10^6 t$，$\phi_Y(v,t)=\exp\left\{\frac{t}{j200v}(e^{j200v}-e^{j1000v})-5t\right\}$

(2)$E[Y_t]=\frac{5t}{\mu}$， $D[Y_t]=\frac{5t}{\mu}$， $\phi_Y(v,t)=\exp\left\{\frac{j5vt}{\mu-jv}\right\}$

6.9 (1)$\phi_Y(v)=\exp\{\lambda t[\phi_Z(v)-1]\}$

(2)$E\{Y(t)\}=\lambda tE[Z_n]$， $E\{Y^2(t)\}=\lambda t\{E[Z_n^2]+(E[Z_n])^2\}$， $D\{Y(t)\}=\lambda tE[Z_n^2]$

6.10 $E[M_T]=\frac{1}{2}\lambda t$， $D[M_T]=\frac{1}{3}\lambda t$

6.11 (1)$\phi_Z(v)=\frac{1}{1-jv/\lambda}$

(2)$\phi_{T_j}(v)=\frac{1}{(1-jv/\lambda)^j}$

(3)$F_{T_j}(t)=\begin{cases}1-e^{-\lambda t}\sum_{i=0}^{j-1}\frac{(\lambda t)^i}{i!} & t\geqslant0\\ 0 & t<0\end{cases}$

6.12 (1)$E[X(t)]=\frac{\lambda}{\mu}(1-e^{-\mu t})$， $\lim_{t\to\infty}E[X(t)]=\frac{\lambda}{\mu}$

(2)$D[X(t)]=\frac{\lambda}{\mu}(1-e^{\mu t})$， $\lim_{t\to\infty}D[X(t)]=\frac{\lambda}{\mu}$

(3)$P[X_t=0]=\exp\left[-\frac{\lambda}{\mu}(1-e^{-\mu t})\right]$

6.13 (1)$P\{N(t)=k\}=\frac{(t/3)^k}{k!}e^{-\frac{t}{3}}$ $k=0,1,2,\cdots$

(2)$m_N(t)=\frac{t}{3}$

(3)$P\{Y(t)=k\}=\frac{(t/9)^k}{k!}e^{-\frac{t}{9}}$ $k=0,1,2,\cdots$

6.15 (1)$P\{N(12)-N(10)=0\}=e^{-8}$

(2)以下午 2:00 为时间起点,第二个急诊病人到达时间 τ_2 的概率密度为

$f_{\tau_2}(t)=\begin{cases}4t^2e^{-2t} & t>0\\ 0 & t\leqslant0\end{cases}$

6.16 (1)$f(t)=\begin{cases}\lambda e^{-\lambda t} & t\geqslant0\\ 0 & t<0\end{cases}$ $\lambda=\lambda_1+\lambda_2+\lambda_3$

(2)$P\{下一辆是红色汽车\}=\frac{\lambda_1}{\lambda}$

$P\{下一辆是蓝色汽车\}=\frac{\lambda^3}{\lambda}$

$P\{下一辆是非红色汽车\}=\frac{\lambda_2+\lambda_3}{\lambda}$

(3)$P\{下三辆汽车是红色,然后又是一辆非红色汽车\}=\left(\frac{\lambda_1}{\lambda}\right)^3\left(\frac{\lambda_2+\lambda_3}{\lambda}\right)$

6.21 (1)$P\{N(1)=k\}=\frac{(\pi/4)^k}{k!}e^{-\frac{\pi}{4}} \quad k=0,1,2,\cdots$

(2)$P\{N(4)-N(2)=k\}=\frac{0.2187^k}{k!}e^{-0.2187} \quad k=0,1,2\cdots$

(3)$m(t)=\arctan t$

6.22 (1)$P\{N(t)=k\}=\frac{\left(\frac{t}{2}-\frac{\sin\omega t}{2\omega}\right)^k}{k!}e^{-\left(\frac{t}{2}-\frac{\sin\omega t}{\omega}\right)} \qquad k=0,1,2,\cdots$

(2)$m(t)=\frac{t}{2}-\frac{\sin\omega t}{2\omega}$

(3)$P\{N(3)-N(2)=k\}=\frac{\left(\frac{1}{2}-\frac{1}{\omega}\cos\frac{5}{2}\omega\sin\frac{\omega}{2}\right)^k}{k!}e^{-\left(\frac{1}{2}-\frac{1}{\omega}\cos\frac{5}{2}\omega\sin\frac{\omega}{2}\right)} \quad k=0,1,2,\cdots$

6.23
$$E[D(t)]=E\left[\sum_{k=1}^{N(t)}D_k e^{-\alpha(t-\tau_k)}\right]=E\left\{E\left[\sum_{k=1}^{N(t)}D_k e^{-\alpha(t-\tau_k)}\mid N(t)\right]\right\}$$
$$=E\left[\frac{N(t)}{\alpha t}(1-e^{-\alpha t})E(D_1)\right]=\frac{\lambda E(D_1)}{\alpha}(1-e^{-\alpha t})$$

6.24 $\phi X_t(v)=\exp\left[\lambda\int_0^t[\exp(ivh(\tau))-1]d\tau\right]$

习题七

7.4
$$\boldsymbol{P}=\begin{bmatrix}0 & p & 0 & 0 & \cdots & \cdots & 0 & q\\ q & 0 & p & 0 & \cdots & \cdots & 0 & 0\\ 0 & q & 0 & p & \cdots & \cdots & 0 & 0\\ 0 & 0 & q & 0 & \cdots & \cdots & 0 & 0\\ \vdots & \vdots & \vdots & \vdots & & \ddots & \vdots & \vdots\\ 0 & 0 & \cdots & \cdots & & \cdots & 0 & p\\ p & 0 & \cdots & \cdots & & \cdots & q & 0\end{bmatrix}$$

7.7 (1)不可约链,周期为2,平稳分布为$\{1/2,1/2\}$;

(2)状态1为吸收状态,平稳分布为$\{1,0\}$;

(3)两个状态均为吸收状态,平稳分布为$\{p,q\}$,$0\leqslant p,q\leqslant 1,p+q=1$;

(4)状态2为吸收状态,平稳分布为$\{0,1\}$;

(5)不可约链,平稳分布为$\{2/3,1/3\}$;

(6)状态4为吸收状态,平稳分布为$\{2p/3,p/3,0,q\}$,$0\leqslant p,q\leqslant 1,p+q=1$.

7.8 $p_{00}^{(2m)}=C_{2m}^m p^m q^m,p_{00}^{(2m+1)}=0$

7.9 (2)
$$\boldsymbol{P}=\begin{matrix} & (2,0) & (1,0) & (1,1) & (0,1)\\ (2,0) & q & p & 0 & 0\\ (1,0) & 0 & 0 & q & p\\ (1,1) & q & p & 0 & 0\\ (0,1) & 0 & 1 & 0 & 0\end{matrix}$$

(3) $\left\{\frac{q^2}{1+p^2},\frac{p}{1+p^2},\frac{pq}{1+p^2},\frac{p^2}{1+p^2}\right\}$

7.10 (π_0,π_1,π_2)

这里 $\pi_1=\frac{p}{q}\pi_0,\pi_2=\left(\frac{p}{q}\right)^2\pi_0,\pi_0\left(1+\frac{p}{q}+\left(\frac{p}{q}\right)^2\right)=1$。

习题八

8.7 (1) $p_0(t)=-\lambda p_0(t)+\mu p_1(t)$

$p_i(t)=\lambda p_{i-1}(t)-(\lambda+i\mu)p_i(t)+(i+1)\mu p_{i+1}(t) \quad i\leqslant k-1$

$p_k(t)=\lambda p_{k-1}(t)-k\mu p_k(t)$

(2) $p_1=\frac{\lambda}{\mu}p_0,\quad p_i=\frac{1}{i!}\left(\frac{\lambda}{\mu}\right)^i p_0$,这里 $p_0=\frac{1}{\sum\limits_{i=0}^{k}\frac{1}{i!}\left(\frac{\lambda}{\mu}\right)^i}$

8.8 $P_n(t)=C_N^n\mathrm{e}^{-nqt}(1-\mathrm{e}^{-qt})^{N-n}$, $E[X(t)]=N\mathrm{e}^{-qt}$, $\sigma_X^2=N\mathrm{e}^{-qt}(1-\mathrm{e}^{-qt})$

附录　名词术语中英文对照

吸收壁	absorbing barrier
吸收概率	absorbing probability
吸收状态	absorbing state
可达性	accessibility
可达的	accessible
解析信号	analytic signal
自相关函数	autocorrelation function
自协方差函数	autocovariance function
平均值	average value
伯努利过程	Bernoulli process
二项分布	binomial distribution
二阶谱	bispectrum
中心极限定理	central limit theorem
中心矩	central moment
切普曼-科尔莫戈罗夫方程	Chapman-Kolmogorov equation
特征函数	characteristic function
χ^2 分布	chi-square distribution
闭的	closed
闭集	closed set
色噪声	colored noise
相通	communicate
复包络	complex envelope
复随机变量	complex random variable
复合泊松过程	compound poisson process
复随机过程	complex stochastic process
条件概率	conditional probability
到达时间条件分布	conditional distribution of the arrival times
连续参量	continuous parameter
连续随机过程	continuous random process
连续随机序列	continuous random sequence
连续谱	continuous spectrum
连续随机序列	continuous random sequence
依均方收敛	convergence in mean square
依概率收敛	convergence in probability

卷积	convolution
相关函数	correlation function
相关积分	correlation integral
相关时间	correlation time
相关器	correlator
计数过程	counting process
协方差	covariance
协方差函数	covariance function
协方差矩阵	covariance matrix
互相关函数	cross correlation function
互协方差函数	cross covariance function
互谱密度	cross spectral density
自由度	degree of freedom
可微性	differentiability
离散分枝过程	discrete branch process
离散随机过程	discrete random process
离散系统	discrete system
离散随机序列	discrete stochastic process with discrete parameter
分布函数	distribution function
动态系统	dynamic system
能谱密度	energy density spectrum
集平均	ensemble average
包络检波	envelop detection
包络函数	envelop function
各态历经性	ergodicity
各态历经过程	ergodic random process
遍历性	ergodic state
误差函数	error function
估计值	estimate value
估计器	estimator
期望	expectation
期望值	expected value
指数分布	exponential distribution
过滤	filtering
过滤的泊松过程	filtered poisson processes
概率流	flow of probability
傅里叶级数	Fourier series
傅里叶变换对	Fourier transform pairs
傅里叶分析	Fourier analysis

频域分析	frequency domain analysis
频域响应	frequency response
高斯密度函数	Gaussian density function
高斯分布	Gaussian distribution
高斯随机过程	Gaussian random process
高斯随机矢量	Gaussian random vector
母函数	generating function
广义谱分析	generalized spectral analysis
希尔伯特变换	Hilbert transform
齐次马尔可夫链	homogeneous Markov chain
齐次马尔可夫过程	homogeneous Markov process
理想带通限幅器	ideal band pass limiter
冲激响应	impulse response
独立事件	independent event
独立性	independency
独立增量过程	independent increment process
无限小转移率	infinitesimal transition rate
同相分量	inphase component
瞬时频率	instantaneous frequency
可积性	integrability
线性时不变系统	invariable linear system
傅里叶反变换	inverse Fourier transform
不可约的	irreducible
雅可比	Jacobi
雅可比变换	Jacobian of the transformation
联合特征函数	joint characteristic function
联合分布	joint distribution
联合高斯随机变量	joint Gaussian random variable
联合平稳随机过程	jointly stationary stochastic process
科尔莫戈罗夫-费勒前进方程	科尔莫戈罗夫-Feller forward equation
科尔莫戈罗夫-费勒后退方程	科尔莫戈罗夫-Feller backward equation
拉普拉斯变换	Lapalace transform
极限分析	limiting distribution
均方极限	limit in mean square sense
线性生灭过程	linear birth and death process
线性组合	linear combination
线性关系	linear dependence
线性离散系统	linear discrete system
线性估算	linear estimate

线性滤波器	linear filter
线性算子	linear operator
线性系统	linear system
线谱	linear spectra
线性变换	linear transform
对数正态密度函数	log-normal density function
低通随机过程	lowpass random process
映射	mapping
边沿分布函数	marginal distribution function
马尔可夫链	Markov chain
马尔可夫过程	Markov process
转移概率矩阵	matrix of transition probability
一步转移概率矩阵	matrix of one Step transition probability
均值	mean
均方连续	mean square continuity
均方导数	mean square derivative
均方收敛	mean square convergence
均方可微	mean square differentiability
均方估计	mean square estimation
均方可积	mean square integrability
均方积分	mean square integral
均方值	mean square value
均值函数	mean value function
无记忆	memoryless
矩	moment
矩函数	moment function
多维正态分布	multidimensional normal distribution
窄带随机过程	narrow band random process
窄带信号	narrow band signal
窄带实平稳随机过程	narrow band real stationary stochastic process
n 维矢量空间	n-dimensional vector space
噪声	noise
噪声带宽	noise bandwidth
非齐次马尔可夫链	non-homogeneous Markov chain
非齐次泊松过程	non-homogeneous Poisson process
非线性系统	non-linear system
非线性变换	non-linear transform
非负定	non-negative definite
正态分布	normal distribution

正态随机过程	normal random process
标准协方差	normalized covariance
规范化维纳过程	normalized Wiener process
零常返态	null recurrent state
单边谱密度	one sided spectral density
一步预测	one step prediction
一步转移概率	one step transition probability
可实现的最佳系统	optimum causal system realizable system
最佳滤波器	optimum filter
正交随机过程	orthogonal random process
正交性	orthogonality
巴塞伐尔定理	Parsevals theorem
周期函数	periodic function
周期随机过程	periodic random process
周期状态	periodic state
泊松分布	Poisson distribution
泊松过程	Poisson process
多项式展开	polynomial expansion
正定	positive definite
正常返态	positive recurrent state
功率谱密度	power density spectrum
功率谱	power spectrum
先验概率	priori probability
后验概率	posteriori probability
概率	probability
概率密度函数	probability density function
概率分布函数	probability distribution function
概率积分	probability integral
纯灭过程	pure death process
正交分量	quadrature component
随机矩阵	random matrix
随机过程	random process
随机序列	random sequence
随机信号	random signal
随机变量	random variable
随机矢量	random vector
瑞利分布	Rayleigh distribution
可实现系统	realizable system
实现	realization

常返态	recurrent state persistent state
递归过程	recursive process
反射壁	reflecting barrier
更新函数	renewal function
更新强度	renewal intensity
更新过程	renewal process
莱斯分布	Rice distribution
均方根带宽	rms bandwidth
样本	sample
样本函数	sample function
样本均值	sample mean
样本点	sample point
样本空间	sample space
抽样	sampling
抽样理论	sampling theorem
施瓦兹不等式	Schwrz's inequality
集合	set
二阶矩过程	second order process
散弹噪声	shot noise
信噪比	signal to noise ratio
符号函数	signum
谱分析	spectrum analysis
平方率检波器	square-law detector
标准差	standard deviation
标准正态分布	standardized normal distribution
状态方程	state equation
状态空间	state space
状态转移图	state transition diagram
状态变量	state variable
平稳增量过程	stationary increment process
严平稳	stationary in strict sence
广义平稳	stationary in wide sence
平稳随机过程	stationary random process
统计量	statistic
统计独立	statistical independence
统计平均	statistical average
斯特林公式	Stirling formula
随机分析	stochastic analysis
随机微分方程	stochastic differential equation

连续参数随机过程	stochastic process with continuous parameter
电报信号	telegraph signal
热噪声	thermal noise
门限	threshold
时间平均	time average
时间相关函数	time correlation function
传递函数	transfer function
转移概率	transition probability
转移概率密度	transition probability density
滑过态(非常返态)	transient state
传递性	transitive
双边谱密度	two sided spectral density
不确定性	uncertainty
均匀分布	uniform distribution
单位样值响应	unit sample response
方差	variance
矢量空间	vector space
等待时间分布	waiting time distribution
加权函数	weighting function
白噪声	white noise
广义平稳	wide sense stationary
维纳滤波器	Wiener filter
零输入响应	zero input response
零状态响应	zero state response
零阶贝塞尔函数	zero order modified Bessel's function

参考文献

1 W. B. Davenport. Probability and Random Processes on Introduction for Applied Scientists and Engineers. McGraw-Hill Book Company,1970.

2 A. Papoulis. Probability, Random Variables and Stochastic Processes. New York: McGraw-Hill Book Company,1984.

3 P. Z. Peebles. Probability,Random Variables and Random Signal Principles. New York: McGraw-Hill Book Company,1980.

4 W. B. Davenport and W. L. Root. An Introduction to the Theory of Random Signals and Noise. New York:McGraw-Hill Book Company,1958.

5 H. L. Van Tress "Detection, Estimation, and Modulation Theory" Part I. New York: John Wiley and Sons inc. , 1968.

6 R. S. Liptser and A. N. shiryayev, Statistics of Random Processes Ⅰ—General Theory. New york: Springer verlag New york Inc. , 1977.

7 R. S. Liptser and A. N. shiryayev, Statistics of Random Processes Ⅱ—Applications. New york: springer verlag New york Inc. , 1977.

8 中山大学数学力学系. 概率论与数理统计. 北京:人民教育出版社,1980.

9 复旦大学. 概率论. 第三册. 北京:人民教育出版社,1981.

10 陆大绘. 随机过程及其应用. 北京:清华大学出版社,1986.

11 胡迪鹤. 应用随机过程引论. 哈尔滨:哈尔滨工业大学出版社,1984.

12 梁泰基. 统计无线电理论(随机过程及其应用). 长沙:国防科技大学出版社,1982.

13 周荫清. 随机信号与检测理论. 北京:航空专业教材编审组,1985.

14 R. E. Walpole and R. H. Myers. Probability and statistics for Engineers and scientisticts (2ed). New york: Macmillan publishing co. Inc. , 1978.

15 S. Haykin. Communication Systems. New York:John Wiley&Sons Inc. . 1978.

16 Y. W. Lee. Statistical Theory of Communication. New York:John Wiley&Sons Inc. , 1960.

17 D. Kannan. An Introduction to Stochastic Processes. New York:North Holland,1979.

18 A. B. Clarke and R. L. Disny. Probability and Random Processes for Engineers and Scientists. New York:John Wiley&Sons Inc. ,1970.

19 张炳根,赵玉芝. 科学与工程中的随机微分方程. 北京:海洋出版社,1980.

20 伊曼纽尔·帕尔逊. 随机过程. 邓永录,杨振明,译. 北京:高等教育出版社,1987.

21 李裕奇. 随机过程. 北京:国防工业出版社,2003.

22 胡奇英,刘建庸. 马尔可夫决策过程引论. 西安:西安电子科技大学出版社,2000.

23 华似韵. 随机过程. 南京:东南大学出版社,1988.

24 闵华玲. 随机过程. 上海:同济大学出版社,1987.

25 陆传赉. 排队论. 北京:北京邮电学院出版社,1994.

26 周荫清,李春升,陈杰. 随机过程习题集. 北京:清华大学出版社,2004.

27 林元烈. 应用随机过程. 北京:清华大学出版社,2002.

28 李漳南,吴荣. 随机过程教程. 北京:高等教育出版社,1987.

29 钱敏平,龚光鲁. 应用随机过程. 北京:北京大学出版社,1998.